基礎 量子力学

猪木慶治・川合 光／著

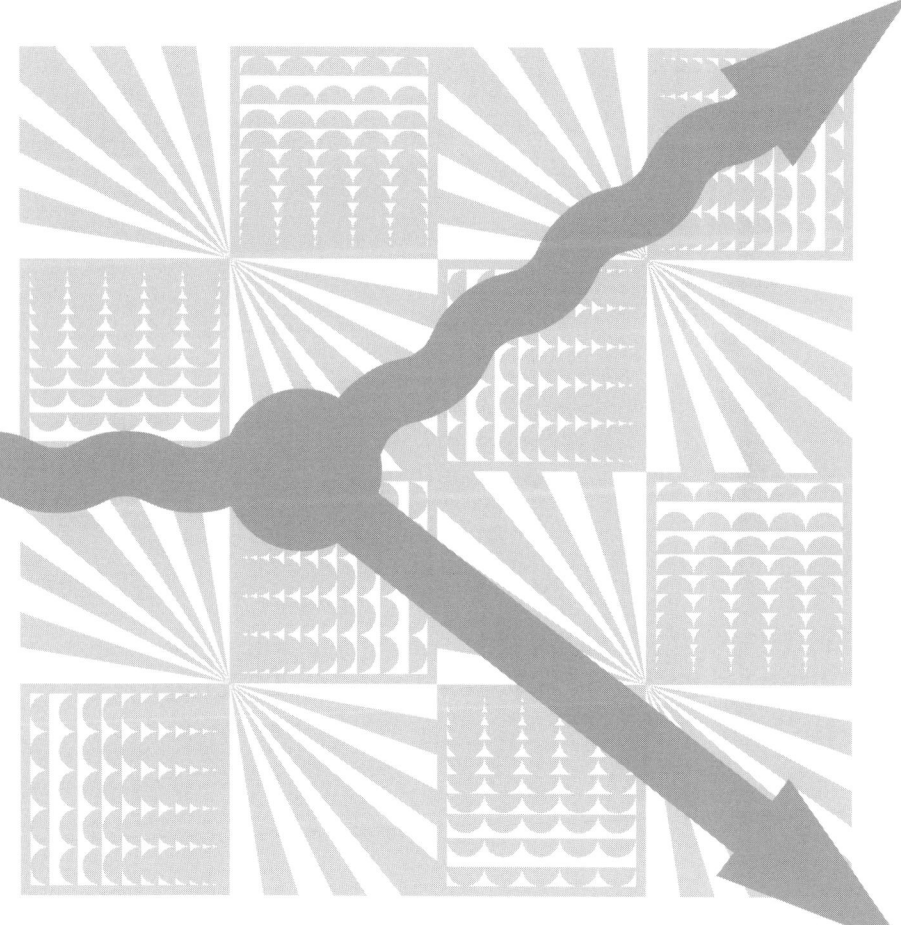

講談社サイエンティフィク

序　文

　「量子力学Ⅰ，Ⅱ」の刊行後，13年あまりが経過した．幸い多くの読者の好評を得て，版を重ねることができたことにたいへん感謝している．この二部作は，主として物理学科の大学生，大学院生や若い研究者向けに書かれたものであるが，量子力学に親しんでいくためには，概念の理解とともに演習問題を実際に自分で解きながら学んでいくことが有益であるという教訓を，最大限に取り入れた．

　数年前から，講談社サイエンティフィクの太田氏より，「量子力学Ⅰ，Ⅱ」のみでなく「量子力学0」が欲しいという声もありますとの提案を受けてきた．本書はそれに呼応する「基礎量子力学」として，理工系大学全体の学生にレベルをあわせることを試みた．物理，化学，生物，生物化学，天文，地球惑星物理学など理学部学生や，物理系工学，応用化学，電気・電子・情報工学など工学部学生を対象とし，基礎から応用までを解説することに心がけた．

　このたびも「量子力学Ⅰ，Ⅱ」を読んでいただいた読者からの感想を最大限に取り入れ，量子力学の基礎的な考え方を，豊富な演習問題を交えながら，わかりやすく，かつ詳しく説明することを試みた．前著の精神と同様，量子力学の概念の理解を助けるために，各節に例題をふんだんに取り入れた．そして各章末には，さらに高度な問題や，本文で触れることのできなかった概念をも章末問題として取り上げ，すべての問題に詳しい解説をつけた．はじめて読むときには章末問題をスキップしてもよいが，再度読まれるときには，これにも少しずつチャレンジしていただきたい．

　本書を読むための予備知識としては，大学教養程度の数学，力学，電磁気学を要求するにとどめ，あとは読んでわかるよう，ていねいな説明を心がけた．本書が，読者が量子力学を自習していくための一助となれば望外の幸いである．

　本書の執筆に際しては，東京大学，京都大学での量子力学の講義の経験のみならず，猪木が担当した神奈川大学での経験もおおいに参考になった．また，学生諸君や同僚研究者との多くの議論は，説明のしかたをわかりやすくするのにたいへん役だった．

　本書の執筆をお勧めくださり，また数年間も我慢強くお待ちくださった講談社サイエンティフィクの太田一平氏には，一方ならぬお世話になった．心から厚く御礼申し上げたい．

2007年7月

猪木　慶治
川合　光

目　　　次

序　　文 ……………………………………………………………… iii

第1章　量子力学へのあゆみ ………………………………………… 1
1.1　ミクロの世界と古典論の困難　2
原子の不安定性の困難/2　　原子スペクトルの離散性/4　　水素原子のエネルギー準位の量子化/5　　原子のエネルギー準位の量子化の直接的検証——フランク-ヘルツの実験/7
1.2　エネルギー量子の発見と量子力学の誕生　8
空洞放射とエネルギー量子/8

章　末　問　題　10

第2章　光と電子の波動性と粒子性 ………………………………… 16
2.1　光電効果と光の粒子性　17
光電効果/17　　アインシュタインの説明/17　　ミリカンの実験の説明/19
2.2　コンプトン効果　20
2.3　光の二重性　22
弱い光線による二重スリット実験/23
2.4　ド・ブロイの予想　24
2.5　デビッソン-ガーマーの実験と電子の波動性　25
2.6　電子による二重スリット実験と電子の二重性　26
電子の二重スリット実験/26　　電子の二重性/28

章　末　問　題　28

第3章　シュレーディンガー方程式 ………………………………… 32
3.1　電子のシュレーディンガー方程式　33
自由粒子の場合/33　　量子化の手続き/34　　ポテンシャル$V(x)$がある場合/34
3.2　波動関数とボルンの確率解釈　35
確率解釈/36　　ボルンの確率解釈と粒子の二重性/36
3.3　物理量の期待値と演算子　36
波束としての電子/36　　位置の期待値/37　　運動量の期待値/37　　運動エネルギーの期待値/40　　全エネルギーの期待値/40　　物理量の演算子/40

目　次

3.4　量子力学の古典的極限　41
　　エーレンフェストの定理/42　　古典的極限/43
3.5　波束と不確定性関係　44
　　ハイゼンベルクの不確定性原理/44　　不確定性関係と基底状態のエネルギー/46
章末問題　47

第4章　1次元の問題――束縛状態　･･････････････････････････････ 54
4.1　時間を含まない1次元のシュレーディンガー方程式　55
4.2　定常状態の求め方　56
　　ポテンシャルエネルギーが一定の場合/56　　ポテンシャルが有限のとびをもつときの$\phi(x)$のふるまい/56　　定常状態の求め方/57
4.3　有限の深さの井戸型ポテンシャル　57
　　解き方の簡単化/60
4.4　無限の深さの井戸型ポテンシャル　64
4.5　1次元調和振動子型ポテンシャル　66
　　シュレーディンガー方程式の解/66　　エネルギー固有値/69　　エルミート多項式/71
章末問題　71

第5章　1次元の問題――反射と透過　･････････････････････････････ 82
5.1　波動の反射と透過　83
　　簡単な階段型ポテンシャル/83
5.2　ポテンシャルの山がある場合とトンネル効果　89
　　トンネル効果の近似式/92　　トンネル効果の近似式――任意のポテンシャルの場合/94　　走査トンネル顕微鏡(STM)/94
章末問題　96

第6章　中心力場のシュレーディンガー方程式――3次元の場合　･･･････ 103
6.1　極座標によるシュレーディンガー方程式　104
　　3次元のシュレーディンガー方程式/104　　ハミルトニアン$\hat{H}$の不定性/104　　極座標による3次元のシュレーディンガー方程式/105
6.2　角変数の分離　110
6.3　球面調和関数　111
　　関数$\Phi(\varphi)$/111　　関数$\Theta(\theta)$/111　　球面調和関数/113
6.4　軌道角運動量状態　113
　　量子力学での軌道角運動量/113

6.5 動径方向の波動方程式　115
6.6 $l=0$ の場合の動径方程式—1次元問題への帰着　117
6.7 水 素 原 子　117
　水素原子のシュレーディンガー方程式/118　　水素原子のエネルギー準位/119　　水素原子の波動関数/121　　水素原子のエネルギー・スペクトル/121
章 末 問 題　123

第7章　量子力学の一般的性質 133
7.1 量子力学の枠組み　134
7.2 物理量の測定と確率解釈　137
7.3 ブラ・ケット記号　140
　ブラ・ケット記号/140　　行列の場合/141　　基底による表示/143
7.4 シュレーディンガー描像とハイゼンベルク描像　143
7.5 正準交換関係と正準量子化　146
　正準交換関係/146　　正準交換関係を満たす演算子の表示/147　　運動量表示/151
　正準量子化/153　　正準量子化の手続き/153
7.6 交換子とポアソン括弧　155
7.7 調和振動子と生成・消滅演算子　157
　生成・消滅演算子/157　　生成・消滅演算子の状態空間への作用/159　　調和振動子のエネルギー準位・固有状態/162　　多自由度の場合/163
章 末 問 題　166

第8章　角運動量とスピン 169
8.1 対称性と保存量　170
　保存量/170　　対称性/171　　変換の生成子/174
8.2 運動量と角運動量　175
　パリティ変換/177
8.3 角運動量の固有状態　178
8.4 軌道角運動量とスピン角運動量　182
　スピン角運動量/183　　スピン$\frac{1}{2}$の場合/185
8.5 角運動量の合成　188
章 末 問 題　191

第9章　電磁場中の荷電粒子 200
9.1 外場中の古典粒子　201
9.2 外場中の粒子の量子力学　204

目　　次

　9.3　一様な磁場中の荷電粒子　206
　9.4　スピンをもつ粒子の固有磁気モーメント　208
　　　固有磁気モーメントμの大きさの程度/208
　章末問題　210

第10章　同種粒子　214
　10.1　フェルミオンとボソン　215
　　　複合粒子の統計性/217
　10.2　同種の2粒子からなる系　219
　10.3　相互作用のない同種粒子からなる系　222
　10.4　多電子原子　227
　　　中心力場の近似/227　　元素の周期律/227
　章末問題　230

第11章　近似法　234
　11.1　摂動論　235
　　　時間によらない摂動論Ⅰ——縮退のない場合/235　　時間によらない摂動論Ⅱ——縮退のある場合/240　　相互作用表示/243　　時間による摂動論/247　　周期摂動による離散準位から連続準位への遷移/249
　11.2　WKB法(準古典的近似法)　253
　　　準古典近似/254　　接続公式/256　　ボーア-ゾンマーフェルトの量子条件/260　　ポテンシャルの壁を透過する確率/262
　章末問題　265

付　　録　278
　A.　直交多項式　278
　B.　エアリー関数　281
　　　B.1　エアリー関数の積分表示/281　　B.2　エアリー関数の漸近形/282

さらに勉学を進めたい人たちのために　285
有用な物理定数　287

欧文人名索引　289
事項索引　290

第1章　量子力学へのあゆみ

1.1　ミクロの世界と古典論の困難
1.2　エネルギー量子の発見と量子力学の誕生

　20世紀の最初の四半世紀の間に，ミクロの世界に関するわれわれの理解は革命的な変革を遂げてきた．それは古典物理学の適用限界が明らかにされたのみではなく，量子力学というミクロの世界を記述する一貫した理論が誕生したからである．ではどのように量子力学を学んでいけばいいのであろうか．1つの方法は，天下り的に，新しい力学の基礎方程式はシュレーディンガー(Schrödinger)方程式というものであるとカルチャーショックを与え，「たたけよ．さらば開かれん」という方法．もう1つの方法は，古典物理学における概念がなぜ変更を余儀なくされたかという歴史的事実から始まって，どのようにして極限として古典物理学に近づくような新しい力学が導入されていくかを推論していく方法であろう．はじめから第1の方法をとるとわかりにくいかと思い，第2の方法をとることにする．

1. 量子力学へのあゆみ

1.1 ミクロの世界と古典論の困難

19世紀末頃まで，私達の身辺で起こる物理現象は，ニュートン(Newton)力学やマクスウェル(Maxwell)の電磁気学などの古典物理学ですべて説明できると信じられていた．たとえば，宇宙空間に飛び立ったロケットが，ニュートン力学による計算どおりの軌道を描き，予言された日時に，火星や木星や土星の美しい輪などの鮮明な写真を送ってきてくれることなどは，いかに古典物理学が正確であるかを示している．ところが，原子や分子といったミクロの世界の現象についての知識が正確になるにつれて，古典物理学はいくつかの困難，矛盾にぶつかり，それらを説明するためには，まったく新しい力学が必要であることが明らかになってきた．

原子の不安定性の困難

正電気をもつ重い原子核の周りを電子が回っているという長岡-ラザフォード(Rutherford)の原子模型*によって，原子によるα粒子の散乱は定量的に説明されたが，同時に次のような困難にも直面した．原子核の周りを回っている電子は絶えず加速されているので，マクスウェルの古典電磁気学によると，電子は電磁波を出してエネルギーをしだいに失う．その結果，電子は短い時間(10^{-11}秒程度)の間に原子核に落ち込んで原子が不安定になってしまう(例題3参照)．

例題1 質量mの電子が，重い陽子の周りを半径r，速さvで等速円運動をしている．そのとき次の問いに答えよ．
(1) ニュートン力学を用いて，rとvの関係を求めよ．
(2) 電子の全エネルギーEをrで表せ．
(3) 電子が加速度運動をして電磁波を放出すると半径rが減少することを示せ．

解 (1) 陽子が電子に及ぼすクーロン(Coulomb)引力と電子の向心力を等しいとおくと，

$$\frac{1}{4\pi\varepsilon_0}\frac{e^2}{r^2} = \frac{mv^2}{r} \qquad \text{ⓐ}$$

$$\therefore r = \frac{e^2}{4\pi\varepsilon_0 mv^2}$$

(2) 電子の全エネルギーE

　= 電子の運動エネルギー + 位置のエネルギー

　$= \dfrac{1}{2}mv^2 - \dfrac{e^2}{4\pi\varepsilon_0 r}$ (ここでⓐを使うと)

---

*長岡-ラザフォードの原子模型の詳細については，朝永振一郎，量子力学Ⅰ，第3章§16，みすず書房(1969)を参照されたい．

$$= \frac{e^2}{8\pi\varepsilon_0 r} - \frac{e^2}{4\pi\varepsilon_0 r} = -\frac{e^2}{8\pi\varepsilon_0 r} \qquad \text{ⓑ}$$

(3) ⓑより $r = \dfrac{e^2}{8\pi\varepsilon_0(-E)}$ ⓒ

電子が電磁波を放出すると $|E| = -E$ は増大する．したがって半径 r は減少する．∎

例題 2 電子の軌道半径 r が小さくなると，電子の角速度 ω が増大することを示せ．

解 $v = r\omega$ であるから例題 1 のⓐを用いて，

$$\omega^2 = \frac{v^2}{r^2} = \frac{e^2}{4\pi\varepsilon_0 m r^3}$$

したがって，r が減少すると ω が増大する．∎

上に述べたようなからくりで，電子がエネルギーを失うと，例題 1(3) で示したように，電子の軌道半径 r はだんだん小さくなり，やがて原子核に落ち込んでしまうことになる．また例題 2 のように，放射される光の振動数も変化し，連続スペクトルが観測されるはずである．ところが，これは実験と矛盾する．これはラザフォード模型の 1 つの困難である．

例題 3 水素原子についてラザフォード模型を仮定し，水素原子の寿命を求めてみよう．マクスウェルの古典電磁気学を用いて計算すると，加速度運動をする電子から単位時間あたりに放出されるエネルギーは[*]

$$S = \frac{2}{3} \frac{e^2}{4\pi\varepsilon_0 c^3} |a|^2 \qquad \text{ⓐ}$$

半径 r の円運動における電子の加速度 a は，

$$ma = \frac{e^2}{4\pi\varepsilon_0} \frac{1}{r^2} \qquad \text{ⓑ}$$

この a をⓐに代入すると，単位時間に電磁波を射出して原子から失われるエネルギーは，

$$\frac{dE}{dt} = -\frac{2}{3}\left(\frac{e^2}{4\pi\varepsilon_0}\right)^3 \frac{1}{m^2 c^3 r^4} \qquad \text{ⓒ}$$

一方，円運動において電子のエネルギーは，例題 1(2) より，

$$E = -\frac{e^2}{4\pi\varepsilon_0} \frac{1}{2r} \qquad \text{ⓓ}$$

(1) ⓒ, ⓓより，

$$\frac{dr}{dt} = -\frac{4}{3}\left(\frac{e^2}{4\pi\varepsilon_0}\right)^2 \frac{1}{m^2 c^3 r^2} \qquad \text{ⓔ}$$

---

[*] ⓐの導出については，例えば，J.D. ジャクソン著（西田　稔訳），ジャクソン・電磁気学（下）原書第 3 版，吉岡書店，14.2 節，p.968，(14.22) 式を参照されたい．ただし，この教科書では MKS 単位を使用しているので，(14.22) の $e^2 \to e^2/4\pi\varepsilon_0$ とおけばⓐが得られる．

1. 量子力学へのあゆみ

を導け．

(2) r が $r = a_0 =$ ボーア半径から $r = 0$ になるまでの時間 τ は，

$$\tau = \frac{1}{4}\left[\left(\frac{4\pi\varepsilon_0}{e^2}\right)a_0 mc^2\right]^2 \frac{a_0}{c} \qquad \text{ⓕ}$$

になることを示せ．

(3) $a_0 = 0.53 \times 10^{-10}$ [m]，$mc^2 = 0.51$ [MeV] を代入して，水素原子の寿命 τ を計算せよ．

解 (1) ⓓを t で微分すると，

$$\frac{dE}{dt} = -\frac{e^2}{4\pi\varepsilon_0}\frac{1}{2}\left(-\frac{1}{r^2}\right)\frac{dr}{dt}$$

ⓒと比較することにより，

$$\frac{dr}{dt} = -\frac{4}{3}\left(\frac{e^2}{4\pi\varepsilon_0}\right)^2 \frac{1}{m^2 c^3 r^2}$$

(2) ⓔを用いて，r について $r = a_0$ から $r = 0$ まで積分すると，

$$\tau = \frac{1}{4}\left[\left(\frac{4\pi\varepsilon_0}{e^2}\right)a_0 mc^2\right]^2 \frac{a_0}{c}$$

となる．

(3) $\dfrac{e^2}{4\pi\varepsilon_0}\dfrac{1}{2a_0} = 13.6 \,\text{eV}$ に着目すると，$\left(\dfrac{4\pi\varepsilon_0}{e^2}\right)a_0 = \dfrac{1}{27.2[\text{eV}]}$ と $mc^2 = 0.51[\text{MeV}]$ より，

$$\left(\frac{4\pi\varepsilon_0}{e^2}\right)a_0 mc^2 = \frac{0.51 \times 10^6 [\text{eV}]}{27.2 [\text{eV}]} = 1.88 \times 10^4 \qquad \text{ⓖ}$$

$$\frac{a_0}{c} = \frac{0.53 \times 10^{-10} [\text{m}]}{3 \times 10^8 [\text{m}][\text{s}]^{-1}} = 0.177 \times 10^{-18} [\text{s}] \qquad \text{ⓗ}$$

ⓖ，ⓗをⓕに代入すると，$\tau = 1.6 \times 10^{-11}$ [s] が得られる．∎

このように，古典物理学によると安定な原子は存在しえないし，われわれも存在することはできない．

原子スペクトルの離散性

1885年，スイスの中学校の教師であったバルマー(Balmer)は，水素原子からの可視光のスペクトル線の間に次のような驚くべき関係式を発見した(これをバルマー系列という)．それをリュードベリ(Rydberg)が少し書き換えた形が，次の公式である．線スペクトルの波長 λ[m]，振動数 ν[Hz] とすると，

$$\frac{1}{\lambda} = \frac{\nu}{c} = R\left(\frac{1}{2^2} - \frac{1}{n^2}\right) \quad (n = 3, 4, \cdots) \qquad (1.1)$$

で，R はリュードベリ定数とよばれ，

$$R = 1.097 \times 10^7 \left[\mathrm{m}^{-1} \right] \tag{1.2}$$

である．そのほかに発見されたものとしては，

$$\text{ライマン (Lyman) 系列：} \frac{1}{\lambda} = \frac{\nu}{c} = R\left(\frac{1}{1^2} - \frac{1}{n^2}\right) (n=2,3,\cdots) \tag{1.3}$$

$$\text{パッシェン (Paschen) 系列：} \frac{1}{\lambda} = \frac{\nu}{c} = R\left(\frac{1}{3^2} - \frac{1}{n^2}\right) (n=4,5,\cdots) \tag{1.4}$$

$$\text{ブラケット (Blackett) 系列：} \frac{1}{\lambda} = \frac{\nu}{c} = R\left(\frac{1}{4^2} - \frac{1}{n^2}\right) (n=5,6,\cdots) \tag{1.5}$$

$$\text{プント (Pfund) 系列：} \frac{1}{\lambda} = \frac{\nu}{c} = R\left(\frac{1}{5^2} - \frac{1}{n^2}\right) (n=6,7,\cdots) \tag{1.6}$$

などがある．これらは，古典的な理論ではとても理解できない．

水素原子のエネルギー準位の量子化

これらの関係に着目したボーア (Bohr) は，1913 年，原子のエネルギーは，いくつかのとびとびの値だけが許されるのではなかろうかと考え，次の２つの仮説を提唱した．

仮説 1 原子中の電子は，どのような値のエネルギーでももちうるのではなく，定常状態という，とびとびの安定な状態だけをとることができる．電子は，この軌道上を運動している間は光を放出しない．この安定な軌道を円運動とすれば，その角運動量の 2π 倍がプランク (Planck) 定数とよばれる定数 h (1.2 節参照) の整数倍に等しいという条件を満足する．すなわち，半径を r，運動量 $p = mv$ とすれば，

$$2\pi \cdot mvr = nh \quad (n=1,2,3,\cdots) \tag{1.7}$$

で，この条件は，電子の軌道半径をとびとびの決まった値だけに制限するもので，量子条件とよばれる．正の整数 n を量子数という．

例題 4 量子条件の式 (1.7) と例題 1 の ⓐ を用いて，量子数 n に対応する半径 r_n を求めよ．

解 (1.7) によると，

$$v = \frac{nh}{2\pi mr} \quad (n=1,2,3,\cdots) \qquad \text{ⓐ}$$

例題 1 の ⓐ に代入して v を消去すると，

$$r_n = \frac{\varepsilon_0 h^2}{\pi m e^2} n^2 \quad (n=1,2,3,\cdots) \qquad \text{ⓑ} \quad \blacksquare$$

1. 量子力学へのあゆみ

例題5 前問の結果と例題1の⑥を用いて，量子数 n の軌道にある電子のエネルギー E_n を求めよ．

解 例題1の⑥に r_n を代入すると，

$$E_n = -\frac{e^2}{8\pi\varepsilon_0 r_n} = -\frac{me^4}{8\varepsilon_0^2 h^2 n^2} \quad \text{ⓐ} \quad \blacksquare$$

量子数 $n=1$ の状態は基底状態で，$n>1$ の場合が励起状態である．基底状態の電子の軌道半径は，

$$r_1 = \frac{\varepsilon_0 h^2}{\pi me^2} \tag{1.8}$$

であり，ボーア半径とよばれる．このようにして，ボーアは，水素原子が定まった大きさをもち安定に存在できることを示した．

仮説2 電子が高いエネルギー準位 E_n から低いエネルギー準位 $E_{n'}$ に移るとき，次のような振動数 ν をもつ光を放射する．

$$h\nu = E_n - E_{n'} \tag{1.9}$$

逆に，電子が低いエネルギー準位 $E_{n'}$ から振動数 $\dfrac{E_n - E_{n'}}{h}$ をもつ光を吸収して，高いエネルギー準位 E_n の定常状態に移ることができる．

例題6 (1)電子が高いエネルギー準位 E_n から低いエネルギー準位 $E_{n'}$ に移るとき，放射される光の振動数を求めよ．

(2)前問を用いて，ボーアの理論でリュードベリ定数 R はどう表されるか．

解 (1)仮説1より，

$$E_n = -\frac{me^4}{8\varepsilon_0^2 h^2 n^2} \quad (\text{例題5のⓐ参照})$$

仮説2より，

$$\nu = \frac{E_n - E_{n'}}{h} = \frac{me^4}{8\varepsilon_0^2 h^3}\left(\frac{1}{n'^2} - \frac{1}{n^2}\right) \quad \text{ⓐ}$$

(2) 波数 $1/\lambda$ で書くと，

$$\frac{1}{\lambda} = \frac{\nu}{c} = \frac{me^4}{8\varepsilon_0^2 ch^3}\left(\frac{1}{n'^2} - \frac{1}{n^2}\right) \quad \text{ⓑ}$$

(1.1)，(1.3)–(1.6)と比較すると，

$$R = \frac{me^4}{8\varepsilon_0^2 ch^3} \quad \text{ⓒ} \quad \blacksquare$$

原子のエネルギー準位の量子化の直接的検証——フランク–ヘルツの実験

ボーアが仮定した原子のとびとびのエネルギー準位の存在を直接に確認する実験が，フランク(Franck)とヘルツ(Hertz)によって行われた．アイディアは次のようである．いま，あるエネルギーの電子を水銀のガスに衝突させてみよう．室温でのガスの原子は基底状態 E_1 にあると考えられる．$E_1, E_2, E_3, \cdots$ を原子の量子化されたエネルギー準位とし，E を入射粒子の運動エネルギーとする．$E < E_2 - E_1$ のときには，電子がガスの原子に衝突しても，もっているエネルギーが足りないので，原子を E_2 の状態までもちあげることはできず，衝突はすべて弾性的である．$E > E_2 - E_1$ になると，$E_2 - E_1$ だけエネルギーを失う非弾性衝突が起こる．

フランクとヘルツは図 1.1(a) の装置で実験を行い，図 (b) に示す結果を得た．これは次のように解釈される．陰極 K とグリッド G の間の電位差 V の電場で加速された電子は，水銀原子と衝突しながら G に達し，そのときのエネルギーが 0.5 eV 以上であれば，G を通り抜けて P に達し，それらは電流 I として測定される．V を増加させていって eV の値が $E_2 - E_1 = 4.9$ eV を超えると，電子のなかには，非弾性衝突でエネルギーを失い，電位の高い G でさえぎられて P に到達できないものが現れ，I は減少する．V をさらに増すと，4.9 V の 2 倍，3 倍にあたる 9.8 V, 14.7 V のところで，I は減少する．これらは，水銀原子を 2 回，3 回と励起したことによる．また，ボーアの発光の考えを確かめるため，蒸気の発光のスペクトルを調べたところ，実験では波長 2.536×10^{-7} m の線スペクトルが観測された．この値は，$E_2 - E_1 = 4.9$ eV の光の波長に一致する．これで，実際に水銀原子が E_2 の第一励起状態をもつことが確認された．このように，フランク–ヘルツの実験によって，原子がとびとびのエネルギー準位をもつことが直接検証された．

ここで述べてきたように，ミクロの世界を記述するには，古典物理学とは異なるまったく新しい物理を必要とすることが明らかになってきた．その新しい物理は，1.2 節で説明するように，すでに 1900 年，プランクがエネルギー量子というものを発見したときに始

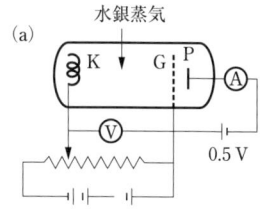
(a) フランク–ヘルツの実験装置．

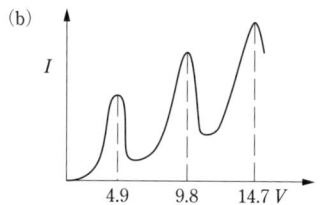
(b) フランク–ヘルツの実験での電圧 V に対する電流 I の曲線．

図 **1.1**

まったと考えてよい.

1.2 エネルギー量子の発見と量子力学の誕生

空洞放射とエネルギー量子

温度がTである黒体の表面からの放射について考えよう. 現実には完全な黒体は存在しないので, 熱せられる固体の内部に空洞を作り, そこに開けた小孔からの放射を観測すればよい. 小孔から入射した光は, 空洞の内部の表面で乱反射して完全に吸収されるので, これを黒体とみなすことができるからである. 熱平衡状態において, 空洞内での光の強度分布は温度Tのみに依存し, 壁の物質, 空洞の形, または大きさには, いっさい関係しないことがわかっていた.

プランク以前には, 単位体積あたりのエネルギーの強度分布$U(v,T)$(vは振動数)を古典電磁気学から導こうとして, いろいろな試みがなされたが, 振動数vの全領域にわたって実測と合うものはどうしても得られなかった. 1つはレイリー(Rayleigh)とジーンズ(Jeans)によるもの(レイリー-ジーンズの熱放射式)であり, 振動数の小さい領域で実験事実をよく説明できた. もう1つはヴィーン(Wien)の導いた経験式で, 振動数が大きな領域でのみ実験と一致した(図1.2).

1900年にプランクは, 新しい定数hを導入することで, これら2つの公式をつなぐ次のような内挿公式を見いだした.

$$U(v,T) = \frac{8\pi h}{c^3} \frac{v^3}{e^{hv/kT}-1} \tag{1.10}$$

これが有名なプランクの公式で, kはボルツマン(Boltzmann)定数, cは光速である. hは, 図1.2の実験曲線に合うように決められた定数で,

$$h = 6.626 \times 10^{-34} \, \text{J s} \tag{1.11}$$

であり, これをプランクの定数という. プランクの公式は全エネルギー領域をカバーしており, 他の2つの公式を極限の形として含んでいる(図1.2参照).

プランクは, こうして実験とよく合う公式を見つけたが, その原因をつきつめて考え, 次のような考えに到着した.

<u>エネルギーは, いくらでも細かく分けうるような連続量ではなく, vという振動数を有する放射のエネルギーは, hvという量の整数倍</u>

$$E = nhv \ (n = 0, 1, 2, \cdots) \tag{1.12}$$

<u>の値だけしかとることはできない.</u>

そして, 振動数vの光はhvのエネルギーのかたまりであるエネルギー量子からできているという**エネルギー量子仮説**に基づいて, 次のようにプランクの公式(1.10)を導くことに

1.2 エネルギー量子の発見と量子力学の誕生

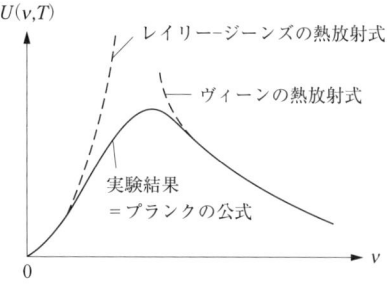

図 1.2 空洞放射の強度分布.

成功したのである.

ボルツマンの分布則により,温度 T の平衡状態においてエネルギー E の状態にある確率は,$e^{-E/kT}$ に比例する.$E = nh\nu$,すなわち n 個の量子がまとまっている状態の確率は $e^{-nh\nu/kT}$ に比例するから,これを重みとしてエネルギーの平均値を求めると,

$$\langle E \rangle = \frac{\sum_{n=0}^{\infty} nh\nu e^{-nh\nu/kT}}{\sum_{n=0}^{\infty} e^{-nh\nu/kT}} = \left. \frac{\sum_{n=0}^{\infty} nh\nu e^{-nh\nu x}}{\sum_{n=0}^{\infty} e^{-nh\nu x}} \right|_{x=\frac{1}{kT}} \tag{1.13}$$

となる.分母は $e^{-nh\nu x}$ の等比級数だから,

$$\sum_{n=0}^{\infty} e^{-nh\nu x} = 1 + e^{-h\nu x} + e^{-2h\nu x} + \cdots$$
$$= \frac{1}{1 - e^{-h\nu x}} = \frac{e^{h\nu x}}{e^{h\nu x} - 1} \tag{1.14}$$

分子は (1.14) の両辺を x で微分することにより,

$$\sum_{n=0}^{\infty} nh\nu e^{-nh\nu x} = -\frac{d}{dx} \sum e^{-nh\nu x} = -\frac{d}{dx}\left(\frac{e^{h\nu x}}{e^{h\nu x} - 1}\right)$$
$$= \frac{h\nu e^{h\nu x}}{(e^{h\nu x} - 1)^2} \tag{1.15}$$

(1.14),(1.15) を (1.13) に代入すると,

$$\langle E \rangle = \left. \frac{h\nu}{e^{h\nu x} - 1} \right|_{x=\frac{1}{kT}} = \frac{h\nu}{e^{h\nu/kT} - 1} \tag{1.16}$$

が得られる.これに ν と $\nu + d\nu$ の間の振動数の状態の数を掛けると $U(\nu, T)d\nu$ となり,

1. 量子力学へのあゆみ

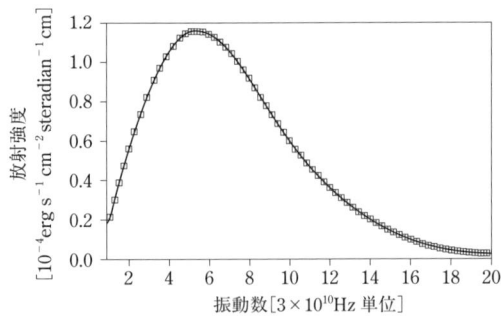

図 1.3 宇宙黒体背景放射のスペクトルについての人工衛星 COBE(Cosmic Background Explorer)の観測結果．波長 1 cm から 500 μm の間で $T_0 = 2.735 \pm 0.06$ K のプランク分布でよく一致し，そのズレは 100 分の 1 以下であることが確かめられた．〔J.C. Mather *et al.*, *Astrophysical Journal*, **354**, L37 (1990) の Fig.2 より〕．

(1.10)が求まる．

　章末問題[7]に示すように，1 W の豆電球のような小さな光源から，このように多くの数の光の量子が放出されているので，光の粒子性を直接観測できなくてもなんら不思議ではない．最近では，黒体放射は宇宙論でも重要視されるようになってきた．宇宙の創生に関するビッグバン理論によれば，宇宙初期に大爆発によって作られた強い放射は，現在も宇宙全体に広がる黒体放射として残っていると予想される．1965 年にペンジアス(Penzias)とウィルソン(Wilson)は，この宇宙背景放射の温度が，2.7 K であることを発見した(図 1.3 参照)．この黒体放射は，自然界に存在する最もきれいなプランク分布として知られている．

　この節で述べたプランクによるエネルギー量子の発見は，古典物理学に大きな衝撃を与え，同時に新しい物理学である量子力学の誕生へと導いた．

章 末 問 題

[1] (1) (1.8)に MKS 単位系で，m，e，h，ε_0 の数値を代入して，ボーア半径を[m]，[nm]，[Å]の単位で求めよ．

(2) (1.8)を変形し，$\hbar c = 197$ eV nm, $mc^2 = 0.511 \times 10^6$ eV, $\dfrac{e^2}{4\pi\varepsilon_0 \hbar c} \cong \dfrac{1}{137}$ を用いてボーア半径を計算せよ．

解 (1) MKS 単位系で，$m = 9.109 \times 10^{-31}$ kg, $e = 1.602 \times 10^{-19}$ C, $h = 6.626 \times 10^{-34}$ J s, $\varepsilon_0 = 8.854 \times 10^{-12} \dfrac{\text{C}^2}{\text{N m}^2}$ を用いると，

$$(1.8) = r_1 = \frac{\varepsilon_0 h^2}{\pi m e^2} = \frac{(8.854 \times 10^{-12} \text{ C}^2 \text{ N}^{-1} \text{ m}^{-2})(6.626 \times 10^{-34} \text{ J s})^2}{3.14(9.109 \times 10^{-31} \text{ kg})(1.602 \times 10^{-19} \text{ C})^2}$$

$$= 5.30 \times 10^{-11} \text{ m} = 0.053 \text{ nm} = 0.53 \text{ Å} \qquad \text{ⓐ}$$

$$(2)\ (1.8) = \frac{4\pi\varepsilon_0}{e^2}\frac{\hbar^2}{m} = \frac{4\pi\varepsilon_0}{e^2}\frac{(\hbar c)^2}{mc^2} = \frac{4\pi\varepsilon_0 \hbar c}{e^2}\frac{\hbar c}{mc^2}$$

$$= 137 \times \frac{197 \text{ eV nm}}{0.511 \times 10^6 \text{ eV}} = 0.053 \text{ nm} = 5.3 \times 10^{-11} \text{ m} = 0.53 \text{ Å} \qquad \text{ⓑ}$$

このように，きわめて小さい数字どうしの乗除計算ではなく，すべて原子の単位で表すことができるので，計算しやすい．

[2] (1) 例題5ⓐに，MKS単位系で m, e, h, ε_0 の数値を代入して，水素原子の基底状態のエネルギーを[eV]の単位で求めよ．

(2) [1](2)のような方法で，水素原子の基底状態のエネルギーを求めよ．

[解] (1) 例題5ⓐで，$n=1$ とおくと，

$$E_1 = -\frac{me^4}{8\varepsilon_0^2 h^2}$$

MKS単位系で m, e, h, ε_0 の数値を代入すると，

$$E_1 = \frac{(9.109 \times 10^{-31} \text{ kg})(1.602 \times 10^{-19} \text{ C})^4}{8(8.854 \times 10^{-12} \text{ C}^2 \text{ N}^{-1} \text{ m}^{-2})(6.624 \times 10^{-34} \text{ J s})^2}$$

$$= -0.002180 \times 10^{-15} \text{ J}$$

$$= -0.00218 \times 10^{-15} \times 6.242 \times 10^{18} \text{ eV} \qquad \text{ⓑ}$$

$$= -13.6 \text{ eV}$$

(2) 例題5ⓐで，$n=1$ とおくと，

$$E_1 = -\frac{e^2}{8\pi\varepsilon_0 r_1} = -\frac{e^2}{4\pi\varepsilon_0}\frac{1}{2r_1} = -\frac{\hbar c}{137}\frac{1}{2r_1}$$

$$= -\frac{197 \text{ eV nm}}{137 \times 2(0.053 \text{ nm})} \qquad \text{ⓒ}$$

$$= -13.6 \text{ eV}$$

このように原子のオーダーの単位で計算できる．

[3] 例題6ⓒのようにリュードベリ定数は $R = \dfrac{me^4}{8\varepsilon_0^2 ch^3}$ と表される．

(1) R を m^{-1} で表し，実験値(1.2)と比べよ．

1. 量子力学へのあゆみ

(2) 波長が R^{-1} に等しくなるような光子のエネルギーを eV で計算せよ．この量はリュードベリ定数として知られている．

[解] (1)

$$R = \frac{(9.109 \times 10^{-31} \,\mathrm{kg})(1.602 \times 10^{-19} \,\mathrm{C})^4}{8(8.854 \times 10^{-12} \,\mathrm{C^2 \,N^{-1} \,m^{-2}})^2 (3 \times 10^8 \,\mathrm{m\,s^{-1}})(6.626 \times 10^{-34} \,\mathrm{J\,s})^3} = 1.097 \times 10^7 \,\mathrm{m^{-1}}$$

これは実験式 (1.2) の数値に一致する．

(2) 例題 6 ⓑ より $\dfrac{1}{\lambda} = \dfrac{\nu}{c} = R$ を満たす光子のエネルギーは，

$$h\nu = Rhc = (1.096 \times 10^7 \,\mathrm{m^{-1}})(6.626 \times 10^{-34} \,\mathrm{J\,s})(2.998 \times 10^8 \,\mathrm{m\,s^{-1}}) \quad \text{ⓐ}$$

$$= 21.8 \times 10^{-19} \,\mathrm{J} = (21.8 \times 10^{-19})(6.242 \times 10^{18}) \,\mathrm{eV} = 13.6 \,\mathrm{eV}$$

別解 $h\nu = 2\pi Rhc = (2 \times 3.14 \times 1.097 \times 10^7 \,\mathrm{m^{-1}})(197 \,\mathrm{eV\,nm}) = 13.6 \,\mathrm{eV}$

これもⓐと一致する．

[4] (1) プランクの公式 (1.10) において，振動数 ν の値が小さいときの極限の形を求めよ．これはレイリー–ジーンズの熱放射式に帰着する．

(2) 同じく (1.10) において，振動数 ν の値が大きいときの極限の形を求めよ．これはヴィーンの熱放射式に帰着する．

解 (1) $h\nu/kT \ll 1$ のときには，

$$e^{h\nu/kT} - 1 = \left(1 + \frac{h\nu}{kT} + \cdots\right) - 1 \cong \frac{h\nu}{kT}$$

となるから，(1.10) は，

$$U(\nu, T) \cong \frac{8\pi h}{c^3} \frac{\nu^3}{h\nu} kT = \frac{8\pi \nu^2}{c^3} kT$$

(2) $h\nu/kT \gg 1$ のときには，$e^{h\nu/kT} \gg 1$ であるから，1 を省略して，

$$U(\nu, T) = \frac{8\pi h \nu^3}{c^3} e^{-h\nu/kT} \quad\blacksquare$$

[5] 空洞放射の単位体積あたりのエネルギーのスペクトル分布を与えるプランクの公式 $U(\nu, T) = \dfrac{8\pi h}{c^3} \dfrac{\nu^3}{e^{h\nu/kT} - 1}$ を使って以下の問いに答えよ．

(1) T が与えられているとき，$U(\nu, T)$ が最大となるような ν に対応する波長を求めよ．これを温度 T の黒体放射の典型的な波長ということにしよう．

(2) 太陽を，表面温度が 6000 K の黒体とみなしたときの典型的な波長を求めよ．

(3) 宇宙背景放射は，$T = 2.7 \,\mathrm{K}$ のプランクの公式と非常によく合うことが知られている (1.2 節参照)．宇宙背景放射の典型的な波長はいくらか．

解 (1) $U(\nu,T)$ の対数微分をとってゼロとおくと,

$$\frac{\partial}{\partial \nu}\log U(\nu,T) = \frac{3}{\nu} - \frac{h}{kT}\frac{1}{1-e^{-h\nu/kT}} = 0$$

となる.ここで $h\nu/kT = x$ とおくと,上式は $x - 3 + 3e^{-x} = 0$ と書くことができるが,これを数値的に解くと,$x = 2.8214\ldots$ が得られる.よって,$U(\nu,T)$ を最大にする ν は $\nu = 2.821 \times \dfrac{kT}{h}$ であり,対応する波長は,

$$\lambda = \frac{c}{\nu} = 0.3544 \times \frac{hc}{kT}$$

$$= 0.3544 \times \frac{6.626 \times 10^{-34}\,\mathrm{J\,s} \times 2.998 \times 10^{8}\,\mathrm{m\,s^{-1}}}{1.381 \times 10^{-23}\,\mathrm{J\,K^{-1}} \times T}$$

$$= \frac{5.098 \times 10^{-3}\,\mathrm{m}}{T(\mathrm{K}^{-1})}$$

で与えられる.

(2) 上の結果で,$T = 6000\,\mathrm{K}$ とすると,$\lambda = 8.50 \times 10^{-7}\,\mathrm{m} = 850\,\mathrm{nm}$ となる.

(3) $T = 2.7\,\mathrm{K}$ とすると,$\lambda = 1.89 \times 10^{-3}\,\mathrm{m} = 1.89\,\mathrm{mm}$ となる.

[6] プランクの公式を使って,以下の問いに答えよ.

(1) 空洞放射の単位体積あたりのエネルギー $U(T)$ を求めよ.

(2) 空洞放射は,いろいろな向きに進む電磁波(光の量子,すなわち光子)の集まりである.単位体積あたりのエネルギー $U(T)$ のうち,進む向きが単位ベクトル $\boldsymbol{n}$ の周りの微小立体角 $\mathrm{d}\Omega$ の中にあるような電磁波によるものは,$U(T) \times \dfrac{\mathrm{d}\Omega}{4\pi}$ で与えられることを示せ.

(3) 空洞の壁にぶつかる電磁波のエネルギーは,単位時間,単位面積あたりどれだけか.

(4) 空洞の壁にぶつかる空洞放射のうち,振動数が ν と $\nu + \mathrm{d}\nu$ の間にある電磁波のエネルギーは,単位時間,単位面積あたりどれだけか.

解 (1) $U(\nu,T)$ を ν について 0 から ∞ まで積分すると,単位体積あたりのエネルギーは,

$$U(T) = \int_0^\infty \mathrm{d}\nu\, U(\nu,T) = \int_0^\infty \mathrm{d}\nu\, \frac{8\pi h}{c^3}\frac{\nu^3}{e^{h\nu/kT}-1} = \frac{8\pi k^4 T^4}{h^3 c^3}\int_0^\infty \mathrm{d}x\, \frac{x^3}{e^x-1} = \frac{8\pi^5 k^4 T^4}{15 h^3 c^3}$$

で与えられることがわかる.ここで,$h\nu/kT = x$ とし,公式 $\displaystyle\int_0^\infty \mathrm{d}x\, \frac{x^3}{e^x-1} = \frac{\pi^4}{15}$ を使った.

(2) 求めるものを $u(\boldsymbol{n},T)\mathrm{d}\Omega$ とすると,これを向きについて積分したもの $\int u(\boldsymbol{n},T)\mathrm{d}\Omega$ は $U(T)$ に等しい.ところが,空洞放射は一様等方であるから,$u(\boldsymbol{n},T)$ は $\boldsymbol{n}$ によらない.よって,$u(\boldsymbol{n},T) = \dfrac{1}{4\pi}U(T)$ である.

(3) 面積が $\mathrm{d}S$ の壁の微小部分 B を考える.z 軸を B に垂直で空洞の外側が正になるようにとる.z 軸と $\boldsymbol{n}$ との間の角を θ とすると,壁に近づいてくる電磁波は $0 \leq \theta \leq \dfrac{\pi}{2}$ に対

13

1. 量子力学へのあゆみ

応している．n の向きに進む電磁波のうち，時間 dt の間に B にぶつかるものは，B を底面とし，高さが $cdt\cos\theta$ であるような柱（z 軸に対して θ だけ傾いている）の中にあるものだけである．よって，時間 dt の間に B にぶつかる電磁波のエネルギーは，

$$\int_0^{2\pi} d\varphi \int_0^{\frac{\pi}{2}} d\theta \; \sin\theta dScdt\cos\theta \; \frac{1}{4\pi}U(T) = \frac{cU(T)}{4} dSdt$$

で与えられる．けっきょく，空洞の壁にぶつかる電磁波のエネルギーは，単位時間，単位面積あたり，$\frac{cU(T)}{4}$ であることがわかる．

(4) 前問では，振動数について積分した全エネルギーについて議論したが，振動数が ν と $\nu+d\nu$ の間の部分についてもまったく同様の議論ができる．よって，前問の $U(T)$ を $U(\nu,T)d\nu$ に置き換えることにより，求めるものは $\frac{cU(\nu,T)}{4}d\nu$ であることがわかる．

[**7**] (1) 赤色（$\lambda=656$ nm）の光の量子あたりのエネルギーを計算せよ．
(2) この色の 1 W の豆電球の光源から 1 秒あたりに放出される光の量子の数を求めよ．

解 (1) $\lambda=656$ nm の光の量子あたりのエネルギーは，

$$h\nu = h\frac{c}{\lambda} = \frac{6.626\times 10^{-34}\,\text{J s}\times 3\times 10^8\,\text{m s}^{-1}}{656\times 10^{-9}\,\text{m}}$$
$$\cong 3.03\times 10^{-19}\,\text{J}$$

(2) ゆえに，1 秒あたり，この色の 1 W の光源から放出される光の量子の数は，

$$\frac{1\,\text{J}}{3.03\times 10^{-19}\,\text{J}} = 3.3\times 10^{18}\,\text{個}$$

となる．

[**8**] NHK 京都テレビジョン（地上アナログ・NHK 総合）は，周波数 32 ch（振動数 585.25 MHz）の電波を，出力 10.0 kW で比叡山から送信している．
(1) 放射される光子 1 個のエネルギーは何 J か．またそれは何 eV か．
(2) 振動の 1 周期の間に放出される光子の数はいくらか．
(3) 送信局から 10 km 離れた場所に，面積 1 m^2 の板を送信局に向かって垂直に立てたとする．1 秒間に板に当たる光子の数はいくらか．

解 (1) 振動数 $\nu=585.25$ MHz $=5.85\times 10^8\,\text{s}^{-1}$，プランク定数 $h=6.63\times 10^{-34}\,\text{J s}$，1 J $=6.24\times 10^{18}$ eV より，

$$h\nu = 3.88\times 10^{-25}\,\text{J} = 2.4210\times 10^{-6}\,\text{eV}$$

(2) 出力 $W=10.0$ kW $=10^4\,\text{J s}^{-1}$，1 秒間に 5.85×10^8 周期なので，1 周期の間に放出される光子の数は，

$$\frac{W}{h\nu}\frac{1}{5.85\times 10^{8}} = \frac{10^{4}\,\mathrm{J\,s^{-1}}}{(3.88\times 10^{-25}\,\mathrm{J})\cdot(5.85\times 10^{8}\,\mathrm{s^{-1}})} = 4.41\times 10^{19}\,\text{個}$$

となる.

(3) 1 秒間に $W/h\nu = 10^{4}/(3.88\times 10^{-25})\,\mathrm{s^{-1}}$ 個の光子が放射状に出ているとして,距離 $r = 10\,\mathrm{km} = 10^{4}\,\mathrm{m}$ における面積 $A = 1\,\mathrm{m^{2}}$ の板には,

$$\frac{A}{4\pi r^{2}} \times \frac{W}{h\nu} = \frac{10^{4}}{4\pi \times 10^{8} \times 3.88 \times 10^{-25}} = 2.05 \times 10^{19}\,\text{個}$$

の光子が当たる.

第2章　光と電子の波動性と粒子性

2.1　光電効果と光の粒子性
2.2　コンプトン効果
2.3　光の二重性
2.4　ド・ブロイの予想
2.5　デビッソン-ガーマーの実験と電子の波動性
2.6　電子による二重スリット実験と電子の二重性

　プランクの提唱したエネルギーの量子仮説をさらに積極的に推し進めたのは，アインシュタイン(Einstein)である．彼は光は $h\nu$ というエネルギーをもった粒子，すなわち光子であると考えて，光電効果を説明した(2.1節)．コンプトン(Compton)は，さらに光子はエネルギーだけでなく粒子のように運動量をももつことを明らかにした(2.2節)．一方，古典的には粒子と考えられていた電子も同時に波動性をもつのではなかろうかとド・ブロイ(de Broglie)は予想し，実験的にも確かめられた(2.4, 2.5節)．このように，光と電子は波動と粒子の二重性をもっていると考えざるを得ない．この二重性こそ光子や電子の本質的なふるまいであり，この両方の性質を矛盾なく説明するのが新しい力学，すなわち量子力学の1つの大きな目的である．

2.1 光電効果と光の粒子性

プランクの仮説の革命的意義は,発表当時すぐに一般に受け入れられたわけではない.しかしながら,一連の実験事実のすべてによって確認されていった.その重要な第一歩が,1905年アインシュタインによって行われた光電効果の説明である.

光電効果

すなわち,金属の表面に紫外線やX線のような波長の短い光を当てると,電子が飛び出す.この現象を光電効果といい,このようにして飛び出した電子を光電子という.この光電効果の性質を詳しく調べると,従来の古典物理学の考え方では理解できないことがいろいろと出てきた.レーナルト(Lenard)は,1902年光電効果を研究して次のような結果を得た.

1. 金属に当てる光の振動数 ν が,その金属に特有な振動数 ν_0 より小さいと,どんなに強い光を当てても光電子は飛び出さない.
2. 逆に, ν_0 より大きい振動数の光を当てると,どんなに弱い光でも,光を当てた瞬間に光電子が飛び出す.
3. 光電子のもつ最大の運動エネルギーは光の強さには無関係で,当たる光の振動数だけによって決まる.
4. 単位時間に飛び出す光電子の個数は,照射する光の強さに比例する.

光が古典電磁波であるとすると,電子が光から受けるエネルギーは,光の強さと光を受けた時間の積に比例するはずである.したがって古典論によれば,振動数 ν がどんなに小さい光でも,強い光を長時間当てれば大きなエネルギーを与えることができ,電子は飛び出すので,1の性質と矛盾する.また, ν_0 より大きい振動数の光でも,弱い光ならば,光電子が飛び出すまでには時間がかかる.これも光を当てた瞬間に光電子が飛び出すという2の性質と矛盾する.光が強ければ,出てくる光電子の運動エネルギーも大きいはずなので,3の性質も説明できない.

アインシュタインの説明

1905年,アインシュタインはプランクの量子仮説をさらに押し進め,

> 振動数 ν の光は,1個のエネルギーが $h\nu$ のエネルギーをもつ粒子の集団のようにふるまう

と考え,光電効果をみごとに説明した.上に述べた光の粒子は光子(フォトン)と名づけられた.

光子が電子と衝突したとき,そのエネルギー全部を一度に電子に与えて吸収されると考

2. 光と電子の波動性と粒子性

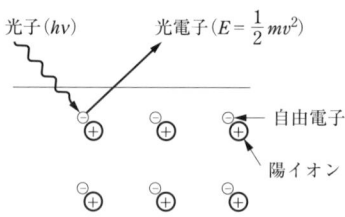

図 2.1 光電効果の概念図.

えると，光電効果の実験は光子説によって次のように説明される（図2.1）．金属内の自由電子は，金属内を自由に動き回ることはできるが，金属イオン（陽イオン）の引力を受けているので，電子を引き出すためにはある最低エネルギーを与えてやらなければならない．このエネルギーを W とし**仕事関数**とよぶ．1個の光子が1個の電子に当たり，電子が金属表面から弾き出されるとき，その電子の運動エネルギーの最大値を $\frac{1}{2}mv^2$ とすれば，

$$\frac{1}{2}mv^2 = h\nu - W = h\nu - h\nu_0 \tag{2.1}$$

となる．$h\nu < h\nu_0$ ならば，電子はけっして金属の外へ出ることはできない．したがって光電効果は起こらない．これが実験事実1である．同様に実験事実2，3，4をも説明する．これこそ光の粒子性を簡単明瞭に示すたいせつな関係式であり，振動数 ν の光は，1個のエネルギーが $h\nu$ の光子の集まりであると考えてよいことが明らかとなった．このアインシュタインの考えは，1900年にプランクの提唱したエネルギー量子という概念をさらに積極的に発展させ，光の粒子性を明確にした．

例題 金属ナトリウムから光電子を放出させるために必要な最小エネルギーは 2.3 eV である．

(1) このナトリウムに波長が 510 nm の太陽光線を当てたとき，光電子は飛び出すか．

(2) 北極星から来る波長 350 nm の微弱な光をナトリウムに当てたとき，光電子は飛び出すだろうか．

解 (1) 波長 $\lambda = 510$ nm の光子のエネルギー

$$h\nu = \frac{hc}{\lambda} = \frac{6.63 \times 10^{-34}\,\mathrm{J\,s} \times 3 \times 10^8\,\mathrm{m\,s^{-1}}}{510 \times 10^{-9}\,\mathrm{m}} = 3 \times 10^{-19}\,\mathrm{J}$$

$$= \frac{3.9 \times 10^{-19}}{1.602 \times 10^{-19}}\,\mathrm{eV} = 2.43\,\mathrm{eV}$$

ここで $1\,\mathrm{eV} = 1.602 \times 10^{-19}\,\mathrm{J}$ を用いた．この値は $h\nu_0 = 2.3\,\mathrm{eV}$ より大きいので，光電子は飛び出す．

(2) 同様にして，$\lambda = 350$ nm の光子のエネルギーは $h\nu = 3.54\,\mathrm{eV}$．これは，$h\nu_0 = 2.3\,\mathrm{eV}$

より大きいので，アインシュタインの関係式より，光を当てた瞬間に光電子は飛び出す．一方，古典論で電子が飛び出すのに必要なエネルギーを得るためには，長い年月を必要とする．

ミリカンの実験の説明

1916年ミリカン(Millikan)は，図2.2のような装置を用いて(2.1)の関係を確かめ，プランク定数の値hを求めた．

陰極Kの電位をゼロ，陽極Pの電位Vを正にすると，Kから飛び出した光電子はPに集まるので，電流が流れる．電位Vを負にすると，Kから出た光電子は逆向きの力を受けるが，初速度をもって飛び出すので，電流はすぐにはゼロにならない．Pの電位が$-V_0$になったときに電流がゼロになったとすると，電子は電場から$-eV_0$の仕事を受けて，Pに達する直前に運動エネルギーがゼロになるので，

$$\frac{1}{2}mv^2 - eV_0 = 0 \tag{2.2}$$

が成り立つ．これからV_0をはかると$\frac{1}{2}mv^2$がわかる．図2.3に，ナトリウムに当てた単振動の振動数νとeV_0の関係を示す．(2.1)，(2.2)より，

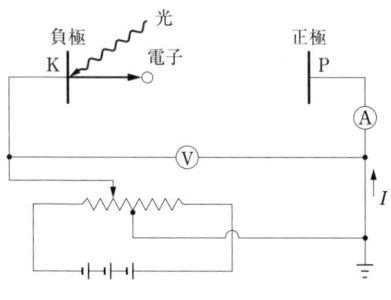

図2.2 ミリカンの実験．

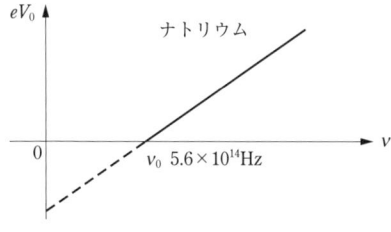

図2.3 eV_0とνの関係．

$$eV_0 = h\nu - h\nu_0 \tag{2.3}$$

となり，直線の傾きがプランク定数 h となる．

2.2 コンプトン効果

　光の粒子性をもっと確実に示したのは，いわゆる**コンプトン効果**であろう．1923 年コンプトンは，単色の X 線を物質に当てたとき，古典電磁気学では理解できないような散乱があることを見いだした．一般に波の散乱では，入射波と散乱波の波長は変わらない．ところが彼は，照射した X 線と同じ波長 λ のもののほかに，λ より長い波長 λ' をもつ X 線があることを発見したのである（図 2.4）．この現象は，X 線を波動と考えたのでは理解できない．

　コンプトンは，この現象を X 線光子と電子が衝突するとき，光子をエネルギー $h\nu$ のみでなく運動量 $p = \dfrac{h}{\lambda}$ をもつ粒子として扱えば，2 粒子間の弾性散乱の問題として正確に計算でき，上記効果を説明できることを明確に示した．

　例題　コンプトンは，波長 λ，振動数 ν の入射 X 線を，エネルギー $E = h\nu = \dfrac{hc}{\lambda}$，運動量 $p = \dfrac{h}{\lambda}$ をもつ光子の流れと考えた．この X 線光子が，図 2.5 のように静止している質

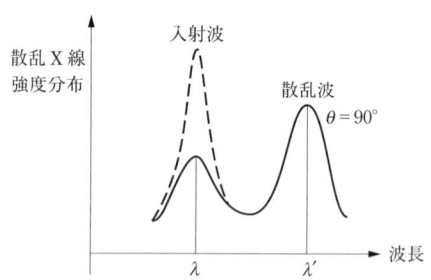

図 2.4　入射 X 線に対する散乱 X 線の強度分布（$\theta = 90°$）．

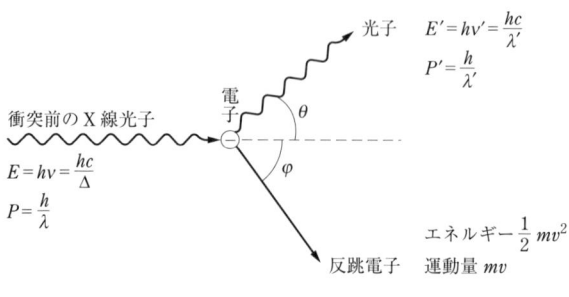

図 2.5　コンプトン散乱．

2.2 コンプトン効果

量 m の電子と衝突して，エネルギー $E' = \dfrac{hc}{\lambda'}$, 運動量 $p' = \dfrac{h}{\lambda'}$ の光子として入射方向から角度 θ の方向に散乱され，電子はエネルギー $\dfrac{1}{2}mv^2$, 運動量 mv で ϕ の方向へ跳ね飛ばされると考えた．エネルギー保存の法則から，

$$\frac{hc}{\lambda} = \frac{hc}{\lambda'} + \frac{1}{2}mv^2 \qquad ①$$

運動量保存の法則から，

$$\frac{h}{\lambda} = \frac{h}{\lambda'}\cos\theta + mv\cos\phi \qquad ②$$

$$\frac{h}{\lambda'}\sin\theta - mv\sin\phi = 0 \qquad ③$$

が得られる．次の問いに答えよ．

(1) ②, ③ で $\lambda' = \lambda$ と近似し，$\sin^2\phi + \cos^2\phi = 1$ によって ϕ を消去することにより，

$$2(1-\cos\theta)\frac{h^2}{\lambda^2} = m^2 v^2 \qquad ④$$

の関係を導け．

(2) ① を使って ④ より v を消去し，$\dfrac{1}{\lambda} - \dfrac{1}{\lambda'} \cong \dfrac{\lambda' - \lambda}{\lambda^2}$ を用いて，

$$\Delta\lambda = \lambda' - \lambda = \frac{h}{mc}(1-\cos\theta) \qquad ⑤$$

を導け．

(3) $\dfrac{h}{mc}$（コンプトン波長）の値を求めて，

$$\Delta\lambda = 0.0243(1-\cos\theta)[\text{Å}] \qquad ⑥$$

を導け．

解 (1) $\lambda' = \lambda$ と近似すると，② より，

$$\frac{h}{\lambda}(1-\cos\theta) = mv\cos\phi \qquad ⓐ$$

③ より，

$$\frac{h}{\lambda}\sin\theta = mv\sin\phi \qquad ⓑ$$

ⓐ, ⓑ の両辺を 2 乗して足し算し，$\sin^2\phi + \cos^2\phi = 1$ を用いて，

$$2(1-\cos\theta)\frac{h^2}{\lambda^2} = m^2 v^2$$

を得る．

(2) ① より，

2. 光と電子の波動性と粒子性

$$2\left(\frac{1}{\lambda} - \frac{1}{\lambda'}\right)mhc = m^2 v^2 \qquad \text{ⓒ}$$

④ = ⓒ より，

$$\left(\frac{1}{\lambda} - \frac{1}{\lambda'}\right)mhc = (1-\cos\theta)\frac{h^2}{\lambda^2} \qquad \text{ⓓ}$$

$\left(\dfrac{1}{\lambda} - \dfrac{1}{\lambda'}\right) \cong \dfrac{\lambda' - \lambda}{\lambda^2}$ を代入して，$\lambda' - \lambda = \dfrac{h}{mc}(1-\cos\theta)$ が得られる．

(3) $\qquad \dfrac{h}{mc} = \dfrac{6.626 \times 10^{-34}\,\text{J s}}{9.11 \times 10^{-31}\,\text{kg} \times 3 \times 10^8\,\text{m s}^{-1}} = 2.43 \times 10^{-12}\,\text{m} \qquad \text{ⓔ}$

$\hbar c = 197\,\text{eV nm}$ を使うと，

$$\frac{h}{mc} = \frac{2\pi \hbar c}{mc^2} = \frac{2\pi \times 197\,\text{eV nm}}{0.5110 \times 10^6\,\text{eV}} = 2.43 \times 10^{-12}\,\text{m}$$

$$\therefore \Delta\lambda = \lambda' - \lambda = 2.43 \times 10^{-12}(1-\cos\theta)[\text{m}] = 0.0243(1-\cos\theta)[\text{Å}]$$

を導くことができた． ∎

これにより，光は(粒子のように)光子として存在し，エネルギーだけでなく運動量ももっていることが明らかになった．

2.3 光の二重性

2.1, 2.2 節で述べてきたように，光電効果やコンプトン効果を説明するためには，光が粒子の性質をもつと考えなければならない．一方，光が干渉や回折など波に特有な性質を示すことも厳然たる事実である．したがって，光は粒子性をもつと同時に波動性をももつと考えざるを得ない．これを粒子と波動の二重性という．こうして，光というものは粒子と波動という二重人格をもつことになる．しかしながら，われわれが従来もっていた波という概念と粒子という概念とは，1つのものがそのどちらでもあるということなど許すものではなく，大きなパラドックスとなった．それにもかかわらず，この二重性こそ光の本質的なふるまいであり，このパラドックスは，その後，電磁場の量子化によって完全に解決されることになった*．この両方の性質を矛盾なく説明するのが，量子力学の1つの大きな目的である．一口にいうと，光はこれを検出するときの過程から考えて，吸収・放出の過程では粒子としてふるまい，光子がどこに検出されるかを予知するためには波動であると考えれば理解できる．

---

*猪木慶治，川合光，量子力学Ⅱ，第 14 章，講談社(1994)

弱い光線による二重スリット実験*

図 2.6 のような，ヤング(Young)の二重スリットの実験を思い出してみよう．スリット S_1，S_2 を同時に開けたとき，(a)のように 2 つの写真を二重焼きにしたようなものではなく，(b)のように本質的に別の模様が得られる．

この著しい干渉の事実は光を波と考えることによって，特に不自然な仮定を導入することなく説明できる．

いま，単一方向に照射することのできる光源を考えよう．光源から光線を照射して，フォトンイメージング検出器で，光子がどこに到着したかを検出しよう．光源の強度が強いときには図 2.6(b)のような干渉縞が現れる．

光源の強度を極端に微弱にしていくと，ポツン，ポツンと 1 個ずつ小さな輝点が検出される．したがって，光源からの極微弱光は粒子(光子)としてふるまうと考えられる．そこで，1 個 1 個の光子が同時に開いたスリット S_1，S_2 を通過したあと，どのようにふるまうかを，きわめて高感度のフォトンイメージング検出器で記録していく．スリット S_1，S_2 を通ったあとの光子は，モニター上にポツン，ポツンと輝点として現れる(図 2.7(a))．そのふるまいはまったく規則性がないように見える．さらに光子の数を増やしていくとある傾向が生まれ，光子の分布に縞模様のような規則性が現れてくる(図 2.6(b))．さらに光子の数を増やしていくと，強い光を S_1，S_2 に照射して得たときの干渉縞(図 2.6(b))にかぎりなく近づいていく(図 2.7(c))．このように，光は光子という粒子として発射され，光子という粒子として検出される．光源を出た光子がフォトンイメージング検出器のどの y の位置に検出されるかの予測は，確定的にはできない．しかし，何回も何回も実験すれば，

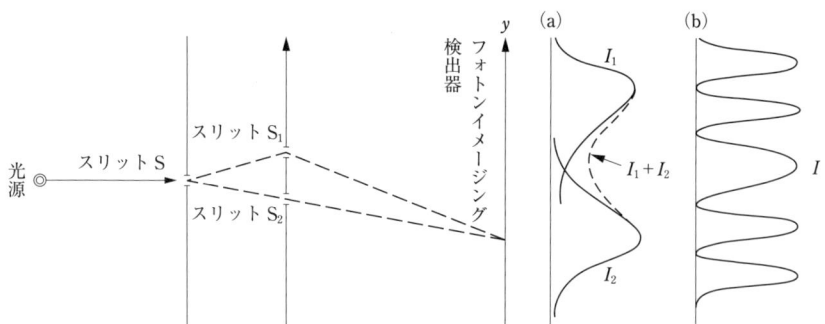

図 2.6 ヤングの二重スリット実験．I_1：スリット S_1 を開けスリット S_2 を閉じた場合の光の強度，I_2：スリット S_2 を開けスリット S_1 を閉じた場合の光の強度，I：スリット S_1，S_2 を同時に開けた場合の光の強度．$I \neq I_1 + I_2$ であり，波の干渉効果を表す．

---

*浜松ホトニクス(株)製作の「光への誘い(有馬朗人博士 監修)」のビデオが教育的でわかりやすい．

2. 光と電子の波動性と粒子性

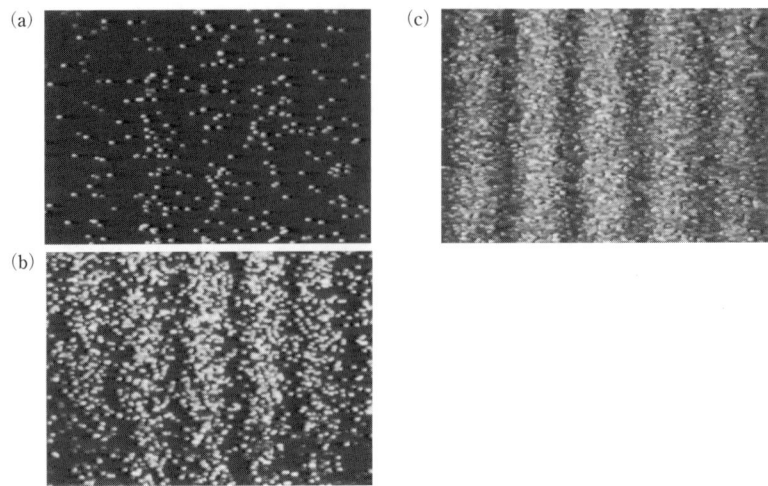

図 2.7 光子による干渉縞の実験．図 2.6 のように，スリット S_1, S_2 の 2 つのスリットを同時に開いて，光子を 1 個ずつ左から送ってフォトンイメージング検出器で検出する．(a)：送った光子の数が小さい場合，(b)：送った光子の数をさらに増やした場合，(c)：送った光子の数をさらに増やした場合で，強い光を S_1, S_2 に照射して得たときの干渉縞に，かぎりなく近づいていくことを示す．

図 2.6(b) の曲線 I にかぎりなく近づいていく．そして図 2.7 に示すような過程で，干渉縞が形成されていく．このようにして干渉縞が現れるので，光がもつ粒子と波動の二重性は矛盾なく説明できる．すなわち，1 個ずつ光子を照射しても，S_1, S_2 の 2 つのスリットがある場合には，1 個の光子でも両方のスリット S_1, S_2 の存在を感じていることを意味する．光子 1 個 1 個が干渉作用を起こした結果といえる．

2.4 ド・ブロイの予想

1923 年ド・ブロイは，次のような仮説を提出した．2.3 節で議論してきたように，光が電磁波としての波動性と光子としての粒子性の**二重性**をもつならば，逆に電子のように古典的には粒子と考えられていたものも，同時に波動性をもつのではなかろうかと考えた．一般に，物質粒子が波動としてふるまうときの波を**物質波**といい，電子の場合の物質波を**電子波**という．

いま，電子の質量を m, 速度を v とし，電子の波としての波長を λ としよう．光子の場合，エネルギーと運動量の大きさは，

$$E = h\nu \quad , \quad p = \frac{h}{\lambda} \tag{2.4}$$

というアインシュタインの関係で与えられることがわかっている．これを，波の言葉を粒子の言葉に翻訳する辞書のようなものであるとすると，逆に粒子の言葉を波の言葉に翻訳できて，

$$\nu = \frac{E}{h}, \qquad \lambda = \frac{h}{p} = \frac{h}{mv} \tag{2.5}$$

と書くこともできよう．ド・ブロイは，電子に対しても(2.5)の関係がそのまま成立すると予想した．これをド・ブロイの関係式という．もし，電子を V ボルトの電圧で加速すれば，速さ v をもつ電子は $\frac{1}{2}mv^2 = eV$ より $v = \sqrt{\frac{2eV}{m}}$ で与えられるから，電子波の波長は，

$$\lambda = \frac{h}{mv} = \frac{h}{\sqrt{2meV}} = \frac{12.3}{\sqrt{V}}[\text{Å}] \tag{2.6}$$

で与えられる．したがって，100ボルト程度なら電子波の波長は 1 Å の程度になる．この程度の波長ならば，X線と同様に結晶内に正しく並んだ原子によって干渉，回折を起こすはずである．

例題 (a)巨視的なものの重心運動については，ド・ブロイの関係が成り立つ．ところで，質量50 kgの人が時速4 kmで歩いているとき，ド・ブロイ波長はいくらになるか．
(b)運動エネルギーが10 eVの電子のド・ブロイ波長はいくらか．

解
(a) $\lambda = \dfrac{h}{p} = \dfrac{h}{Mv} = \dfrac{6.63 \times 10^{-34}[\text{J s}]}{50[\text{kg}] \cdot \dfrac{40}{36}\left[\dfrac{\text{m}}{\text{s}}\right]}$

$= 1.2 \times 10^{-35}[\text{m}]$

(b) $\lambda = \dfrac{h}{mv} = \dfrac{h}{\sqrt{2meV}} = \sqrt{\dfrac{150.4}{V}} 10^{-10}[\text{m}] = 3.88 \times 10^{-10}[\text{m}]$ ∎

2.5 デビッソン–ガーマーの実験と電子の波動性

ド・ブロイの仕事は非常に人々の注意をひき，多くの人々は電子の干渉，回折現象を観測することによってド・ブロイの予想は確かめられるだろうと考えた．実際，デビッソン(Davisson)とガーマー(Germer)は，電子線をニッケルの結晶の表面に当てると，図2.8のように特定の角度 θ のところに強い反射を示すことを見いだした．原子間隔を d とすると，$d\sin\theta = n\lambda$ ($n = 1, 2, 3, \cdots$) を満たす方向に電子波が強く散乱されるので，この式から電子波の波長 λ が実験により求められる．この値が理論値(2.6)によく一致していることが確かめられ，ド・ブロイの関係式が正しいことが立証された．さらに，トムソン(Thomson)や菊池正士も電子の波動性を示す本格的な実験を行った．このように電子の波動性が確か

2. 光と電子の波動性と粒子性

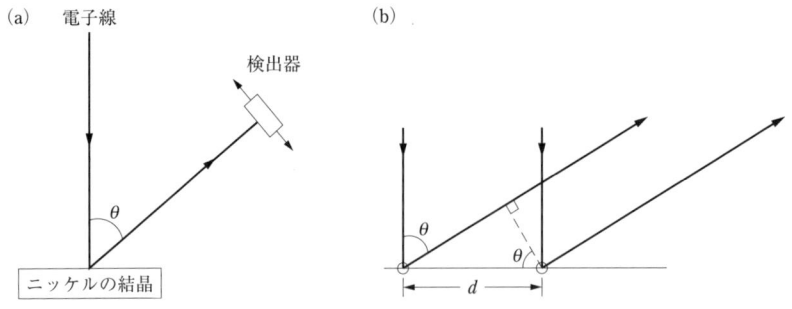

図 2.8 (a)デビッソン-ガーマーの実験装置，(b)干渉が起こる条件は $d\sin\theta = n\lambda$ ．

められたことは，波動力学の発展への重要なステップとなった．

2.6　電子による二重スリット実験と電子の二重性

2.3 節で，光子による二重スリット実験での干渉から，光子が粒子と波動の二重性をもつことがわかったが，光子を電子に置き換えて実験した場合，同じような干渉縞が現れるだろうか．

電子の二重スリット実験

思考実験ではなく，現在では，電子顕微鏡，干渉性のよい電子線，電子の二次元検出器など技術の進展によって，電子の二重スリット実験が可能となった[*]．

図 2.9 に示すように，電子が 1 個ずつ電子源から発射され，電子線バイプリズムを通って二次元検出器のどこに到着するかを，モニターで検出してみよう．電子を 1 個ずつ発射させると，電子がモニター上のあちこちにポツン，ポツンとやってくる．実験を開始しはじめたばかりのときは，丸く明るい輝点が 1 個ずつ検出される．つまり電子は波ではなく，粒子として 1 個ずつ検出されていることを示している．当初，電子の到着する位置はまったく不規則に見える（図 2.10(a)，(b)）．しかし，モニターに到着した電子がかなりの数になると，図 2.10(c)，(d)に示すように，何やら縞らしきものが見えはじめる．さらに図 2.10(e)のように電子の数が 140,000 にもなると，まさしくきれいな干渉縞が現れてくる．すなわち 1 個 1 個の電子を送ったにもかかわらず，干渉縞が観測されたことになる．この干渉縞は，1 個の電子が 2 つのスリットの存在を感じていることを意味し，電子 1 個 1 個が干渉作用を起こしたことになる．

---

[*]外村彰，量子力学を見る，岩波書店(1995)の第 5 章電子の裁判参照．

2.6 電子による二重スリット実験と電子の二重性

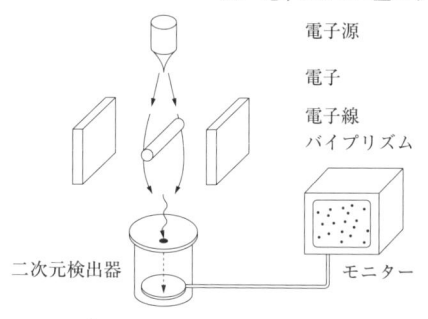

図 2.9 電子による二重スリット実験の実験装置.
[外村彰, 量子力学を見る, p.51, 岩波書店(1995)より転載]

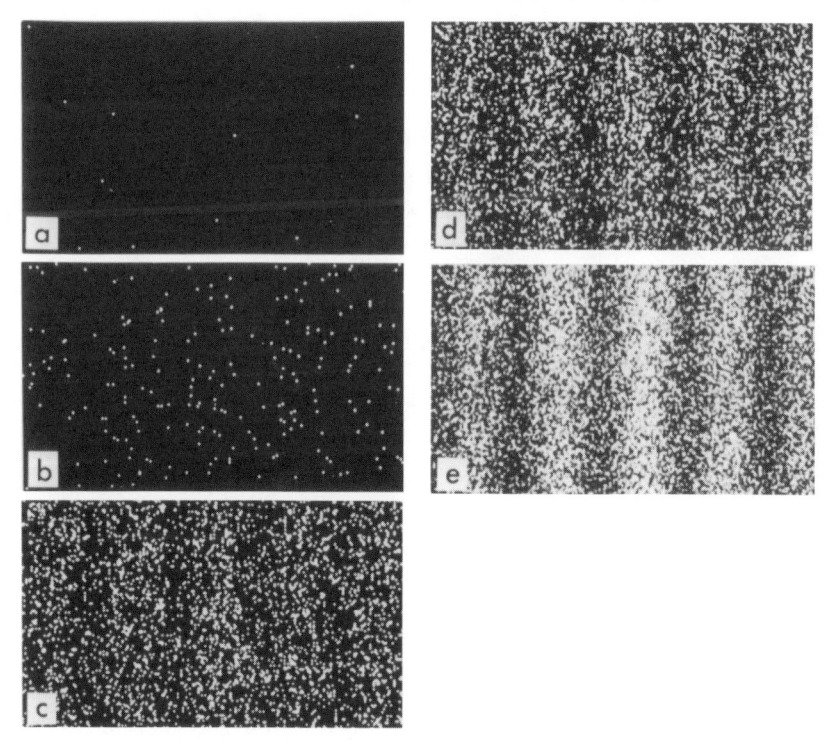

図 2.10 電子による干渉縞の実験. 図 2.9 の実験装置で, 電子を 1 個 1 個二重スリットに代わる電子線バイプリズムに送る. 電子を粒子と考えると, 電子はバイプリズムの右か左を通る. 検出器に到着した電子は, モニター上の輝点として積算されていく.
　(a) 電子の数 10 個の場合, (b) 電子の数 200 個の場合, (c) 電子の数 6,000 個の場合, (d) 電子の数 40,000 個の場合, (e) 電子の数 140,000 個の場合.
　電子は常に 1 個の粒子として観測され, 2 個に分かれることはない. にもかかわらず, 電子の波が電子線バイプリズムの両側を同時に通ったときに生じる干渉縞が現れてくる.
(日立製作所(株)基礎研究所　外村彰博士提供)

電子の二重性

以上をまとめると，電子は粒子として発射され，検出されるときも粒子として検出されるにもかかわらず，出発点と到着点との間では波動として伝播しているように見えると結論せざるを得ない．電子も光子のように，粒子と波動の二重性を示す．さらに，

> ミクロな対象のもつ一般的性質として，電子のみでなく中性子などの物質粒子も，光と同じように粒子－波動の二重性ももつ．

ことも明らかになった．

章 末 問 題

[1] セシウムの場合の仕事関数 W は 1.9 eV である．いま波長 434 nm の青い光をこのセシウムの表面に照射したとき，飛び出す電子の最大エネルギーを求めよ．

解 434 nm の入射光子のエネルギーは，

$$h\nu = \frac{hc}{\lambda} = \frac{6.63 \times 10^{-34}\,\text{J s} \times 3 \times 10^8\,\text{m s}^{-1}}{434 \times 10^{-9}\,\text{m}}$$

$$= 4.58 \times 10^{-19}\,\text{J} = \frac{4.58 \times 10^{-19}}{1.602 \times 10^{-19}}\,\text{eV} = 2.86\,\text{eV}$$

∴ 飛び出す電子の最大運動エネルギーは，

$$\frac{1}{2}mv^2 = 2.86\,\text{eV} - 1.90\,\text{eV} = 0.96\,\text{eV}$$

[2] 495 nm，353 nm の波長の光をセシウムの表面に照射した．そのとき V_0 はそれぞれ 0.6 V，1.6 V であった．次の問いに答えよ．

(1) セシウムの仕事関数を求めよ．
(2) プランク定数 h の値を求め，プランクの公式を用いて求めた (1.11) の値と比較せよ．

解 (1) (2.3) を波長 λ と $h\nu_0 = W$ を用いて書き換えると，

$$eV_0 = \frac{hc}{\lambda} - W$$

これに，上に与えられた数値を代入すると，前者のとき，

$$1.6 \times 10^{-19} \times 0.6 = \frac{3 \times 10^8}{4.95 \times 10^{-7}} h - W \quad \text{ⓐ}$$

後者のとき，

$$1.6 \times 10^{-19} \times 1.6 = \frac{3 \times 10^8}{3.53 \times 10^{-7}} h - W \quad \text{ⓑ}$$

ⓐ，ⓑを解くと，

$$W = 3.04 \times 10^{-19} \quad \text{ⓒ}$$

$$h = 6.6 \times 10^{-34} \quad \text{ⓓ}$$

$$W = 3.04 \times 10^{-19} \,\text{J} = \frac{3.04 \times 10^{-19}}{1.6 \times 10^{-19}} \,\text{eV} = 1.9 \,\text{eV}$$

(2) ⓓより $h = 6.6 \times 10^{-34} \,\text{J s}$

この値はまったく異なる方法でプランクがプランクの公式を用いて求めた値(1.11)とよく一致している.

[3] 光速よりもずっと遅い自由電子のエネルギーと運動量の関係は,

$$E = \frac{p^2}{2m} \quad \text{①}$$

で与えられる. いま, 電子をVボルトの電圧で加速したときの電子のド・ブロイの波長を求めよ.

解 もし, 電子をVボルトの電圧で加速すれば, 電子の得る運動エネルギーは,

$$E = \frac{p^2}{2m} = eV \quad \text{ⓐ}$$

$$\therefore \quad p = \sqrt{2meV} \quad \text{ⓑ}$$

(2.5)から電子のド・ブロイ波長は,

$$\lambda = \frac{h}{p} = \frac{hc}{\sqrt{2mc^2 eV}} = \frac{2\pi\hbar c}{\sqrt{2mc^2 eV}} \quad \text{ⓒ}$$

となる. mとeに数値を代入すれば,

$$\lambda = \frac{(2\pi) \times 1.97 \times 10^3 \,\text{eV Å}}{\sqrt{2 \times 0.511 \times 10^6 \,\text{eV} \times V \times \text{eV}}} = \frac{12.3}{\sqrt{V}} \,\text{Å} \quad \text{ⓓ}$$

100ボルト程度なら, 電子波の波長は1Åの程度になる. この程度の波長ならば, X線と同様に結晶内に正しく並んだ原子によって回折現象を起こすはずである

[4] 波長1.0ÅのX線が90°の方向にコンプトン散乱がされるとき, 次のものを求めよ.
(1) 波長のずれ
(2) 散乱X線の波長
(3) 反跳電子に与えられる運動エネルギー
(4) 入射光子が衝突中に失うエネルギーの割合

解 (1) 波長のずれ $\Delta\lambda$ は, 2.2節例題1の⑤で$\theta = 90°$として,

$$\Delta\lambda = \frac{h}{mc}(1 - \cos 90°) = 0.0243 \,\text{Å}$$

結果は, 入射X線の波長にはよらないことに注意.

(2) $\therefore \quad \lambda' = \lambda + \Delta\lambda = 1 \,\text{Å} + 0.0243 \,\text{Å} = 1.0243 \,\text{Å}$

2. 光と電子の波動性と粒子性

(3) 反跳電子に与えられる運動エネルギーを K とすると,

$$h\nu + mc^2 = h\nu' + mc^2 + K$$

$$\therefore\ K = h(\nu - \nu') = h\left(\frac{c}{\lambda} - \frac{c}{\lambda'}\right) = h\left(\frac{c}{\lambda} - \frac{c}{\lambda + \Delta\lambda}\right)$$

$$= \frac{hc\Delta\lambda}{\lambda(\lambda + \Delta\lambda)} = \frac{2\pi \times 1.97\ \text{keV Å} \times 0.0243\ \text{Å}}{1.0\ \text{Å}(1.0243\ \text{Å})} = 0.294\ \text{keV}$$

(4) (入射 X 線のエネルギー) $= h\nu = \dfrac{hc}{\lambda} = \dfrac{(2\pi)1.97\ \text{keV Å}}{1.0\ \text{Å}} = 12.4\ \text{keV}$

光子の失うエネルギー ≃ 反跳電子に与えられる運動エネルギー ≃ 0.294 keV.

∴ 入射光子が衝突中に失うエネルギーの割合は,

$$\frac{0.294\ \text{keV}}{12.4\ \text{keV}} \times 100\ \% = 2.37\ \%$$

[5] 次の各場合の物質波の波長を求めよ.
(1) 速度 $10^3\ \text{m s}^{-1}$ で飛んでいる $0.5\ \mu\text{g}$ の磁気単極子
(2) 速度 $10^6\ \text{m s}^{-1}$ で動いている金属中の自由電子
(3) 1 GeV の電子

解 (1) $\lambda = \dfrac{h}{p} = \dfrac{h}{mv} = \dfrac{6.626 \times 10^{-34}\ \text{J s}}{0.5 \times 10^{-9}\ \text{kg}\ 10^3\ \text{m s}^{-1}} = 1.33 \times 10^{-27}\ \text{m}$

(2) $\lambda = \dfrac{h}{p} = \dfrac{2\pi\hbar c}{mvc} = \dfrac{2\pi\hbar c}{mc^2 \dfrac{v}{c}} = \dfrac{2\pi \times 1.97\ \text{keV Å}}{511\ \text{keV} \times (300)^{-1}} = 7.27\ \text{Å}$

(3) この場合, いままでのように非相対論的近似で p を求めるのはよくない. しかし, (2.5)は相対論的領域でも成り立つ.

$$E = \sqrt{p^2 c^2 + m^2 c^4}$$

$E \sim 1\ \text{GeV}$ のとき, mc^2 は E に比べてはるかに小さい.

$$\therefore\ \lambda = \frac{h}{p} = \frac{hc}{E} = \frac{2\pi\hbar c}{E}$$

$$= \frac{(2\pi)(197)\text{MeV fm}}{1000\ \text{MeV}}$$

$$= 1.24\ \text{fm}$$

[6] 大きさ 1 fm 程度の原子核の構造を (1) γ 線, (2) 電子線を用いて調べるのに, どの程度のエネルギーが必要か.

解 大きさ a が 1 fm 程度の原子核の構造を調べるには,波長 $\lambda \sim a = 1$ fm の波を用いればよい.対応する粒子の運動量は $p = \dfrac{h}{\lambda} = \dfrac{h}{a}$ で与えられる.エネルギーと運動量の関係式としては,相対論的な関係式 $E(p) = \sqrt{p^2 c^2 + m^2 c^4}$ を用いる.

(1) γ 線;$E = pc \simeq \dfrac{hc}{a} = \dfrac{2\pi \times 197 \text{ MeV fm}}{1 \text{ fm}} = 1.24 \times 10^3$ MeV

(2) 電子線;$E(p) \simeq pc = 1.24 \times 10^3$ MeV

ここで,$pc \gg mc^2$ を用いた.

第3章　シュレーディンガー方程式

3.1 電子のシュレーディンガー方程式
3.2 波動関数とボルンの確率解釈
3.3 物理量の期待値と演算子
3.4 量子力学の古典的極限
3.5 波束と不確定性関係

　1, 2章で述べてきたミクロの世界の新しい現象は，新しい力学，いわゆる量子力学を使えば，すべて理解できることがわかっている．そのために，基礎方程式であるシュレーディンガー方程式から入っていくことにしよう．しかし，量子力学は古典力学の適用限界の範囲外にあるので，この方程式を古典力学から演繹的に導き出すことはできない．2章で光も電子も，粒子と波動の二重性をもつことを述べてきたが，いま電子を例にとり，電子の粒子性と波動性をどのように両立させることができるかを出発点として，シュレーディンガー方程式を推測していこう(3.1節)．もちろん新しい理論は古典力学をその極限の場合として含み，また同時にこの極限をそれ自身の基礎づけのために必要とする．3.2節では，波動関数の意味を調べ，ボルン(Born)の確率解釈という考え方を解説する．これがわかれば，位置，運動量，運動エネルギーといった物理量を，観測と比較することができるようになる(3.3節)．3.4節ではいわゆるエーレンフェスト(Ehrenfest)の定理を紹介し，量子力学の古典極限でニュートンの運動方程式が導かれることを示そう．いずれにしても，ここでは頭を柔軟にして物理的概念の把握に努めていただきたい．しかし，一度にわかろうとせずに，もっと慣れてからもう一度復習することをお勧めする．

3.1　電子のシュレーディンガー方程式

自由粒子の場合

電子が波動のようにふるまうとき，電子波はどのような方程式に従うのだろうか．いまのところその物理的意味は不明であるが，電子波の波動量があるとし，それを**波動関数**とよぼう．まず外力に束縛されない自由な電子を考えてみる．1次元空間での電子を考え，その波動関数を，

$$\psi(x,t) = Ae^{i(kx-\omega t)} \tag{3.1}$$

と書くことにしよう．電子の粒子性と波動性の関係(2.5)に着目しよう．波数 k は，kx が 2π だけ変わると(3.1)の $\psi(x,t)$ はもとの値に戻るから，$k\lambda = 2\pi$ が成り立ち，

$$k = \frac{2\pi}{\lambda} = \frac{2\pi p}{h} = \frac{p}{\hbar} \tag{3.2}$$

角振動数は電子のエネルギーと次の関係にある．

$$\omega = 2\pi\nu = \frac{2\pi E}{h} = \frac{E}{\hbar} \tag{3.3}$$

(3.2)，(3.3)を(3.1)に代入すると，

$$\psi(x,t) = Ae^{i(px-Et)/\hbar} \tag{3.4}$$

1次元での平面波は $\psi = A\sin(kx-\omega t)$ や $A\cos(kx-\omega t)$ で表されるとも考えられるが，それでは不適当である(詳しくは5.1節，特に例題2を参照されたい)．量子力学で扱う波動量は本質的に複素数である．電子の運動量が完全に決まっていると，その位置は完全に不確定になる．そのような場合には，$\psi^*\psi$ で表される確率は位置座標 x によらない．このことは，波動関数が(3.1)で与えられると考えるのが自然だろう．

(3.4)を x で2回偏微分すると，

$$\frac{\partial^2 \psi}{\partial x^2} = -\frac{p^2}{\hbar^2}\psi \tag{3.5}$$

同様に t で偏微分すると，

$$\frac{\partial \psi}{\partial t} = -\frac{iE}{\hbar}\psi \tag{3.6}$$

ところが，電子に外力が働かないときには $E = \dfrac{p^2}{2m}$ を満たすので，(3.5)，(3.6)より，

$$i\hbar\frac{\partial \psi(x,t)}{\partial t} = -\frac{\hbar^2}{2m}\frac{\partial^2 \psi(x,t)}{\partial x^2} \tag{3.7}$$

第3章 シュレーディンガー方程式

が得られる．これを自由な電子の場合の 1 次元のシュレーディンガー方程式という．興味深いことに，(3.7)は時間に関して 1 階の偏微分方程式である．

ポテンシャルエネルギー V が一定の場合，シュレーディンガー方程式はどうなるだろうか．電子の全エネルギーは，その運動エネルギーと一定値のポテンシャルエネルギー V の和として，

$$E = \frac{p^2}{2m} + V \tag{3.8}$$

で表すことができる．この場合も前と同様にして(3.4)より，

$$i\hbar \frac{\partial \psi}{\partial t} = E\psi \tag{3.9}$$

$$-\frac{\hbar^2}{2m}\frac{\partial^2 \psi}{\partial x^2} + V\psi = \left(-\frac{\hbar^2}{2m}\right)\left(-\frac{p^2}{\hbar^2}\right)\psi + V\psi = \left(\frac{p^2}{2m} + V\right)\psi \tag{3.10}$$

(3.8)より(3.9)，(3.10)の右辺は等しいから，

$$i\hbar \frac{\partial \psi}{\partial t} = \left(-\frac{\hbar^2}{2m}\frac{\partial^2}{\partial x^2} + V\right)\psi \tag{3.11}$$

やはり，(3.11)は時間 t に関して 1 階の偏微分方程式となる．

量子化の手続き

(3.11)は，ある意味においては古典的方程式(3.8)の量子的翻訳といえる．すなわち(3.8)において，

$$E \to i\hbar \frac{\partial}{\partial t}, \quad p \to -i\hbar \frac{\partial}{\partial x} \tag{3.12}$$

と演算子に置き換えて，左から ψ に作用させると，(3.11)が得られると考えてもよい．(3.12)の手続きを量子化の手続きという．

ポテンシャル $V(x)$ がある場合

古典力学における

$$E = \frac{p^2}{2m} + V(x) \tag{3.13}$$

に対して，(3.12)の量子化の手続きをすることにより，

$$i\hbar \frac{\partial \psi(x,t)}{\partial t} = \left[\frac{1}{2m}\left(-i\hbar \frac{\partial}{\partial x}\right)^2 + V(x)\right]\psi(x,t) = \left[-\frac{\hbar^2}{2m}\frac{\partial^2}{\partial x^2} + V(x)\right]\psi(x,t) \tag{3.14}$$

が得られる．右辺の

$$H \equiv -\frac{\hbar^2}{2m}\frac{\partial^2}{\partial x^2} + V(x) \tag{3.15}$$

で与えられる演算子を，ハミルトン(Hamilton)演算子またはハミルトニアン(Hamiltonian)とよぶ．(3.14)の方程式は，シュレーディンガーが1926年に提唱した式であって，ポテンシャルが$V(x)$で与えられる場合の1次元のシュレーディンガー方程式である．この方程式(3.14)は，次の2つの重要な性質を備えている．

1. この方程式はψについて線形であることがわかる．すなわち，重ね合わせの原理を満たしている．2つの関数$\psi_1(x,t)$, $\psi_2(x,t)$が(3.14)の解ならば，それらの一次結合もシュレーディンガー方程式(3.14)の解になっている．これを**重ね合わせの原理**とよぶ．

2. 時刻tに関して1階の偏微分方程式であり，時刻$t=0$での波動関数の値がわかれば，その後の任意の時刻での波動関数が求められる．

この形式的置き換えによって得られた式を，シュレーディンガー方程式の導出と考えるべきではない．これは古典力学において，ニュートンの方程式が導出されたのではないことと同様である．この方程式が正しいものであることは，この方程式から得られたエネルギーその他の物理量すべての値が，実験から求めたものと一致することによって保証される．またこの新しい理論は，$\hbar \to 0$の極限でニュートンの古典力学に一致することが必要であり，それが実際に証明できる(3.4節の議論，特に(3.44)式を参照)．そこでこのシュレーディンガー方程式を，量子力学における基礎方程式として認めることにしよう．

3.2 波動関数とボルンの確率解釈

2.6節の電子の二重性で説明したように，電子は検出されるときには粒子として検出され，波動は電子がどこに検出されるかを予知するために使われると考えれば理解しやすい．波動関数$\psi(x,t)$は複素数であり観測量ではないが，$|\psi(x,t)|$は実数だから，なんらかの観測量に結びついているのではないかと期待される．古典力学では，質点の位置，運動量を決めれば，その後の運動はニュートンの運動方程式によって一義的に決まってしまう．しかし，こういう確定値にこだわっているかぎり，波と粒子の矛盾を解決することはできない．

シュレーディンガー方程式を解いて得られた波動関数$\psi(x,t)$は，物理的にどういう意味をもっているのだろうか．シュレーディンガーは最初，電子が雲のように広がり，その密度が$|\psi(x,t)|^2$で与えられるという実在波の立場をとった．実在波ならば，波のかけらに対応した電子のかけらが見いだされてもよいはずであるが，実験によれば，

<u>電子はいつも粒子として観測されるのであって，1個の電子が空間のどこか1カ所にあれば，その質量や電荷が全部そこにあるのであって，それ以外の場所に電子のかけらが見いだされることはけっしてない．</u>

確率解釈

以上のことから，ボルンは波動関数 $\psi(x,t)$ について，次のような物理的意味づけを行った．

> 波動関数 $\psi(x,t)$ で表される状態において，時刻 t に電子の位置の測定を行うとき，点 x を含む dx 内に電子が見いだされる確率は $|\psi(x,t)|^2 dx$ に比例する．もし，$\psi(x,t)$ に適当な数を掛けて，
> $$\int |\psi(x,t)|^2 dx = 1 \tag{3.16}$$
> のように規格化できれば，$|\psi(x,t)|^2$ は電子が空間の x なる場所に見いだされる絶対確率を与える．

ボルンの確率解釈と粒子の二重性

この確率解釈を導入すれば，電子と波の二重性を矛盾なく説明しうる．すなわち量子力学では，電子はあくまでも粒子として放出され，粒子として検出される．電子がどこに検出されるかは，ボルンの確率解釈に従って，$|\psi(x,t)|^2$ の確率で起こる．

量子力学では，電子の空間的ふるまいについて理論が答えを与えても，それは電子の1回かぎりの実験の結果として現れるものではなく，1個の電子による実験を多数回繰り返したときに初めて認められる．実際の実験では，多数の電子が後から後から流れてきて現象を繰り返していくので，事実上はこの種の実験の繰り返しが行われたと考えてよく，たとえば $|\psi_1(x,t) + \psi_2(x,t)|^2$ に従って電子の干渉縞が観測されることになる．ここでは，スリット1を通る波を $\psi_1(x,t)$，スリット2を通る波を $\psi_2(x,t)$ とした．このようにして，電子の二重性の問題は自然に理解できる．

3.3 物理量の期待値と演算子

ボルンの確率解釈を用いれば，電子の位置を何回も何回も繰り返し測定したときの平均値，すなわち位置の**期待値**を計算することができる．さらに運動量，運動エネルギー，全エネルギーのような物理量の期待値をも求めることができ，実験と比べることができる．電子などミクロの粒子は，粒子‒波動の二重性をもっているので，粒子と波動の両方の性格をもつものの模型を考え，これを古典的電子に対応させて考えてみよう．

波束としての電子

波動のふるまいを粒子的描像から作るのはむずかしいが，粒子的ふるまいを波動的描像から作ることは可能である．粒子に小さな広がりをもつ波動を結びつける必要があるので，空間のある限られた領域にだけ局在している波を考えればよい．たとえば図3.1のように，

3.3 物理量の期待値と演算子

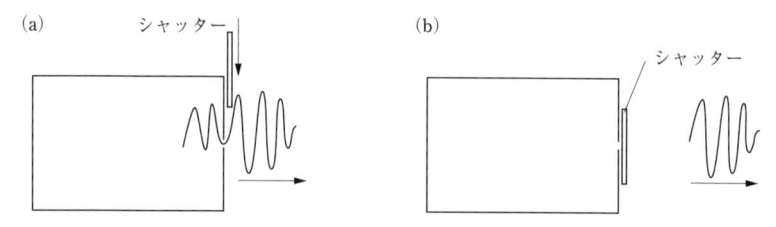

図 3.1 波束の実験．(a) $t=0$ にシャッターを閉じる．(b) $t=t_1>0$ に波のかたまり（波束）が右に進んでいく．

電子波源をシャッターつきの小窓を開けた箱の中に入れておき，ある瞬間シャッターを開き，その後それを閉じたとする．そうすると，シャッターを閉じたあと，ある限られた範囲にだけ波が存在している．このような波のかたまりを波束とよぶが，その波束は，重ね合わせの原理を使って，異なる波数 k をもつ平面波 $e^{i(kx-\omega t)}$ をある重みをかけて重ね合わせると，小さな空間内でのみ波が互いに強め合い，その外では干渉で消えるように作ることができる．

位置の期待値

ボルンの確率解釈によれば，時刻 t に電子の位置の測定を行うとき，規格化された波動関数 $\psi(x,t)$ を用いれば，点 x を含む dx 内に電子が見いだされる絶対確率は，$|\psi(x,t)|^2 dx$ で与えられる．したがって位置 x の期待値は，

$$\langle x \rangle = \int x |\psi(x,t)|^2 dx = \int \psi^*(x,t) x \psi(x,t) dx \tag{3.17}$$

となる．ここに空間の座標は積分されてしまっているので，期待値は時間 t のみの関数である．粒子の位置座標 x だけの任意の関数 $f(x)$ の期待値も，同じようにして求めることができ，

$$\langle f(x) \rangle = \int f(x) |\psi(x,t)|^2 dx = \int \psi^*(x,t) f(x) \psi(x,t) dx \tag{3.18}$$

となる．

なお，すぐ後で一般の物理量の期待値を議論するが，$\langle f \rangle$ を (3.18) のように $\psi^* f \psi$ のような配列順序を採用すると便利であることがわかる（(3.22) 参照）．

運動量の期待値

それでは，運動量のような物理量の期待値を求めるにはどうしたらよいだろうか．電子に対してある波束を考えてみよう．簡単のため $\langle x \rangle$ の時間微分を計算すると，

第3章　シュレーディンガー方程式

$$\begin{aligned}\frac{\mathrm{d}}{\mathrm{d}t}\langle x\rangle &= \frac{\mathrm{d}}{\mathrm{d}t}\int \psi^*(x,t)x\psi(x,t)\mathrm{d}x \\ &= \int \psi^*(x,t)x\frac{\partial\psi(x,t)}{\partial t}\mathrm{d}x + \int \frac{\partial \psi^*(x,t)}{\partial t}x\psi(x,t)\mathrm{d}x\end{aligned} \quad (3.19)$$

となる．シュレーディンガー方程式(3.14)とその複素共役を代入し，さらに$V(x)$が実数であるという仮定を使うと，

$$\frac{\mathrm{d}}{\mathrm{d}t}\langle x\rangle = \frac{i\hbar}{2m}\int\left[\psi^*x\left(\frac{\partial^2\psi}{\partial x^2}\right) - \left(\frac{\partial^2\psi^*}{\partial x^2}\right)x\psi\right]\mathrm{d}x \quad (3.20)$$

を得る．右辺第2項の積分で部分積分を行う．いまは波束を考えているから，$x\to\pm\infty$で$\psi\to 0$が成り立ち，

$$\int\frac{\partial^2\psi^*}{\partial x^2}x\psi\,\mathrm{d}x = -\int\frac{\partial\psi^*}{\partial x}\frac{\partial}{\partial x}(x\psi)\mathrm{d}x$$

と書くことができる．もう一度部分積分をすると，同様にして，

$$\int\frac{\partial^2\psi^*}{\partial x^2}x\psi\,\mathrm{d}x = \int\psi^*\frac{\partial^2}{\partial x^2}(x\psi)\mathrm{d}x$$

となる．これを(3.20)に代入すると，

$$\frac{\mathrm{d}}{\mathrm{d}t}\langle x\rangle = \frac{i\hbar}{2m}\int\psi^*\left[x\left(\frac{\partial^2}{\partial x^2}\psi\right) - \frac{\partial^2}{\partial x^2}(x\psi)\right]\mathrm{d}x = \frac{1}{m}\int\psi^*\frac{\hbar}{i}\frac{\partial\psi}{\partial x}\mathrm{d}x$$

を得る．ここで，

$$\frac{\partial^2}{\partial x^2}(x\psi) = x\frac{\partial^2\psi}{\partial x^2} + 2\frac{\partial\psi}{\partial x}$$

を使った．このように，

$$m\frac{\mathrm{d}}{\mathrm{d}t}\langle x\rangle = \int\psi^*\frac{\hbar}{i}\frac{\partial\psi}{\partial x}\mathrm{d}x \quad (3.21)$$

を得る．この式の左辺は電子の質量と古典速度の積であり，期待値は古典力学の法則を満たすという仮定から，右辺は電子の運動量の期待値に等しくならなければならない．したがって，運動量の期待値は，

$$\langle p\rangle = \int\psi^*\frac{\hbar}{i}\frac{\partial\psi}{\partial x}\mathrm{d}x \quad (3.22)$$

のように，運動量の演算子$\frac{\hbar}{i}\frac{\partial}{\partial x}$を$\psi$に作用させ，左側から$\psi^*$をかけて$x$の全空間で積分したものと同一視できる．これで(3.18)で補足した意味が明確になろう．

例題 1　位置の期待値$\langle x\rangle$のときと同様に，運動量空間で電子の運動量がpという値をとる確率は，規格化された波動関数$\tilde{\psi}(p,t)$によって$\tilde{\psi}^*(p,t)\tilde{\psi}(p,t)$で与えられるから，

p の期待値は,

$$\langle p \rangle = \int \tilde{\psi}^*(p,t) p \tilde{\psi}(p,t) dp \qquad ①$$

のように表される.ここで $\tilde{\psi}(p,t)$ は,

$$\tilde{\psi}(p,t) = \frac{1}{\sqrt{2\pi\hbar}} \int \psi(x,t) e^{-ipx/\hbar} dx \qquad ②$$

と,$\psi(x,t)$ のフーリエ(Fourier)変換で結ばれている.②を①に代入して,$\langle p \rangle$ はやはり (3.22)で与えられることを証明せよ.

解 ②の $\tilde{\psi}(p,t)$ とその複素共役 $\tilde{\psi}^*(p,t)$ を,①に代入すると,

$$\langle p \rangle = \frac{1}{2\pi\hbar} \int \psi^*(x',t) e^{ipx'/\hbar} p \psi(x,t) e^{-ipx/\hbar} dp dx dx' \qquad ⓐ$$

となる.ここで次の関係に注意しよう.

$$p e^{-ipx/\hbar} = -\frac{\hbar}{i} \frac{\partial}{\partial x} e^{-ipx/\hbar}$$

この式をⓐに代入すると,

$$\langle p \rangle = \frac{1}{2\pi\hbar} \int \psi^*(x',t) e^{ipx'/\hbar} \psi(x,t) \left(-\frac{\hbar}{i} \frac{\partial}{\partial x} e^{-ipx/\hbar} \right) dp dx dx'$$

部分積分をして,表面項が消えることに注意すると,

$$\langle p \rangle = \frac{1}{2\pi\hbar} \int \psi^*(x',t) \frac{\hbar}{i} e^{ip(x'-x)/\hbar} \frac{\partial}{\partial x} \psi(x,t) dp dx dx' \qquad ⓑ$$

ここで,

$$\frac{1}{2\pi\hbar} \int e^{ip(x'-x)/\hbar} dp = \delta(x'-x)$$

を用いると,

$$\langle p \rangle = \int \psi^*(x,t) \frac{\hbar}{i} \frac{\partial \psi(x,t)}{\partial x} dx \qquad ⓒ$$

を導くことができる.∎

例題2 同じようにして次式を証明せよ.

$$\langle p^n \rangle = \int \psi^*(x,t) \left(\frac{\hbar}{i} \frac{\partial}{\partial x} \right)^n \psi(x,t) dx \qquad ①$$

解 例題1と同様にして,

$$\langle p^n \rangle = \int \tilde{\psi}^*(p,t) p^n \tilde{\psi}(p,t) dp \qquad ⓐ$$

第3章　シュレーディンガー方程式

とおき，例題1の$\tilde{\psi}(p,t)$と$\tilde{\psi}^*(p,t)$を@に代入し，例題1と同様の計算を行えば，①が得られる．この結果を任意の整関数$f(p) = \sum a^n p^n$に拡張することができ，

$$\langle f(p) \rangle = \int \psi^*(x,t) f\left(\frac{\hbar}{i}\frac{\partial}{\partial x}\right) \psi(x,t) dx \tag{3.23}$$

を容易に証明することができる．■

運動エネルギーの期待値

(3.23)を使えば，運動エネルギーの期待値$\left\langle \dfrac{p^2}{2m} \right\rangle$は直ちに得られ，

$$\left\langle \frac{p^2}{2m} \right\rangle = \int \psi^* \left(-\frac{\hbar^2}{2m}\frac{\partial^2}{\partial x^2}\right) \psi dx \tag{3.24}$$

となる．

全エネルギーの期待値

この量を計算するときも，運動量のときと同様に，微分演算子の表式が使えるものとしよう．そして，

$$\langle E \rangle = \left\langle \frac{p^2}{2m} \right\rangle + \langle V \rangle \tag{3.25}$$

という古典論のエネルギー方程式に類似の関係を満たすことを要求しよう．いまシュレーディンガー方程式(3.14)に左からψ^*を掛け，xの全領域で積分すると，

$$\int \psi^* i\hbar \frac{\partial \psi}{\partial t} dx = \int \psi^* \left(-\frac{\hbar^2}{2m}\frac{\partial^2 \psi}{\partial x^2}\right) dx + \int \psi^* V \psi dx \tag{3.26}$$

となるから，

$$\langle E \rangle = \int \psi^* i\hbar \frac{\partial \psi}{\partial t} dx \tag{3.27}$$

と定義しておけば，シュレーディンガー方程式(3.14)と(3.25)の間に矛盾を生じない．

物理量の演算子

これで，位置，運動量，全エネルギーなど物理量の期待値は，演算子を導入して，(3.23)のような積分を実行することにより，$\psi(x,t)$より直接計算できることがわかった．今後，物理量Aに対応した演算子を$\hat{A}$とよぶことにしよう．座標の演算子$\hat{x}$は座標xと一致する$(\hat{x} = x)$が，運動量演算子は$\hat{p} = \dfrac{\hbar}{i}\dfrac{\partial}{\partial x}$，運動エネルギーの演算子は$\hat{T} = \dfrac{\hat{p}^2}{2m} = -\dfrac{\hbar^2}{2m}\dfrac{\partial^2}{\partial x^2}$，全エネルギーに対応する演算子はハミルトニアン$\hat{H} = -\dfrac{\hbar^2}{2m}\dfrac{\partial^2}{\partial x^2} + V(x)$である．$f(x,p)$と

いう物理量に対応する演算子は，x と p とをそれぞれ $\hat{x}=x$ と $\hat{p}=\dfrac{\hbar}{i}\dfrac{\partial}{\partial x}$ と置き換えることによって得られる．

量子力学では，演算子相互の交換関係が重要な役割を果たしているので，簡単な演算子についてその関係を調べておこう．古典力学との最も大きな違いは，演算子が，演算の順序によって，一般には異なる結果を与えるということである．つまり，$\hat{A}$ と $\hat{B}$ を2つの演算子とするとき，$\hat{A}\hat{B}$ と $\hat{B}\hat{A}$ は一般には異なる．$\hat{A}\hat{B}-\hat{B}\hat{A}$ のことを $[\hat{A},\hat{B}]$ と書き，$\hat{A}$ と $\hat{B}$ の交換子とよぶ．

2つの演算子 $\hat{A}$，$\hat{B}$ の積の順序が交換する（可換の）ときは，任意の ψ に対して，

$$[\hat{A},\hat{B}]\psi = 0 \tag{3.28}$$

が成立していなければならない．可換でない場合には，

$$[\hat{A},\hat{B}]\psi = i\hat{C}\psi \tag{3.29}$$

と書くことができるが，$\hat{C}$ は数になってもよい．書き方を簡単にするために，演算子の等式

$$[\hat{A},\hat{B}] = 0 \tag{3.30}$$

$$[\hat{A},\hat{B}] = i\hat{C} \tag{3.31}$$

にすることが多い．

例題3 $\hat{x}$ と $\hat{p}$ の間に，次の交換関係 $[\hat{x},\hat{p}]=i\hbar$ が成り立つことを確かめよ．

解 $[\hat{x},\hat{p}]\psi(x,t) = \dfrac{\hbar}{i}x\dfrac{\partial}{\partial x}\psi(x,t) - \dfrac{\hbar}{i}\dfrac{\partial}{\partial x}\{x\psi(x,t)\} = i\hbar\psi(x,t)$

$\therefore [\hat{x},\hat{p}] = i\hbar$ ∎

3.4 量子力学の古典的極限

前節の議論により，シュレーディンガー方程式を使って任意の物理量の期待値を計算できるので，理論と実験を直接比較することができる．シュレーディンガー方程式の正しさは，それによって得られた結論がすべて実験と一致することによって立証されるが，他方，量子力学の $\hbar \to 0$ の極限が，古典力学に帰着することも必要である．たとえば，広い空間における電子やその他の荷電粒子が古典力学の法則に従っていることを，量子力学でどのように理解できるのだろうか．実はある条件下で，シュレーディンガー方程式から古典力

第3章　シュレーディンガー方程式

学の運動方程式が，次のように導かれる．

エーレンフェストの定理

前節で議論したように，電子の波束の位置の期待値が古典的な電子の位置に対応すると期待される．そこで，質量 m の電子がポテンシャル $V(x)$ の中におかれたとし，電子を表すと考えられる波束の運動を調べてみよう．

3.3節において，電子の座標 x の期待値 $\langle x \rangle$ が時間とともにどのように変化するかを計算し，(3.21)，(3.22) より，

$$\frac{d}{dt}\langle x \rangle = \frac{1}{m}\langle p \rangle \tag{3.32}$$

の方程式を得た．これは古典力学における

$$\frac{dx}{dt} = \frac{p}{m} \tag{3.33}$$

に相当する式で，電子の波束の位置，運動量の期待値に対し，古典論と同じ関係が成り立つことを示している．

次に，電子の運動量 p の期待値 $\langle p \rangle$ が時間とともにどのように変化するかを計算してみよう．(3.22) で与えられた $\langle p \rangle$ を t で偏微分すると，

$$\frac{d}{dt}\langle p \rangle = \frac{\hbar}{i}\left[\int \frac{\partial \psi^*}{\partial t}\frac{\partial \psi}{\partial x}dx + \int \psi^*\frac{\partial}{\partial x}\left(\frac{\partial \psi}{\partial t}\right)dx\right] \tag{3.34}$$

シュレーディンガー方程式(3.14)とその複素共役を代入すると，

$$\begin{aligned}\frac{d}{dt}\langle p \rangle &= \int\left(-\frac{\hbar^2}{2m}\frac{\partial^2 \psi^*}{\partial x^2} + V\psi^*\right)\frac{\partial \psi}{\partial x}dx - \int \psi^*\frac{\partial}{\partial x}\left(-\frac{\hbar^2}{2m}\frac{\partial^2 \psi}{\partial x^2} + V\psi\right)dx \\ &= -\frac{\hbar^2}{2m}\int\left[\frac{\partial^2 \psi^*}{\partial x^2}\frac{\partial \psi}{\partial x} - \psi^*\frac{\partial}{\partial x}\frac{\partial^2 \psi}{\partial x^2}\right]dx + \int\left[V\psi^*\frac{\partial \psi}{\partial x} - \psi^*\frac{\partial}{\partial x}(V\psi)\right]dx\end{aligned} \tag{3.35}$$

右辺第1項の積分はゼロになるので，

$$\frac{d}{dt}\langle p \rangle = \int \psi^*\left[V\frac{\partial \psi}{\partial x} - \frac{\partial}{\partial x}(V\psi)\right]dx = -\int \psi^*\frac{dV}{dx}\psi dx \tag{3.36}$$

したがって，

$$\frac{d}{dt}\langle p \rangle = -\left\langle \frac{dV(x)}{dx} \right\rangle \tag{3.37}$$

が導かれた．

例題　(3.35)の右辺第1項の積分が，ゼロになることを示せ．

解　$\dfrac{\partial}{\partial x}\dfrac{\partial^2 \psi}{\partial x^2} = \dfrac{\partial^2}{\partial x^2}\dfrac{\partial \psi}{\partial x}$ に注意して，前と同様，部分積分を行うと，

$$\int \psi^* \frac{\partial}{\partial x} \frac{\partial^2 \psi}{\partial x^2} dx = \int \psi^* \frac{\partial^2}{\partial x^2} \frac{\partial \psi}{\partial x} dx = \int \frac{\partial^2 \psi^*}{\partial x^2} \frac{\partial \psi}{\partial x} dx$$

が得られる．したがって，(3.35)の右辺第1項の積分はゼロになる． ■

$\langle x \rangle$ と $\langle p \rangle$ が時間とともにどのように変化するかという関係(3.32)，(3.37)を，**エーレンフェストの定理**という．(3.32)，(3.37)を用いると容易に，

$$m \frac{d^2}{dt^2} \langle x \rangle = -\left\langle \frac{dV(x)}{dx} \right\rangle = \langle F(x) \rangle \tag{3.38}$$

が得られる．これはポテンシャル $V(x)$ の中でのニュートンの運動方程式

$$m \frac{d^2}{dt^2} x = -\frac{dV(x)}{dx} = F(x) \tag{3.39}$$

に，形式的に非常によく似ている．

古典的極限

それでは，どのような条件のもとに同等になるだろうか．いま電子の状態を記述する波動関数 $\psi(x,t)$ を，3.3節で議論してきたような波束であると仮定しよう．もちろんここでは確率波としての波束である．$\langle x \rangle$ を波束の中心と考えた場合，波束の中心がニュートンの法則に従うのはどのような場合だろうか．(3.38)の右辺は，広がっている波束にわたっての力の平均だから，一般には，

$$\langle F(x) \rangle \neq F(x = \langle x \rangle) \tag{3.40}$$

しかし，図3.2に示すように，波束の広がりが十分に小さく，波束の中で $F(x) = -\dfrac{dV(x)}{dx}$ をほぼ一定とみなすことができれば，

$$\begin{aligned}
-\left\langle \frac{dV(x)}{dx} \right\rangle &= -\int \psi^* \frac{dV(x)}{dx} \psi dx = -\frac{dV(x = \langle x \rangle)}{dx} \int \psi^* \psi dx \\
&= -\frac{dV(x = \langle x \rangle)}{dx}
\end{aligned} \tag{3.41}$$

とおくことができる．ただし，波動関数 ψ は規格化されているものとした．

$$\therefore \langle F(x) \rangle = F(x = \langle x \rangle) \tag{3.42}$$

とおくことができるので，これを(3.38)の右辺に代入すると，

$$m \frac{d^2}{dt^2} \langle x \rangle = F(\langle x \rangle) \tag{3.43}$$

を得る．$\langle x \rangle$ が電子の座標であると思えば，ニュートンの運動方程式が導かれたことになる．

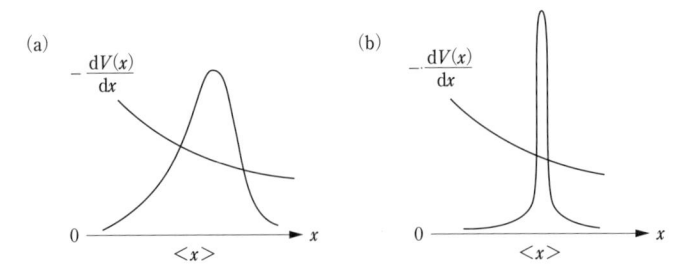

第3章 シュレーディンガー方程式

図 3.2 波束の広がり．(a)大きいとき，(b)小さいとき．

この議論から量子力学は，古典力学を特別の場合として含むより広い力学体系であることがわかった．

3.5 波束と不確定性関係

ハイゼンベルクの不確定性原理

3.3 節で波束としての電子を議論した．空間的に局在した電子の波束を作るには，重ね合わせの原理を用いて，異なる波数 k をもつ平面波 $e^{i(kx-\omega t)}$ をある重みをかけて重ね合わせると，小さな空間でのみ波が互いに強め合い，その外では干渉で消えるように電子の波束を作ることができることを説明した．

いま電子の波束 $\psi(x,t)$ を，

$$\psi(x,t) = \frac{1}{\sqrt{2\pi}} \int_{-\infty}^{\infty} g(k) e^{ikx - i\omega t} dk \tag{3.44}$$

と書き，$t=0$ とおくと，

$$\psi(x,0) = \frac{1}{\sqrt{2\pi}} \int_{-\infty}^{\infty} g(k) e^{ikx} dk \tag{3.45}$$

となる．フーリエの逆変換を使うと，

$$g(k) = \frac{1}{\sqrt{2\pi}} \int_{-\infty}^{\infty} \psi(x,0) e^{-ikx} dx \tag{3.46}$$

が得られる．

計算の便宜のため，空間のある部分だけに局在する波として，

$$\psi(x,0) \approx \exp(ik_0 x) \exp\left(-\frac{x^2}{2a^2}\right) \tag{3.47}$$

の形のものをとってみよう．

(3.47) より $|\psi(x,0)|^2 \approx \exp\left(-\frac{x^2}{a^2}\right)$ のようにふるまい，原点に局在する波束と考えてよい

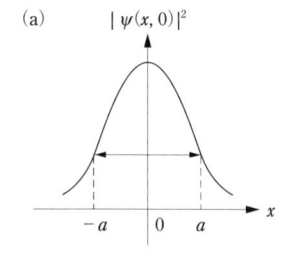

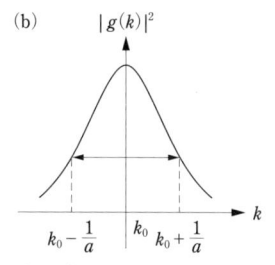

図 3.3 ガウス型の波束のグラフ．(a) $|\psi(x,0)|^2 \approx \exp\left(-\dfrac{x^2}{a^2}\right)$，(b) $|g(k)|^2 \approx \exp\left\{-a^2(k-k_0)^2\right\}$．

(図 3.3(a))．(3.47)の $\psi(x,0)$ を(3.46)に代入すると，

$$g(k) \approx \exp\left(-\frac{a^2}{2}(k-k_0)^2\right) \tag{3.48}$$

のようになる．したがって $|g(k)|^2 \approx \exp\left(-a^2(k-k_0)^2\right)$ のようにふるまう(図 3.3(b))．

(3.17)，(3.47)より，

$$(\Delta x)^2 = \langle x - \langle x \rangle \rangle^2 = \langle x^2 \rangle - \langle x \rangle^2 = \frac{a^2}{2}$$

同様に，(3.48)より，

$$(\Delta k)^2 = \langle k - \langle k \rangle \rangle^2 = \langle k^2 \rangle - \langle k \rangle^2 = \frac{1}{2a^2}$$

となり，

$$(\Delta x)^2 (\Delta k)^2 = \frac{1}{4}$$

$$\therefore \Delta x \cdot \Delta k = \frac{1}{2} \tag{3.49}$$

を得る．両辺に $\hbar$ を掛けて，ド・ブロイの関係式 $p = \hbar k$ を用いると，

$$\Delta x \cdot \Delta p = \frac{\hbar}{2} \tag{3.50}$$

なる関係が成立していることになる．

波の広がり Δx を小さくするように波束を作ると，運動量の広がり Δp は大きくなり，逆に Δp を小さくするように波束を作ると，Δx は大きくなる．一般の波束に対しては，

$$\Delta x \cdot \Delta p \gtrsim \frac{\hbar}{2} \tag{3.51}$$

のような不確定性関係が成り立つと考えてよい．

(3.51)より，電子の運動量がはっきり確定していれば $(\Delta p = 0)$，この状態では電子の位

置はまったく不確定になるし $(\Delta x = \infty)$，逆に電子の位置が正確に決定されれば $(\Delta x = 0)$，電子の運動量はまったく決まらない $(\Delta p = \infty)$．すなわち(3.51)の関係は電子の位置と運動量を同時に正確に決めることができないことを意味している．これを**ハイゼンベルク (Heisenberg) の不確定性原理**という．

例題 1 質量 10 g の小球が秒速 200 m/s で動いていて ±2 cm/s の間にあることがわかっている．小球の位置をどれくらいの正確さで知ることができるか．

解 $\Delta v = \pm 2 \text{ cm s}^{-1} = \pm 0.02 \text{ m s}^{-1}$

$\therefore \Delta p = m\Delta v = 0.01 \text{ kg} \times 0.02 \text{ m s}^{-1} = 2\times 10^{-4} \text{ kg m s}^{-1}$

$\therefore \Delta x \geq \dfrac{\hbar}{2\Delta p} = \dfrac{1.055\times 10^{-34} \text{ J s}}{2\times 2\times 10^{-4} \text{ kg m s}^{-1}} = 0.26\times 10^{-30} \text{ m}$

したがって，巨視的な物体の場合には，不確定性原理によって実質的な制限はつかないことがわかる． ∎

不確定性関係と基底状態のエネルギー

いま，図 3.4 に示すような無限に深い井戸型ポテンシャルを考え，この中に電子が閉じ込められているとしよう．この場合，不確定性関係(3.51)を用いて電子の基底状態のエネルギー準位を概算することができる．

電子は $x=0$ を中心に対称的に運動しているから $\langle x \rangle = 0$，$\langle p \rangle = 0$ となる．$\Delta x \approx a$ であるから，(3.51) を用いて，

$$\Delta p \gtrsim \frac{\hbar}{2a}$$

$\langle p \rangle = 0$ であるから，

$$p = \langle p \rangle + \Delta p \approx \Delta p \gtrsim \frac{\hbar}{2a}$$

p の大きさも，ほぼこの程度の大きさであるとしよう．井戸の底で $V=0$ とすると，

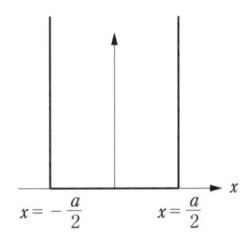

図 3.4 無限に深い 1 次元の井戸型ポテンシャル．

$$E \gtrsim \frac{p^2}{2m} \approx \frac{1}{2m}\left(\frac{\hbar}{2a}\right)^2 = \frac{\hbar^2}{8ma^2} \tag{3.52}$$

と概算できる．

例題 2 電子が大きさ $a \approx 0.05$ nm の水素原子の中に閉じ込められている．基底状態のエネルギー準位はどれくらいになるだろうか．

解 (3.52)より，

$$\frac{\hbar^2}{8ma^2} = \frac{(\hbar c)^2}{8mc^2 a^2} = \frac{(197 \text{ eV nm})^2}{8 \times 0.51 \times 10^3 \text{ eV} \times (0.05 \text{ nm})^2} = 3.80 \text{ eV} \qquad ∎$$

章 末 問 題

[1] 図 3.5 のように，運動する粒子に波長 λ の光子を当て，散乱光を顕微鏡で観測することで粒子の位置を測定することを考える．顕微鏡の最大分解能が $\dfrac{\lambda}{\sin\varepsilon}$ であることと，測定の過程で粒子の運動量が変化してしまうことを用いて，

$$\Delta x \cdot \Delta p_x \sim 2h \qquad ①$$

の不確定性関係が成立することを示せ．

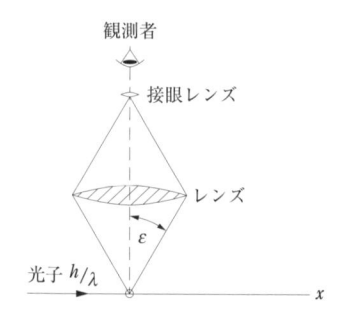

図 3.5 光子散乱による粒子の位置の測定．

解 顕微鏡の最大分解能が $\lambda/\sin\varepsilon$ であることから，粒子の位置測定の最小誤差は

$$\Delta x \sim \frac{\lambda}{\sin\varepsilon} \qquad ⓐ$$

である．一方，散乱してレンズ内に入る光子の運動量 $(\sim h/\lambda)$ の x 成分が $\dfrac{h}{\lambda}\sin\varepsilon$ から $-\dfrac{h}{\lambda}\sin\varepsilon$ まで変化し得る．
ゆえに光子の運動量に $\dfrac{2h}{\lambda}\sin\varepsilon$ の不定性を与えることになるので，

$$\Delta p_x \sim \frac{2h}{\lambda}\sin\varepsilon \qquad ⓑ$$

第3章　シュレーディンガー方程式

を得る．ゆえに，ⓐ，ⓑより $\Delta x \cdot \Delta p_x \sim 2h$ という①式が成立する．

[2]　ΔE と Δt との間に，(3.51)のような不確定性関係 $\Delta x \cdot \Delta p \gtrsim \dfrac{\hbar}{2}$ は存在するか．また，両者の間に違いがあれば，それを議論せよ．

解　粒子のエネルギーの不確定さを ΔE とし，粒子が空間のある点を通る時刻の不確定さを Δt としてみよう．このとき，

$$\Delta x \cdot \Delta p \gtrsim \frac{\hbar}{2} \qquad ⓐ$$

を，

$$\frac{m\Delta x}{p} \cdot \frac{p \Delta p}{m} \gtrsim \frac{h}{2}$$

の形に書き換えてみると，

$$\frac{m\Delta x}{p} \sim \frac{\Delta x}{v} \sim \Delta t, \quad \frac{p\Delta p}{m} \sim \Delta\left(\frac{p^2}{2m}\right) \sim \Delta E \qquad (3.53)$$

と解釈できるから，

$$\Delta t \cdot \Delta E \gtrsim \frac{\hbar}{2} \qquad ⓑ$$

という関係を推論することができる．

ⓑはエネルギーを測定するのに要する時間 Δt と，そのときに決まるエネルギーの精度 ΔE との間の関係とみなすこともできる．なぜならば，エネルギー E は振動数 ω を使って $E = \hbar\omega$ と書くことができるが，よく知られているように，振動数の精度 $\Delta \omega$ とその測定に要する時間 Δt の間には $\Delta t \cdot \Delta \omega \gtrsim 1$ の関係があるからである．

しかし，ⓐの不確定性関係はⓑの不確定性関係とは本質的に異なっている．ⓐでは x も p も物理量であり一般にこの2つの量が同時に厳密な値をとれないことを意味している．これに反して，ⓑでは，E は物理量ではあるが，t は測定対象そのものの観測量ではなく，粒子の位置や運動量やエネルギーを表す際に使うパラメーターにすぎない．この点が両者の間の物理的な違いといえよう．

[3]　ポテンシャル $V(r) = -\dfrac{\alpha}{r^s} (\alpha > 0,\ s > 0)$ の中で運動する粒子を考える．不確定性関係を用いて，粒子が原点に向かって落下しないための条件を求めよ．

解　題意の場合，古典力学ではいくらでもエネルギーの低い状態が存在する．量子力学では，粒子が原点付近に局在すると不確定性関係によって正の運動エネルギーをもつため，基底状態が存在しうる．

角運動量がゼロの場合を考えれば十分である．$r \cdot p_r \gtrsim \hbar$ とすると，

$$H \sim \frac{1}{2m} p_r^2 - \frac{\alpha}{r^s} \sim \frac{1}{2m} \frac{\hbar^2}{r^2} - \frac{\alpha}{r^s} \qquad ⓐ$$

すなわち，運動エネルギーは正で $r \to 0$ のとき，下に有界であるためには，$s \leq 2$ となることが必要であろう．さらに，$s = 2$ の場合には，ⓐにおいて，第1項のほうが大きくなくてはならないので，

$$s = 2, \quad \alpha \leq \frac{\hbar^2}{2m} \qquad \text{ⓑ}$$

このとき，エネルギー固有値には下限がある．

[4] 不確定性関係 $\Delta x \cdot \Delta p \geq \dfrac{\hbar}{2}$ を用いて，$H = \dfrac{p^2}{2m} + \dfrac{m\omega^2 x^2}{2}$ で記述される1次元調和振動子の基底状態のエネルギーを概算せよ．

解 $x = 0$ を中心に対称的に振動するから，$\langle x \rangle = \langle p \rangle = 0$ となる．そこで $\Delta x \cdot \Delta p \geq \dfrac{\hbar}{2}$ を $x \cdot p \geq \dfrac{\hbar}{2}$ と置き換えると，

$$E \geq \frac{1}{2m}\left(\frac{\hbar}{2x}\right)^2 + \frac{m\omega^2 x^2}{2}$$

となり，$x^2 = \dfrac{\hbar}{2m\omega}$ のとき最小となる．

$$\therefore \quad E \geq \frac{\hbar\omega}{4} + \frac{\hbar\omega}{4} = \frac{\hbar\omega}{2}$$

[5] 水素原子内の電子が半径 a の領域内に閉じ込められている．この原子内の電子のエネルギーを，

$$E = \frac{p^2}{2m} - \frac{e^2}{4\pi\varepsilon_0 r} \qquad \text{①}$$

と書いたとき，

(1) エネルギー E を最小値にする半径 a の値を求めよ．

(2) 次に，水素原子の基底状態のエネルギーを

$$\Delta r \cdot \Delta p \geq \hbar \qquad \text{②}$$

を用いて概算せよ．

解 (1) 電子が a の大きさの領域内に閉じ込められているとすると②より $\Delta p \geq \dfrac{\hbar}{a}$ となる．①に代入すると，

$$E \geq \frac{1}{2m}\left(\frac{\hbar}{a}\right)^2 - \frac{e^2}{4\pi\varepsilon_0}\frac{1}{a} \qquad \text{ⓐ}$$

$$\therefore \quad \frac{dE}{da} = -\frac{\hbar^2}{ma^3} + \frac{e^2}{4\pi\varepsilon_0}\frac{1}{a^2} = 0 \text{ より}$$

$$a = \frac{4\pi\varepsilon_0 \hbar^2}{me^2} \qquad \text{ⓑ}$$

(2) ⓑのときエネルギー E は最小となり，

第3章 シュレーディンガー方程式

$$E \gtrsim -\frac{m}{2\hbar^2}\left(\frac{e^2}{4\pi\varepsilon_0}\right)^2$$

[6] 時刻 $t=0$ で a 程度の広がりを持った1次元の自由粒子の波束

$$\psi(x,0) = \varphi(x) = C\exp\left(\frac{ip_0 x}{\hbar} - \frac{x^2}{2a^2}\right) \quad \text{①}$$

を考えよう.

(1) $\varphi(x)$ を規格化せよ.

(2) $\tilde{\varphi}(p)$ を計算せよ.

(3) p-空間での波束の幅 Δp, x-空間での波束の幅 Δx を求め, $\Delta p \cdot \Delta x$ を計算せよ.

解 (1) 規格化の条件は,

$$\int_{-\infty}^{\infty}|\varphi(x)|^2 dx = |C|^2\int_{-\infty}^{\infty}\exp\left(-\frac{x^2}{a^2}\right)dx = 1$$

$$\int_{-\infty}^{\infty}\exp\left(-\frac{x^2}{a^2}\right)dx = a\sqrt{\pi}$$

であるから, $C = (a^2\pi)^{-1/4}$

$$\therefore \quad \varphi(x) = \frac{1}{(a^2\pi)^{1/4}}\exp\left(\frac{ip_0 x}{\hbar} - \frac{x^2}{2a^2}\right) \quad \text{ⓐ}$$

(2) $\tilde{\varphi}(p) = \dfrac{1}{\sqrt{2\pi\hbar}}\displaystyle\int_{-\infty}^{\infty}\varphi(x)\exp\left(-\dfrac{ipx}{\hbar}\right)dx$

$$= \frac{1}{\sqrt{2\pi\hbar}}\frac{1}{(a^2\pi)^{1/4}}\int_{-\infty}^{\infty}\exp\left(-i\frac{p-p_0}{\hbar}x\right)\exp\left(-\frac{x^2}{2a^2}\right)dx \quad \text{ⓑ}$$

積分項の中で $p - p_0 \equiv p'$ とおくと,

$$(\text{積分項}) = \int_{-\infty}^{\infty}\exp\left(-i\frac{p'x}{\hbar}\right)\exp\left(-\frac{x^2}{2a^2}\right)dx$$

$$= a\sqrt{2\pi}\exp\left(-\frac{a^2}{2\hbar^2}(p-p_0)^2\right)$$

$$\therefore \quad \tilde{\varphi}(p) = \left(\frac{a}{\hbar\sqrt{\pi}}\right)^{1/2}\exp\left(-\frac{a^2}{2\hbar^2}(p-p_0)^2\right) \quad \text{ⓒ}$$

(3) $(\Delta p)^2 = \langle(p - \langle p\rangle)^2\rangle = \langle p^2\rangle - \langle p\rangle^2$

$$\langle p^n\rangle = \frac{a}{\hbar\sqrt{\pi}}\int_{-\infty}^{\infty}p^n\exp\left(-\frac{a^2}{\hbar^2}(p-p_0)^2\right)dp \quad \text{ⓓ}$$

$p \to p' + p_0$ とずらし, 奇関数の積分が0であることに注目すると,

$$\langle p \rangle = p_0$$

$$\langle p^2 \rangle = \frac{a}{\hbar\sqrt{\pi}} \int_{-\infty}^{\infty} p^2 \exp\left(-\frac{a^2}{\hbar^2}(p-p_0)^2\right) dp = p_0^2 + \frac{\hbar^2}{2a^2}$$

$$\therefore \quad (\Delta p)^2 = \langle p^2 \rangle - \langle p \rangle^2 = \frac{\hbar^2}{2a^2} \qquad \text{ⓔ}$$

同様にして, $(\Delta x)^2 = \langle (x - \langle x \rangle)^2 \rangle = \langle x^2 \rangle - \langle x \rangle^2$

したがって,

$$\langle x^2 \rangle = \frac{1}{a\sqrt{\pi}} \int_{-\infty}^{\infty} x^2 \exp\left(-\frac{x^2}{a^2}\right) dx = \frac{1}{a\sqrt{\pi}} \cdot \frac{\sqrt{\pi}}{2} a^3 = \frac{a^2}{2}$$

$$\langle x \rangle = 0$$

$$\therefore \quad (\Delta x)^2 = \frac{a^2}{2} \qquad \text{ⓕ}$$

$$\therefore \quad \Delta p \cdot \Delta x = \frac{\hbar}{2} \qquad \text{ⓖ}$$

が得られる. ①のように, ガウス(Gauss)分布の形の波束は $\Delta p \cdot \Delta x$ の最小値を与えることを示すことができる. したがって, この波束は最小の広がりをもつので最小波束ともよばれている.

[7] 1次元の自由粒子の波動関係は, シュレーディンガー方程式

$$i\hbar \frac{\partial}{\partial t} \psi(x,t) = -\frac{\hbar^2}{2m} \frac{d^2}{dx^2} \psi(x,t) \qquad \text{①}$$

の解として与えられる. [6]のように,

$$\psi(x, t=0) = \varphi(x) = \frac{1}{(a^2\pi)^{1/4}} \exp\left(\frac{ip_0 x}{\hbar} - \frac{x^2}{2a^2}\right) \qquad \text{②}$$

で与えられているとき, 波動関数の変化(波束の拡散)を求めよ.

解

$$\psi(x,t) = \frac{1}{(2\pi\hbar)^{1/2}} \int \tilde{\psi}(p,t) e^{ipx/\hbar} dp \qquad \text{ⓐ}$$

によって $\tilde{\psi}(p,t)$ へフーリエ変換すると, シュレーディンガー方程式は,

$$i\hbar \frac{\partial}{\partial t} \tilde{\psi}(p,t) = \frac{p^2}{2m} \tilde{\psi}(p,t) \qquad \text{ⓑ}$$

となる. ゆえに, 初期条件 $\tilde{\psi}(p,0) = \tilde{\varphi}(p)$ が与えられれば, 1次方程式なので簡単に解けて,

$$\tilde{\psi}(p,t) = \exp\left(-\frac{i}{\hbar}\frac{p^2}{2m}t\right)\tilde{\psi}(p,0) = \exp\left(-\frac{i}{\hbar}\frac{p^2}{2m}t\right)\tilde{\varphi}(p) \qquad \text{ⓒ}$$

第3章 シュレーディンガー方程式

[6](2)でやったように，

$$\tilde{\varphi}(p) = \frac{1}{\sqrt{2\pi\hbar}} \int_{-\infty}^{\infty} \varphi(x) \exp\left(-\frac{ipx}{\hbar}\right) dx = \left(\frac{a}{\hbar\sqrt{\pi}}\right)^{1/2} \exp\left(-\frac{a^2}{2\hbar^2}(p-p_0)^2\right) \quad \text{ⓓ}$$

ⓓをⓒに代入すると，

$$\tilde{\psi}(p,t) = \left(\frac{a}{\hbar\sqrt{\pi}}\right)^{1/2} \exp\left(-\frac{a^2}{2\hbar^2}(p-p_0)^2\right) \exp\left(-\frac{i}{\hbar}\frac{p^2}{2m}t\right) \quad \text{ⓔ}$$

（運動量表示の波束は広がらないことに注意）

$$\therefore \psi(x,t) = \frac{1}{\sqrt{2\pi\hbar}} \int \tilde{\psi}(p,t) \exp\left(\frac{i}{\hbar}px\right) dp$$

$$= \frac{1}{\sqrt{2\pi\hbar}} \left(\frac{a}{\hbar\sqrt{\pi}}\right)^{1/2} \int \exp\left(\frac{i}{\hbar}px - \frac{a^2}{2\hbar^2}(p-p_0)^2 - \frac{it}{\hbar}\frac{p^2}{2m}\right) dp \quad \text{ⓕ}$$

計算の結果だけを記すと，

$$\psi(x,t) = \frac{1}{\left[\sqrt{\pi}\left(a + \frac{i\hbar t}{ma}\right)\right]^{1/2}} \exp\left[\frac{a\left(-\frac{x^2}{2a^2} + i\frac{p_0 x}{\hbar} - \frac{ip_0^2 t}{2m\hbar}\right)}{a + \frac{i\hbar t}{ma}}\right] \quad \text{ⓖ}$$

となる．$t=0$ で②と一致する．$|\psi|^2$ を計算してみると，

$$|\psi(x,t)|^2 = \frac{1}{\left[\pi\left(a^2 + \frac{\hbar^2 t^2}{m^2 a^2}\right)\right]^{1/2}} \exp\left[-\frac{\left(x - \frac{p_0 t}{m}\right)^2}{a^2 + \frac{\hbar^2 t^2}{m^2 a^2}}\right] \quad \text{ⓗ}$$

となる．波束の幅 $a(t)$ は t とともに増し，$a(t) = \sqrt{a^2 + \frac{\hbar^2 t^2}{m^2 a^2}}$ である．

$$\therefore \frac{\text{時刻 } t \text{ での波束の広がり}}{\text{最初の波束の広がり}} = \frac{a(t)}{a(t=0)} = \sqrt{1 + \frac{\hbar^2 t^2}{m^2 a^4}} \quad \text{ⓘ}$$

[8] 1次元自由粒子を考える．時刻 $t=0$ で，$\tilde{\psi}(p,0) = \tilde{\varphi}(p) = \frac{\alpha^2}{p^2 + \alpha^2}$ と与えられたとき，

(1) $|\psi(x,0)|^2$ の形を求めよ．

(2) $\psi(x,0)$ を規格化せよ．

(3) 不確定性 $\Delta x \cdot \Delta p$ を計算し，α の値にはよらないことも確かめよ．

解 (1) $\psi(x,0) = \frac{1}{\sqrt{2\pi\hbar}} \int \tilde{\psi}(p,0) \exp\left(\frac{ipx}{\hbar}\right) dp = \frac{1}{\sqrt{2\pi\hbar}} \int_{-\infty}^{\infty} \frac{\alpha^2}{p^2 + \alpha^2} \exp\left(\frac{ipx}{\hbar}\right) dp$

$$= \frac{1}{\sqrt{2\pi\hbar}}(\pi\alpha)\exp\left(-\frac{\alpha}{\hbar}|x|\right)$$

規格化定数 N を用いて,

$$\psi(x,0) = N\frac{1}{\sqrt{2\pi\hbar}}(\pi\alpha)\exp\left(-\frac{\alpha}{\hbar}|x|\right) \quad \text{ⓐ}$$

$$\therefore \; |\psi(x,0)|^2 = N^2\frac{(\pi\alpha)^2}{2\pi\hbar}\exp\left(-\frac{2\alpha}{\hbar}|x|\right) \quad \text{ⓑ}$$

(2) 規格化の条件は,

$$\int_{-\infty}^{\infty}|\psi(x,0)|^2 dx = 2\int_0^{\infty}|\psi(x,0)|^2 dx = 2N^2\frac{(\pi\alpha)^2}{2\pi\hbar}\int_0^{\infty}\exp\left(-\frac{2\alpha}{\hbar}x\right)dx = 1 \quad \text{ⓒ}$$

$$\int_0^{\infty}e^{-2\alpha x/\hbar}dx = \frac{\hbar}{2\alpha} \; \text{をⓒに代入すると,} \; N^2 = \frac{2}{\pi\alpha} \qquad \therefore \; N = \sqrt{\frac{2}{\pi\alpha}}$$

$$\therefore \; \psi(x,0) = \sqrt{\frac{\alpha}{\hbar}}\exp\left(-\frac{\alpha}{\hbar}|x|\right) \quad \text{ⓓ}$$

(3) $(\Delta x)^2 = \langle x^2 \rangle - \langle x \rangle^2 = \langle x^2 \rangle$

$$= 2\int_0^{\infty}x^2|\psi(x,0)|^2 dx = \frac{2\alpha}{\hbar}\int_0^{\infty}x^2\exp\left(-\frac{2\alpha}{\hbar}x\right)dx = \frac{\hbar^2}{2\alpha^2}$$

$(\Delta p)^2 = \langle p^2 \rangle - \langle p \rangle^2 = \langle p^2 \rangle$

$$= \int_{-\infty}^{\infty}p^2|\tilde{\varphi}(p)|^2 dp = N^2\alpha^4\int_{-\infty}^{\infty}\frac{p^2}{(p^2+\alpha^2)^2}dp$$

$$= \frac{2}{\pi\alpha}\cdot\alpha^4\frac{\pi}{2}\frac{1}{\alpha} = \alpha^2$$

$$\therefore \; (\Delta x)^2(\Delta p)^2 = \frac{\hbar^2}{2\alpha^2}\cdot\alpha^2 = \frac{\hbar^2}{2}$$

$$\therefore \; \Delta x \cdot \Delta p = \frac{\hbar}{\sqrt{2}} \quad \text{ⓔ}$$

α の値には依存しないことも確かめられた.

第4章　1次元の問題―束縛状態

4.1　時間を含まない1次元のシュレーディンガー方程式
4.2　定常状態の求め方
4.3　有限の深さの井戸型ポテンシャル
4.4　無限の深さの井戸型ポテンシャル
4.5　1次元調和振動子型ポテンシャル

　3章で,量子力学の基礎方程式としてシュレーディンガー方程式を導入した.シュレーディンガー方程式についてのある程度の経験を積むために1次元の簡単な系から始めよう.1次元の問題に興味があるのは,以下の理由による.

　1. 簡単な模型ではあるが,量子力学的効果のエッセンスをすべて含んでいる.たとえば,粒子の運動における反射現象,共鳴現象,またポテンシャルの壁を透過する現象であるトンネル効果,粒子の束縛エネルギーがとびとびであること(エネルギーの量子化)などである.

　2. 3次元の問題を解くときでも,ポテンシャル$V(r)$が中心力ポテンシャルのときには,1次元の問題に帰着する.

　3. 最近では,1次元物質が作られるようになったので,直接,理論と実験を比較することもできるようになった.

　これらの理由で,まず1次元の問題から入っていくことにしよう.

4.1 時間を含まない1次元のシュレーディンガー方程式

(3.14)の1次元シュレーディンガー方程式のポテンシャル$V(x)$は時間tを含んでいない．このような場合には，$\psi(x,t)$をxだけの関数$\phi(x)$とtだけの関数$T(t)$との積に等しいとおいて変数分離の方法で解くことができる．

例題 $\psi(x,t)=\phi(x)T(t)$とおいて1次元のシュレーディンガー方程式(3.14)に代入し$\psi(x,t)$を求めよ．

解 $\psi(x,t)=\phi(x)T(t)$を(3.14)に代入すると，

$$i\hbar\phi(x)\frac{\mathrm{d}T(t)}{\mathrm{d}t}=\left[-\frac{\hbar^2}{2m}\frac{\mathrm{d}^2\phi(x)}{\mathrm{d}x^2}+V(x)\phi(x)\right]T(t) \qquad \text{ⓐ}$$

となる．両辺を$\phi(x)T(t)$で割ると，

$$i\hbar\frac{1}{T(t)}\frac{\mathrm{d}T(t)}{\mathrm{d}t}=\frac{1}{\phi(x)}\left[-\frac{\hbar^2}{2m}\frac{\mathrm{d}^2\phi(x)}{\mathrm{d}x^2}+V(x)\phi(x)\right] \qquad \text{ⓑ}$$

が得られ，この式の左辺はtのみの関数であり，右辺はxのみの関数である．したがって，左右両辺がx, t任意の値に対して等しいためには，両辺とも同じ1つの定数に等しくなければならない．これはエネルギーの次元をもっているのでEとおくと，Tに対する式はすぐに積分できて，

$$T(t)=\exp\left(-\frac{iEt}{\hbar}\right) \qquad \text{ⓒ}$$

となる．他方$\phi(x)$に対する方程式は，

$$-\frac{\hbar^2}{2m}\frac{\mathrm{d}^2\phi(x)}{\mathrm{d}x^2}+V(x)\phi(x)=E\phi(x) \qquad \text{ⓓ}$$

と書くことができる． ∎

上記ⓓで得られた式を時間を含まないシュレーディンガー方程式とよび，$\phi(x)$を空間部分の波動関数とよぶ．

ⓓで適当な境界条件のもとで恒等的にゼロでない波動関数$\phi(x)$が存在するとき，その$\phi(x)$を**固有関数**，Eを**エネルギー固有値**という．このエネルギーが確定値をとる状態を**定常状態**という．したがって，波動方程式の特解である**定常解**は，

$$\psi(x,t)=\phi(x)\exp\left(-\frac{iEt}{\hbar}\right)$$

となり，$\phi(x)$に対する方程式は，

$$-\frac{\hbar^2}{2m}\frac{d^2\phi(x)}{dx^2}+V(x)\phi(x)=E\phi(x) \tag{4.1}$$

となる．これを時間を含まないシュレーディンガー方程式とよぶ．この $\psi(x,t)$ に対しては $|\psi(x,t)|^2=|\phi(x)|^2$ なので，各点ごとの粒子の存在確率は時間に無関係になる．量子力学の大部分の問題は，この定常状態を求め，その性質を議論することである．

4.2 定常状態の求め方

(4.1)のシュレーディンガー方程式を次のように書き換えてみよう．

$$\frac{d^2\phi(x)}{dx^2}+\frac{2m}{\hbar^2}(E-V(x))\phi(x)=0 \tag{4.2}$$

(4.2)が最も簡単に解けるのは，ポテンシャルエネルギーが一定の場合である．

ポテンシャルエネルギーが一定の場合

ある空間の領域で $V(x)=V_0$ になるとしよう．(4.2)で $V(x)=V_0$ とおくと，

$$\frac{d^2\phi(x)}{dx^2}+\frac{2m(E-V_0)}{\hbar^2}\phi(x)=0 \tag{4.3}$$

ここで，$E>V_0$ の場合，$\dfrac{2m(E-V_0)}{\hbar^2}\equiv k^2$ とおくと，(4.3)の解は，

$$\phi(x)=Ae^{ikx}+Be^{-ikx} \tag{4.4}$$

となる．

$E<V_0$ の場合，$\dfrac{2m(V_0-E)}{\hbar^2}=\rho^2$ とおくと，(4.3)の解は，

$$\phi(x)=Ce^{\rho x}+De^{-\rho x} \tag{4.5}$$

となる．

ポテンシャルが有限のとびをもつときの $\phi(x)$ のふるまい

ポテンシャル $V(x)$ が $x=x_1$ で，有限の不連続性をもつときの波動関数の1階微分 $\dfrac{d\phi(x)}{dx}$ のふるまいはどうなるだろうか．次の例題を考えよう．

例題 1次元のシュレーディンガー方程式(4.2)において，ポテンシャル $V(x)$ が $x=x_1$ で有限のとびをもつときも，$\dfrac{d\phi(x)}{dx}$ は $x=x_1$ において連続であることを示せ．

解 数学的厳密さを追求せず，直感的に考えてみよう．図4.1に示すように $V(x)$ が $x=x_1$ で有限のとびをもつとき，方程式(4.2)を $x=x_1$ を含む非常に小さい範囲 $(x_1-\varepsilon, x_1+\varepsilon)$

4.3 有限の深さの井戸型ポテンシャル

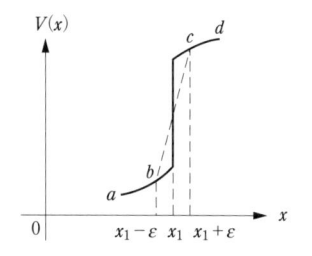

図 4.1 ポテンシャルが $x=x_1$ で有限のとび(不連続)をもつとき.

で積分すれば,

$$\frac{\mathrm{d}\phi(x_1+\varepsilon)}{\mathrm{d}x} - \frac{\mathrm{d}\phi(x_1-\varepsilon)}{\mathrm{d}x} = -\frac{2m}{\hbar^2}\int_{x_1-\varepsilon}^{x_1+\varepsilon}[E-V(x)]\phi(x)\mathrm{d}x \qquad \text{ⓐ}$$

ⓐの右辺の積分の被積分関数は有界なので, 右辺は $\varepsilon \to 0$ で0となる.

$$\therefore \lim_{\varepsilon \to 0}\frac{\mathrm{d}\phi(x_1+\varepsilon)}{\mathrm{d}x} - \lim_{\varepsilon \to 0}\frac{\mathrm{d}\phi(x_1-\varepsilon)}{\mathrm{d}x} = 0 \qquad \text{ⓑ}$$

したがって, $\dfrac{\mathrm{d}\phi(x)}{\mathrm{d}x}$ は $x=x_1$ で連続でなければならない. ∎

定常状態の求め方

1. ポテンシャル $V(x)$ が一定のそれぞれの領域において, 解を(4.4), (4.5)の形に書く.
2. 例題のところで説明したように, たとえポテンシャルに $x=x_1$ で有限のとびがあっても, その点で, $\phi(x)$, $\dfrac{\mathrm{d}\phi(x)}{\mathrm{d}x}$ は滑らかにつながらなければならない. そこで, $x=x_1$ で, $\phi(x)$, $\dfrac{\mathrm{d}\phi(x)}{\mathrm{d}x}$ の連続性を要求する. すると1次元のシュレーディンガー方程式の定常状態を求めることができる.

そこで, まず1次元の束縛状態の問題から入っていくことにしよう.

4.3 有限の深さの井戸型ポテンシャル

金属内の伝導電子は, 金属内を自由に動き回ることができるけれども, 外からエネルギーを与えてやらないと外に飛び出すことはできない. つまり電子は図4.2のようなポテンシャルの中に閉じ込められていると考えてよい. このポテンシャルの領域を $x<-a$, $-a<x<a$, $a<x$ の3つに分け, それぞれ領域①, ②, ③とよぼう.

このような1次元運動の簡単な例として, 図4.2のような井戸型ポテンシャルの中での電子の運動を考えてみよう.

図4.2のような状態は, 図4.3(a)のような装置によって作り出すことができる. すなわち負に帯電した電子は BC 間にいるかぎり電気的な力はまったく受けない($\because V=0$). しかし電子が $B \to A$ に向かうと, 一様な電場が存在する領域に入り, 電子は右に押し返さ

4. 1次元の問題—束縛状態

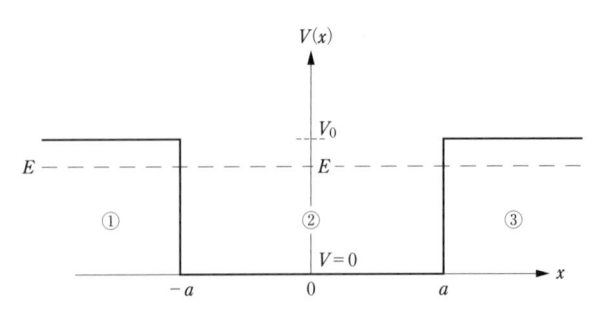

図 4.2 有限の深さの井戸型ポテンシャル.

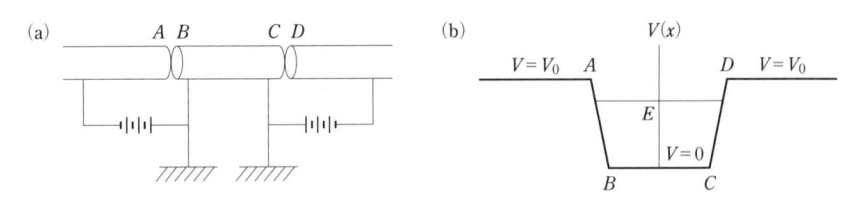

図 4.3 (a)図4.2のような井戸型ポテンシャルを与える実験装置の模式図. (b)柔らかい壁をもつ有限の深さのポテンシャル.

れる．同様に電子が $C \to D$ に向かうと，電子は左に押し返される．

すなわち，図4.3(a)の装置によって，電子は $E<V_0$ であるかぎり，電子は図4.3(b)のようなポテンシャルの領域にとどまり，この領域から外に飛び出すことはできない．そして，AB, CD の間の距離をゼロに近づけると，かぎりなく，図4.2のポテンシャルに近づくと考えることができる．

時間を含まないシュレーディンガー方程式は，

$$\frac{d^2\phi(x)}{dx^2} + \frac{2m}{\hbar^2}(E-V(x))\phi(x) = 0$$

$x \to \pm\infty$ では古典力学では禁止された領域なので，$x \to \pm\infty$ とともに，

$$\phi_1(x), \phi_3(x) \to 0 \tag{4.6}$$

を満足するものでなければならないから，

領域①で，

$$\phi_1(x) = Ae^{\rho x} \tag{4.7}$$

領域②では，

$$\phi_2(x) = B\sin kx + C\cos kx \tag{4.8}$$

領域③では，

4.3 有限の深さの井戸型ポテンシャル

$$\phi_3(x) = De^{-\rho x} \tag{4.9}$$

ただし，$\rho = \sqrt{\dfrac{2m(V_0-E)}{\hbar^2}}$ ，$k = \sqrt{\dfrac{2mE}{\hbar^2}}$ \hfill (4.10)

境界 $x = -a$，$x = a$ で解を滑らかにつなぐ条件は，

$\phi_1(-a) = \phi_2(-a)$ より

$$Ae^{-\rho a} = -B\sin ka + C\cos ka \tag{4.11}$$

$\phi_1{}'(-a) = \phi_2{}'(-a)$ より

$$\rho Ae^{-\rho a} = kB\cos ka + kC\sin ka \tag{4.12}$$

$\phi_2(a) = \phi_3(a)$ より

$$De^{-\rho a} = B\sin ka + C\cos ka \tag{4.13}$$

$\phi_2{}'(a) = \phi_3{}'(a)$ より

$$-\rho De^{-\rho a} = kB\cos ka - kC\sin ka \tag{4.14}$$

これらを使って，まじめに解くのが1つの方法ではあるが，かなりめんどうである．ところがポテンシャルがy軸に対して対称ならば次のように簡単化して解く方法が便利である．

例題 1 ポテンシャルが $V(x) = V(-x)$ を満たすとき，波動関数は $\phi(-x) = \phi(x)$ か $\phi(-x) = -\phi(x)$ のどちらかであることを証明せよ．

解 シュレーディンガー方程式

$$-\frac{\hbar^2}{2m}\frac{d^2\phi(x)}{dx^2} + V(x)\phi(x) = E\phi(x) \qquad ⓐ$$

において $x \to -x$ とおき，$V(-x) = V(x)$ を使うと，

$$-\frac{\hbar^2}{2m}\frac{d^2\phi(-x)}{dx^2} + V(x)\phi(-x) = E\phi(-x) \qquad ⓑ$$

したがって，$\phi(x)$ が固有値 E に属する解であれば，$\phi(-x)$ も同じ固有値 E に属する解である．1次元の場合，1つのエネルギー準位には1つの固有関数が対応しているから，$\phi(x)$ と $\phi(-x)$ とは一方が他方の定数倍に等しい．すなわち，

$$\phi(-x) = c\phi(x)$$

この式で $x \to -x$ とおいてもう1度この式を使うと，

$$\phi(x) = c\phi(-x) = c^2\phi(x)$$

これから，

$$c^2 = 1，\text{すなわち } c = \pm 1 \tag{4.15}$$

が得られる．$c = 1$ の場合が偶関数，$c = -1$ の場合が奇関数である．このような波動関数

4. 1次元の問題—束縛状態

のことを，パリティが偶または奇であるという． ∎

解き方の簡単化

解が定まったパリティをもつとき，エネルギー準位の決定が非常に簡単化される．$x \geq 0$ のときの解さえ見つかれば，$x \leq 0$ での解は偶関数なら $\phi(-x) = \phi(x)$，奇関数なら $\phi(-x) = -\phi(x)$ と求まる．したがって，計算が非常に簡単になる．

（ⅰ）解が**偶関数**の場合

偶関数の解を見つけようと思えば，まず，$x \geq 0$ でのみ考えて解を滑らかにつなげばよい．図 4.2 の領域②では，(4.8) より，

$$\phi_2(x) = C \cos kx$$
$$\therefore \phi_2'(x) = -kC \sin kx$$

領域③ (4.9) より，

$$\phi_3(x) = De^{-\rho x}$$
$$\therefore \phi_3'(x) = -\rho D e^{-\rho x}$$

∴ $x = a$ で $\phi(x)$，$\phi'(x)$ の解を滑らかにつなぐ条件は，$\phi_2(a) = \phi_3(a)$ より，

$$C \cos ka = De^{-\rho a} \tag{4.16}$$

$\phi_2'(a) = \varphi_3'(a)$ より，

$$-kC \sin ka = -\rho D e^{-\rho a} \tag{4.17}$$

数式で解が求まらないときは，グラフを用いればよい．

(4.16)，(4.17) より，

$$k \tan ka = \rho \tag{4.18}$$

が得られる．具体的に解を求めるために，

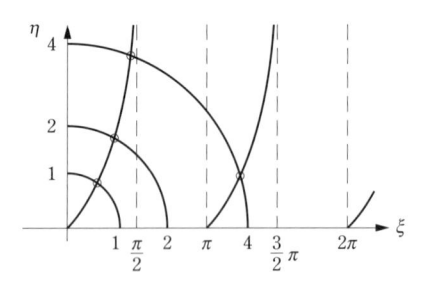

図 4.4 有限の深さの井戸型ポテンシャルで許されるエネルギー準位のグラフによる解（偶関数の場合）．

4.3 有限の深さの井戸型ポテンシャル

$$ka = \xi, \quad \rho a = \eta \tag{4.19}$$

とおくと,

$$\eta = \xi \tan \xi \tag{4.20}$$

となる. 一方, (4.10) より,

$$\xi^2 + \eta^2 = (k^2 + \rho^2)a^2 = \frac{2mV_0 a^2}{\hbar^2} \tag{4.21}$$

を得る.

したがって, 図 4.4 で (4.20), (4.21) の曲線の交点にあたる ξ, η の値が実際の解となる. $V_0 a^2$ の値が増大すると, 図 4.4 より明らかなように, 束縛状態の数は増えていく. また, $V_0 a^2$ の値がどんなに小さくても, 解が少なくとも 1 つは存在することも明らかである. このように, 有限領域に電子を閉じ込めるポテンシャルの中では, 電子のエネルギーは量子化される.

例題 2 図 4.2 のような, 有限の深さの井戸型ポテンシャル中での, 質量 m の電子の束縛状態の数を考えよう.
(1) 偶関数の束縛状態の数が 1 個のみ存在するための $V_0 a^2$ の範囲を求めよ.
(2) 偶関数の束縛状態が 2 個存在するための $V_0 a^2$ の範囲を求めよ.

解 (1) 図 4.4 より, 交点が 1 個のみ存在するためには,

$$\sqrt{\frac{2mV_0 a^2}{\hbar^2}} < \pi$$

$$\therefore V_0 a^2 < \frac{\pi^2 \hbar^2}{2m} \qquad \text{ⓐ}$$

(2) 同様にして, 交点が 2 個のみ存在するためには,

$$\pi \leq \sqrt{\frac{2mV_0 a^2}{\hbar^2}} < 2\pi$$

$$\therefore \frac{\pi^2 \hbar^2}{2m} \leq V_0 a^2 < \frac{4\pi^2 \hbar^2}{2m} \qquad \text{ⓑ} \quad ■$$

(ii) 解が**奇関数**の場合

奇関数の解を見つけるためには, 領域②では, (4.8) より,

$$\phi_2(x) = B \sin kx$$

$$\therefore \phi_2'(x) = kB \cos kx$$

領域③では $\phi_3(x) = De^{-\rho x}$

$$\therefore \phi_3'(x) = -\rho D e^{-\rho x}$$

$\phi_2(a) = \phi_3(a)$ より,

$$B \sin ka = D e^{-\rho a} \tag{4.22}$$

4. 1次元の問題—束縛状態

$\phi_2'(a) = \phi_3'(a)$ より,

$$kB\cos ka = -\rho D e^{-\rho a} \tag{4.23}$$

(4.23)を(4.22)で割ると,

$$k\cot ka = -\rho \tag{4.24}$$

(4.19)を使うと,

$$\eta = -\xi \cot \xi \tag{4.25}$$

$$\xi^2 + \eta^2 = \frac{2mV_0 a^2}{\hbar^2} \tag{4.26}$$

前と同様にして, (4.25), (4.26)のグラフを求めると図4.5のようになる.

(i)の場合と異なり, $\dfrac{2mV_0 a^2}{\hbar^2} > \left(\dfrac{\pi}{2}\right)^2$ のときのみ解がある. また, $V_0 a^2$ が大きくなれば束縛状態の数は増えていく.

例題3 図4.2のような, 有限の深さの井戸型ポテンシャル中での, 質量 m の電子の束縛状態の数を考えよう.
(1) 奇関数の束縛状態が1個も存在しないための $V_0 a^2$ の範囲を求めよ.
(2) 奇関数の束縛状態が1個のみ存在するための $V_0 a^2$ の範囲を求めよ.
(3) 奇関数の束縛状態が2個存在するための $V_0 a^2$ の範囲を求めよ.

解 (1)図4.5より, 交点が1個も存在しないためには,

$$\sqrt{\frac{2mV_0 a^2}{\hbar^2}} < \frac{\pi}{2}$$

$$\therefore V_0 a^2 < \frac{\pi^2 \hbar^2}{8m} \qquad \text{ⓐ}$$

(2)同様にして, 交点が1個のみ存在するためには,

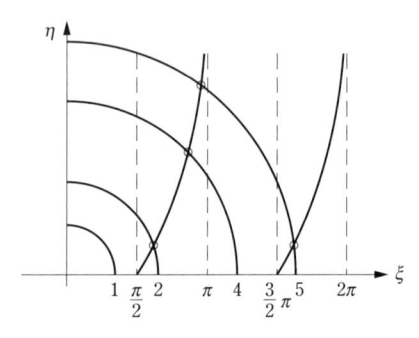

図4.5 有限の深さの井戸型ポテンシャルで許されるエネルギー準位のグラフによる解(奇関数の場合).

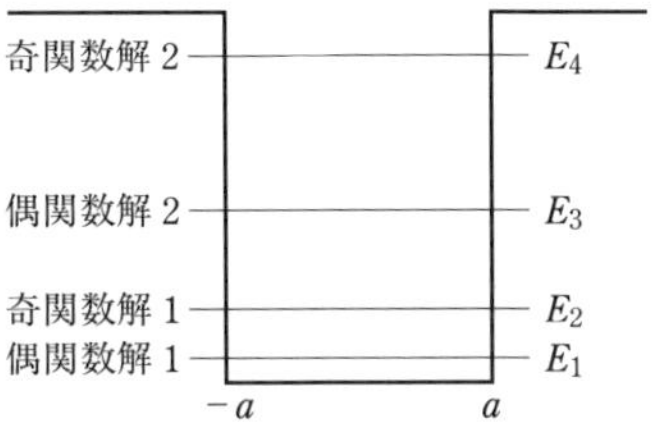

4.3 有限の深さの井戸型ポテンシャル

図 4.6 有限の深さの井戸型ポテンシャルでの電子の束縛エネルギー ($E_1, E_2, E_3, E_4, \cdots$).

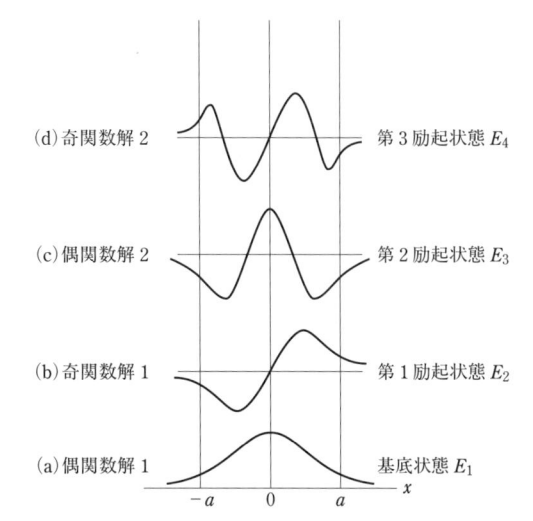

図 4.7 図 4.6 でのエネルギー準位 ($E_1, E_2, E_3, E_4, \cdots$) に対応する波動関数.

$$\frac{\pi}{2} \leq \sqrt{\frac{2mV_0 a^2}{\hbar^2}} < \frac{3}{2}\pi$$

$$\therefore \frac{\pi^2 \hbar^2}{8m} \leq V_0 a^2 < \frac{9\pi^2 \hbar^2}{8m} \quad \text{ⓑ}$$

(3) 交点が 2 個の場合も同様(図 4.5 参照). ∎

そこで,図 4.6 に示すように,有限の深さの井戸型ポテンシャル中での電子の束縛エネルギーは,エネルギーの低いほうから順に書くと,

E_1(基底状態),E_2(第 1 励起状態),E_3(第 2 励起状態),E_4(第 3 励起状態),…

となる.例題 2,例題 3 よりわかるように,E_1 は偶関数解 1 に,E_2 は奇関数解 1 に,E_3 は偶関数解 2 に,E_4 は奇関数解 2 に対応している.

これらに対応する波動関数の概形は図 4.7 のようになる.

(a) 基底状態のエネルギー E_1 に対する解は,図 4.7(a) に示すように,井戸の内部では $\phi(x) \approx \cos kx$ のようにふるまい,外部との境界 a で $e^{-\rho x}$,境界 $-a$ で $e^{\rho x}$ に滑らかにつながり,x 軸との交点はない.

(b) 第 2 番目に低いエネルギー E_2 に対する解は,図 4.7(b) に示すように,井戸の内部では $\phi(x) \approx \sin kx$ のようにふるまい,境界で指数関数的に減少する.ゆえに,軸との交点は 1 個である.これを第 1 励起状態という.

(c) 第 3 番目に低いエネルギー E_3 に対する解は,図 4.7(c) に示すように,$E_3 > E_1$ なの

で $k_3 > k_1$ になり，$\cos k_3 x$ のほうが多く振動し，x 軸との交点は 2 個になる．これを第 2 励起状態という．

(d)第 4 番目に低いエネルギー E_4 に対する解は図 4.7(d)のようになり，x 軸との交点は 3 個である．これを第 3 励起状態という．

一般に第 n 励起状態 E_{n+1} は n 個の交点をもつ．このとき波動関数は n 個の**節**をもつという．

4.4 無限の深さの井戸型ポテンシャル

$V_0 \to \infty$，すなわち，図 4.8 に示すような無限に深い井戸型ポテンシャルを考えてみよう．この場合には，剛体の壁なので，この両側の壁の中に電子を見いだすことのできる確率はゼロである．したがって，両端が固定されたバイオリンの弦のように，$x=-a$，$x=a$ において波動関数がゼロであることが要求される．

この場合には，固有値も固有関数も簡単な形になり，前節の有限の深さの井戸型ポテンシャルの場合との関連をわかりやすく議論することができる．

シュレーディンガー方程式は $a \geq x \geq -a$ で，(4.2)より，

$$\frac{d^2\phi(x)}{dx^2} = -\frac{2mE}{\hbar^2}\phi(x) = -k^2\phi(x) \tag{4.27}$$

となる．この領域での一般解は(4.8)，すなわち，

$$\phi(x) = B\sin kx + C\cos kx$$

ここで，$V(x) = V(-x)$ であるから，4.3 節の例題 1 で示したように，(4.27)の解は，

$$\text{偶関数 } \phi^{(e)}(x) = C\cos kx$$

または，

$$\text{奇関数 } \phi^{(o)}(x) = B\sin kx$$

になる．偶関数 $\phi^{(e)}(x)$ の場合，$\phi^{(e)}(a) = C\cos ka = 0$ を要求すると，

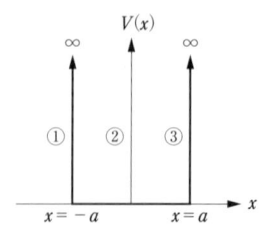

図 4.8 無限に深い井戸型ポテンシャル．

4.4 無限の深さの井戸型ポテンシャル

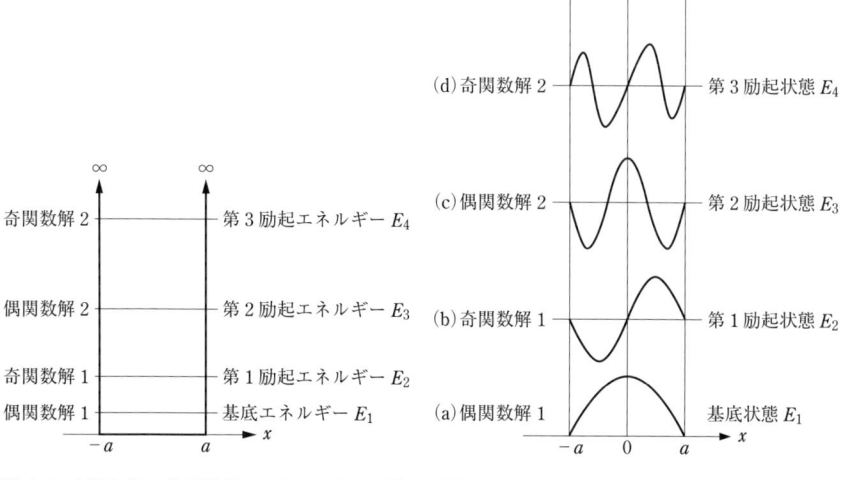

図 4.9 無限に深い井戸型ポテンシャル中での電子の束縛エネルギー($E_1, E_2, E_3, E_4, \cdots$).

図 4.10 図 4.9 でのエネルギー準位($E_1, E_2, E_3, E_4, \cdots$)に対応する波動関数.

$$k_n a = \frac{n\pi}{2} \quad (n = 1, 3, 5, \cdots)$$

同様にして,$\phi^{(o)}(a) = B \sin ka = 0$ を要求すると,

$$k_n a = \frac{n\pi}{2} \quad (n = 2, 4, 6, \cdots)$$

であれば満たされる.

$$\therefore k_n = \frac{n\pi}{2a} \quad (n = 1, 2, 3, \cdots) \tag{4.28}$$

したがって,許されるエネルギーは,

$$E_n = \frac{\hbar^2}{2m} k_n^2 = \frac{\hbar^2}{2m} \frac{n^2 \pi^2}{4a^2} = \frac{\pi^2 \hbar^2 n^2}{8ma^2} \quad (n = 1, 2, 3, \cdots) \tag{4.29}$$

となる.

例題 無限に深い井戸型ポテンシャル中での電子の運動を考えよう.$n = 1, 2, 3, 4$ の場合について,エネルギー準位とエネルギー固有関数を図示せよ.

解 図 4.9 にエネルギー準位 E_1, E_2, E_3, E_4 を,図 4.10 にそれぞれの準位に対応する波動関数のふるまいを示した. ■

ここで次の点に注意しておこう.基底状態の波動関数は $-a \leq x \leq a$ の領域でゼロになる点,すなわち,節をもたない.また,第 n 励起状態の波動関数の節の数は n 個である.(4.29)

より，$E_1 = \dfrac{\pi^2 \hbar^2}{8ma^2}$ は無限に深い井戸型ポテンシャルの中に束縛されている電子の最低可能なエネルギーのことでエネルギーはゼロになることはない．これを**零点エネルギー**という．すなわち，電子はポテンシャルエネルギーの井戸の中で静止することはできないという点は重要である．

4.5　1次元調和振動子型ポテンシャル

量子力学で厳密解の得られる場合はまれである．その数少ない典型的な例として，調和振動子型ポテンシャルを考えてみよう．このポテンシャルは古典物理学において重要であるのみでなく，量子力学においても非常に重要である．量子力学の関係する範囲では，2原子分子における原子の振動，固体内の原子の振動などがある．これらは平衡点からの小さなずれによって生ずる現象であり，平衡点では，現実のポテンシャルは連続で最小点をもち，その近傍では次のような放物線でよく近似できる．

$$V(x) = \frac{1}{2} k x^2 \tag{4.30}$$

そこで，x 軸上で，原点からの距離に比例する引力 $F(x) = -kx$ を受けて単振動をする粒子について考えてみよう．このような粒子に対するポテンシャルエネルギーは，古典力学における角振動数 ω を使って，$\dfrac{1}{2} m\omega^2 x^2$ と表される．したがって，1次元調和振動子のシュレーディンガー方程式は，

$$-\frac{\hbar^2}{2m} \frac{d^2 \phi(x)}{dx^2} + \frac{m\omega^2 x^2}{2} \phi(x) = E\phi(x)$$

書き換えると，

$$\frac{d^2 \phi(x)}{dx^2} + \frac{2m}{\hbar^2} \left(E - \frac{m\omega^2 x^2}{2} \right) \phi(x) = 0 \tag{4.31}$$

となる．

シュレーディンガー方程式の解

この式を満たす波動関数 $\phi(x)$ が，$x = \pm\infty$ でゼロになるような E の値を探してみよう．井戸型ポテンシャルの場合との類推から，調和振動子型ポテンシャル（図4.11）の場合も，波動関数は（図4.12）のような形にふるまうことが期待できる．

$\phi(x)$ を求めるためには(4.31)を解かなければならない．まず，(4.31)を次元のない量で表してみよう．

$$\xi = \alpha x = \sqrt{\frac{m\omega}{\hbar}} x \tag{4.32}$$

4.5　1次元調和振動子型ポテンシャル

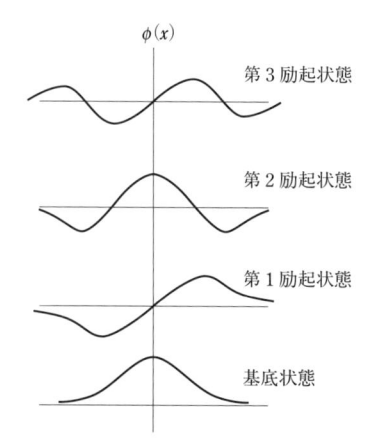

図 4.11　1次元調和振動子型ポテンシャル中での粒子の束縛エネルギー.

図 4.12　図 4.11 でのエネルギー準位に対応する波動関数.

$$\varepsilon = \frac{2E}{\hbar\omega} \tag{4.33}$$

と変数変換をし,

$$\phi(x) = \phi\left(\frac{\xi}{\alpha}\right) = \Phi(\xi) \tag{4.34}$$

とおくと,

$$\frac{d^2\Phi(\xi)}{d\xi^2} + (\varepsilon - \xi^2)\Phi(\xi) = 0 \tag{4.35}$$

という形に書くことができる.

例題 1　(4.32), (4.33) を (4.31) に代入して (4.35) を導け.

解　(4.32), (4.33) を (4.31) に代入して α^2 で割ると,

$$\frac{d^2\Phi(\xi)}{d\xi^2} + \frac{2m}{\hbar^2\alpha^2}\left(E - \frac{m\omega^2}{2\alpha^2}\xi^2\right)\Phi(\xi) = 0 \quad \text{ⓐ}$$

を得る. ここで,

$$\frac{2mE}{\hbar^2\alpha^2} = \frac{2mE}{\hbar^2}\frac{\hbar}{m\omega} = \frac{2E}{\hbar\omega} = \varepsilon \quad \text{ⓑ}$$

$$\frac{2m}{\hbar^2\alpha^2}\frac{m\omega^2}{2\alpha^2} = \frac{2m}{\hbar^2}\frac{\hbar}{m\omega}\frac{m\omega^2}{2}\frac{\hbar}{m\omega} = 1 \quad \text{ⓒ}$$

であるから,

4. 1次元の問題—束縛状態

$$\therefore \frac{d^2\Phi(\xi)}{d\xi^2}+\left(\varepsilon-\xi^2\right)\Phi(\xi)=0 \qquad \text{ⓓ}$$

となる. ∎

大きな ξ に対しては, ε を ξ^2 に比較して無視することができて, $\Phi(\xi)$ は漸近的に $\exp\left(\pm\frac{1}{2}\xi^2\right)$ の解をもつ. 波動関数は $\xi\to\pm\infty$ でゼロでなければならないので, 指数の中では負の符号を選ばねばならない.

例題 2 $\Phi(\xi)=\exp\left(-\frac{1}{2}\xi^2\right)$ は $\xi\to\infty$ で $\frac{d^2\Phi(\xi)}{d\xi^2}-\xi^2\Phi(\xi)=0$ を満たすことを示せ.

解
$$\frac{d\Phi(\xi)}{d\xi}=-\xi\exp\left(-\frac{1}{2}\xi^2\right)$$

$$\frac{d^2\Phi(\xi)}{d\xi^2}=\xi^2\exp\left(-\frac{1}{2}\xi^2\right)-\exp\left(-\frac{1}{2}\xi^2\right)$$

$$\therefore \frac{d^2\Phi(\xi)}{d\xi^2}-\xi^2\Phi(\xi)=-\exp\left(-\frac{1}{2}\xi^2\right) \text{ は } \xi\to\pm\infty \text{ でゼロに近づく.} \quad ∎$$

そこで,

$$\Phi(\xi)=H(\xi)\exp\left(-\frac{1}{2}\xi^2\right) \tag{4.36}$$

のような $H(\xi)$ を (4.35) に代入すると,

$$\frac{d^2H(\xi)}{d\xi^2}-2\xi\frac{dH(\xi)}{d\xi}+(\varepsilon-1)H(\xi)=0 \tag{4.37}$$

を得る (付録 A (A.14), (A.15) 参照).

例題 3 (4.37) を導け.

解 (4.36) を ξ で微分すると,

$$\frac{d\Phi(\xi)}{d\xi}=\frac{dH(\xi)}{d\xi}\exp\left(-\frac{1}{2}\xi^2\right)-\xi H(\xi)\exp\left(-\frac{1}{2}\xi^2\right)$$

もう 1 回微分すると,

$$\frac{d^2\Phi(\xi)}{d\xi^2}=\frac{d^2H(\xi)}{d\xi^2}\exp\left(-\frac{1}{2}\xi^2\right)-2\frac{dH(\xi)}{d\xi}\xi\exp\left(-\frac{1}{2}\xi^2\right)$$

$$-H(\xi)\exp\left(-\frac{1}{2}\xi^2\right)+\xi^2 H(\xi)\exp\left(-\frac{1}{2}\xi^2\right) \qquad \text{ⓐ}$$

この式 ⓐ と (4.36) を (4.35) に代入して $\exp\left(-\frac{1}{2}\xi^2\right)$ で割ると, (4.37) が得られる. ∎

4.5 1次元調和振動子型ポテンシャル

エネルギー固有値

エネルギー固有値を求めるには，$\Phi(\xi)$ が $\xi \to \pm\infty$ でゼロになるように (4.37) を解けばよい．

そのために，$H(\xi)$ を，

$$H(\xi) = \sum_{n=0}^{\infty} a_n \xi^n \tag{4.38}$$

のように，ξ のべき級数で展開できると仮定しよう．

両辺を ξ で微分すると，

$$\frac{dH(\xi)}{d\xi} = \sum_{n=0}^{\infty} n a_n \xi^{n-1} \tag{4.39}$$

$$\frac{d^2 H(\xi)}{d\xi^2} = \sum_{n=0}^{\infty} (n+2)(n+1) a_{n+2} \xi^n \tag{4.40}$$

(4.38)，(4.39)，(4.40) を (4.37) に代入すると，

$$\sum_{n=0}^{\infty} (n+2)(n+1) a_{n+2} \xi^n - \sum_{n=0}^{\infty} 2n a_n \xi^n + \sum_{n=0}^{\infty} (\varepsilon - 1) a_n \xi^n = 0$$

$$\therefore \sum_{n=0}^{\infty} [(n+2)(n+1) a_{n+2} - (2n+1-\varepsilon) a_n] \xi^n = 0 \tag{4.41}$$

(4.41) の左辺がゼロになるためには，(4.41) はすべての ξ の値に対して成り立たなければならないので，$\xi^n (n=0,1,2,\cdots)$ の係数がすべてゼロでなければならない．

$$\therefore (n+2)(n+1) a_{n+2} = (2n+1-\varepsilon) a_n \tag{4.42}$$

が得られる．

$$\therefore a_{n+2} = \frac{2n+1-\varepsilon}{(n+2)(n+1)} a_n \tag{4.43}$$

このため，a_0 を与えると $a_2, a_4, a_6, \cdots$ は a_0 を用いて表され，a_1 を与えると $a_3, a_5, a_7, \cdots$ は a_1 を用いて表される．

その結果，一般解は偶関数解 $H^{(e)}(\xi)$ と奇関数解 $H^{(O)}(\xi)$ の線形結合として書くことができる．n が大きいとき，(4.43) より，

$$a_{n+2} \cong \frac{2}{n} a_n \tag{4.44}$$

これを (4.38) に代入すると，その無限級数は $\xi \to \pm\infty$ で $\exp(\xi^2)$ のように発散する．

4. 1次元の問題—束縛状態

例題 4 $e^{\xi^2} = 1 + \xi^2 + \dfrac{\xi^4}{2!} + \dfrac{\xi^6}{3!} + \cdots + \dfrac{\xi^n}{(n/2)!} + \dfrac{\xi^{n+2}}{(n/2+1)!} + \cdots$ ①

の展開において，

(1) $\dfrac{a_{n+2}}{a_n} \cong \dfrac{2}{n}$ であることを示せ．

(2) 前問(1)を用いて，一般の値の ε に対しては $H(\xi) \to e^{\xi^2}$ で発散することを示せ．

解 (1) ①より $\dfrac{a_{n+2}}{a_n} = \dfrac{(n/2)!}{(n/2+1)!} = \dfrac{(n/2)!}{(n/2+1)(n/2)!} = \dfrac{2}{n+2} \cong \dfrac{2}{n}$ ⓐ

(2) ⓐより $a_{n+2}/a_n \cong 2/n$ であるから，

$$\xi \to \infty \text{ のとき } H(\xi) \to e^{\xi^2} \quad \text{ⓑ}$$

これを(4.36)に代入すると，$\xi \to \infty$ とともに，

$$\Phi(\xi) \to e^{\xi^2} \exp\left(-\dfrac{1}{2}\xi^2\right) = e^{\xi^2/2} \quad \text{ⓒ}$$

のように発散する． ∎

したがって，$\xi \to \pm\infty$ で $\Phi(\xi) \to 0$ になるためには，(4.38)の級数は有限のところで切れなければならない．ゆえに，(4.43)の右辺をゼロとおくと，

$$\varepsilon_n = (2n+1) \quad (n = 0, 1, 2, \cdots) \tag{4.45}$$

となり，$a_{n+2}, a_{n+4}, a_{n+6}, \cdots$ はすべてゼロになる．

ゆえに，$H_n(\xi)$ は n 次の多項式となり，(4.36)より，$\xi \to \pm\infty$ とともに $\Phi(\xi) \to H_n(\xi) \cdot \exp\left(-\dfrac{1}{2}\xi^2\right) \to 0$ となるので，この波動関数は束縛状態に対応していることがわかる．

例題 5 1次元調和振動子型ポテンシャルの束縛状態のエネルギーは，$E_n = \left(n + \dfrac{1}{2}\right)\hbar\omega$ $(n = 0, 1, 2, \cdots)$ であることを証明せよ．

解 (4.45), (4.33)より，

$$E_n = \dfrac{\varepsilon_n}{2}\hbar\omega = \left(n + \dfrac{1}{2}\right)\hbar\omega \quad (n = 0, 1, 2, \cdots)$$

となる． ∎

例題5より，$n = 0$ の状態はエネルギーが最低となり，このときのエネルギー $\hbar\omega/2$ を**零点エネルギー**という．

励起状態のエネルギー準位は，この零点エネルギーの上に $\hbar\omega$ の等間隔で現れるという特徴をもつ．

エルミート多項式

(4.45)が満たされるとき，(4.37)は，

$$\frac{d^2 H_n(\xi)}{d\xi^2} - 2\xi \frac{dH_n(\xi)}{d\xi} + 2nH_n(\xi) = 0 \tag{4.46}$$

となり，$H_n(\xi)$ は n 次のエルミート多項式とよばれ，

$$H_n(\xi) = (-1)^n e^{\xi^2} \frac{d^n}{d\xi^n} e^{-\xi^2} \tag{4.47}$$

で与えられる（付録A，(A.14)，(A.15)参照）．

例題 6 (4.47)式を用いて，エルミート多項式の最初の3項までを計算せよ．

解 $n=0$ のとき，

$$H_0(\xi) = e^{\xi^2} e^{-\xi^2} = 1 \tag{ⓐ}$$

$n=1$ のとき，

$$H_1(\xi) = -e^{\xi^2} \frac{d}{d\xi} e^{-\xi^2} = -e^{\xi^2}(-2\xi)e^{-\xi^2} = 2\xi \tag{ⓑ}$$

$n=2$ のとき，

$$H_2(\xi) = e^{\xi^2} \frac{d^2}{d\xi^2} e^{-\xi^2} = e^{\xi^2}(4\xi^2 - 2)e^{-\xi^2} = 4\xi^2 - 2 \tag{ⓒ}$$ ∎

章 末 問 題

[1] 1次元の問題でポテンシャルが

$$V(x) = \infty \quad (x < 0)$$
$$V(x) = 0 \quad (0 \leq x \leq a)$$
$$V(x) = V_0 (> 0) \quad (x > a)$$

で与えられている．次の問いに答えよ．

(1) エネルギー固有値を求める式を導け．

(2) 束縛状態が1個も存在しないための $V_0 a^2$ の範囲を求めよ．$a = 0.1$ nm のとき，V_0 の範囲を求めよ．

(3) 束縛状態が1個存在するための $V_0 a^2$ の範囲を求めよ．

(4) 前問の場合の波動関数の概形を書け．

解 ポテンシャルの形は図4.13のようである．

4. 1次元の問題—束縛状態

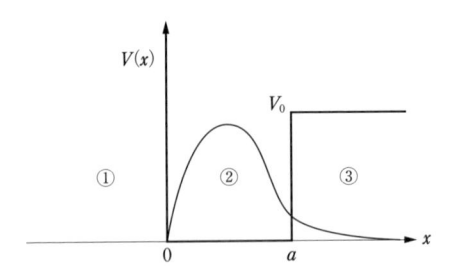

図 4.13 束縛状態が1個存在するときの波動関数の概形.

(1) $x=0$ では $\phi(x=0)=0$

∴ $0 \leq x < a$ では $\phi(x) = B\sin kx$

したがって，図 4.2 のポテンシャル中での奇関数の解と同じであるから，エネルギー固有値を求める式は (4.25),(4.26) と同じ.

(2) $V_0 a^2 < \dfrac{\pi^2 \hbar^2}{8m}$

$$V_0 < \frac{\pi^2 \hbar^2}{8ma^2} = \frac{\pi^2 (\hbar c)^2}{8mc^2 a^2} = 9.4\,\text{eV}$$

(3) $\dfrac{\pi^2 \hbar^2}{8m} \leq V_0 a^2 < \dfrac{9\pi^2 \hbar^2}{8m}$

(4) 図 4.13 参照.

[2] 原子核中の中性子の零点エネルギーを評価せよ．ただし，原子核の直径を 10^{-14} m，中性子の静止エネルギー Mc^2 を 940 MeV とせよ．

解 (4.29) で $n=1$ とおくと零点エネルギーは，

$$E_1 = \frac{\pi^2 \hbar^2}{8Ma^2} = \frac{\pi^2 (\hbar c)^2}{8Mc^2 a^2} = \frac{\pi^2 (197\,\text{MeV fm})^2}{8 \times 940\,\text{MeV} \times (5\,\text{fm})^2} = 2.0\,\text{MeV}$$

[3] 無限の深さの井戸型ポテンシャルと，有限の深さの井戸型ポテンシャルの場合の波動関数の概形を，$n=1,2,3,4\cdots$ の場合について比較せよ．

解 図 4.7，図 4.10 を比較せよ．$V_0 \to \infty$ になると，図 4.7 は図 4.10 に近づくことに注意．

[4] 質量 m の粒子がポテンシャル $V(x)$ の場の中にあるとき，その運動の定常状態を決める問題は，$\psi(x,t) = e^{-iEt/\hbar}\varphi(x)$ とおいてエネルギー演算子の固有値を求めること，すなわち，

$$-\frac{\hbar^2}{2m}\frac{\mathrm{d}^2 \varphi(x)}{\mathrm{d}x^2} + V(x)\varphi(x) = E\varphi(x) \qquad ①$$

を解くことに帰着する．

この1次元問題では,離散スペクトルの現れるエネルギー準位は縮退していないことを証明せよ.

解 まず,準位が縮退していると仮定してみよう.つまり,$\varphi_1(x)$と$\varphi_2(x)$が同じエネルギー固有値Eをもった2つの異なる固有関数としてみよう.$\varphi_1(x)$,$\varphi_2(x)$は,それぞれ

$$\frac{d^2\varphi_1(x)}{dx^2}+\frac{2m}{\hbar^2}(E-V(x))\varphi_1(x)=0$$

$$\frac{d^2\varphi_2(x)}{dx^2}+\frac{2m}{\hbar^2}(E-V(x))\varphi_2(x)=0$$

を満たすので,

$$\frac{1}{\varphi_1}\frac{d^2\varphi_1(x)}{dx^2}=\frac{2m}{\hbar^2}(V-E)=\frac{1}{\varphi_2}\frac{d^2\varphi_2(x)}{dx^2}$$

が得られる.したがって,

$$\frac{d^2\varphi_1(x)}{dx^2}\varphi_2-\frac{d^2\varphi_2(x)}{dx^2}\varphi_1=\frac{d}{dx}\left(\frac{d\varphi_1(x)}{dx}\varphi_2-\frac{d\varphi_2(x)}{dx}\varphi_1\right)=0$$

となる.両辺を積分して,

$$\frac{d\varphi_1(x)}{dx}\varphi_2-\frac{d\varphi_2(x)}{dx}\varphi_1=(\text{定数})$$

を得る.いま束縛状態を考えているので,無限遠で$\varphi_1=\varphi_2=0$となり,定数は0でなければならない.したがって,

$$\frac{1}{\varphi_1}\frac{d\varphi_1(x)}{dx}=\frac{1}{\varphi_2}\frac{d\varphi_2(x)}{dx}$$

となり,もう一度積分して$\ln\varphi_1=\ln\varphi_2+c$,つまり$\varphi_1=\varphi_2\times(\text{定数})$となる.けっきょく2つの関数は本質的には同じであり,異なると仮定したことに矛盾する. ∎

[5] 幅が$2a$,深さが$-V_0$の井戸型ポテンシャルがある.いま$2aV_0(=\alpha)$を一定に保ちながら$2a\to 0$,$V_0\to\infty$の極限を考える.

(1)このポテンシャルによる束縛状態は,ただ1つ存在することを示し,そのエネルギーを求めよ.

(2)上のポテンシャルは$V(x)=-2aV_0\delta(x)=-\alpha\delta(x)$と表される.この場合,直接に束縛状態の問題を解き,(1)の結果と比べよ.

解 (1)$2aV_0=\alpha$とおくと,

$$\xi^2+\eta^2=\frac{2mV_0a^2}{\hbar^2}=\frac{m\alpha a}{\hbar^2}\to 0 \qquad \text{ⓐ}$$

4. 1次元の問題—束縛状態

$$\eta = \xi \tan \xi \qquad \text{ⓑ}$$

$2V_0 a^2 = \alpha a$ がいくら小さくても束縛状態は存在し，ⓐとⓑの交点は1つである(図 4.4 をみよ．) $\xi = ka \to 0$ のとき，$\eta = \xi \tan \xi$ は $\eta = \xi^2$ となり，ⓐに代入すると，

$$\eta + \eta^2 = \frac{m\alpha a}{\hbar^2} \qquad \text{ⓒ}$$

η は小さいから，

$$\rho a = \eta = \frac{m\alpha a}{\hbar^2}$$

$$\therefore \sqrt{-\frac{2mE}{\hbar^2}} = \rho = \frac{m\alpha}{\hbar^2}$$

$$\therefore E = -\frac{m\alpha^2}{2\hbar^2} \qquad \text{ⓓ}$$

(2) $V(x) = -\alpha \delta(x)$ をシュレーディンガー方程式(4.2)式に代入すると，

$$\frac{d^2 \varphi(x)}{dx^2} + \frac{2m}{\hbar^2}(E + \alpha \delta(x))\varphi(x) = 0 \qquad \text{ⓔ}$$

この方程式を $x = 0$ を含む非常に狭い範囲 $(\varepsilon, -\varepsilon)$ で積分すれば，

$$\left(\frac{d\varphi(x)}{dx}\right)_\varepsilon - \left(\frac{d\varphi(x)}{dx}\right)_{-\varepsilon} = \frac{2m}{\hbar^2} \int_{-\varepsilon}^{\varepsilon} (-\alpha \delta(x) - E)\varphi(x)dx$$

$$= -\frac{2m\alpha}{\hbar^2}\varphi(0) \qquad \text{ⓕ}$$

$x > 0$ では $Ae^{-\rho x}$，$x < 0$ では $Ae^{\rho x}$ がそれぞれ解になっているから，(f)に代入すると，

$$-2\rho = -\frac{2m\alpha}{\hbar^2}$$

$$\therefore E = -\frac{m\alpha^2}{2\hbar^2} \qquad \text{ⓖ}$$

となり，(1)で得た結果に一致する．

[6] 図 4.14 のようなポテンシャル $V(x)$ の中に束縛された電子を考えよう．$E < V_0$ のとき，次の問いに答えよ．

(1) 偶関数の解に対応する束縛エネルギーを求める式を導け．

(2) 奇関数の解に対応する束縛エネルギーを求める式を導け．

(3) (2)の場合，最低のエネルギー準位を計算せよ．ただし，$a = 2 \times 10^{-10}$m，$b = 1.5 \times 10^{-10}$m，$V_0 = 20$ eV とせよ．

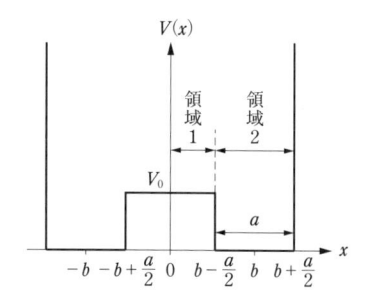

図 4.14 対称な二重井戸型ポテンシャル．

(4) $E \ll V_0$ で，かつ障壁の貫通度が小さいと仮定して，基底状態と第 1 励起状態のエネルギー差を求めよ．

解 ポテンシャルが $x=0$ に対して対称だから，$\varphi_\pm(x) = \pm\varphi_\pm(-x)$ のように偶または奇の解がある．いま，領域 1 ($b-a/2 \geqq x \geqq 0$)，領域 2 ($b+a/2 \geqq x \geqq b-a/2$) における波動関数を，それぞれ $\varphi_{1\pm}(x)$，$\varphi_{2\pm}(x)$ としよう．

領域 2 では，$k_\pm = \sqrt{\dfrac{2mE_\pm}{\hbar^2}}$ であり，$x=b+a/2$ でポテンシャルは ∞ であるから，波動関数は 0 となり，

$$\varphi_{2\pm}(x) = A_\pm \sin\left[k_\pm\left(b+\frac{a}{2}-x\right)\right] \qquad \text{ⓐ}$$

領域 1 では，$\rho_\pm = \sqrt{\dfrac{2m(V_0-E_\pm)}{\hbar^2}}$ を使って

$$\varphi_{1+}(x) = B_+ \cosh \rho_+ x \qquad \text{ⓑ}$$
$$\varphi_{1-}(x) = B_- \sinh \rho_- x \qquad \text{ⓒ}$$

となる．

(1) まず，偶関数の解を求めてみよう．$x=b-a/2$ でつなぎの条件を考えると，$\varphi_{1+}(x) = \varphi_{2+}(x)$，$\varphi_{1+}'(x) = \varphi_{2+}'(x)$ より，

$$A_+ \sin k_+ a = B_+ \cosh \rho_+\left(b-\frac{a}{2}\right) \qquad \text{ⓓ}$$

$$-k_+ A_+ \cos(k_+ a) = \rho_+ B_+ \sinh \rho_+\left(b-\frac{a}{2}\right) \qquad \text{ⓔ}$$

ⓓ，ⓔより，

$$\tan(k_+ a) = -\frac{k_+}{\rho_+}\coth \rho_+\left(b-\frac{a}{2}\right) \qquad \text{ⓕ}$$

4. 1次元の問題—束縛状態

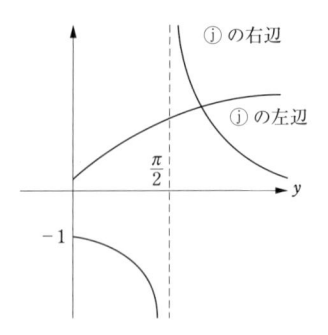

図 4.15 方程式ⓘのグラフによる解.

となり，これが束縛エネルギーを求める条件である．

(2) 奇関数の解．同様にして $x = b - a/2$ でのつなぎの条件は，

$$A_- \sin k_- a = B_- \sinh \rho_- (b - a/2) \qquad \text{ⓖ}$$

$$-k_- A_- \cos k_- a = \rho_- B_- \cosh \rho_- (b - a/2) \qquad \text{ⓗ}$$

であるから，束縛エネルギーを求める条件は，

$$\tan(k_- a) = -\frac{k_-}{\rho_-} \tanh \rho_- (b - a/2) \qquad \text{ⓘ}$$

となる．

(3) $k_- a = y$ とおくと，

$$\frac{1}{\sqrt{\dfrac{2mV_0 a^2}{\hbar^2} - y^2}} \tanh\left(\sqrt{\dfrac{2mV_0 a^2}{\hbar^2} - y^2} \, \dfrac{b - \dfrac{a}{2}}{a} \right) = -\frac{\tan y}{y} \qquad \text{ⓙ}$$

∴ $y > \dfrac{\pi}{2}$ に解がある (図 4.15)．

$$\frac{b - \dfrac{a}{2}}{a} = \frac{1}{4}, \quad \frac{2mV_0 a^2}{\hbar^2} = 21.0$$

∴ $y = 2.66$

∴ $E = 6.73 \text{ eV}$

ここで，電子の質量 $m = 0.51$ MeV, $\hbar c = 197$ MeV fm を用いた．

(4) 障壁の貫通度が小さいと仮定しているから，$\rho_\pm \left(b - \dfrac{a}{2} \right) \gg 1$ を用いてよい．偶関数 (奇関数) の場合，ⓕ, (ⓘ) に上の近似を用いると，

$$\tan(k_\pm a) = -\frac{k_\pm}{\rho_\pm} \mp 2\frac{k_\pm}{\rho_\pm} \exp\left(-2\rho_\pm\left(b-\frac{a}{2}\right)\right) \qquad \text{ⓚ}$$

が得られる．ⓚの右辺第2項は非常に小さいので，この項を無視すると，この近似では，エネルギー準位は二重に縮退していて，$k^{(0)}$, $\rho^{(0)}$, $E^{(0)}$の値が得られる．

右辺第2項をとり入れると，粒子が障壁を通って透過可能であることにより，縮退していた2本のエネルギー準位は上下に分離する．この近似では，

$$k_\pm a = \pi - \frac{k^{(0)}}{\rho^{(0)}} \mp 2\frac{k^{(0)}}{\rho^{(0)}} \exp\left(-2\rho^{(0)}\left(b-\frac{a}{2}\right)\right) \qquad \text{ⓛ}$$

を得る．偶の解の基底状態のエネルギーをE_+と書くと，第1励起状態のエネルギーは奇の解の最低エネルギーとなる．これをE_-とおく．2つの状態のエネルギー差は，

$$E_- - E_+ = \frac{\hbar^2}{2m}(k_- + k_+)(k_- - k_+) \qquad \text{ⓜ}$$

となる．ⓛより，

$$(k_- + k_+) \simeq \frac{2}{a}\left(\pi - \frac{k^{(0)}}{\rho^{(0)}}\right),$$

$$(k_- - k_+)a \simeq 4\frac{k^{(0)}}{\rho^{(0)}}\exp\left(-2\rho^{(0)}\left(b-\frac{a}{2}\right)\right)$$

が得られ，ⓜに代入すると，

$$E_- - E_+ \simeq \frac{4\hbar^2}{ma^2}\left(\pi - \frac{k^{(0)}}{\rho^{(0)}}\right)\frac{k^{(0)}}{\rho^{(0)}}\exp\left(-2\rho^{(0)}\left(b-\frac{a}{2}\right)\right) \qquad \text{ⓝ}$$

が求まる．

[7] 金属は結晶構造をもっていて，イオンが周期的に並んでいる．この周期性は，金属中の自由電子の運動に大きな役割を果たし，電気伝導などの固体の性質を理解するうえで，とても重要になる．ここでは，$V(x) = V(x+d)$のような1次元の周期的ポテンシャルを考えよう．

そのようなポテンシャル中での電子のハミルトニアンは，

$$\hat{H} = \frac{\hat{p}^2}{2m} + V(x)$$

$$V(x) = V(x+d)$$

で与えられる．

このハミルトニアンの固有関数をみつけるために平行移動の演算子

$$\hat{U} = \exp\left(i\frac{\hat{p}}{\hbar}d\right)$$

を考える．

4. 1次元の問題―束縛状態

(1) $\hat{U}\varphi(x) = \varphi(x+d)$ となることを示せ.
(2) $[\hat{U}, \hat{H}] = 0$ となることを示せ.
(3) $\hat{U}$ の固有関数を $\varphi(x)$ とすると，固有値の絶対値は1で，

$$\hat{U}\varphi(x) = e^{i\theta}\varphi(x)$$

となることを示せ.

(4) $\hat{H}$ の固有関数は，

$$\varphi(x+d) = e^{i\theta}\varphi(x)$$

を満たすとしてよいことを示せ．

これをブロッホ(Bloch)の定理とよんでいる．

解

(1) $\hat{p} = \dfrac{\hbar}{i}\dfrac{\partial}{\partial x}$ より,

$$\exp\left(i\frac{\hat{p}}{\hbar}d\right) = \exp\left(d\frac{\partial}{\partial x}\right) = 1 + d\frac{\partial}{\partial x} + \frac{1}{2!}d^2\frac{\partial^2}{\partial x^2} + \cdots$$

$$\hat{U}\varphi(x) = \exp\left(i\frac{\hat{p}}{\hbar}d\right)\varphi(x) = \exp\left(d\frac{\partial}{\partial x}\right)\varphi(x)$$

$$= \varphi(x) + d\frac{\partial\varphi(x)}{\partial x} + \frac{1}{2!}d^2\frac{\partial^2\varphi(x)}{\partial x^2} + \cdots$$

$$= \varphi(x+d)$$

(2) (ⅰ) $\hat{U}\dfrac{\hat{p}^2}{2m}\hat{U}^{-1} = \dfrac{\hat{p}^2}{2m}$ は自明である.

(ⅱ) 任意の $V(x)$ に対して,

$$\hat{U}V(x)\hat{U}^{-1} = V(x+d)$$

が成り立つことを次に示しておこう. 恒等式

$$e^A B e^{-A} = \sum_{n=0}^{\infty}\frac{1}{n!}[A,[A,\cdots[A,B]]]$$

において，$B = V(x)$, $A = i\dfrac{\hat{p}}{\hbar}d$ とおくと,

$$\left[\frac{i}{\hbar}d\hat{p}, V(x)\right] = \left[d\frac{\partial}{\partial x}, V(x)\right] = dV'(x)$$

$$\left[\frac{i}{\hbar}d\hat{p}, dV'(x)\right] = \left[d\frac{\partial}{\partial x}, dV'(x)\right] = d^2 V''(x)$$

$$\left[\frac{i}{\hbar}d\hat{p}, d^2 V''(x)\right] = \left[d\frac{\partial}{\partial x}, d^2 V''(x)\right] = d^3 V'''(x)$$

$$\vdots \qquad \vdots \qquad \vdots$$

$$\therefore \hat{U}V(x)\hat{U}^{-1} = e^{ipd/\hbar}V(x)e^{-ipd/\hbar}$$

$$= V(x) + dV'(x) + \frac{d^2}{2!}V''(x) + \frac{d^3}{3!}V'''(x) + \cdots$$

$$= V(x+d)$$

(iii) (i), (ii) より, $V(x+d) = V(x)$ のとき, $\hat{U}\hat{H}\hat{U}^{-1} = \hat{H}$ すなわち $[\hat{U}, \hat{H}] = 0$ が成り立つ.

(3) $\hat{p}$ はエルミートであるから, $\hat{U} = \exp\left(i\frac{\hat{p}}{\hbar}d\right)$ はユニタリーであり, 固有値の絶対値は1である.

(4) $[\hat{U}, \hat{H}] = 0$ より, $\hat{H}$ と $\hat{U}$ は同時対角化できる. よって $\hat{H}$ の固有関数として, $\hat{U}$ の固有状態をとることができる. ∎

[**8**]   前問の結果を使って, 図 4.16 で与えられる周期的ポテンシャル中での粒子のエネルギー準位を考察せよ.

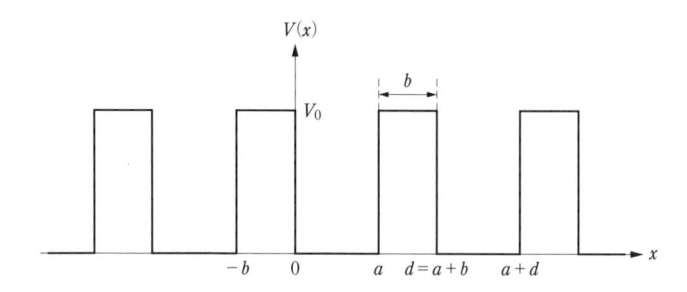

図 4.16 $V(x) = V(x+d)$ のような 1 次元の周期的ポテンシャル.

解   井戸の中の障壁の領域, $0 > x > -b$ では,

$$\varphi(x) = Ae^{ik_1 x} + Be^{-ik_1 x}$$

となる. 井戸の中の領域, $a > x > 0$ では,

$$\varphi(x) = Ce^{ik_2 x} + De^{-ik_2 x}$$

で与えられる. ここに,

4. 1次元の問題—束縛状態

$$k_1 = \sqrt{\frac{2m}{\hbar^2}(E-V_0)} \qquad \text{ⓐ}$$

$$k_2 = \sqrt{\frac{2mE}{\hbar^2}} \qquad \text{ⓑ}$$

である．そうすると次の周期 $(a+d>x>a)$ において，

$$d>x>a \text{ では，} \quad \varphi(x) = e^{i\theta}\left\{Ae^{ik_1(x-d)} + Be^{-ik_1(x-d)}\right\}$$

$$a+d>x>d \text{ では，} \quad \varphi(x) = e^{i\theta}\left\{Ce^{ik_2(x-d)} + De^{-ik_2(x-d)}\right\}$$

となる．波動関数および導関数が $x=0$ と $x=a$ で連続という要請から，

$$A+B = C+D$$

$$k_1(A-B) = k_2(C-D)$$

$$e^{i\theta}(Ae^{-ik_1 b} + Be^{ik_1 b}) = Ce^{ik_2 a} + De^{-ik_2 a}$$

$$e^{i\theta}(k_1 Ae^{-ik_1 b} - k_1 Be^{ik_1 b}) = k_2(Ce^{ik_2 a} - De^{-ik_2 a})$$

を得る．したがって，A, B, C, D が意味のある解をもつためには，行列式 $\mathscr{D}=0$，すなわち，

$$\mathscr{D} = \begin{vmatrix} 1 & 1 & -1 & -1 \\ k_1 & -k_1 & -k_2 & k_2 \\ e^{i\theta}e^{-ik_1 b} & e^{i\theta}e^{ik_1 b} & -e^{ik_2 a} & -e^{-ik_2 a} \\ e^{i\theta}k_1 e^{-ik_1 b} & -e^{i\theta}k_1 e^{ik_1 b} & -k_2 e^{ik_2 a} & k_2 e^{-ik_2 a} \end{vmatrix} = 0$$

のときにのみ得られる．これは次の条件

$$\cos\theta = \begin{cases} \cos ak_2 \cdot \cosh b\rho - \dfrac{k_2^2 - \rho^2}{2k_2\rho}\sin ak_2 \cdot \sinh b\rho \\ \qquad\qquad (V_0 > E > 0 \text{ のとき}) \\ \cos ak_2 \cdot \cos bk_1 - \dfrac{k_2^2 + k_1^2}{2k_2 k_1}\sin ak_2 \cdot \sin bk_1 \\ \qquad\qquad (E > V_0 \text{ のとき}) \end{cases} \qquad \text{ⓒ}$$

を与える．ただし，

$$\rho = \sqrt{\frac{2m}{\hbar^2}(V_0 - E)} \qquad \text{ⓓ}$$

である．逆に，エネルギー E が与えられると，ⓐ, ⓑ, ⓓから k_1, k_2, ρ が定まり，ⓒから $\cos\theta$ が求まる．ところで，$1 \geqq \cos\theta \geqq -1$ でなければならないから，E の許される値に制限がつくことになる．ここで2つの場合を調べてみる．

（i）$V_0 > E > 0$

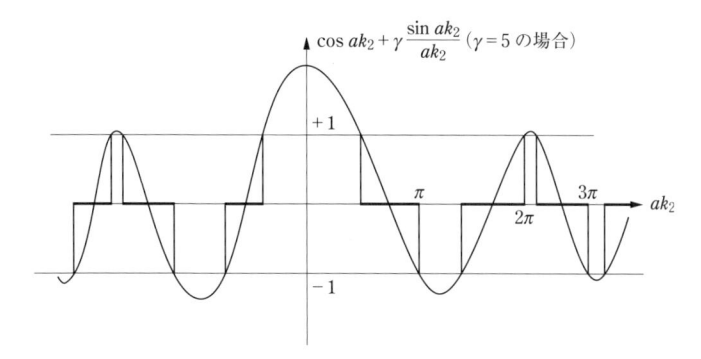

図 4.17 図 4.16 のような周期的ポテンシャル中での粒子のエネルギー固有値のもつバンド構造.

許されるエネルギー準位は,
$$1 \geqq \cos ak_2 \cdot \cosh b\rho - \frac{k_2^2 - \rho^2}{2k_2\rho} \sin ak_2 \cdot \sinh b\rho \geqq -1 \qquad \text{ⓔ}$$

より決まり,固有エネルギー・スペクトルのバンド構造を与える.許されたエネルギー・バンドの位置についての一般的な規則性を議論するために,次の極限の場合,すなわち $b\rho^2$ を一定に保ちながら $b \to 0$, $V_0 \to \infty$ の極限をとる場合を考えてみよう.

ここで,$\gamma = \lim_{\substack{b \to 0 \\ \rho \to \infty}} ab\rho^2/2$ とおくと,ⓔは近似的に,

$$1 \geqq \cos ak_2 + \gamma \frac{\sin ak_2}{ak_2} \geqq -1 \qquad \text{ⓕ}$$

となる.

図 4.17 は,ⓕの $\cos ak_2 + \gamma \dfrac{\sin ak_2}{ak_2}$ を ak_2 の関数として表したものである."許されたエネルギー・バンド"は太い線で示されている.この中では,粒子のエネルギーは連続的に変わることができる.それらの間の領域は"禁止されたエネルギー・バンド"とよばれる.図からわかるように,この禁止されたエネルギー・バンドは,バンドの n が増えるに従って狭くなっている.

（ii）$E > V_0$

この場合のエネルギー・バンドは,次の一般的な関係式から定まる.

$$1 > \cos ak_2 \cdot \cos bk_1 - \frac{k_2^2 + k_1^2}{2k_2 k_1} \sin ak_2 \cdot \sin bk_1 > -1$$

エネルギー・スペクトルは,この場合にもまたバンド構造をもつ. ∎

第5章　1次元の問題──反射と透過

5.1　波動の反射と透過
5.2　ポテンシャルの山がある場合とトンネル効果

　4章では，1次元の簡単な系として，電子の運動を有限の領域に閉じ込めることができるようなポテンシャルを考え，電子のエネルギーの量子化が起こること，すなわち，電子のエネルギーがとびとびの値をとることを学んだ．
　この章では，1次元の簡単な系として，電子を有限の領域に閉じ込めることができないようなポテンシャル中での電子の運動を考える．そして，量子力学特有の面白い現象として，電子がポテンシャルの山を透過する現象であるトンネル効果を学ぶ．また，トンネル効果の応用として，金属表面の1個1個の原子を実空間で観測することができる，走査トンネル顕微鏡の原理についても説明する．

5.1 波動の反射と透過

そこで，実際に，いくつかの階段型ポテンシャルの例について問題を解いてみよう．

簡単な階段型ポテンシャル

図 5.1 のように，

$$領域① (x<0) で，V(x) = 0$$
$$領域② (x>0) で，V(x) = V_0 > 0$$

のポテンシャルを考えてみよう．

図 5.2 に示すような装置によって，このような状況を作り出すことができる．このように，2 つの円筒形の金属の筒を考え，左の筒をアースし，右の筒に正の電位を加えてみよう．いま，正に帯電した質量 M の粒子を左から右の方向に走らせる．正に帯電した粒子は，左の円筒内にいるかぎり，電気的な力はまったく受けない．しかし AB 間に入ると，電場によって左向きに押し返されるような力を受ける．

領域 AB は正に帯電した粒子がぶつかると跳ね返されるような柔らかい壁と考えること

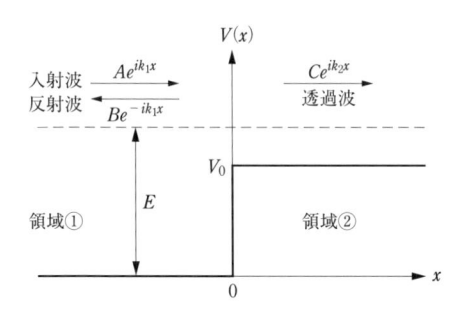

図 5.1 階段型ポテンシャル．

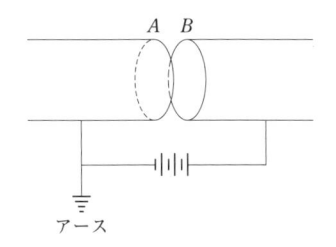

図 5.2 図 5.1 のような階段型ポテンシャルを与える実験装置の模式図．

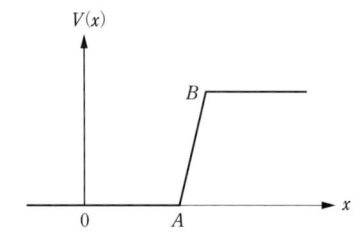

図 5.3 柔らかい壁をもつ階段型ポテンシャル．

5. 1次元の問題—反射と透過

ができる(図5.3). AB間の距離をゼロに近づけると,かぎりなく図5.1に近い剛体の壁を作ることができる.電子を左から右の方向に走らせる場合には,図5.2の電池の向きを逆にすれば,図5.3のような状況を作り出すことができる.

(i) $E > V_0$ のとき,このポテンシャルに $x = -\infty$ から粒子が飛んでくるとしよう.領域①では $V(x) = 0$ なので,シュレーディンガー方程式(4.3)で $V_0 = 0$ とおき,

$$\frac{d^2\phi(x)}{dx^2} + \frac{2mE}{\hbar^2}\phi(x) = 0 \tag{5.1}$$

を出発点とする.

$$\frac{\sqrt{2mE}}{\hbar} = k_1 \tag{5.2}$$

とおくと,(5.1)の解 $\phi_1(x)$ は,

$$\phi_1(x) = Ae^{ik_1 x} + Be^{-ik_1 x} \tag{5.3}$$

となる.(5.3)の右辺第1項は $e^{-iEt/\hbar}$ が常にかかっているので,左から右に進む入射波を表し,第2項は逆向きに進む反射波を表す.

領域②では $V(x) = V_0$ なので,シュレーディンガー方程式は,すでに(4.3)で与えられている.だから,$x > 0$ での一般解 $\phi_2(x)$ は,

$$\frac{\sqrt{2m(E-V_0)}}{\hbar} = k_2 \tag{5.4}$$

とおいて,

$$\phi_2(x) = Ce^{ik_2 x} + De^{-ik_2 x} \tag{5.5}$$

右辺第1項は左から右に進む透過波を表し,第2項は右から左に進む波を表す.いまの思考実験では ∞ からの反射は考えられず,したがって,$D = 0$ となる.

4.2節の例題で議論したように,$x = 0$ で解を滑らかにつなぐ条件は,

$$\phi_1(0) = \phi_2(0) \text{ より } A + B = C \tag{5.6}$$

$$\phi_1'(0) = \phi_2'(0) \text{ より } k_1 A - k_1 B = k_2 C \tag{5.7}$$

未知数は3つで,それを関係づける方程式は2つである.そこで,B, C の値を A に対する割合として求めると,

$$\frac{B}{A} = \frac{k_1 - k_2}{k_1 + k_2} \tag{5.8}$$

$$\frac{C}{A} = \frac{2k_1}{k_1 + k_2} \tag{5.9}$$

となる.これから,反射率,透過率を求めてみよう.

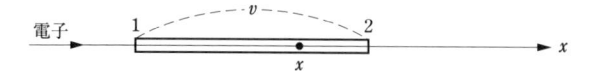

図 5.4 単位時間に x 軸を右向きに速さ v で運動する電子.

いま,図 5.4 のように,x 軸上を右向きに運動する電子を考えよう.

3.2 節の確率解釈のところで述べたように,規格化された波動関数 $\psi(x,t)$ で表される状態において,時刻 t に点 x を含む単位長さあたりに電子が見いだされる絶対確率は $|\psi(x,t)|^2$ になる.したがって,右に進む電子が単位時間に場所 1 を通過する確率は,電子が場所 1 と 2 の間に見いだされる絶対確率で $v|\psi(x,t)|^2 (=v|\phi(x)|^2)$ になり,これが単位時間に場所 1 を通過する電子の数である.(5.3)のように入射波が Ae^{ik_1x} のときには,単位時間に入射する粒子の数は $v_1|A|^2$,反射波が Be^{-ik_1x} のときには,反射する粒子の数は $v_1|B|^2$ となる.したがって,

$$反射率\ R = \frac{v_1|B|^2}{v_1|A|^2} = \left|\frac{B}{A}\right|^2 \tag{5.10}$$

$$透過率\ T = \frac{v_2}{v_1}\left|\frac{C}{A}\right|^2 \tag{5.11}$$

(5.8),(5.9)を代入すると,

$$R = \left(\frac{k_1-k_2}{k_1+k_2}\right)^2 = 1 - \frac{4k_1k_2}{(k_1+k_2)^2} \tag{5.12}$$

$$T = \frac{k_2}{k_1}\frac{4k_1^2}{(k_1+k_2)^2} = \frac{4k_1k_2}{(k_1+k_2)^2} \tag{5.13}$$

$$\therefore R + T = 1 \tag{5.14}$$

が成り立つ.すなわち,電子は反射か透過されるわけで,どこかに消えてしまうわけではない.すなわち,確率の保存を意味している.時間を含んだシュレーディンガー方程式を用いると,より厳密な議論を直接展開することができる(例題 1 参照).また,次のことにも注意しておこう.

$E \geq V_0$ のとき,古典力学では,$x=0$ で電子の速度は遅くなるのみで反射はされなかったが,量子力学では一部が反射される.これはもちろん,電子の波動性の結果である.

例題 1 電荷の保存則に対応して電荷密度 $\rho(x,t)$ の代わりに,確率密度を $|\psi(x,t)|^2$ とおいたとき,

$$\frac{\partial}{\partial t}|\psi(x,t)|^2 + \frac{\partial}{\partial x}j(x,t) = 0 \qquad ①$$

5. 1次元の問題―反射と透過

になるような $j(x,t)$ を **確率の流れ** とよぶ．シュレーディンガー方程式を用いて，

$$j(x,t) = \frac{\hbar}{2mi}(\psi^* \frac{\partial \psi}{\partial x} - \frac{\partial \psi^*}{\partial x} \psi) \qquad ②$$

になることを導け．ただし，ポテンシャル $V(x)$ は実数とせよ．

解 まず，確率密度 $\psi^*(x,t)\psi(x,t)$ を t で偏微分してみよう．

$$\frac{\partial}{\partial t}[\psi^*(x,t)\psi(x,t)] = \psi^* \frac{\partial \psi}{\partial t} + \frac{\partial \psi^*}{\partial t} \psi \qquad ⓐ$$

ここで，シュレーディンガー方程式(3.14)とその複素共役を右辺に代入し，$V(x)$ が実数であるという性質を使うと $V(x)$ の項は打ち消し合い，

$$ⓐ の右辺 = -\frac{\hbar}{2mi}\left[\psi^* \frac{\partial^2 \psi}{\partial x^2} - \psi \frac{\partial^2 \psi^*}{\partial x^2}\right]$$

$$= -\frac{\hbar}{2mi}\frac{\partial}{\partial x}\left(\psi^* \frac{\partial \psi}{\partial x} - \psi \frac{\partial \psi^*}{\partial x}\right) \qquad ⓑ$$

となる．したがって，①，ⓐ，ⓑを比較すると，②を得る．■

例題2 電子を表す波動関数を，$+x$ 方向に進む実数の正弦波 $\psi(x,t) = A\cos\frac{px - Et}{\hbar}$ で表されるとしてみよう．物理的にどのような不都合が生じるだろうか．

解 例題1②より確率の流れ $j(x,t)$ を計算すると，

$$j(x,t) = 0 \qquad ⓐ$$

となる．一方，

$$\rho = \psi^*(x,t)\psi(x,t) = A^2\cos^2\frac{px - Et}{\hbar} \qquad ⓑ$$

となる．したがって，確率の流れの密度は 0 になり，確率密度は空間的に一様でない．ⓐ，ⓑを代入すれば明らかなように，連続の式，例題1①は満たされていない．したがって，粒子の運動を表す波動関数としては不適格である．

例題3 $\phi(x) = Ae^{ikx}$ のとき確率の流れ $j(x,t)$ を計算し，85ページに述べたように $v|A|^2$ に一致することを示せ．

解 $\psi(x,t) = \phi(x)e^{-iEt/\hbar}$ を例題1②式に代入すると，

$$j(x,t) = \frac{\hbar}{2mi}(\phi^* \frac{\partial \phi}{\partial x} - \frac{\partial \phi^*}{\partial x} \phi) \qquad ⓐ$$

$\phi(x) = Ae^{ikx}$ のとき，ⓐに代入すると，

$$j = \frac{\hbar}{2mi}(ik + ik)|A|^2 = \frac{\hbar k}{m}|A|^2 = v|A|^2 \qquad ⓑ \quad ■$$

例題4 $\phi(x) = Be^{-ikx}$ のとき，同様にして確率の流れ $j(x,t)$ は $-v|B|^2$ に一致することを示せ．

解 $\phi(x) = Be^{-ikx}$ を例題2 ⓐ式に代入すると,

$$j = \frac{\hbar}{2mi}(-ik-ik)|B|^2 = -\frac{\hbar k}{m}|B|^2 = -v|B|^2 \qquad ⓑ$$

符号から,これは反射波に対応することがわかる. ∎

例題5 運動エネルギー E をもった質量 m の電子が

$$V(x) = 0 \quad (x < 0 \text{ のとき})$$

$$V(x) = V_0 \quad (x > 0 \text{ のとき})$$

で与えられる1次元ポテンシャルに, $x = -\infty$ から飛んできた. $E = 65\,\mathrm{eV}$, $V_0 = 50\,\mathrm{eV}$ としたとき,次の問いに答えよ.

(1) この電子が $x = 0$ で反射される確率を計算せよ.
(2) 透過する確率はいくらか.

解 (1) $k_1 = \dfrac{\sqrt{2mE}}{\hbar}$, $k_2 = \dfrac{\sqrt{2m(E-V_0)}}{\hbar}$ とおけば,(5.12)より,

$$R = \left(\frac{k_1 - k_2}{k_1 + k_2}\right)^2 = \left(\frac{E^{1/2} - (E-V_0)^{1/2}}{E^{1/2} + (E-V_0)^{1/2}}\right)^2 = \left(\frac{65^{1/2} - 15^{1/2}}{65^{1/2} + 15^{1/2}}\right)^2 = 0.12$$

(2) (5.13),(5.12)より,

$$T = \frac{4k_1 k_2}{(k_1 + k_2)^2} = 1 - R = 0.88 \qquad ∎$$

例題6 例題5において, $x < 0$ の領域と $x > 0$ の領域での電子の存在確率 $|\phi(x)|^2$ の概形をプロットせよ.

解 $x < 0$ の領域では,

$$|\phi_1(x)|^2 = A^2 \left(e^{ik_1 x} + \frac{B}{A}e^{-ik_1 x}\right)^* \left(e^{ik_1 x} + \frac{B}{A}e^{-ik_1 x}\right)$$

$$= A^2 \left[1 + \left(\frac{B}{A}\right)^2 + 2\frac{B}{A}\cos 2k_1 x\right] \qquad ⓐ$$

前問より,

$$B/A = (k_1 - k_2)/(k_1 + k_2) = 0.35 \qquad ⓑ$$

$$1 > \cos 2k_1 x > -1$$

なので,ⓐは, $A^2(1+B/A)^2 = 1.82A^2$, $A^2(1-B/A)^2 = 0.42A^2$ の間を振動する(図5.5参照).

$x > 0$ の領域では,

5. 1次元の問題—反射と透過

$$|\phi_2(x)|^2 = |Ce^{ik_2x}|^2 = C^2 = (A+B)^2 = 1.82A^2 \qquad ⓒ$$

したがって，電子の存在確率は図5.5のようになる． ∎

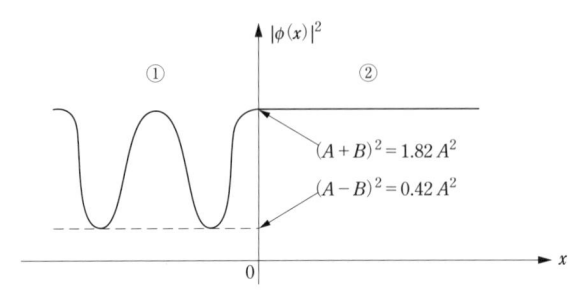

図 5.5 例題5において議論した電子の$x<0$と$x>0$の領域での存在確率．

例題 7 例題5のポテンシャルで，$E=10\,\mathrm{eV}$，$V_0 = -50\,\mathrm{eV}$のとき，次の量を計算せよ．
(1) $x=0$での電子の反射率
(2) $x=0$での電子の透過率

解 (1)例題5のRに，$E=10\,\mathrm{eV}$，$E-V_0=60\,\mathrm{eV}$を代入すると，
$$R = 0.18$$
(2) $\therefore T = 1-R = 0.82$ ∎

(ii) $E<V_0$のとき，図5.6のように$x=-\infty$から電子が飛んでくるとしよう．図5.6の領域①における一般解は(5.3)で与えられる．領域②でのシュレーディンガー方程式は，

$$\rho^2 = \frac{2m}{\hbar^2}(V_0 - E) \tag{5.15}$$

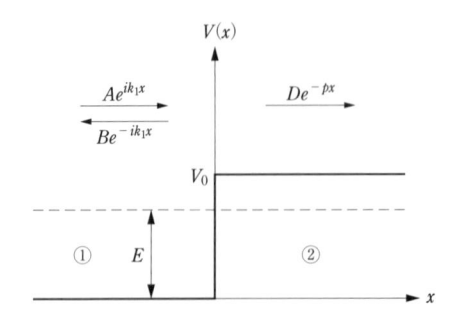

図 5.6 階段型ポテンシャルに電子がエネルギー$E(<V_0)$で左側より入射するとき．

とおくと，(4.3) より，

$$\frac{d^2\phi(x)}{dx^2} - \rho^2\phi(x) = 0 \tag{5.16}$$

一般解は $Ce^{\rho x} + De^{-\rho x}$ であるが，$\phi(x)$ が ∞ でゼロであるためには，$C=0$ とおいて，

$$\phi_2(x) = De^{-\rho x} \tag{5.17}$$

すなわち，古典力学では禁止された領域ではあるが，量子力学では，浸み込むことができる．

$x=0$ で解をつなぐ条件は，前と同様にして，$\phi_1(0) = \phi_2(0)$ より，

$$A + B = D \tag{5.18}$$

$\phi_1'(0) = \phi_2'(0)$ より，

$$k_1 A - k_1 B = i\rho D \tag{5.19}$$

となり，B/A，D/A について解くと，

$$\frac{B}{A} = \frac{k_1 - i\rho}{k_1 + i\rho} \tag{5.20}$$

$$\frac{D}{A} = \frac{2k_1}{k_1 + i\rho} \tag{5.21}$$

$$\therefore R = \left|\frac{B}{A}\right|^2 = 1 \tag{5.22}$$

したがって，古典論と異なる次の特徴に着目してほしい．

(1) $R=1$，$T=0$ なので，古典論のときと同様に，電子は完全に反射され透過はしない．

(2) しかし，古典論との大きな違いは，禁止された領域へも一部にじみ出る．すなわち，$x=-\infty$ から右の方向に飛んできた電子の一部は，$x=0$ で壁の中に入ってひととき休んだ後に，左の方向に跳ね返されると考えられる．

(3) その結果起こるトンネル効果については，次節で述べることにしよう．

5.2　ポテンシャルの山がある場合とトンネル効果

図 5.7 のような滑らかな曲線上の一点 A で，小球を静かに離すとしよう．古典力学では，小球は右向きに転がり，B 点で停止して逆戻りを始める．**エネルギー保存の法則**から決して C 点に到達することはできない．

ところが，量子力学では，B と C の間の禁止領域をすり抜けて，山のもう一方の側の C 点に到達できる確率がゼロではない．粒子がポテンシャルの山にトンネルを掘ってすり抜けるように見えるので**トンネル効果**という．この効果はエサキ・ダイオードやジョセフソン接合など，現代の数多くのエレクトロニクス・デバイスの基礎になっている．また走査

5. 1次元の問題—反射と透過

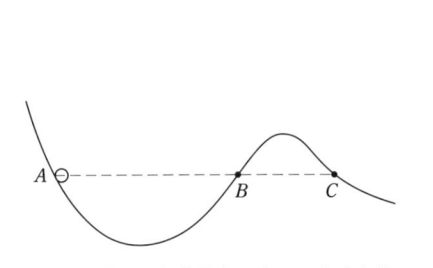

図5.7 滑らかな曲線上の点Aで小球を静かに離したときの，古典力学での運動と，量子力学の場合．

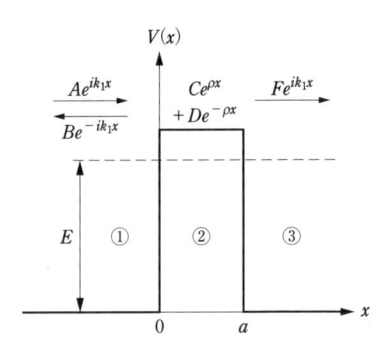

図5.8 長方形のポテンシャルの山にぶつかる電子．

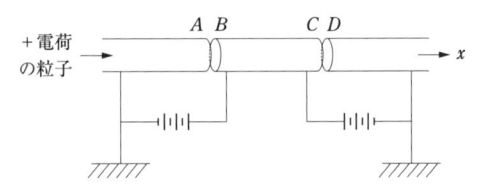

図5.9 図5.8のようなポテンシャルを与える実験装置の模式図．

トンネル電子顕微鏡も，トンネル効果を利用した電子顕微鏡である．

いま，図5.8のような長方形のポテンシャルの山を考え，エネルギーEの電子が左から入射してくるとしよう．

図5.9に示すような装置によって，このような状況を作り出すことができる．すなわち正に帯電した粒子を左から右の方向に走らせる．AB，CD間の距離をゼロに近づけると，かぎりなく図5.8のポテンシャルに近づくと考えられる．

（i）いま$E < V_0$の場合を考えよう．領域①，③では$V(x) = 0$なので，シュレーディンガー方程式は，

$$\frac{d^2\phi(x)}{dx^2} = -\frac{2mE}{\hbar^2}\phi(x) = -k_1^2\phi(x) \tag{5.23}$$

領域②では，$V(x) = V_0$なので，

$$\frac{d^2\phi(x)}{dx^2} = \frac{2m(V_0 - E)}{\hbar^2}\phi(x) = \rho^2\phi(x) \tag{5.24}$$

(5.23)を解くと，領域①（$x < 0$）での一般解は，

$$\phi_1(x) = Ae^{ik_1 x} + Be^{-ik_1 x} \tag{5.25}$$

領域②$(a > x > 0)$ では，(5.24)を解いて，
$$\phi_2(x) = Ce^{\rho x} + De^{-\rho x} \tag{5.26}$$

領域③$(x \geq a)$ では，
$$\phi_3(x) = Fe^{ik_1 x} \tag{5.27}$$

したがって，$x = 0$ で解を滑らかにつなぐ条件は，$\phi_1(0) = \phi_2(0)$ より，
$$A + B = C + D \tag{5.28}$$

$\phi_1'(0) = \phi_2'(0)$ より，
$$ik_1 A - ik_1 B = \rho C - \rho D \tag{5.29}$$

$x = a$ で解を滑らかにつなぐ条件は，$\phi_2(a) = \phi_3(a)$ より，
$$Ce^{\rho a} + De^{-\rho a} = Fe^{ik_1 a} \tag{5.30}$$

$\phi_2'(a) = \phi_3'(a)$ より，
$$\rho Ce^{\rho a} - \rho De^{-\rho a} = ik_1 Fe^{ik_1 a} \tag{5.31}$$

となる．

例題 1 連立方程式(5.30)，(5.31)を解いて，C，D を F で表せ．

解
$$C = \frac{\rho + ik_1}{2\rho} e^{ik_1 a} e^{-\rho a} F \tag{ⓐ}$$

$$D = \frac{\rho - ik_1}{2\rho} e^{ik_1 a} e^{\rho a} F \tag{ⓑ}$$

を得る．■

例題 2 同様にして，(5.28)，(5.29)より，A，B を C，D で表せ．

解
$$A = \frac{(k_1 - i\rho)C + (k_1 + i\rho)D}{2k_1} \tag{ⓐ}$$

$$B = \frac{(k_1 + i\rho)C + (k_1 - i\rho)D}{2k_1} \quad ■ \tag{ⓑ}$$

例題 3 例題 2 のⓐに例題 1 のⓐ，ⓑを代入して，A を F で表せ．

解
$$A = \frac{(k_1 + i\rho)^2 e^{\rho a} - (k_1 - i\rho)^2 e^{-\rho a}}{4ik_1 \rho} e^{ik_1 a} F \quad ■ \tag{ⓐ}$$

例題 4 障壁の透過率 T を求めよ．

解 例題 3 のⓐより，
$$\frac{F}{A} = \frac{4ik_1 \rho e^{-ik_1 a}}{(k_1 + i\rho)^2 e^{\rho a} - (k_1 - i\rho)^2 e^{-\rho a}} \tag{ⓐ}$$

5. 1次元の問題—反射と透過

$$\therefore T = \left|\frac{F}{A}\right|^2 = \frac{16k_1^2\rho^2}{4\left(k_1^2-\rho^2\right)^2\sinh^2\rho a + 16k_1^2\rho^2\cosh^2\rho a}$$

$$= \frac{4k_1^2\rho^2}{4k_1^2\rho^2 + \left(k_1^2+\rho^2\right)^2\sinh^2\rho a} \qquad \text{ⓑ}$$

ここで，$\cosh^2 x - \sinh^2 x = 1$ を用いた．

$$\text{ここで，} \cosh x = \frac{e^x + e^{-x}}{2}, \quad \sinh x = \frac{e^x - e^{-x}}{2} \qquad \text{ⓒ}$$

k_1, ρ を E, V_0 を用いて表すと（(5.23), (5.24)参照），

$$T = \frac{4E(V_0 - E)}{4E(V_0 - E) + V_0^2 \sinh^2\left(\frac{\sqrt{2m(V_0 - E)}}{\hbar}a\right)} \qquad \text{ⓓ}$$

となる． ∎

トンネル効果の近似式

厚い壁，すなわち障壁の幅 a が $1/\rho$ に比べて大きく，$\rho a \gg 1$ の場合には，例題4ⓓ式，透過率 T は次のような簡単な近似式で表される．この場合，$\sinh \rho a \cong e^{\rho a}/2$ だから，

$$T \cong \frac{16E(V_0 - E)}{V_0^2} \exp\left(-\frac{2\sqrt{2m(V_0 - E)}}{\hbar}a\right) \tag{5.32}$$

$E < V_0$ のとき，古典論では電子はポテンシャルの山を通り抜けることはできないが，量子力学では(5.32)により透過する確率はゼロではない．このような量子力学特有の現象をトンネル効果という．この効果は電子の波動性によって生じる．

さて，$\rho a \gg 1$ の場合には，(5.32)の大きさのオーダーは，ほとんど指数関数の部分できまる．したがって，次のようにさらに簡単化された T の近似式が有用となる．

$$T \approx \exp(-2\rho a) = \exp\left(-\frac{2\sqrt{2m(V_0 - E)}}{\hbar}a\right) \tag{5.33}$$

ここで，トンネル効果に関して次の特徴に注意しておこう．

(1) $V_0 - E, a$ が増すと，指数関数の部分が急激に減少し，透過率 T は速やかに減少する．

(2) もちろん，古典的な極限では，$2mV_0 a^2/\hbar^2$ が非常に大きくなるので，ほとんど透過することはできない．

(3) $\rho a \ll 1$ になると，近似式(5.32), (5.33)は使えず，例題4ⓓを使う．この場合，ポテンシャルの山を通り抜ける確率は小さくない．すなわち，トンネル効果は日常茶飯事と

なる.

(4) $E \ll V_0$ の場合の電子の存在確率は，図 5.10 のようになる.

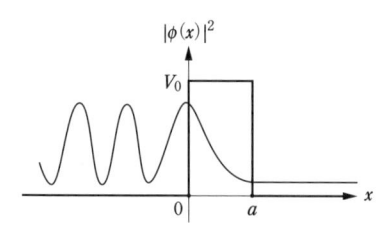

図 5.10 $E \ll V_0$ の場合の電子の存在確率.

例題 5 関係式 $\rho a \gg 1$ が満たされているとき，例題 4 ⓐを使ってトンネル効果の近似式を直接計算し，(5.32)に一致することを示せ.

解 $\rho a \gg 1$ より $e^{-\rho a}$ は $e^{\rho a}$ に比べて省略できる．したがって，例題 4 ⓐより，

$$\frac{F}{A} \cong \frac{4ik_1\rho e^{-ik_1 a}}{(k_1+i\rho)^2} e^{-\rho a} \qquad ⓐ$$

$$\therefore T = \left|\frac{F}{A}\right|^2 = \frac{16k_1^2\rho^2 e^{-2\rho a}}{(k_1^2+\rho^2)^2} = \frac{16E(V_0-E)}{V_0^2} e^{-2\rho a} \qquad ∎$$

例題 6 長方形のポテンシャル障壁 $(V_0=10\,\text{eV},\ a=1\,\text{nm})$ に，左から 5 eV の電子が入射してくるときの透過率 T を，(5.32)の式および近似式 $T \approx e^{-2\rho a}$ の両方を使って計算せよ.

解
$$\rho = \frac{\sqrt{2m(V_0-E)}}{\hbar} = \frac{\sqrt{2mc^2(V_0-E)}}{\hbar c} \qquad ⓐ$$

いま，$mc^2=0.51\,\text{MeV}$，$V_0-E=5\,\text{eV}$，$\hbar c=197\,\text{eV nm}$ をⓐに代入すると，

$$\rho = \frac{\sqrt{2(0.51\times 10^6\,\text{eV})\cdot 5\,\text{eV}}}{197\,\text{eV nm}} = 11.46\,\frac{1}{\text{nm}} \qquad ⓑ$$

$$\therefore \rho a = 11.46 \gg 1$$

(5.32)の式

$$T = 4e^{-22.9} = 4\times 1.13\times 10^{-10}$$

$T = e^{-2\rho a}$ の式

$$T = e^{-22.9} = 1.13\times 10^{-10}$$

したがって，ほとんど指数因子のみで決まる． ∎

5. 1次元の問題—反射と透過

トンネル効果の近似式——任意のポテンシャルの場合

もっと一般的な形をもつポテンシャルの山の場合の透過率を正確に求めることはむずかしい．図 5.8 のような長方形のポテンシャル障壁に $E<V_0$ のエネルギーの電子が入射するときには，T は (5.33) より明らかなように，$\rho a \gg 1$ ならば，$T \approx \exp(-2\rho a)$ となり急速に減衰する．いま，一般のポテンシャル曲線を図 5.11 のように，区間 $[a, b]$ を Δx の間隔で分割してみよう．電子は一定のエネルギー E をもって障壁を通過するから，i 番目の長方形を通しての透過率 T_i は近似的に独立である．したがって，全障壁を通じての透過率 T は，近似的に，

$$\begin{aligned} T &\cong \exp\left(-2\sum_i \rho_i \Delta x\right) \\ &= \exp\left(-\frac{2}{\hbar}\int_a^b \mathrm{d}x \sqrt{2m(V(x)-E)}\right) \end{aligned} \tag{5.34}$$

によって与えられる．この式をガモフ (Gamov) の透過因子という．第 9 章で述べる WKB 法を用いると，もっとしっかりとした議論が与えられる．

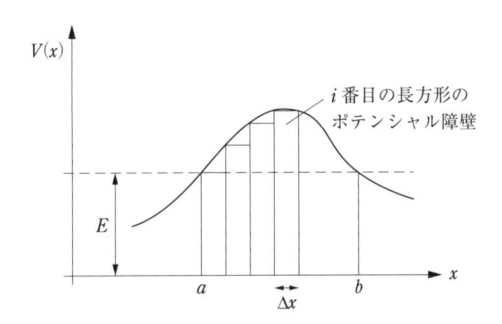

図 5.11　一般的な形のポテンシャル障壁．

走査トンネル顕微鏡 (STM)

トンネル効果を利用したまったく新しい顕微鏡が，1982 年にビーニッヒ (Binning) とローレル (Rohrer) により発明され，金属表面の 1 個 1 個の原子を実空間で観測することができるようになった．これが走査トンネル顕微鏡である．

原理を簡単に説明しておこう．

いま，自由に制御して動かせるようなきわめて鋭い金属の探り針に，1 V 程度の小電圧をかけ金属試料の表面から 1 nm 程度の距離まで近づけると，ギャップの真空をトンネル効果によって微弱なトンネル電流が流れるようになる．このトンネル電流は探り針–表面

間の距離 d に指数関数的に依存するので，この d を変化させるとトンネル電流は大きく変化する．そこでフィードバック装置によって，トンネル電流が一定になるように，探り針を表面に沿ってなぞっていけば，きわめて感度よく表面の凹凸を捉えることができる．すなわち，金属表面の原子尺度での像が得られる（図 5.12）．

また，走査トンネル顕微鏡によって1個1個の原子が見えている以上，これを用いてそれらの原子を望みの位置に移動させたり，あるいは積木細工を構成するように原子細工を自由に組み立てることもでき，さまざまな応用の考えられる分野である＊．

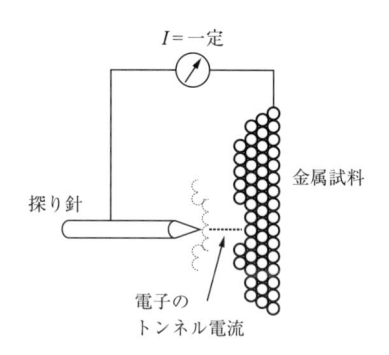

図 5.12 走査トンネル顕微鏡による表面観測の原理概念図.

(ii) $E > V_0$ の場合

図 5.8 の領域② $(a > x > 0)$ での波動関数は，

$$\phi_2(x) = Ce^{ik_2 x} + De^{-ik_2 x} \tag{5.35}$$

$$k_2 = \frac{\sqrt{2m(E-V_0)}}{\hbar} \tag{5.36}$$

なので，(5.26)と比較すると，例題 4 ⓑ において，

$$\rho = ik_2, \quad \sinh \rho a = \sinh ik_2 a = i \sin k_2 a$$

の置き換えをすれば，透過率 T，反射率 R は次のように求まる．

$$T = \frac{4E(E-V_0)}{4E(E-V_0) + V_0^2 \sin^2 k_2 a} \tag{5.37}$$

$$R = 1 - T = \frac{V_0^2 \sin^2 k_2 a}{4E(E-V_0) + V_0^2 \sin^2 k_2 a} \tag{5.38}$$

＊たとえば，塚田捷，走査トンネル顕微鏡の最近の発展，日本物理学会誌 48 巻 8 号，p.615(1993)参照.

5. 1次元の問題—反射と透過

ここで，次の点に注意しておこう．

(1) $E > V_0$ のとき，古典的にはポテンシャル障壁で反射されずに透過するが，量子力学では(5.38)のように反射される確率がゼロではない．

(2) E, V_0 を固定したとき，$k_2 a$ の値によって T, R は振動的に変化し，(5.37)より $k_2 a = n\pi$ ($n = 1, 2, 3, \cdots$) のとき，$T = 1$, $R = 0$ となり，すべて壁を透過して反射は起こらない．このような一種の**共鳴現象**が起こることも量子力学的効果である．

例題 7 (5.37)を用いて，透過率 T を障壁の幅 a の関数としてプロットせよ．ただし，$E > V_0$ で E, V_0 ともに固定されているものとする．

解 図 5.13 参照．

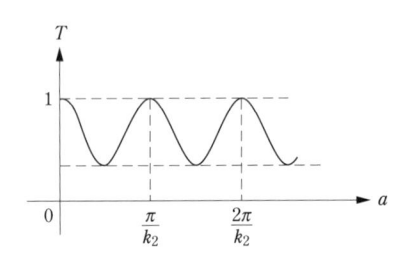

図 5.13 障壁の幅 a の関数としての透過率 T.

章末問題

[1] 運動エネルギー $E = 8\,\mathrm{eV}$，質量 m の電子が，
$$V(x) = 0 \qquad (x < 0)$$
$$V(x) = V_0 = 10\,\mathrm{eV} \qquad (x > 0)$$
で与えられた階段型ポテンシャルに，$x = -\infty$ から飛んできた．

(1) $x < 0$ の領域での波動関数を $\phi(x) = A e^{ik_1 x} + B e^{-ik_1 x}$ と書いたとき，B/A の値を求めよ．

(2) この電子が $x = 0$ で反射されるときの反射率 R はいくらか．

(3) $x < 0$, $x > 0$ の領域での波動関数 $\phi(x)$ を求めよ．

(4) $x < 0$, $x > 0$ の領域での $|\phi(x)|^2$ の概形をプロットせよ．

解 (1) $x = 0$ で解をつなぐ条件(5.18)，(5.19)を解くと，
$$\frac{B}{A} = \frac{k_1 - i\rho}{k_1 + i\rho} \qquad \text{ⓐ}$$

k_1, ρ は，それぞれ(5.2)，(5.15)で与えられているので，
$$\frac{\rho}{k_1} = \left(\frac{V_0 - E}{E}\right)^{1/2} = \left(\frac{10 - 8}{8}\right)^{1/2} = \frac{1}{2} \qquad \text{ⓑ}$$

ⓑをⓐに代入すると，

$$\frac{B}{A} = \frac{1 - i/2}{1 + i/2}$$

(2) 反射率

$$R = \left|\frac{B}{A}\right|^2 = \left|\frac{1 - i/2}{1 + i/2}\right|^2 = 1 \qquad ⓒ$$

(3) (5.18)，(5.19) の連立方程式を解いて，A，B を D で表すと，

$$A = \frac{k_1 + i\rho}{2k_1} D$$

$$B = \frac{k_1 - i\rho}{2k_1} D$$

$$\therefore \phi_1(x) = \frac{1}{2}\left(1 + \frac{1}{2}i\right) D e^{ik_1 x} + \frac{1}{2}\left(1 - \frac{1}{2}i\right) D e^{-ik_1 x}$$

$$= D \cos k_1 x - \frac{D}{2} \sin k_1 x \quad (x < 0) \qquad ⓓ$$

$$\phi_2(x) = D e^{-\rho x} \qquad ⓔ$$

(4) したがってⓓ，ⓔより，$|\phi(x)|^2$ の概形は図 5.14 のようになる．

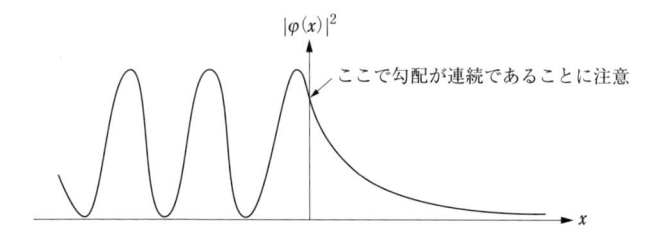

図 5.14 階段型ポテンシャル（図 5.6）に電子が左から $E < V_0$ で飛んできたときの電子の存在確率 $|\phi(x)|^2$ の概形．

[2] 図 5.6 において，$E < V_0$ の質量 M の陽子が $x = -\infty$ から右の方向に飛んできた．

(1) 古典的に禁止された領域 $x > 0$ に陽子を見いだす確率が $x = 0$ での $1/e$ に減る距離 Δx を計算せよ．

(2) $V_0 = 10$ MeV，$E = 5$ MeV のとき，Δx はいくらになるか．ただし，$Mc^2 = 938$ MeV，$\hbar c = 197$ eV nm $= 197$ MeV fm を用いてもよい．

解 (1) (5.17) より $\dfrac{|\phi_2(\Delta x)|^2}{|\phi_2(0)|^2} = e^{-2\rho \Delta x} = e^{-1}$

5. 1次元の問題―反射と透過

$$\therefore \Delta x = \frac{1}{2\rho} = \frac{1}{2}\frac{\hbar}{\sqrt{2M(V_0-E)}} \qquad \text{ⓐ}$$

(2) 分母，分子に c を掛けると，

$$\Delta x = \frac{1}{2}\frac{\hbar c}{\sqrt{2Mc^2(V_0-E)}} \qquad \text{ⓑ}$$

これに，$Mc^2 = 938\text{ MeV}$，$\hbar c = 197\text{ MeV fm}$，$V_0 - E = 5\text{ MeV}$ を代入すると，

$$\Delta x = \frac{1}{2}\frac{197\text{ MeV fm}}{\sqrt{2\times938\text{ MeV}\times5\text{ MeV}}}$$
$$= 1.02\text{ fm} = 1.02\times10^{-15}\text{ m}$$

[3] エネルギー 4 eV の電子が，高さ V_0 が 8 eV，厚さ a が 1 nm の長方形のポテンシャル障壁に入射するとき，

(1) 透過率を $T \approx \exp(-2\rho a)$ を用いて計算せよ．

(2) 10^9 個の電子が入射したとき何個の割合で透過するか．

解 (1) $mc^2 = 0.51\text{ MeV}$，$V_0 - E = 4\text{ eV}$，$\hbar c = 197\text{ eV nm}$ を，5.2節の例題6ⓐに代入すると，

$$\rho = \frac{\sqrt{2(0.51\times10^6\text{ eV})\times4\text{ eV}}}{197\text{ eV nm}} = 10.25\frac{1}{\text{nm}} \qquad \text{ⓐ}$$

$$\therefore \rho a = 10.25 \gg 1$$

$$\therefore T = e^{-20.5} = 1.25\times10^{-9} \qquad \text{ⓑ}$$

(2) $1.26\times10^{-9}\times10^9 = 1.26$

∴ 約1個の割合で透過する．

[4] $x < 0$ で $V(x) = 0$

  $x > 0$ で $V(x) = V_0 - kx$

のポテンシャルがある．x の負の側から，電子がエネルギー E ($V_0 > E > 0$) で飛んできた．このとき，電子の透過率はいくらか．

解 エネルギー E の電子は，$x=0$ から $x=b$ までの3角形のポテンシャル障壁 (図5.15) に入射する．b の値は $E = V(b) = V_0 - kb$ によって求められる．

$$\therefore b = \frac{V_0 - E}{k} \qquad \text{ⓐ}$$

透過率は (5.34) より，

$$T \cong \exp\left[-\frac{2}{\hbar}\int_0^b dx\sqrt{2m(V_0 - kx - E)}\right] \qquad \text{ⓑ}$$

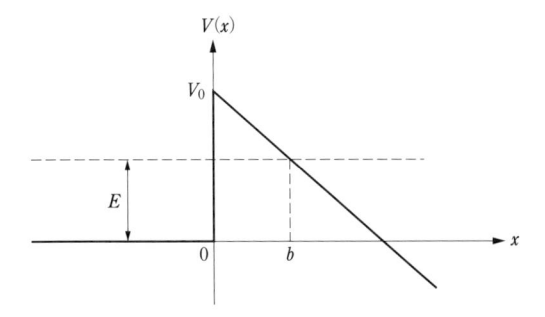

図 5.15 金属表面に垂直な向きに一様な強い電場をかけたときのポテンシャル．

$$\int_0^b dx \sqrt{V_0 - E - kx} = \frac{1}{k}\frac{2}{3}(V_0 - E)^{3/2}$$

をⓑに代入すると，

$$T \cong \exp\left[-\frac{4\sqrt{2m}}{3\hbar k}(V_0 - E)^{3/2}\right]$$

が得られる．電場を強くすると，金属表面での位置エネルギーの壁は薄くなり，トンネル効果が起こる．

[5] 原子核が α 粒子を放出して崩壊する現象は，トンネル効果で理解できる．

α 粒子は，原子核内では，核力によるポテンシャルエネルギーをもち，原子核の外部ではクーロン力による斥力を感じる．モデルを簡単化して，

$r < R$ のとき，

$$V(r) = -V_0$$

$r > R$ のとき，

$$V(r) = \frac{2Ze^2}{4\pi\varepsilon_0 r}$$

としよう（図 5.16）．ここで，α 粒子の電荷は 2 であり，Z は α 粒子が放出された後の残りの原子核の電荷としよう．この障壁に対するガモフ因子，すなわち，エネルギー E の α 粒子に対するこの障壁を通しての透過確率 T は，

$$T = \exp\left[-\frac{2}{\hbar}\int_R^b dr \sqrt{2m\left(\frac{2Ze^2}{4\pi\varepsilon_0 r} - E\right)}\right] \quad ①$$

$T = e^{-G}$ とおくと，

$$G = \frac{2}{\hbar}\int_R^b dr \sqrt{2m\left(\frac{2Ze^2}{4\pi\varepsilon_0 r} - E\right)} \quad ②$$

この積分は厳密に求まり，

5.1次元の問題—反射と透過

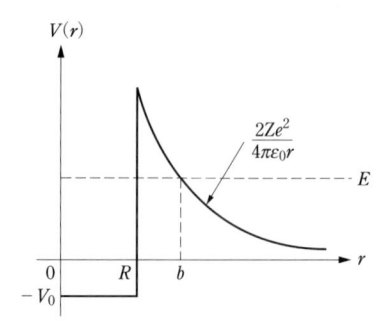

図5.16 α粒子が感じるポテンシャル.

$$G = \frac{2e}{\hbar}\sqrt{\frac{mZ}{\pi\varepsilon_0}}\sqrt{b}\left[\cos^{-1}\sqrt{\frac{R}{b}} - \sqrt{\frac{R}{b}-\left(\frac{R}{b}\right)^2}\right] \quad \text{③}$$

となることを示せ．ただし，b は $E = \dfrac{2Ze^2}{4\pi\varepsilon_0 b}$ で与えられる右側の古典的回帰点である．

解 $A = \dfrac{Ze^2}{2\pi\varepsilon_0}$ とおけば，ポテンシャルは $V(r) = \dfrac{A}{r}$ と書くことができ，古典的回帰点 b は $V(b) = \dfrac{A}{b} = E$，つまり $b = \dfrac{A}{E}$ で与えられる．

したがって，②式より，

$$G = \frac{2\sqrt{2mA}}{\hbar}\int_R^b dr\sqrt{\frac{1}{r}-\frac{1}{b}} \quad \text{ⓐ}$$

となる．いま，変数 r を $r = b\cos^2\theta$ に変えると，

$$\int_R^b dr\sqrt{\frac{1}{r}-\frac{1}{b}} = 2\sqrt{b}\int_0^{\cos^{-1}\sqrt{R/b}}\sin^2\theta\, d\theta$$
$$= \sqrt{b}\left[\cos^{-1}\sqrt{\frac{R}{b}} - \sqrt{\frac{R}{b}-\frac{R^2}{b^2}}\right] \quad \text{ⓑ}$$

ⓑをⓐに代入すると，

$$G = \frac{2\sqrt{2mA}}{\hbar}\sqrt{b}\left[\cos^{-1}\sqrt{\frac{R}{b}} - \sqrt{\frac{R}{b}-\frac{R^2}{b^2}}\right]$$

これに $A = \dfrac{Ze^2}{2\pi\varepsilon_0}$ を代入すると，③を得る．

$r = R$ でのクーロン障壁の高さに比べてエネルギー E が小さいときには，$b \gg R$ となり，$\cos^{-1}\sqrt{\dfrac{R}{b}} \simeq \dfrac{\pi}{2}$．

$$\therefore \ G \simeq 4\pi Z\alpha \frac{e}{v} \quad \text{ただし,} \quad \alpha \equiv \frac{e^2}{4\pi\varepsilon_0 \hbar c} \sim \frac{1}{137} \qquad \text{ⓒ}$$

となる.

次に，この G を用いて α 粒子を放出する原子核の寿命 τ を計算してみよう．さて，衝突あたりの障壁を透過する確率は e^{-G} だから，単位時間あたりに α 粒子が原子核から飛び去る確率 (= 平均寿命 τ の逆数) は,

$$\frac{v}{2R}e^{-G} = \frac{1}{\tau}$$

$$\therefore \ \tau = \frac{2R}{v}e^{G}$$

となる.

[6] 図 5.17 のような築山に向かって，三輪車に乗った子供が $4 \mathrm{~m~s^{-1}}$ の初速で進入した．この子供が，トンネル効果で反対側に突き抜ける確率はどの程度か．重力加速度 g は $10 \mathrm{~m~s^{-2}}$ とし，子供と三輪車の質量の和 M は $20 \mathrm{~kg}$ とする.

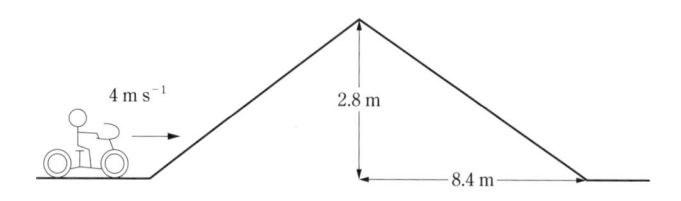

図 **5.17** 三輪車に乗った子供と築山.

解 古典的な回帰点の高さ h は, $\frac{1}{2}Mv^2 = Mgh$ より $h = 0.8 \mathrm{~m}$ である．トンネル確率は一般に,

$$\exp\left(-2\int \mathrm{d}x \sqrt{\frac{2M(V(x)-E)}{\hbar^2}}\right)$$

で与えられるが，ここで積分は古典的に禁止されている領域，すなわち，$V(x) \geqq E$ の範囲である．この場合に当てはめると，図 5.18 のように，回帰点からの距離を x とすると，山の頂点は $x = a = 6 \mathrm{~m}$ に対応し，$0 \leqq x \leqq a$ の範囲で $V(x) - E = Mg \cdot \frac{x}{3}$ と書くことができるから,

$$\int \mathrm{d}x \sqrt{\frac{2M(V(x)-E)}{\hbar^2}} = 2\int_0^a \mathrm{d}x \frac{M}{\hbar}\sqrt{\frac{2g}{3}x} = \frac{4M}{3\hbar}\sqrt{\frac{2g}{3}}a^{3/2}$$

$M = 20 \mathrm{~kg}$, $g = 10 \mathrm{~m~s^{-2}}$, $a = 6 \mathrm{~m}$, $\hbar = 1.05 \times 10^{-34} \mathrm{~J~s}$ を代入すると，上の値は，1.0×10^{37}

5. 1次元の問題—反射と透過

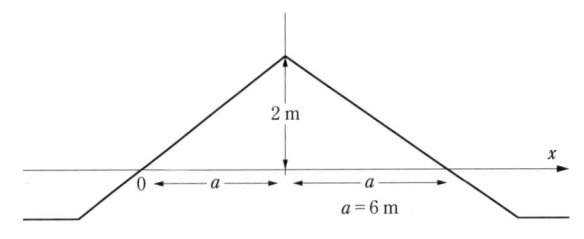

図 5.18 三輪車に乗った子供が，築山の反対側にトンネル効果で突き抜ける確率の計算に必要なポテンシャルエネルギー図．

となるから，トンネル確率は $\exp(-2\times 10^{37})$ となり，非常に小さいことがわかる．

[7] 任意のポテンシャル障壁において，反射率を R，透過率を T とすると，

$$R + T = 1$$

の関係が成り立つことを示せ．なお，1次元の定常状態では，確率の保存の式が，確率の流れの密度 $j(x) = \dfrac{\hbar}{2im}(\varphi^*(x)\varphi'(x) - \varphi^{*'}(x)\varphi(x))$ について，

$$\frac{\mathrm{d}}{\mathrm{d}x}j(x) = 0 \qquad ①$$

と表されることを用いてもよい．

解 5.1節の例題1①より，1次元の定常状態では，確率の保存の式は①で表される．

$$\therefore \int_{-\infty}^{\infty} \frac{\mathrm{d}j}{\mathrm{d}x}\mathrm{d}x = j(+\infty) - j(-\infty) = 0 \qquad ⓐ$$

ところで，5.1節の例題3ⓑ，例題4ⓑより，

$$j(-\infty) = j_{入射} - j_{反射} \qquad ⓑ$$
$$j(+\infty) = j_{透過} \qquad ⓒ$$

ⓑ，ⓒをⓐに代入すると，

$$j_{反射} + j_{透過} = j_{入射}$$

両辺を $j_{入射}$ で割ると，

$$\frac{j_{反射}}{j_{入射}} + \frac{j_{透過}}{j_{入射}} = 1$$

すなわち，$R + T = 1$ が成り立つ．

第6章 中心力場のシュレーディンガー方程式—3次元の場合

6.1 極座標によるシュレーディンガー方程式
6.2 角変数の分離
6.3 球面調和関数
6.4 軌道角運動量状態
6.5 動径方向の波動方程式
6.6 $l=0$ の場合の動径方程式—1次元問題への帰着
6.7 水素原子

　4, 5章で1次元の問題を議論し，量子力学的効果のエッセンス，たとえば，エネルギーの量子化，トンネル効果などを学んだ．本章では，もっと現実的な3次元の問題を議論していこう．一般には，次元の数が増えると，シュレーディンガー方程式を解くという問題は難しくなるが，力が中心力 $(V(\boldsymbol{r})=V(r))$ の場合には簡単化が行われる．

　すなわち，中心力ポテンシャルの場合には，角変数を分離したのち，動径変数 r だけに関するシュレーディンガー方程式を解くことになり，3次元の問題が，1次元の問題に帰着されるので見通しがよい．中心力場の問題の重要な具体例としては，球対称な井戸型ポテンシャルによる束縛状態と，クーロン・ポテンシャルによる水素原子の問題をとりあげる．これらも，解析的に解けるシュレーディンガー方程式の数少ない例である．

6. 中心力場のシュレーディンガー方程式

6.1 極座標によるシュレーディンガー方程式

現実の世界は，空間的には3次元なので，その場合のシュレーディンガー方程式から始めよう．

3次元のシュレーディンガー方程式

第3章3.1節で1次元のシュレーディンガー方程式を推論したとき，古典力学における電子の全エネルギー $E = \dfrac{p^2}{2m} + V(x)$ から出発して，量子化の手続き $E \to i\hbar \dfrac{\partial}{\partial t}$, $p \to -i\hbar \dfrac{\partial}{\partial x}$ を行い，左から ψ に作用させることにより，1次元のシュレーディンガー方程式(3.14)，すなわち，$i\hbar \dfrac{\partial \psi}{\partial t} = \left(-\dfrac{\hbar^2}{2m}\dfrac{\partial^2}{\partial x^2} + V(x)\right)\psi$ が得られることを学んだ．

3次元のシュレーディンガー方程式を得るためにも，古典電子の全エネルギー

$$E = \frac{1}{2m}\left(p_x^2 + p_y^2 + p_z^2\right) + V(x,y,z) \tag{6.1}$$

に対して，同様の量子化の手続き，すなわち，

$$E \to i\hbar \frac{\partial}{\partial t}, \quad p_x \to -i\hbar \frac{\partial}{\partial x}, \quad p_y \to -i\hbar \frac{\partial}{\partial y}, \quad p_z \to -i\hbar \frac{\partial}{\partial z} \tag{6.2}$$

を行い，左から $\psi(x,y,z,t)$ に作用させることにより，

$$i\hbar \frac{\partial}{\partial t}\psi(x,y,z,t) = \left[-\frac{\hbar^2}{2m}\left(\frac{\partial^2}{\partial x^2} + \frac{\partial^2}{\partial y^2} + \frac{\partial^2}{\partial z^2}\right) + V(x,y,z)\right]\psi(x,y,z,t) \tag{6.3}$$

を得る．これが電子の従う3次元のシュレーディンガー方程式である．ハミルトン演算子 $\hat{H}$，

$$\hat{H} \equiv -\frac{\hbar^2}{2m}\left(\frac{\partial^2}{\partial x^2} + \frac{\partial^2}{\partial y^2} + \frac{\partial^2}{\partial z^2}\right) + V(x,y,z) \tag{6.4}$$

を定義すると，(6.3)は，

$$i\hbar \frac{\partial \psi}{\partial t} = \hat{H}\psi \tag{6.5}$$

と簡単に書くこともできる．

ハミルトニアン $\hat{H}$ の不定性

ハミルトニアン $\hat{H}$ は，古典論的なハミルトニアン H_{cl} から量子化の手続き(6.2)の置き換えによって作られるものであるとした．しかしながら，$\hat{H}$ は一意的には決まらないのが普通である．

例題 1 1自由度の古典的なハミルトニアン $H_{\text{cl}}(p,q) = pq$ を考える．たとえば，

(ⅰ) $H_{\text{cl}}(p,q) = pq$, (ⅱ) $H_{\text{cl}}(p,q) = qp$, (ⅲ) $H_{\text{cl}}(p,q) = \dfrac{1}{2}(pq+qp)$ の3通りの $H_{\text{cl}}(p,q)$ は古典的には等価であるが，(ⅰ)，(ⅱ)，(ⅲ)のように見かけ上違った形に書いたとき，(6.2) の置き換えによって得られるハミルトニアン $\hat{H}$ を，それぞれの場合に書け．

解 (6.2)の置き換えにより，それぞれ，

(ⅰ) $\hat{H} \to -i\hbar \dfrac{\partial}{\partial q} q$　　　　　　　　　　　　　　　　　　　　　　ⓐ

(ⅱ) $\hat{H} \to -i\hbar q \dfrac{\partial}{\partial q}$　　　　　　　　　　　　　　　　　　　　　　ⓑ

(ⅲ) $\hat{H} \to -\dfrac{i\hbar}{2}\left(\dfrac{\partial}{\partial q} q + q \dfrac{\partial}{\partial q}\right)$　　　　　　　　　　　　　　　　　　ⓒ

となる．■

この例題1からわかるように，q と p は古典的には可換であり，$qp - pq = 0$ であるが，(6.2)の置き換えを次式の左辺にほどこすと，

$$(qp - pq)\psi = -i\hbar q\dfrac{\partial \psi}{\partial q} + i\hbar \dfrac{\partial}{\partial q}(q\psi) = i\hbar \psi \quad \text{であり，} \quad qp - pq \neq 0$$

この事情は物理的に考えると，むしろ当然のことであるといえる．それは，量子論的には2つのハミルトニアン $\hat{H}_1$ と $\hat{H}_2$ が異なっていても，その差が $\hbar$ のオーダーの量であれば，古典論的な極限では区別がつかないからである．すなわち，古典的なハミルトニアンが与えられても，対応する量子論は一意的には決まらない．しかしながら，実際の物理系に対しては，理論のもつべき対称性その他によって，上のような不定性を除くことができる．

極座標による3次元のシュレーディンガー方程式

3次元空間内を動く自由粒子のハミルトニアンは，3次元空間の並進および回転に対して不変な演算子であることを要求すると，

$$\hat{H} = -\dfrac{\hbar^2}{2m}\left(\dfrac{\partial^2}{\partial x^2} + \dfrac{\partial^2}{\partial y^2} + \dfrac{\partial^2}{\partial z^2}\right) \equiv -\dfrac{\hbar^2}{2m}\nabla^2 \tag{6.6}$$

の形に一意的に決まる．

$$\nabla^2 \equiv \dfrac{\partial^2}{\partial x^2} + \dfrac{\partial^2}{\partial y^2} + \dfrac{\partial^2}{\partial z^2} \tag{6.7}$$

を3次元直交座標系でのラプラシアンという．

したがって，球対称な場 $(V(\boldsymbol{r}) = V(r))$ の中を運動している電子の直交座標でのシュレーディンガー方程式を書くと，

$$i\hbar \dfrac{\partial \psi}{\partial t} = \left[-\dfrac{\hbar^2}{2m}\nabla^2 + V(r)\right]\psi \tag{6.8}$$

6. 中心力場のシュレーディンガー方程式

となる．∇^2 を極座標を使って書き直せば，極座標によるシュレーディンガー方程式を得ることができる．準備として，まず，2次元の場合から始めよう．

例題 2 2次元の直交座標系でのラプラシアン

$$\nabla^2 = \frac{\partial^2}{\partial x^2} + \frac{\partial^2}{\partial y^2} \qquad ①$$

を極座標を用いて変換せよ．

解 2次元での直交座標と極座標との関係は（図 6.1 参照），

$$x = r\cos\theta, \quad y = r\sin\theta \qquad ⓐ$$

で与えられる．ⓐより，

$$r = \sqrt{x^2 + y^2}, \quad \theta = \tan^{-1}\frac{y}{x} \qquad ⓑ$$

$$\therefore \frac{\partial \psi}{\partial x} = \frac{\partial r}{\partial x}\frac{\partial \psi}{\partial r} + \frac{\partial \theta}{\partial x}\frac{\partial \psi}{\partial \theta} \qquad ⓒ$$

ここで ψ は任意のスカラー関数である．まず，ⓒの右辺の $\dfrac{\partial r}{\partial x}$, $\dfrac{\partial \theta}{\partial x}$ を計算しておこう．ⓑより，

$$\frac{\partial r}{\partial x} = \frac{x}{\sqrt{x^2+y^2}} = \frac{r\cos\theta}{r} = \cos\theta \qquad ⓓ$$

$$\frac{\partial \theta}{\partial x} = -\frac{y}{x^2+y^2} = -\frac{r\sin\theta}{r^2} = -\frac{\sin\theta}{r} \qquad ⓔ$$

ⓓ, ⓔをⓒに代入すると，

$$\frac{\partial \psi}{\partial x} = \cos\theta \frac{\partial \psi}{\partial r} - \frac{\sin\theta}{r}\frac{\partial \psi}{\partial \theta} \qquad ⓕ$$

同様にして，$\dfrac{\partial \psi}{\partial y} = \dfrac{\partial r}{\partial y}\dfrac{\partial \psi}{\partial r} + \dfrac{\partial \theta}{\partial y}\dfrac{\partial \psi}{\partial \theta}$ ⓖ

ⓑより，$\dfrac{\partial r}{\partial y} = \dfrac{y}{\sqrt{x^2+y^2}} = \sin\theta, \quad \dfrac{\partial \theta}{\partial y} = \dfrac{x}{x^2+y^2} = \dfrac{\cos\theta}{r}$ ⓗ

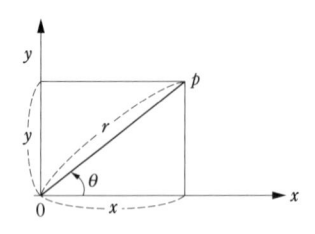

図 6.1 極座標 r, θ.

6.1 極座標によるシュレーディンガー方程式

ⓗをⓖに代入すると，

$$\frac{\partial \psi}{\partial y} = \sin\theta \frac{\partial \psi}{\partial r} + \frac{\cos\theta}{r} \frac{\partial \psi}{\partial \theta} \qquad \text{ⓘ}$$

次に，x，y に関する2階微分も，同様にして計算できる．

$$\frac{\partial^2 \psi}{\partial x^2} = \cos\theta \frac{\partial}{\partial r}\left(\cos\theta \frac{\partial \psi}{\partial r} - \frac{\sin\theta}{r} \frac{\partial \psi}{\partial \theta}\right) - \frac{\sin\theta}{r} \frac{\partial}{\partial \theta}\left(\cos\theta \frac{\partial \psi}{\partial r} - \frac{\sin\theta}{r} \frac{\partial \psi}{\partial \theta}\right) \qquad \text{ⓙ}$$

$$\frac{\partial^2 \psi}{\partial y^2} = \sin\theta \frac{\partial}{\partial r}\left(\sin\theta \frac{\partial \psi}{\partial r} + \frac{\cos\theta}{r} \frac{\partial \psi}{\partial \theta}\right) + \frac{\cos\theta}{r} \frac{\partial}{\partial \theta}\left(\sin\theta \frac{\partial \psi}{\partial r} + \frac{\cos\theta}{r} \frac{\partial \psi}{\partial \theta}\right) \qquad \text{ⓚ}$$

$$\text{ⓙ}+\text{ⓚ} = \left(\sin^2\theta + \cos^2\theta\right)\frac{\partial^2 \psi}{\partial r^2} + \frac{\sin^2\theta + \cos^2\theta}{r}\frac{\partial \psi}{\partial r} + \frac{\sin^2\theta + \cos^2\theta}{r^2}\frac{\partial^2 \psi}{\partial \theta^2}$$

$$\therefore \frac{\partial^2 \psi}{\partial x^2} + \frac{\partial^2 \psi}{\partial y^2} = \frac{\partial^2 \psi}{\partial r^2} + \frac{1}{r}\frac{\partial \psi}{\partial r} + \frac{1}{r^2}\frac{\partial^2 \psi}{\partial \theta^2} \qquad \text{ⓛ}$$

$$\therefore \nabla^2 = \frac{\partial^2}{\partial x^2} + \frac{\partial^2}{\partial y^2} = \frac{\partial^2}{\partial r^2} + \frac{1}{r}\frac{\partial}{\partial r} + \frac{1}{r^2}\frac{\partial^2}{\partial \theta^2} \qquad \text{ⓜ} \blacksquare$$

3次元の場合の直交座標系でのラプラシアン(6.7)も，2次元の場合にならって極座標に変換することができる．

3次元での直交座標と極座標との関係は(図6.2参照)，

$$\begin{aligned} x &= r\sin\theta\cos\varphi \\ y &= r\sin\theta\sin\varphi \\ z &= r\cos\theta \end{aligned} \qquad (6.9)$$

で与えられる．(6.9)より，

$$r = \sqrt{x^2 + y^2 + z^2}$$

$$\tan\varphi = \frac{y}{x}$$

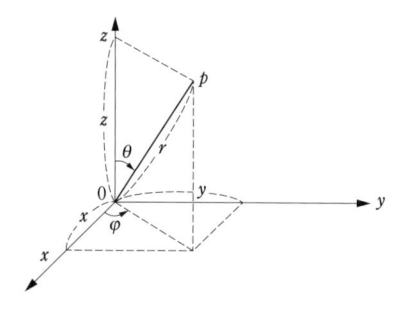

図6.2 極座標 r, θ, φ.

6. 中心力場のシュレーディンガー方程式

$$\cos\theta = \frac{z}{r} \tag{6.10}$$

となる．ψ を任意のスカラー関数として，

$$\begin{aligned}
\frac{\partial \psi}{\partial x} &= \frac{\partial r}{\partial x}\frac{\partial \psi}{\partial r} + \frac{\partial \theta}{\partial x}\frac{\partial \psi}{\partial \theta} + \frac{\partial \varphi}{\partial x}\frac{\partial \psi}{\partial \varphi} \\
\frac{\partial \psi}{\partial y} &= \frac{\partial r}{\partial y}\frac{\partial \psi}{\partial r} + \frac{\partial \theta}{\partial y}\frac{\partial \psi}{\partial \theta} + \frac{\partial \varphi}{\partial y}\frac{\partial \psi}{\partial \varphi} \\
\frac{\partial \psi}{\partial z} &= \frac{\partial r}{\partial z}\frac{\partial \psi}{\partial r} + \frac{\partial \theta}{\partial z}\frac{\partial \psi}{\partial \theta} + \frac{\partial \varphi}{\partial z}\frac{\partial \psi}{\partial \varphi}
\end{aligned} \tag{6.11}$$

(6.10) を用いて，右辺の $\frac{\partial r}{\partial x}$, $\frac{\partial r}{\partial y}$, $\frac{\partial r}{\partial z}$, $\frac{\partial \theta}{\partial x}$, $\frac{\partial \theta}{\partial y}$, $\frac{\partial \theta}{\partial z}$, $\frac{\partial \varphi}{\partial x}$, $\frac{\partial \varphi}{\partial y}$, $\frac{\partial \varphi}{\partial z}$ を計算すると，次のようになる．

$$\begin{aligned}
\frac{\partial r}{\partial x} &= \sin\theta\cos\varphi, & \frac{\partial \theta}{\partial x} &= \frac{\cos\theta\cos\varphi}{r}, & \frac{\partial \varphi}{\partial x} &= -\frac{\sin\varphi}{r\sin\theta} \\
\frac{\partial r}{\partial y} &= \sin\theta\sin\varphi, & \frac{\partial \theta}{\partial y} &= \frac{\cos\theta\sin\varphi}{r}, & \frac{\partial \varphi}{\partial y} &= \frac{\cos\varphi}{r\sin\theta} \\
\frac{\partial r}{\partial z} &= \cos\theta, & \frac{\partial \theta}{\partial z} &= -\frac{\sin\theta}{r}, & \frac{\partial \varphi}{\partial z} &= 0
\end{aligned} \tag{6.12}$$

(6.12) を (6.11) に代入すると，

$$\begin{aligned}
\frac{\partial \psi}{\partial x} &= \sin\theta\cos\varphi\frac{\partial \psi}{\partial r} + \frac{\cos\theta\cos\varphi}{r}\frac{\partial \psi}{\partial \theta} - \frac{\sin\varphi}{r\sin\theta}\frac{\partial \psi}{\partial \varphi} \\
\frac{\partial \psi}{\partial y} &= \sin\theta\sin\varphi\frac{\partial \psi}{\partial r} + \frac{\cos\theta\sin\varphi}{r}\frac{\partial \psi}{\partial \theta} + \frac{\cos\varphi}{r\sin\theta}\frac{\partial \psi}{\partial \varphi} \\
\frac{\partial \psi}{\partial z} &= \cos\theta\frac{\partial \psi}{\partial r} - \frac{\sin\theta}{r}\frac{\partial \psi}{\partial \theta}
\end{aligned} \tag{6.13}$$

次に x, y, z に関する 2 階微分もまったく同様に計算することができる．

$$\begin{aligned}
\frac{\partial^2 \psi}{\partial x^2} &= \frac{\partial}{\partial x}\left(\frac{\partial \psi}{\partial x}\right) = \frac{\partial r}{\partial x}\frac{\partial}{\partial r}\left(\frac{\partial \psi}{\partial x}\right) + \frac{\partial \theta}{\partial x}\frac{\partial}{\partial \theta}\left(\frac{\partial \psi}{\partial x}\right) + \frac{\partial \varphi}{\partial x}\frac{\partial}{\partial \varphi}\left(\frac{\partial \psi}{\partial x}\right) \\
\frac{\partial^2 \psi}{\partial y^2} &= (x \to y) \\
\frac{\partial^2 \psi}{\partial z^2} &= (x \to z)
\end{aligned} \tag{6.14}$$

これらの式に (6.11)，(6.12) を代入し，両辺足し合わせて整理すると，

6.1 極座標によるシュレーディンガー方程式

$$\nabla^2 \psi = \frac{\partial^2 \psi}{\partial x^2} + \frac{\partial^2 \psi}{\partial y^2} + \frac{\partial^2 \psi}{\partial z^2}$$

$$= \left(\frac{\partial^2}{\partial r^2} + \frac{2}{r}\frac{\partial}{\partial r}\right)\psi + \frac{1}{r^2}\left[\frac{1}{\sin\theta}\frac{\partial}{\partial\theta}\left(\sin\theta\frac{\partial}{\partial\theta}\right) + \frac{1}{\sin^2\theta}\frac{\partial^2}{\partial\varphi^2}\right]\psi \qquad (6.15)$$

例題3
$$\frac{\partial^2}{\partial r^2} + \frac{2}{r}\frac{\partial}{\partial r} = \frac{1}{r^2}\frac{\partial}{\partial r}\left(r^2\frac{\partial}{\partial r}\right) = \frac{1}{r}\frac{\partial^2}{\partial r^2}r \qquad ①$$

が成り立つことを証明せよ．

解 各演算子を，任意のスカラー関数 ψ に演算させて，それぞれが等しいことを証明しよう．

$$\frac{1}{r^2}\frac{d}{dr}\left(r^2\frac{d}{dr}\right)\psi = \frac{1}{r^2}\frac{d}{dr}\left(r^2\frac{d\psi}{dr}\right) = \frac{1}{r^2}\left(r^2\frac{d^2\psi}{dr^2} + 2r\frac{d\psi}{dr}\right) = \frac{d^2\psi}{dr^2} + \frac{2}{r}\frac{d\psi}{dr} \qquad ⓐ$$

$$\left(\frac{1}{r}\frac{d^2}{dr^2}r\right)\psi = \frac{1}{r}\frac{d^2}{dr^2}(r\psi) = \frac{1}{r}\left(r\frac{d^2\psi}{dr^2} + 2\frac{d\psi}{dr}\right) = \frac{d^2\psi}{dr^2} + \frac{2}{r}\frac{d\psi}{dr} \qquad ⓑ$$

ⓐ，ⓑより，①が証明された． ∎

動径方程式が，1次元のシュレーディンガー方程式に帰着することの見とおしをよくするために，(6.15)に上記結果①を用いて，もう少しまとめ，

$$\nabla^2\psi = \left\{\frac{1}{r}\frac{\partial^2}{\partial r^2}r + \frac{1}{r^2}\frac{1}{\sin\theta}\frac{\partial}{\partial\theta}\left(\sin\theta\frac{\partial}{\partial\theta}\right) + \frac{1}{r^2}\frac{1}{\sin^2\theta}\frac{\partial^2}{\partial\varphi^2}\right\}\psi \qquad (6.16)$$

の形に変形しておこう．

いま，(6.16)を(6.8)に代入すると，極座標で表したシュレーディンガー方程式

$$i\hbar\frac{\partial\psi}{\partial t} = \left[-\frac{\hbar^2}{2m}\left\{\frac{1}{r}\frac{\partial^2}{\partial r^2}r + \frac{1}{r^2}\frac{1}{\sin\theta}\frac{\partial}{\partial\theta}\left(\sin\theta\frac{\partial}{\partial\theta}\right) + \frac{1}{r^2}\frac{1}{\sin^2\theta}\frac{\partial^2}{\partial\varphi^2}\right\} + V(r)\right]\psi \qquad (6.17)$$

が得られる．定常状態のシュレーディンガー方程式は，

(6.8)で，$\psi = \exp\left(-\frac{iEt}{\hbar}\right)\varphi(\boldsymbol{r})$ \qquad (6.18)

とおいて，

$$-\frac{\hbar^2}{2m}\nabla^2\varphi(\boldsymbol{r}) + V(r)\varphi(\boldsymbol{r}) = E\varphi(\boldsymbol{r}) \qquad (6.19)$$

となる．(6.16)を用いると，

$$\left[-\frac{\hbar^2}{2m}\left\{\frac{1}{r}\frac{\partial^2}{\partial r^2}r + \frac{1}{r^2}\frac{1}{\sin\theta}\frac{\partial}{\partial\theta}\left(\sin\theta\frac{\partial}{\partial\theta}\right) + \frac{1}{r^2\sin^2\theta}\frac{\partial^2}{\partial\varphi^2}\right\} + V(r)\right]\varphi(\boldsymbol{r}) = E\varphi(\boldsymbol{r}) \qquad (6.20)$$

という，極座標での定常状態のシュレーディンガー方程式が得られる．これが，これからの議論の基礎になる方程式である．

6.2 角変数の分離

この方程式(6.20)は，一見，複雑に見えるが変数分離型である．変数分離の方法に従って，

$$\varphi(\boldsymbol{r}) = \varphi(r,\theta,\varphi) = R(r)Y(\theta,\varphi) \tag{6.21}$$

とおいて，(6.20)に代入して計算すると，

$$\frac{r}{R}\frac{d^2}{dr^2}(rR) + \frac{2mr^2}{\hbar^2}(E-V(r))$$

$$= -\frac{1}{Y}\left[\frac{1}{\sin\theta}\frac{\partial}{\partial\theta}\left(\sin\theta\frac{\partial Y}{\partial\theta}\right) + \frac{1}{\sin^2\theta}\frac{\partial^2 Y}{\partial\varphi^2}\right] \tag{6.22}$$

となる．(6.22)の左辺はrのみの関数，右辺はθとφだけに関係しているので，両辺とも，ある定数に等しくなければならない．この定数をλとおくと，(6.22)より動径部分の方程式として，

$$\frac{1}{r}\frac{d^2}{dr^2}(rR) + \left\{\frac{2m}{\hbar^2}(E-V(r)) - \frac{\lambda}{r^2}\right\}R = 0 \tag{6.23}$$

を得る．角部分の方程式としては，

$$\frac{1}{\sin\theta}\frac{\partial}{\partial\theta}\left(\sin\theta\frac{\partial Y}{\partial\theta}\right) + \frac{1}{\sin^2\theta}\frac{\partial^2 Y}{\partial\varphi^2} + \lambda Y = 0 \tag{6.24}$$

が得られる．動径rに関する方程式(6.23)は，$V(r)$が与えられなければ，これ以上論ずることはできない．角部分に関する方程式(6.24)は，$V(r)$の形にもエネルギーEにも，まったく無関係である．したがって，どんな中心力ポテンシャルに対しても共通である．

いま，$Y(\theta,\varphi) = \Theta(\theta)\Phi(\varphi)$を代入して，前と同じ手続きに従うと，

$$\sin\theta\frac{d}{d\theta}\left(\sin\theta\frac{d\Theta(\theta)}{d\theta}\right)\frac{1}{\Theta(\theta)} + \lambda\sin^2\theta = -\frac{1}{\Phi(\varphi)}\frac{d^2\Phi(\varphi)}{d\varphi^2} \tag{6.25}$$

が得られる．両辺とも，ある定数に等しくなければならないので，これをm^2とおく．（電子の質量と混同するおそれが，なきにしもあらずであるが，物理的には明らかなので，慣例により，φに付随する量子数にはmという記号を用いることにする．）すると，さらに分離できて，

$$\frac{d^2\Phi(\varphi)}{d\varphi^2} + m^2\Phi(\varphi) = 0 \tag{6.26}$$

$$\frac{1}{\sin\theta}\frac{d}{d\theta}\left(\sin\theta\frac{d\Theta(\theta)}{d\theta}\right) + \left(\lambda - \frac{m^2}{\sin^2\theta}\right)\Theta(\theta) = 0 \tag{6.27}$$

となる．

6.3 球面調和関数

まず，角部分に関する方程式から始めよう．

関数 $\Phi(\varphi)$

$\Phi(\varphi)$ の満たす方程式は前の節の(6.26)である．電子の波動関数は，空間の各点で決まった値をもたなければならないので，(6.26)において，固有関数が一価関数であることを要請しよう．φ は方位角であるから，$\Phi(\varphi)$ は φ について 2π の周期をもっていなければならない．$\Phi(2\pi) = \Phi(0)$ を満たす1価で規格化された解は，

$$\Phi_m(\varphi) = \frac{1}{\sqrt{2\pi}} e^{im\varphi} \quad (m = 0, \pm 1, \pm 2, \cdots) \tag{6.28}$$

となる．m は**磁気量子数**とよばれるものである．

関数 $\Theta(\theta)$

(6.27)において，θ の代わりに，$z = \cos\theta$ と変数を変換し，

$$\Theta(\theta) \equiv P^m(z) \tag{6.29}$$

とおこう．その結果，(6.27)の方程式は，

$$\frac{d}{dz}\left[(1-z^2)\frac{dP^m}{dz}\right] + \left[\lambda - \frac{m^2}{1-z^2}\right]P^m = 0 \tag{6.30}$$

となる．特に $m = 0$ の場合，(6.30)はルジャンドル(Legendre)の微分方程式として，よく知られた次の式

$$\frac{d}{dz}\left[(1-z^2)\frac{dP}{dz}\right] + \lambda P = 0 \tag{6.31}$$

に帰着する．(6.31)の解は，λ が特定の値をとらないかぎり，いずれも，$z = \pm 1$ で無限大となり，物理的に許されない．しかし，l を正の整数，またはゼロとして，$\lambda = l(l+1)$ となっていれば，この解のうちの1つは有限となる．

例題 1 ルジャンドルの微分方程式(6.31)の解 P を求めるのに，4.5節で1次元調和振動子型ポテンシャルの解を求めるときやったように，z のべき級数に展開して，$\lambda = l(l+1)$ ($l = 0, 1, 2, \cdots$) となっていれば，有限項で終わることを証明せよ．

解
$$P = \sum_{l=0}^{\infty} a_l z^l \quad \text{ⓐ}$$

の形のべき級数に展開して，(6.31)に代入すると，

6. 中心力場のシュレーディンガー方程式

$$(1-z^2)\sum l(l-1)a_l z^{l-2} - 2z\sum l a_l z^{l-1} + \lambda \sum a_l z^l = 0 \qquad \text{ⓑ}$$

z^l の係数を等しいとおくと,

$$(l+2)(l+1)a_{l+2} = (l^2+l-\lambda)a_l \qquad \text{ⓒ}$$

ゆえに, $\lambda = l^2+l = l(l+1) \quad (l=0,1,2,\cdots)$ ⓓ

ならば有限項 ($a_l z^l$) で終わる. ∎

けっきょく, 方程式(6.31)の l 次の多項式の解は,

$$P_l(z) = \frac{1}{2^l l!}\frac{\mathrm{d}^l}{\mathrm{d}z^l}(z^2-1)^l \quad (l=0,1,2,\cdots) \tag{6.32}$$

となる. これを**ルジャンドルの多項式**とよぶ.

例題2 (6.32)を用いて, 最初の3つのルジャンドル多項式を書け.

解 (6.32)において,

$l=0$ とおくと, $P_0(z) = 1$

$l=1$ とおくと, $P_1(z) = \frac{1}{2}\frac{\mathrm{d}}{\mathrm{d}z}(z^2-1) = z$

$l=2$ とおくと, $P_2(z) = \frac{1}{2^2 2!}\frac{\mathrm{d}^2}{\mathrm{d}z^2}(z^2-1)^2 = \frac{1}{2}(3z^2-1)$ ∎

(6.31)が解けたとして, 今度は $m \neq 0$ である(6.30)の解を求めてみよう. (6.31)に $\lambda = l(l+1)$ を代入した, ルジャンドルの方程式

$$\frac{\mathrm{d}}{\mathrm{d}z}\left[(1-z^2)\frac{\mathrm{d}P_l}{\mathrm{d}z}\right] + l(l+1)P_l = 0 \tag{6.33}$$

を z で m 回微分し,

$$P_l^m(z) = (1-z^2)^{\frac{m}{2}}\frac{\mathrm{d}^m P_l(z)}{\mathrm{d}z^m} \tag{6.34}$$

を正の整数 $m(\leq l)$ について定義すれば,

$$\frac{\mathrm{d}}{\mathrm{d}z}\left[(1-z^2)\frac{\mathrm{d}P_l^m}{\mathrm{d}z}\right] + \left[l(l+1) - \frac{m^2}{1-z^2}\right]P_l^m = 0 \tag{6.35}$$

これは, $\lambda = l(l+1)$ とおいたときの(6.30)に一致する.

この $P_l^m(z)$ をルジャンドルの陪関数とよび, 物理的に許される解になっている. (6.30)において $m \to -m$ とおいても解になるので, $|m| \leq l$ の整数 m に対して,

$$P_l^m(z) = (1-z^2)^{\frac{|m|}{2}}\frac{\mathrm{d}^{|m|} P_l(z)}{\mathrm{d}z^{|m|}} \tag{6.36}$$

と表される．

球面調和関数

(6.24)で，$\lambda = l(l+1)$ としたときの解を，球面調和関数とよび，規格化定数と(6.28)，(6.36)を使って，

$$Y_l^m(\theta,\varphi) = N_{lm} P_l^m(\cos\theta) \Phi_m(\varphi) \tag{6.37}$$

のように書くことができる．計算は省略するが，規格化された球面調和関数は，

$$Y_l^m(\theta,\varphi) = \varepsilon \sqrt{\frac{2l+1}{4\pi} \frac{(l-|m|)!}{(l+|m|)!}} P_l^m(\cos\theta) e^{im\varphi} \tag{6.38}$$

ただし，

$$\varepsilon = (-1)^m \ (m>0)$$
$$1 \ (m\le 0)$$

で与えられ，次の直交関係を満足する．

$$\int_0^{2\pi} d\varphi \int_0^\pi \left(Y_l^m\right)^*(\theta,\varphi) Y_{l'}^{m'}(\theta,\varphi) \sin\theta d\theta = \delta_{ll'}\delta_{mm'} \tag{6.39}$$

$l \le 2$ のときの，Y_l^m の具体的な式をあげておく．

$$Y_0^0 = \frac{1}{\sqrt{4\pi}}$$

$$Y_1^0 = \sqrt{\frac{3}{4\pi}}\cos\theta, \ Y_1^{\pm 1} = \mp\sqrt{\frac{3}{8\pi}}\sin\theta e^{\pm i\varphi}$$
$$Y_2^0 = \sqrt{\frac{5}{4\pi}}\left(\frac{3}{2}\cos^2\theta - \frac{1}{2}\right), \ Y_2^{\pm 1} = \mp\sqrt{\frac{15}{8\pi}}\sin\theta\cos\theta e^{\pm i\varphi} \tag{6.40}$$
$$Y_2^{\pm 2} = \sqrt{\frac{15}{32\pi}}\sin^2\theta e^{\pm 2i\varphi}$$

6.4 軌道角運動量状態

前節で議論した，波動関数の θ，φ への依存性を表す球面調和関数は，角運動量状態を与えると完全に決まることを説明しておこう．

量子力学での軌道角運動量

古典力学での質点の角運動量 $\boldsymbol{L}$ は，

$$\boldsymbol{L} = \boldsymbol{r} \times \boldsymbol{p} \tag{6.41}$$

6. 中心力場のシュレーディンガー方程式

で与えられるから，量子力学での軌道角運動量は，$r \to \hat{r}$, $p \to \hat{p}$ と演算子に置き換えることにより，

$$\hat{L}_x = \hat{y}\hat{p}_z - \hat{z}\hat{p}_y = \frac{\hbar}{i}\left(y\frac{\partial}{\partial z} - z\frac{\partial}{\partial y}\right)$$

$$\hat{L}_y = \hat{z}\hat{p}_x - \hat{x}\hat{p}_z = \frac{\hbar}{i}\left(z\frac{\partial}{\partial x} - x\frac{\partial}{\partial z}\right) \tag{6.42}$$

$$\hat{L}_z = \hat{x}\hat{p}_y - \hat{y}\hat{p}_x = \frac{\hbar}{i}\left(x\frac{\partial}{\partial y} - y\frac{\partial}{\partial x}\right)$$

と表される．

角運動量を考える場合は，中心力の問題のように，極座標を使うのが便利である．それには(6.13)を使うことにより，

$$\hat{L}_x = -\frac{\hbar}{i}\left(\sin\varphi\frac{\partial}{\partial\theta} + \cot\theta\cos\varphi\frac{\partial}{\partial\varphi}\right)$$

$$\hat{L}_y = \frac{\hbar}{i}\left(\cos\varphi\frac{\partial}{\partial\theta} - \cot\theta\sin\varphi\frac{\partial}{\partial\varphi}\right) \tag{6.43}$$

$$\hat{L}_z = \frac{\hbar}{i}\frac{\partial}{\partial\varphi}$$

を得る．さらに，(6.43)から $\hat{\boldsymbol{L}}^2 = \hat{L}_x^2 + \hat{L}_y^2 + \hat{L}_z^2$ を計算すると，

$$\hat{\boldsymbol{L}}^2 = -\hbar^2\left[\frac{1}{\sin\theta}\frac{\partial}{\partial\theta}\left(\sin\theta\frac{\partial}{\partial\theta}\right) + \frac{1}{\sin^2\theta}\frac{\partial^2}{\partial\varphi^2}\right] \tag{6.44}$$

が導かれる．この式(6.44)を(6.24)と比べると，(6.24)は，

$$\hat{\boldsymbol{L}}^2 Y_l^m(\theta,\varphi) = \hbar^2 l(l+1) Y_l^m(\theta,\varphi) \tag{6.45}$$

を意味する．すなわち，

<u>$Y_l^m(\theta,\varphi)$, は $\hat{\boldsymbol{L}}^2$ の固有関数であり，$\hat{\boldsymbol{L}}^2$ の固有値は $\hbar^2 l(l+1)$ $(l=0,1,2,\cdots)$ である．</u>

また，(6.43)の $\hat{L}_z$ を(6.28)の $\Phi_m(\varphi)$ に演算させると，

$$\hat{L}_z \Phi_m(\varphi) = \frac{\hbar}{i}\frac{\partial}{\partial\varphi}\left(\frac{1}{\sqrt{2\pi}}e^{im\varphi}\right) = m\hbar\Phi_m(\varphi) \tag{6.46}$$

ゆえに，<u>$Y_l^m(\theta,\varphi)$ はまた $\hat{L}_z$ の固有関数でもあり，$\hat{L}_z$ の固有値は同時に $m\hbar$ $(m=0,\pm 1,\pm 2,\cdots)$ である．</u>

このように，波動関数の θ, φ, への依存性を表す球面調和関数 $Y_l^m(\theta,\varphi)$ は，$\hat{\boldsymbol{L}}^2$ と $\hat{L}_z$ の同時固有状態になっていて，角運動量状態の量子数 l, m を与えると完全に決まる．

古典力学では，角運動量のようなベクトルは，矢印のようなベクトルにより表す習慣が

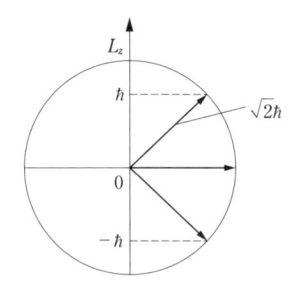

図 6.3 角運動量ベクトル($l=1$ の場合).

ある.これは,L_x, L_y, L_z がいくらでも正確に測定できるからである.量子力学の場合,たとえば,$l=1$ の場合,$\hat{\boldsymbol{L}}^2 = 1(1+1)\hbar^2 = 2\hbar^2$,ゆえに,$|L| = \sqrt{2}\hbar = 1.414\hbar$,また,$z$ 方向の成分は,$\hbar, 0, -\hbar$ の値に限られる.しかし,$[\hat{L}_z, \hat{L}_x] \neq 0, [\hat{L}_z, \hat{L}_y] \neq 0$ のため,L_x, L_y の値は,$\hat{L}_z$ と同時に確定値をとることはできない.にもかかわらず,量子力学でもベクトル図を使うことがある.$\hat{\boldsymbol{L}}^2, \hat{L}_z$ の表示では図 6.3 のように,z 方向の成分は,たとえば,$l=1$ の場合,$\hbar, 0, -\hbar$ のどれかである.これを方向が量子化されたという意味で**方向量子化**とよぶ.$\hat{\boldsymbol{L}}^2 = 2\hbar^2, \hat{L}_z = \hbar$ の状態が与えられたとき,L_x の値を測定して,$\hbar, 0, -\hbar$ が得られる確率を計算することができる.

これまで,$\hat{\boldsymbol{L}}^2, \hat{L}_z$ の同時固有関数の場合を議論してきた.しかし,z 軸は空間内のどの方向をとってもよい.$\hat{\boldsymbol{L}}^2$ と $\hat{L}_x$,$\hat{\boldsymbol{L}}^2$ と $\hat{L}_y$,あるいは $\hat{\boldsymbol{L}}^2$ と任意の他の方向を選んでもよい.

6.5 動径方向の波動方程式

6.3 節で議論したように,(6.24) の角部分に関する波動関数 Y が発散しないという条件から,$\lambda = l(l+1)$ ($l = 0, 1, 2, \cdots$) が得られることを述べた(6.3 節 例題 1 ⓓ 参照).したがって,動径方向の波動方程式 (6.23) においても,$\lambda = l(l+1)$ という制限がつく.そのときの波動関数 R を R_l とおくと,

$$\frac{1}{r}\frac{d^2}{dr^2}(rR_l) + \left[\frac{2m}{\hbar^2}\{E - V(r)\} - \frac{l(l+1)}{r^2}\right]R_l = 0 \tag{6.47}$$

となる.ここで,

$$R_l(r) = \frac{\chi_l(r)}{r} \tag{6.48}$$

とおいて (6.47) に代入すると,$\chi_l(r)$ に対する方程式は,

$$-\frac{\hbar^2}{2m}\frac{d^2\chi_l(r)}{dr^2} + \left[V(r) + \frac{l(l+1)\hbar^2}{2mr^2}\right]\chi_l(r) = E\chi_l(r) \tag{6.49}$$

6. 中心力場のシュレーディンガー方程式

という，1次元のシュレーディンガー方程式によく似た式に書き換えられる．この方程式は，

<u>ポテンシャル・エネルギー</u>

$$V_{\text{有効}}(r) = V(r) + \frac{l(l+1)\hbar^2}{2mr^2} \tag{6.50}$$

の中の，$0 \leq r < \infty$ の領域での1次元運動に対するシュレーディンガー方程式と同じ形である．

例題1 見かけのポテンシャル $\dfrac{l(l+1)\hbar^2}{2mr^2}$ による力は，角運動量が $\hbar\sqrt{l(l+1)}$ のときの遠心力に等しいことを示せ．

解 $mv \times r = L, \therefore v = \dfrac{L}{mr}$，したがって，遠心力は，

$$m\frac{v^2}{r} = \frac{m}{r}\left(\frac{L}{mr}\right)^2 = \frac{L^2}{mr^3} \tag{ⓐ}$$

上の見かけのポテンシャルを r で微分すると，

$$-\frac{d}{dr}\left(\frac{l(l+1)\hbar^2}{2mr^2}\right) = \frac{l(l+1)\hbar^2}{mr^3} \tag{ⓑ}$$

ゆえに，ⓑで $l(l+1)\hbar^2 = L^2$ とおくと遠心力ⓐとなる． ∎

この1次元的性格を用いて，(6.49)の解の一般的性質を調べてみよう．

1. 束縛状態に対する $\chi_l(r)$ の $r \to \infty$ でのふるまい

波動関数が規格化できるためには，

$$\int_0^\infty d^3r |\varphi(\vec{r})|^2 = \int_0^\infty r^2 dr |R_l(r)|^2 = \int_0^\infty dr |\chi_l(r)|^2 = 1 \tag{6.51}$$

$$\therefore r \to \infty \text{ で } \chi_l(r) \leq 0\left(\frac{1}{\sqrt{r}}\right) \tag{6.52}$$

2. (6.49)を解くため，<u>$\chi_l(r)$ の原点におけるふるまい</u>も必要になる．結論から先にいえば，$l \neq 0$ の場合，$\chi_l(0) = 0$ になる．すなわち，遠心力ポテンシャルにより，$l > 0$ の電子が原点に近づくのを妨げる働きをする．

例題2 上に述べたように，$l \neq 0$ のとき，$\chi_l(0) = 0$ になることを示せ．

解 $l \neq 0$ の場合，r が十分小さいときは，遠心力障壁は $V(r) - E$ に比べて，はるかに大きい．そこで，(6.49)は，

$$-\frac{\hbar^2}{2m}\frac{d^2\chi_l(r)}{dr^2} + \frac{l(l+1)\hbar^2}{2mr^2}\chi_l(r) \cong 0 \tag{ⓐ}$$

となる．ⓐに $\chi_l(r) \cong r^s$ を代入すると，$s(s-1) = l(l+1)$ となるので，$s = l+1$ または $s = -l$ となる．ゆえに，

$$\chi_l(r) \cong r^{l+1}, \quad \text{または } r^{-l} \qquad \text{(b)}$$

となる．r^{-l} とふるまう解は原点で発散し，規格化条件(6.51)を満たしていない．したがって，物理的な解にはなりえない．r^{l+1} とふるまう解のみが物理的に許され，

$$\chi_l(0) = 0 \quad (l \neq 0 \text{ のとき}) \qquad \text{(c)}$$

となる．■

これまで $l=1,2,3,\cdots$ などのとき，$\chi_l(0)=0$ を証明した．同じ手法は使えないが，$l=0$ の場合にも上記性質を証明することができる．

例題3 $l=0$ のときにも，$\chi_l(0)=0$ という性質が成り立つことを示せ．

解 まず，$\chi_0(0)=c \neq 0$ と仮定してみよう．原点付近では，$\varphi(r) \equiv \dfrac{\chi_0(r)}{r} Y_0^0 = \dfrac{1}{\sqrt{4\pi}} \dfrac{c}{r}$

のようにふるまう．それゆえ，

$$\nabla^2 \varphi(r) = \frac{c}{\sqrt{4\pi}} \nabla^2 \frac{1}{r} = -\sqrt{4\pi} c \delta(\boldsymbol{r}) \qquad \text{(a)}$$

$$\therefore \hat{H}\varphi = \left[-\frac{\hbar^2}{2m} \nabla^2 + V(r) \right] \varphi = \frac{\hbar^2}{2m} \sqrt{4\pi} c \delta(\boldsymbol{r}) + V(r)\varphi \qquad \text{(b)}$$

ところが，シュレーディンガー方程式は，$\hat{H}\varphi = E\varphi$ と φ に関して斉次なので，$\chi_0(0)=c \neq 0$ であるかぎりシュレーディンガー方程式を満たさない．ゆえに，$\chi_0(0)=0$ でなければならない．■

したがって，次のように結論することができる．

<u>球対称な場の中を運動している電子の3次元のシュレーディンガー方程式を解くためには，1次元の動径方程式(7.49)に，原点における条件 $\chi_l(0)=0 (l=0,1,2,\cdots)$ と $r \to \infty$ で $\chi_l(r) \to 0$ を課して解けばよい．</u>

電子の角運動量 l がいろいろな値をとる状態を表すために，次の慣用記号が広く使われる．

$$l = 0, 1, 2, 3, 4, 5, \cdots$$

に対応して，s, p, d, f, g, h, $\cdots$ など．

6.6 $l=0$ の場合の動径方程式—1次元問題への帰着

特に，(6.50)において $l=0$ とおけば，$V_{\text{有効}}(r) \to V(r)$ となる．ゆえに，$\chi_0(r)$ に対する1次元の方程式は，(6.49)より，

$$-\frac{\hbar^2}{2m} \frac{d^2 \chi_0(r)}{dr^2} + V(r)\chi_0(r) = E\chi_0(r) \tag{6.53}$$

となる．ここで，原点における条件 $\chi_0(0)=0$，と $r \to \infty$ で $\chi_0(r) \to 0$ を課して解けばよい．

6.7 水素原子

水素原子は e の電荷をもつ陽子と $-e$ の電荷をもつ電子から成り立っている．その間に働く力は，クーロンポテンシャル

$$V(r) = -\frac{1}{4\pi\varepsilon_0}\frac{e^2}{r} \tag{6.54}$$

により与えられ，解析的に解けるシュレーディンガー方程式の数少ない例である．

水素原子のシュレーディンガー方程式

6.5節の動径方向の波動方程式のところで議論したように，$\chi_l(r)$ に対する方程式は，

$$-\frac{\hbar^2}{2\mu}\frac{d^2\chi_l(r)}{dr^2} + \left[-\frac{1}{4\pi\varepsilon_0}\frac{e^2}{r} + \frac{l(l+1)\hbar^2}{2\mu r^2}\right]\chi_l(r) = E\chi_l(r) \tag{6.55}$$

という1次元のシュレーディンガー方程式に書き換えられる．ここで陽子の質量が有限である効果は，電子の換算質量 $\mu = \dfrac{m\, m_p}{m + m_p}$（陽子の質量 m_p，電子の質量 m）を使うことによって取り入れられる．しかし，水素原子の場合は $\dfrac{m}{m_p} \cong \dfrac{1}{1840}$ なので，$\mu \cong m$ とおくことにしよう．

水素原子に対する有効ポテンシャル

$$V_{\text{有効}}(r) = -\frac{1}{4\pi\varepsilon_0}\frac{e^2}{r} + \frac{l(l+1)\hbar^2}{2mr^2} \tag{6.56}$$

は，$l = 0, 1, 2, \cdots$ に対して，図6.4のように与えられる．

このようなポテンシャルに対しては，どんな l の値に対しても，負のエネルギーの電子に対しては束縛状態のみが得られる．

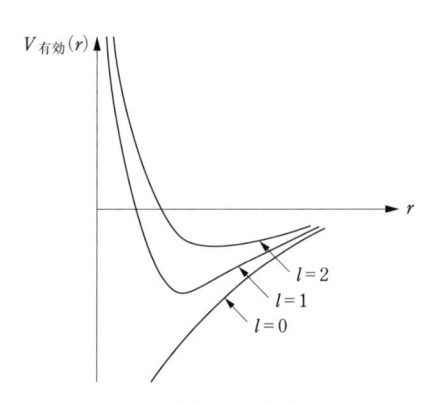

図 6.4 $l = 0, 1, 2$ に対する水素原子の有効ポテンシャル $V_{\text{有効}}(r)$．

これで解の定性的性質がわかったので，解を求めるためには，$R_l(r)$ の動径方程式

$$\left\{-\frac{\hbar^2}{2m}\left(\frac{1}{r}\frac{d^2}{dr^2}r\right)+\frac{l(l+1)\hbar^2}{2mr^2}-\frac{1}{4\pi\varepsilon_0}\frac{e^2}{r}\right\}R_l(r)=ER_l(r) \tag{6.57}$$

より始めよう．$-\dfrac{2m}{\hbar^2}$ を両辺に掛けて，次の形に書き換えておく．

$$\frac{d^2R_l}{dr^2}+\frac{2}{r}\frac{dR_l}{dr}+\frac{2m}{\hbar^2}\left\{E+\frac{1}{4\pi\varepsilon_0}\frac{e^2}{r}-\frac{l(l+1)\hbar^2}{2mr^2}\right\}R_l=0 \tag{6.58}$$

r が大きいところでは，漸近的に，

$$\frac{d^2R_l}{dr^2}=-\frac{2mE}{\hbar^2}R_l \tag{6.59}$$

が得られ，束縛状態に対応して $E<0$ とおくと，$r\to\infty$ で，

$$R_l(r)\cong\exp\left(-\sqrt{\frac{2m|E|}{\hbar^2}}\,r\right) \tag{6.60}$$

となる．そこで無次元の独立変数

$$\rho=\sqrt{\frac{8m|E|}{\hbar^2}}\,r=\alpha r \tag{6.61}$$

を導入し，(6.58) に代入すると，

$$\frac{d^2R_l}{d\rho^2}+\frac{2}{\rho}\frac{dR_l}{d\rho}-\frac{l(l+1)}{\rho^2}R_l+\left(\frac{\lambda}{\rho}-\frac{1}{4}\right)R_l=0 \tag{6.62}$$

ただし，$\lambda=\dfrac{e^2}{4\pi\varepsilon_0\hbar}\left(\dfrac{m}{2|E|}\right)^{1/2}$ と書き換えておくと便利．

水素原子のエネルギー準位

ρ が大きいとき (6.59) と同様に $\dfrac{d^2R_l}{d\rho^2}\cong\dfrac{1}{4}R_l$ なので，$R_l\cong e^{-\rho/2}$ のようにふるまう．そこで (6.62) に，

$$R_l=e^{-\rho/2}F_l(\rho) \tag{6.63}$$

という置き換えをすると，

$$\frac{d^2F_l}{d\rho^2}+\left(\frac{2}{\rho}-1\right)\frac{dF_l}{d\rho}+\left\{\frac{\lambda-1}{\rho}-\frac{l(l+1)}{\rho^2}\right\}F_l=0 \tag{6.64}$$

を得る．ρ が小さいとき，$R_l\approx\rho^l$，したがって $F_l\approx\rho^l$ とふるまうので，

6. 中心力場のシュレーディンガー方程式

$$F_l(\rho) = \rho^l L(\rho) \tag{6.65}$$

の形を求めることにしよう．(6.65)を(6.64)に代入すると，Lの方程式は，

$$\rho \frac{d^2 L}{d\rho^2} + (2l+2-\rho)\frac{dL}{d\rho} + (\lambda-1-l)L = 0 \tag{6.66}$$

となる．$L(\rho) = \sum_{n=0}^{\infty} a_n \rho^n$ と仮定して，(6.66)に代入すると，

$$\sum_{n=0}^{\infty} [(n+1)\{na_{n+1} + (2l+2)a_{n+1}\} + (\lambda-1-l-n)a_n]\rho^{n-1} = 0 \tag{6.67}$$

となる．ρ^{n-1}の係数は0なので，

$$\frac{a_{n+1}}{a_n} = \frac{n+l+1-\lambda}{(n+1)(n+2l+2)} \tag{6.68}$$

したがって，n大のとき，$\frac{a_{n+1}}{a_n} \approx \frac{1}{n}$．級数が無限に続くと $\rho \to \infty$ で $L(\rho) \cong e^\rho$ となるので，$R_l \approx \rho^l e^{\rho/2}$ となり，$\rho \to \infty$ で発散する．したがって，級数 L は，どこかで終わらなければならない．L のなかで，ρ の最高次のものを ρ^{n_r} ($n_r \geq 0$) とすれば，λ を，

$$\lambda = n_r + l + 1 \equiv n \tag{6.69}$$

のような正整数にとらなければならない．n_r を動径量子数，n を主量子数とよぶ．$n_r \geq 0$ だから，

1. $n \geq l+1$
2. n は正の整数
3. $\lambda = \frac{e^2}{4\pi\varepsilon_0}\left(\frac{m}{2|E|}\right)^{1/2} = n$ より，エネルギー固有値は，

$$E_n = -|E_n| = -\frac{me^4}{2(4\pi\varepsilon_0)^2 \hbar^2}\frac{1}{n^2} = -\frac{me^4}{32\pi^2\varepsilon_0^2\hbar^2}\frac{1}{n^2} = -\frac{e^2}{8\pi\varepsilon_0 a}\frac{1}{n^2} \tag{6.70}$$

となり，実験ともよく一致する．ただし，

$$a = \frac{4\pi\varepsilon_0 \hbar^2}{me^2} \tag{6.71}$$

はボーア半径．

例題 1 (6.71)を用いてボーア半径の値を計算せよ．

解 $mc^2 = 0.511 \text{ MeV}$, $\dfrac{e^2}{4\pi\varepsilon_0} = \dfrac{\hbar c}{137}$, $\hbar c = 197 \text{ MeV fm}$

を(6.71)に代入して計算すると，

$$a = 5.29 \times 10^{-11} \text{ m} = 0.05 \text{ nm} \quad \blacksquare$$

例題 2 水素原子の基底状態のエネルギー固有値は何 eV か．(6.70)を用いて計算せよ．

解 (6.70)において $n=1$ とおくと,

$$E_1 = -\frac{e^2}{8\pi\varepsilon_0 a} = -\frac{1}{2a}\frac{e^2}{4\pi\varepsilon_0} = -\frac{1}{2(0.0529\text{ nm})}\frac{197\text{ eV nm}}{137} = -13.6\text{ eV} \blacksquare$$

6.6 節でとりあげた井戸型ポテンシャルの問題と違っているのは, -13.6 eV と 0 の間に無数の離散的なエネルギー準位が現れる点である. これは, r の大きいところでのクーロンポテンシャルの絶対値の減り方が, ゆっくりしていることによるものである.

水素原子の波動関数

$\lambda = n$ としたときの (6.66) を, 次の微分方程式と比べてみよう.

$$\rho\frac{d^2 L_q^p}{d\rho^2} + (p+1-\rho)\frac{dL_q^p}{d\rho} + (q-p)L_q^p = 0 \tag{6.72}$$

この多項式解 $L_q^p(\rho)$ を, ラゲールの陪多項式とよぶ. 両方を比べれば, 求める多項式の解は, $p = 2l+1$, $q = n+l$ とおけば, ラゲールの陪多項式 $L_{n+l}^{2l+1}(\rho)$ にほかならないことがわかる. $L_{n+l}^{2l+1}(\rho)$ の具体的な表現は,

$$L_{n+l}^{2l+1}(\rho) = \sum_{k=0}^{n-l-1}(-1)^{k+2l+1}\frac{[(n+l)!]^2 \rho^k}{(n-l-1-k)!(2l+1+k)!k!} \tag{6.73}$$

波動関数の動径部分は, $e^{-\rho/2}\rho^l L_{n+l}^{2l+1}(\rho)$ の形をしている. 規格化定数を定めるために, 積分

$$\int_0^\infty e^{-\rho}\rho^{2l}\left[L_{n+l}^{2l+1}(\rho)\right]^2 \rho^2 d\rho = \frac{2n[(n+l)!]^3}{(n-l-1)!} \tag{6.74}$$

を用いると, 水素原子の規格化動径波動関数 $R_{nl}(r)$ は,

$$R_{nl}(r) = -\left\{\left(\frac{2}{na}\right)^3 \frac{(n-l-1)!}{2n[(n+l)!]^3}\right\}^{1/2} e^{-\rho/2}\rho^l L_{n+l}^{2l+1}(\rho) \tag{6.75}$$

a はボーア半径 (6.71), $\rho = \dfrac{2}{na}r$ となる. $n = 1, 2$ の場合の $R_{nl}(r)$ の式を書いておこう.

$$\begin{aligned}
R_{10}(r) &= 2\left(\frac{1}{a}\right)^{3/2} e^{-r/a} \\
R_{20}(r) &= \left(\frac{1}{2a}\right)^{3/2}\left(2-\frac{r}{a}\right)e^{-r/2a} \\
R_{21}(r) &= \frac{1}{\sqrt{3}}\left(\frac{1}{2a}\right)^{3/2}\left(\frac{r}{a}\right)e^{-r/2a}
\end{aligned} \tag{6.76}$$

水素原子のエネルギースペクトル

水素原子のエネルギースペクトル E_n は，(6.69)で与えられたように，主量子数 $n = n_r + l + 1$ だけで(6.70)のように決まる．各エネルギー E_n は，主量子数 n のみによるが，固有関数は3つの波動関数 $R_n(r)$, $P_l^m(\cos\theta)$, $\Phi_m(\phi)$ の積なので，3つの量子数 n, l, m によっている．次の例題を考えてみよう．

例題3 水素原子のエネルギー E_n に対して，n を決めると，$n_r \geq 0$ であるから，l は $0, 1, 2, \cdots, (n-1)$ の n 個の値をとることができる．さらに，それぞれの l の値に対して，m の値は $-l, -l+1, \cdots, l-1, l$ の $(2l+1)$ 個の値をとりうる．

(1) $n = 2$ のとき，それぞれの l の値に対しての固有関数の数を求めよ．
(2) $n = 2$ のときのすべての固有関数の数を求めよ．
(3) 主量子数が一般に n のとき，n^2 個の固有関数があることを説明せよ．

解 (1) $n = 2$ のとき，許される l の値は 0 と 1
$l = 0$ のとき，$m = 0$ なので，固有関数の数は 1
$l = 1$ のとき，$m = -1, 0, 1$ なので，その数は 3
(2) ∴ $n = 2$ のときのすべての数は，(1)より，$1 + 3 = 4 = 2^2$
(3) (2)と同様なことを一般の n について行うと，$l = 0, 1, 2, \cdots, (n-1)$ に対し，その数は $1 + 3 + 5 + \cdots + (2n-1) = n^2$．したがって n^2 個の固有関数があることがわかる．■

この例題のように，いくつかのまったく異なった固有関数が，まったく同じ固有値 E_n に属することがある．固有関数は電子のふるまいを表すので，まったく異なったふるまいをもつにもかかわらず，同じエネルギーをもつ状態があることがわかる．このように，まったく異なった固有関数が，まったく同じ固有値をもつとき，これらの状態は**縮退**しているという．表6.1に $n = 1, 2, 3$ に対してとりうる l, m の値とそれぞれの n に対する縮退の数を示しておこう．

(6.70)で与えられる水素原子のエネルギー準位を，図6.5に示しておこう．このエネルギー準位は，実験から得られたものと，きわめてよく一致していることがわかる．微細構

表6.1 $n = 1, 2, 3$ に対してとりうる l と m の値

n	1	2		3		
l	0	0	1	0	1	2
分光学における記法	1s	2s	2p	3s	3p	3d
m	0	0	$-1, 0, +1$	0	$-1, 0, +1$	$-2, -1, 0, +1, +2$
それぞれの l に対する縮退の数	1	1	3	1	3	5
それぞれの n に対する縮退の数	1	4		9		

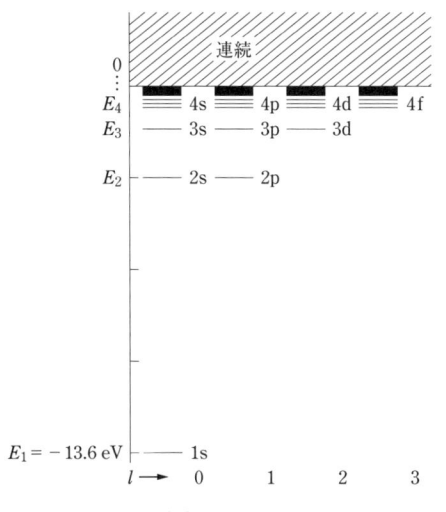

図 6.5 水素原子のスペクトル.

造については，少し問題があるが，それは，相対論的効果と電子のスピンを考慮にいれると，解決できることがわかっている．

章 末 問 題

[1]　(1) 球対称な井戸型ポテンシャル

$$V(r) = \begin{cases} -V_0 & (0 \leq r < a) \\ 0 & (r > a) \end{cases}$$

の中での質量 m の電子の s 状態 ($l=0$) の束縛状態のエネルギー準位を求めよ．

(2) 束縛状態が少なくとも 1 個は存在するための条件を求めよ．

(3) 束縛状態が 1 個存在するときの波動関数の概形を書け．

解　(1) $l=0$ のときには，$\chi_0(r)$ についてのシュレーディンガー方程式は，(6.53) より，

$$-\frac{\hbar^2}{2m}\frac{d^2\chi_0(r)}{dr^2} - V_0\chi_0(r) = E\chi_0(r) \qquad (0 \leq r < a) \qquad \text{ⓐ}$$

$$-\frac{\hbar^2}{2m}\frac{d^2\chi_0(r)}{dr^2} = E\chi_0(r) \qquad (r > a) \qquad \text{ⓑ}$$

4.2 節のときと同様に，

$$\rho = \sqrt{-\frac{2mE}{\hbar^2}}, \quad k = \sqrt{\frac{2m(V_0+E)}{\hbar^2}} \qquad \text{ⓒ}$$

とおく．ⓐ，ⓑ に ⓒ の置き換えを用いて，

6. 中心力場のシュレーディンガー方程式

$$\frac{d^2\chi_0(r)}{dr^2} + k^2\chi_0(r) = 0 \quad (r>a) \qquad ⓓ$$

$$\frac{d^2\chi_0(r)}{dr^2} - \rho^2\chi_0(r) = 0 \quad (r>a) \qquad ⓔ$$

ⓓを解き，$\chi_0(0)=0$ の要請をもとり入れると，

$$\chi_0(r) = A\sin kr \quad (r<a) \qquad ⓕ$$

ⓔを $r \to \infty$ での境界条件のもとに解くと，

$$\chi_0(r) = Ce^{-\rho r} \quad (r>a) \qquad ⓖ$$

$r=a$ で解 $\chi_0(r)$ を滑らかにつなぐと，

$$A\sin ka = Ce^{-\rho a} \qquad ⓗ$$

$r=a$ で $\chi_0'(r)$ を滑らかにつなぐと，

$$kA\cos ka = -\rho Ce^{-\rho a} \qquad ⓘ$$

を得る．ⓗ，ⓘより，

$$k\cot ka = -\rho \qquad ⓙ$$

が得られ，これを解くとエネルギー準位が決まる．

(2) $ka = \xi$，$\rho a = \eta$ とおくと，ⓙより，

$$\eta = -\xi\cot\xi \qquad ⓚ$$

他方，ⓒを用いると，

$$\xi^2 + \eta^2 = (k^2+\rho^2)a^2 = \frac{2m(V_0+E) - 2mE}{\hbar^2}a^2 = \frac{2mV_0a^2}{\hbar^2} \qquad ⓛ$$

ⓚ，ⓛのグラフ（図 4.5 参照）が少なくとも 1 個の交点をもつためには，

$$\xi = \frac{\sqrt{2mV_0a^2}}{\hbar} > \frac{\pi}{2}$$

すなわち，

$$V_0a^2 > \frac{\pi^2\hbar^2}{8m} \qquad ⓜ$$

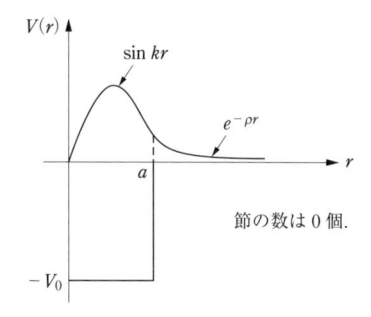

図 6.6 球対称な井戸型ポテンシャルの s 状態で，束縛状態が 1 個のみ存在するときの波動関数の概形．

(3) 図 6.6 に波動関数の概形を示す．

[2] 陽子と中性子の s 状態($l=0$)の束縛状態を考えよう．いま，2粒子間のポテンシャルが球対称な井戸型ポテンシャル

$$V(r) = \begin{cases} -V_0 & (0 \leq r < a) \\ 0 & (r > a) \end{cases}$$

で与えられ，$a = 2.8 \times 10^{-15}$ m，$V_0 = 22.8$ MeV であるとき，基底状態のエネルギー準位を求めよ．ただし，陽子，中性子の質量を $m = 940$ MeV c^{-2} とせよ．

解 前問⒦と⒧のグラフを用いる．

$a = 2.8 \times 10^{-15}$ m，$V_0 = 22.8$ MeV，$\hbar c = 197$ MeV fm，換算質量 $\mu = \dfrac{m}{2} = 470$ MeV c^{-2} を用いると，交点の座標は $\xi = 1.90$，$\eta = 0.65$ となる．

$$\eta = \rho a = \sqrt{\frac{-2\mu c^2 E}{(\hbar c)^2}}\, a$$

を用いると，$E = -2.23$ MeV が求まる．

[3] 無限に深い球対称な井戸型ポテンシャル

$$V(r) = \begin{cases} 0 & (r < a) \\ \infty & (r > a) \end{cases}$$

の中での質量 m の粒子の s 状態($l=0$)における束縛状態のエネルギー順位を求めよ．

解 $\chi_0(r)$ についてのシュレーディンガー方程式は，(6.53) より，

$$\frac{d^2 \chi_0(r)}{dr^2} + k^2 \chi_0(r) = 0 \quad (0 \leq r < a) \qquad \text{ⓐ}$$

ⓐを解き，$\chi_0(0) = 0$ の要請をとり入れると，

$$\chi_0(r) = A \sin kr \qquad \text{ⓑ}$$

6. 中心力場のシュレーディンガー方程式

$r=a$ で，χ_0 は 0 でなければならないから，$\chi_0(a) = A\sin ka = 0$ を要求すると，

$$k_n = \frac{n\pi}{a} \quad (n = 1, 2, 3 \cdots) \qquad \text{ⓒ}$$

ゆえに，許される電子のエネルギー準位は，

$$E_n = \frac{n^2\pi^2\hbar^2}{2ma^2} \quad (n = 1, 2, 3, \cdots) \qquad \text{ⓓ}$$

となる．

[4] 半径 a の位置に，デルタ関数型の引力ポテンシャル

$$V(r) = -V_0\delta(r-a) \quad (V_0 > 0) \qquad \text{①}$$

をもつ中心力場の中を運動する質量 m の粒子を考える．この粒子の $l=0$ の束縛状態エネルギーを求めるための式を次のヒントに従って導け．

(1) $\chi_0(r)$ の満たすシュレーディンガー方程式を書け．
(2) $r<a$ のときの $\chi_0(r)$ を求めよ．
(3) $r>a$ のときの $\chi_0(r)$ を求めよ．
(4) $r=a$ で $\chi_0(r)$ が連続であるための条件式を求めよ．
(5) $r=a$ を含む狭い領域 $(a-\varepsilon, a+\varepsilon)$ で (1) の方程式を積分せよ．
(6) (4)，(5) の結果を用いて，$l=0$ の束縛状態のエネルギーを求めるための方程式を求めよ．

解 (1) (6.53) に①のポテンシャルを代入すると，

$$-\frac{\hbar^2}{2m}\frac{d^2\chi_0(r)}{dr^2} - V_0\delta(r-a)\chi_0(r) = E\chi_0(r) \qquad \text{ⓐ}$$

(2) $r \neq a$ のところでは，$-\dfrac{\hbar^2}{2m}\dfrac{d^2\chi_0(r)}{dr^2} = E\chi_0(r)$

$E<0$ であるから，$\rho^2 = \dfrac{2m|E|}{\hbar^2}$ とおくと，$\dfrac{d^2\chi_0(r)}{dr^2} - \rho^2\chi_0(r) = 0$

$\chi_0(r=0) = 0$ を満たすためには，

$$\chi_0(r) = A\sinh\rho r \qquad \text{ⓑ}$$

(3) $r>a$ では，$\chi_0(\infty) = 0$ より，$\chi_0(r) = Be^{-\rho r}$ ⓒ

(4) $r=a$ で $\chi_0(r)$ が連続であるためには，ⓑ，ⓒを用いて，

$$A\sinh\rho a = Be^{-\rho a} \qquad \text{ⓓ}$$

(5) 方程式ⓐを，$r=a$ を含む小領域 $(a-\varepsilon, a+\varepsilon)$ で積分すると，

$$\chi_0'(a+\varepsilon) - \chi_0'(a-\varepsilon) + \frac{2mV_0}{\hbar^2}\chi_0(a) = 0$$

ⓑ，ⓒを代入すると，

$$-\rho B e^{-\rho a} - \rho A \cosh \rho a + \frac{2mV_0}{\hbar^2} B e^{-\rho a} = 0$$

(6) この式にⓓを代入して，A，B を消去すると，

$$\cosh \rho a = \left(\frac{2mV_0 a}{\hbar^2}\frac{1}{\rho a} - 1\right)\sinh \rho a \qquad ⓔ$$

ⓔに V_0，a，m を代入すれば，ρ が求まり束縛状態のエネルギー E が求まる．

[5] 水素型原子のハミルトニアン

$$\hat{H} = \frac{\hat{\boldsymbol{p}}^2}{2m} - \frac{Ze^2}{4\pi\varepsilon_0}\frac{1}{r} \qquad ①$$

について，$k > -(2l+1)$ のとき，次のクラマース (Kramers) の漸化式

$$Z^2 \frac{k+1}{n^2}\langle r^k\rangle - Z(2k+1)a_0\langle r^{k-1}\rangle + \frac{k}{4}\left[(2l+1)^2 - k^2\right]a_0^2\langle r^{k-2}\rangle = 0 \qquad ②$$

が成り立つことを証明せよ．ただし，$\langle r^k \rangle$ は，$\phi_{nlm}(\boldsymbol{r}) = R_{nl}(r)Y_l^m(\theta,\phi)$ による期待値で，$a_0 \equiv \dfrac{4\pi\varepsilon_0\hbar^2}{me^2}$ はボーア半径である．

解 $\chi(r) \equiv rR_{nl}(r)$ とおけば，シュレーディンガー方程式は，

$$-\frac{\hbar^2}{2m}\frac{d^2}{dr^2}\chi(r) + \left\{\frac{l(l+1)\hbar^2}{2mr^2} - \frac{Ze^2}{4\pi\varepsilon_0}\frac{1}{r} - E\right\}\chi(r) = 0 \qquad ⓐ$$

以下 $\int_0^\infty dr \chi^2 = 1$ と規格化しておこう．クラマースの漸化式を証明するには，積分

$$I = \int_0^\infty dr\, r^{k+1}\left[(\chi')^2\right]' = 2\int_0^\infty dr\, r^{k+1}\chi'\chi'' \qquad ⓑ$$

を 2 式別々に計算し結果を比べればよい．第 1 の表式で部分積分を繰り返せば，

$$\begin{aligned}
I &= \left[r^{k+1}(\chi')^2\right]_0^\infty - \int_0^\infty dr(k+1)r^k(\chi')^2 \\
&= \left[r^{k+1}(\chi')^2\right]_0^\infty - \int_0^\infty dr(k+1)r^k\left[(\chi\chi')' - \chi\chi''\right] \\
&= \left[r^{k+1}(\chi')^2 - (k+1)r^k\chi\chi' + \frac{k(k+1)}{2}r^{k-1}\chi^2\right]_0^\infty \\
&\quad - \int_0^\infty dr\left[\frac{k(k^2-1)}{2}r^{k-2} + (k+1)\left(\frac{2mE}{\hbar^2}r^k + \frac{2Z}{a_0}r^{k-1} - l(l+1)r^{k-2}\right)\right]\chi^2(r) \qquad ⓒ
\end{aligned}$$

127

6. 中心力場のシュレーディンガー方程式

ここで，最後の式を得る際にⓐを用いた．同様にして，第2の表式からは，

$$I = -\left[\left(\frac{2mE}{\hbar^2}r^{k+1} + \frac{2Z}{a_0}r^k - l(l+1)r^{k-1}\right)\chi^2\right]_0^\infty$$
$$+ \int_0^\infty dr \left[(k+1)\frac{2mE}{\hbar^2}r^k + \frac{2Z}{a_0}kr^{k-1} - (k-1)l(l+1)r^{k-2}\right]\chi^2 \quad \text{ⓓ}$$

が得られる．$\chi(r)$ は $r \sim 0$ で $\chi(r) \sim r^{l+1}$ のようにふるまい，$r \to \infty$ では指数関数的に減少するため，$k > -(2l+1)$ のときは，ⓒ，ⓓともに表面項が消える．こうして，両者を比較して $\frac{2mE}{\hbar^2} = -\frac{Z^2}{a_0^2 n^2}$ を代入すれば，欲しかった式②

$$Z^2\frac{k+1}{n^2}\langle r^k\rangle - Z(2k+1)a_0\langle r^{k-1}\rangle + \frac{k}{4}\left[(2l+1)^2 - k^2\right]a_0^2\langle r^{k-2}\rangle = 0$$

が得られる．

[6] 前問のクラマースの漸化式②を用いて，$\left\langle\frac{1}{r}\right\rangle, \langle r\rangle, \langle r^2\rangle$ の値を計算せよ．

解 まず，前問の漸化式で，$k=0$ とおくと，$\frac{Z^2}{n^2}\langle 1\rangle - Za_0\left\langle\frac{1}{r}\right\rangle = 0$

$\langle 1\rangle = 1$ を代入すると，

$$\left\langle\frac{1}{r}\right\rangle = \frac{Z}{n^2 a_0} \quad \text{ⓐ}$$

次に同じく漸化式で，$k=1$ とおくと，

$$Z^2\frac{2}{n^2}\langle r\rangle - 3Za_0\langle 1\rangle + \frac{1}{4}\left[(2l+1)^2 - 1\right]a_0^2\left\langle\frac{1}{r}\right\rangle = 0$$

ⓐと $\langle 1\rangle = 1$ を代入すると，

$$\langle r\rangle = \frac{a_0}{2Z}(3n^2 - l(l+1)) \quad \text{ⓑ}$$

最後に同じく漸化式で，$k=2$ とおくと，

$$\frac{3Z^2}{n^2}\langle r^2\rangle - 5Za_0\langle r\rangle + \frac{1}{2}\left[(2l+1)^2 - 4\right]a_0^2\langle 1\rangle = 0$$

ⓑと $\langle 1\rangle = 1$ を代入すると，

$$\langle r^2\rangle = \frac{n^2 a_0^2}{2Z^2}(5n^2 - 3l(l+1) + 1) \quad \text{ⓒ}$$

が得られる．

[7] (1) 水素型イオン He^+，Li^{++} において，ボーア半径と基底状態のエネルギーを求めよ．

(2) それぞれの数値も計算せよ．

解 (1) $Z=2$ のときは，電子を 1 個失った He^+ イオン，$Z=3$ のときは，電子を 2 個失った Li^{++} イオンの場合である．

$Z=1$ のとき，ポテンシャルは(6.54)より，$V(r) = -\dfrac{1}{4\pi\varepsilon_0}\dfrac{e^2}{r}$

(6.71)より，

$$a(H) = \frac{4\pi\varepsilon_0 \hbar^2}{me^2} = 0.05 \text{ nm} \quad \text{ⓐ}$$

(6.70)より，

$$E_1(H) = -\frac{m}{2\hbar^2}\left(\frac{e^2}{4\pi\varepsilon_0}\right)^2 = -\frac{e^2}{8\pi\varepsilon_0 a(H)} = -13.6 \text{ eV} \quad \text{ⓑ}$$

一般の Z に対するポテンシャルは $V = -\dfrac{1}{4\pi\varepsilon_0}\dfrac{Ze^2}{r}$ であるから，ⓐ，ⓑの式で $\dfrac{e^2}{4\pi\varepsilon_0} \to \dfrac{Ze^2}{4\pi\varepsilon_0}$ と置き換えればよい．

$$\therefore \quad a(Z) = \frac{4\pi\varepsilon_0 \hbar^2}{mZe^2} = \frac{1}{Z}a(H) \quad \text{ⓒ}$$

$$E_1(Z) = -\frac{m}{2\hbar^2}\left(\frac{Ze^2}{4\pi\varepsilon_0}\right)^2 = Z^2 E_1(H) \quad \text{ⓓ}$$

(2) He^+ の場合は，ⓒ，ⓓで $Z=2$ とおくと，

$$a(He^+) = \frac{1}{2}(0.05 \text{ nm}) = 0.025 \text{ nm}$$

$$E_1(He^+) = 4(-13.6 \text{ eV}) = -54.4 \text{ eV}$$

Li^{++} の場合は $Z=3$ とおくと，

$$a(Li^{++}) = \frac{1}{3}(0.05 \text{ nm}) = 0.017 \text{ nm}$$

$$E_1(Li^{++}) = 9(-13.6 \text{ eV}) = -122.4 \text{ eV}$$

[8] 陽子と μ^- 粒子(ミューオン)の束縛状態をミューオニウムとよぶ．ミューオニウムのボーア半径と基底状態のエネルギーを求めよ．ただし，μ^- 粒子の質量 m_μ を $207\,m$ (m は電子の質量)とせよ．

解 ミューオニウムは，p と μ^- 粒子の束縛状態であるから，

$$\mu(\mu^- p) = \frac{m_\mu}{1 + \dfrac{m_\mu}{m_p}} \approx m_\mu$$

6. 中心力場のシュレーディンガー方程式

$$\therefore \quad a(\mu^- p) \simeq \frac{4\pi\varepsilon_0 \hbar^2}{m_\mu e^2} \simeq \frac{1}{207} a(\mathrm{H}) = 0.00024 \text{ nm}$$

$$E_1(\mu^- p) \simeq \frac{m_\mu}{m} E_1(\mathrm{H}) \simeq 207 E_1(\mathrm{H}) = -2{,}815 \text{ eV} = -2.815 \text{ keV}$$

[9] アルカリ金属の原子では，$(Z-1)$ 個の電子が閉殻の安定した構造を作り，いちばん外側の 1 個の電子が有効電荷 $+e$ (核の電荷 Ze と閉殻の電荷 $-(Z-1)e$ の和) の周りを運動しているため，水素原子と似たスペクトルをもっている．いま，ポテンシャルが第 1 近似で，

$$V(r) = -\frac{e^2}{4\pi\varepsilon_0 r} - \frac{Ae^2}{4\pi\varepsilon_0 r^2} \quad (A > 0) \qquad ①$$

で与えられているとき，次の問いに答えよ．

(1) このときのエネルギー固有値は，主量子数を n とすれば，

$$E = -\frac{me^4}{2(4\pi\varepsilon_0)^2 \hbar^2} \frac{1}{(n+\sigma)^2}, \quad \sigma = -A\frac{me^2}{4\pi\varepsilon_0 \hbar^2} \frac{1}{l+\frac{1}{2}} \qquad ②$$

で与えられることを示せ．

(2) $Z=3$ の Li 原子の 2s, 2p, 3s, 3p, 3d 準位を水素原子の場合に比べて図示せよ．

解 (1) 波動関数を $\varphi = R(r) Y_l^m(\theta, \varphi)$ とおくと，動径方向のシュレーディンガー方程式 (6.58) は，

$$\frac{d^2 R}{dr^2} + \frac{2}{r}\frac{dR}{dr} + \frac{2m}{\hbar^2}\left[E - \frac{\hbar^2 l(l+1)}{2mr^2} + \frac{Ae^2}{r^2} + \frac{e^2}{4\pi\varepsilon_0 r}\right]R = 0 \qquad ⓐ$$

水素原子のときと同様に，$\rho = \sqrt{\frac{8m|E|}{\hbar^2}} r$ とおくと，

$$R'' + \frac{2}{\rho} R' + \left[-\frac{1}{4} + \frac{\lambda}{\rho} - \frac{s(s+1)}{\rho^2}\right] R = 0 \qquad ⓑ$$

ただし，

$$\lambda \equiv \frac{e^2}{4\pi\varepsilon_0 \hbar}\left(\frac{m}{2|E|}\right)^{1/2} \qquad ⓒ$$

$$s(s+1) = l(l+1) - \frac{2me^2}{4\pi\varepsilon_0 \hbar^2} A \qquad ⓓ$$

そこで，

$$R = \rho^s e^{-\rho/2} L(\rho) \qquad ⓔ$$

とおくと，

$$\rho L'' + (2s+2-\rho)L' + (\lambda-s-1)L = 0 \qquad \text{ⓕ}$$

となり，L は ρ のべき級数

$$L = \sum_{k=0}^{\infty} c_k \rho^k \qquad \text{ⓖ}$$

と書くことができる．ⓓより，

$$s = -\frac{1}{2} \pm \sqrt{\left(l+\frac{1}{2}\right)^2 - \frac{2me^2}{4\pi\varepsilon_0 \hbar^2}A} \qquad \text{ⓗ}$$

となるが，波動関数が規格化できるためには，$s > -\frac{1}{2}$ を満たさなければならない．ゆえに，ⓗで符号は + を選び，クーロンポテンシャルからのずれ A が小さいとみなして s を展開すれば，

$$\begin{aligned}
s &= -\frac{1}{2} + \sqrt{\left(l+\frac{1}{2}\right)^2 - \frac{2me^2}{4\pi\varepsilon_0 \hbar^2}A} \\
&\simeq -\frac{1}{2} + \left(l+\frac{1}{2}\right)\left\{1 - \frac{me^2}{4\pi\varepsilon_0 \hbar^2}A\frac{1}{\left(l+\frac{1}{2}\right)^2}\right\} \\
&= l + \sigma
\end{aligned}$$

ただし，

$$\sigma = -\frac{me^2}{4\pi\varepsilon_0 \hbar^2}A\frac{1}{l+\frac{1}{2}} \qquad \text{ⓘ}$$

ⓖをⓕに代入すると，

$$(k+1)(k+2(s+1))c_{k+1} = (k-(\lambda-s-1))c_k \qquad \text{ⓙ}$$

という漸化式が得られ，c_k がある k に対してゼロになれば，そこから先の c_k はすべてゼロとなり，L は多項式となる．

L が多項式でなければ，k が大きいとき，

$$\frac{c_{k+1}}{c_k} = \frac{k-(\lambda-s-1)}{(k+1)(k+2(s+1))} \sim \frac{1}{k+1}$$

より，

$$c_k \sim \frac{\text{定数}}{k!}$$

6. 中心力場のシュレーディンガー方程式

となる．よって，この場合は，ρ の大きな値に対し，$L \sim$ 定数 e^ρ となり，ⓔより，R は $e^{\rho/2}$ のように発散してしまう．

よって，L は多項式でなければならないが，そのための条件は，ⓙの右辺の係数が k のある値 n_r に対してゼロとなることである．

$$\lambda - s - 1 = n_r \quad (n_r = 0, 1, 2, \cdots)$$
$$\therefore \ \lambda = n_r + s + 1 = n_r + l + \sigma + 1 = n + \sigma \qquad \text{ⓚ}$$

ゆえに，

$$E = -\frac{me^4}{8\pi\varepsilon_0\hbar^2}\frac{1}{(n+\sigma)^2}$$

が得られた．

(2) 図 6.7 に示すように，ⓚの σ が l に依存するため，Li 原子の場合，水素原子のときの l についての縮退は解けている．l が大きくなるほど，水素原子に近づくことがわかる．

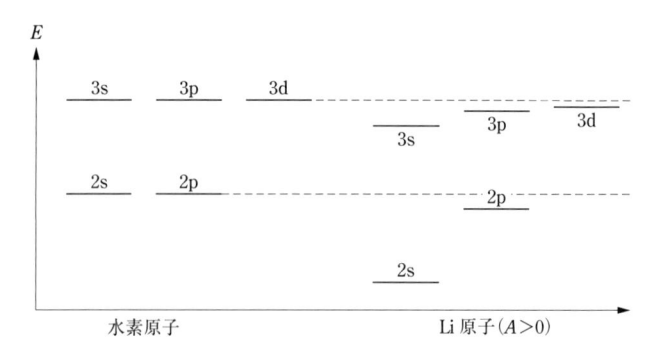

図 6.7 水素原子と Li 原子のエネルギー準位（概念図）．

第 7 章　量子力学の一般的性質

7.1　量子力学の枠組み
7.2　物理量の測定と確率解釈
7.3　ブラ・ケット記号
7.4　シュレーディンガー描像とハイゼンベルク描像
7.5　正準交換関係と正準量子化
7.6　交換子とポアソン括弧
7.7　調和振動子と生成・消滅演算子

　これまでの章では，古典力学を修正することによって量子力学を構成し，それが実際にうまく自然現象を記述していることを見た．そこでわかったように，量子力学は，古典力学の枠組みの中で展開されるものではなくて，まったく別の体系であるとみなしたほうがよい．第 7 章では，古典力学のイメージからいったん離れて，量子力学がどのような体系であるかを議論する．

第7章 量子力学の一般的性質

7.1 量子力学の枠組み

本節では,シュレーディンガー方程式を少し形式的な立場から見直して,量子力学の基本的な枠組みを見やすい形にまとめておこう.

まず,第6章まででは量子力学をどのように構成したかを思い出そう.ある系が古典力学的には,正準変数 $p_i, q_i (i = 1, 2, ..., n)$ およびハミルトニアン $H(p, q)$ で表されているとする.量子力学的には,この系は次のように記述できる.

(1) 各時刻 t における系の状態は,波動関数 $\psi(q_1, ..., q_n)$ によって表される.波動関数とは n 個の変数 $q_i (i = 1, 2, ..., n)$ の複素数値関数である.ただし,任意の複素数 c に対して,$\psi(q_1, ..., q_n)$ と $c\psi(q_1, ..., q_n)$ は同じ状態を表す.状態の時間発展は,関数 $\psi(q_1, ..., q_n)$ が時間とともに変化することであるから,$n+1$ 変数関数 $\psi(q_1, ..., q_n, t)$ で表される.

(2) 位置の演算子 $\hat{q}_i$ と運動量の演算子 $\hat{p}_i$ を波動関数に作用する微分演算子として,

$$\begin{aligned}(\hat{q}_i \psi)(q_1, ..., q_n) &= q_i \psi(q_1, ..., q_n), \\ (\hat{p}_i \psi)(q_1, ..., q_n) &= \frac{\hbar}{i} \frac{\partial}{\partial q_i} \psi(q_1, ..., q_n)\end{aligned} \tag{7.1}$$

で定義する.つまり,$\hat{q}_i$ は波動関数に q_i を掛けるという演算子であり,$\hat{p}_i$ は波動関数を q_i で微分してから $-i\hbar$ を掛けるという演算子である.一般の物理量 O は古典力学では正準変数の関数として与えられるが,その表式 $O(p_1, ..., p_n, q_1, ..., q_n)$ の q_i と p_i に,演算子 $\hat{q}_i$ と $\hat{p}_i$ を代入することにより得られる演算子 $O(\hat{p}_1, ..., \hat{p}_n, \hat{q}_1, ..., \hat{q}_n)$ を物理量 O の演算子 $\hat{O}$ とする.

(3) 状態の時間発展は,シュレーディンガー方程式

$$i\hbar \frac{\partial}{\partial t} \psi(q_1, ..., q_n, t) = \hat{H} \psi(q_1, ..., q_n, t) \tag{7.2}$$

で与えられる.ここで,$\hat{H}$ は古典力学のハミルトニアン $H(p_1, ..., p_n, q_1, ..., q_n)$ から (2) に従って作られた演算子である.

(4) 波動関数の間の内積を,

$$(\psi_1, \psi_2) = \int dq_1 \cdots dq_n \, \psi_1^*(q_1, ..., q_n) \psi_2(q_1, ..., q_n) \tag{7.3}$$

で定義する.系がある状態のときに物理量 O を観測するということを何回も行う.同じ状態に対する同じ物理量の観測であっても,結果は観測のたびごとにばらばらな値をとり,一意的には定まらない.しかし,統計的に見るとその期待値 $\bar{O}$ は,

$$\bar{O} = \frac{(\psi, \hat{O}\psi)}{(\psi, \psi)} \tag{7.4}$$

で与えられる．ここで，$\psi(q_1,...,q_n)$ は系の状態を表す波動関数であり，$\hat{O}$ は物理量 O の演算子である．

以上のようにして，古典力学から量子力学を構成したのだが，これをもう少し抽象的に見てみよう．まず，波動関数を n 個の変数 $q_i(i=1,2,...,n)$ の複素数値関数全体が作るベクトル空間 V の元とみなすことにする．

$$V = \{\psi ; \psi \text{ は } q_i(i=1,2,..,n) \text{ の複素数値関数}\} \tag{7.5}$$

V は系の状態全体から成る集合なので状態空間とよぶ．ベクトル空間としての構造は，関数 $\psi_1(q_1,...,q_n)$ と $\psi_2(q_1,...,q_n)$ の和を $\psi_1(q_1,...,q_n) + \psi_2(q_1,...,q_n)$ とし，複素数 c と関数 $\psi(q_1,...,q_n)$ の積を $c\psi(q_1,...,q_n)$ とすることにより自然に導入される．このように，波動関数を状態空間 V の元とみなして状態ベクトルとよぶ．状態の時間発展は，状態ベクトルが時間とともに変化するという形で表される．

このベクトル空間の構造に関してシュレーディンガー方程式(7.2)が線形であることは，量子力学の最も基本的な原理である重ね合わせの原理を意味している．すなわち，$\psi_1(q_1,...,q_n,t)$ と $\psi_2(q_1,...,q_n,t)$ がどちらも，シュレーディンガー方程式の解であり，現実に起きうる時間発展を表しているならば，任意の複素数 c_1 と c_2 に対して，$\psi(q_1,...,q_n,t) = c_1\psi_1(q_1,...,q_n,t) + c_2\psi_2(q_1,...,q_n,t)$ もそうなっている．

また，(7.3)で定義された内積は状態空間上で正定値になっている．ここで，正定値な内積とは，2つのベクトル ϕ, ψ に対して複素数 (ϕ, ψ) を対応させる写像で，次の条件が成り立つもののことである．

（i）前の引数と後ろの引数を入れ換えると複素共役になる．

$$(\varphi, \psi) = (\psi, \varphi)^* \tag{7.6}$$

（ii）後の引数に関しては線形，前の引数に関しては共役線形である．

$$\begin{aligned}(\varphi, c_1\psi_1 + c_2\psi_2) &= c_1(\varphi, \psi_1) + c_2(\varphi, \psi_2) \\ (c_1\varphi_1 + c_2\varphi_2, \psi) &= c_1^*(\varphi_1, \psi) + c_2^*(\varphi_2, \psi)\end{aligned} \tag{7.7}$$

（iii）ゼロでない $\psi(\psi \neq 0)$ と自分自身との内積は正である．

$$(\psi, \psi) > 0 \tag{7.8}$$

ところで，通常は物理量としては実数値をとるものを考える．そうすると，観測値は実

第7章 量子力学の一般的性質

数だから，期待値(7.4)も実数でなければならない．任意の状態に対してこれが成り立つためには，演算子 $\hat{O}$ はエルミートでなければならないことが，次の例題のようにしてわかる．ここで，演算子 $\hat{O}$ がエルミートであるとは，任意の状態ベクトル ψ_1 と ψ_2 に対して，

$$\left(\psi_1, \hat{O}\psi_2\right) = \left(\hat{O}\psi_1, \psi_2\right) \tag{7.9}$$

が成り立つということである．

例題 演算子 $\hat{O}$ がエルミートのとき，ゼロでない任意の状態ベクトル ψ に対し，(7.4)の右辺は実数であることを示せ．

解 ψ_1 と ψ_2 を同じものに選ぶと，(7.9)は $\left(\psi, \hat{O}\psi\right) = \left(\hat{O}\psi, \psi\right)$ となるが，右辺は(7.6)を使うと，$\left(\psi, \hat{O}\psi\right)^*$ となる．これは，$\left(\psi, \hat{O}\psi\right)$ が実数であることを意味する．また，(7.8)より，ゼロでない任意の ψ に対し $(\psi,\psi)>0$ だから，けっきょく $\dfrac{\left(\psi, \hat{O}\psi\right)}{(\psi,\psi)}$ が実数であることがわかる．

この逆命題，「ゼロでない任意のベクトル ψ に対し $\left(\psi, \hat{O}\psi\right)$ が実数であるならば，演算子 $\hat{O}$ はエルミートである．」も容易に示すことができるので，試みてほしい．■

以上の事実をまとめると，量子力学では次のような枠組みで自然現象を記述するといってよい．この枠組みは非常に基本的なものであり，素粒子の標準模型などもこの枠組みの中で展開されている．

(1)' 各時刻における系の状態は，正定値な内積をもつ複素数体上のベクトル空間の元として表される．そのような空間を状態空間とよび，その元を状態ベクトルとよぶ．ただし，状態ベクトル ψ とそのスカラー倍 $c\psi$ は同じ状態を表すものとする．

(2)' 物理量は，状態空間上のエルミート演算子で表される．特に，ハミルトニアン $\hat{H}$ はエルミートである．

(3)' 時間発展は，時間について1階で線形なシュレーディンガー方程式によって表される．

$$i\hbar \frac{\mathrm{d}}{\mathrm{d}t}\psi = \hat{H}\psi \tag{7.10}$$

(4)' 系の状態が ψ のときに物理量 $\hat{O}$ を観測すると，結果は観測のたびごとにばらばらな値をとるが，統計的に見ると，その期待値 $\bar{O}$ は，

$$\bar{O} = \frac{\left(\psi, \hat{O}\psi\right)}{(\psi,\psi)} \tag{7.11}$$

で与えられる．

7.2 物理量の測定と確率解釈

　量子力学では，系の状態は波動関数によって表され，しかもその時間発展はシュレーディンガー方程式によって一意的に決定される．一方，系の状態を観測しようとすると，たとえ系の波動関数が完全に定まっていても，観測の結果はあたかもサイコロを振って結果を出すように，確率的にしか定まらない．

　この事情をもう少し詳しく考えるために，2章で議論したスリットによる光の干渉をもう一度考えよう．光源から出た光はスリットを通り，スクリーン上に干渉パターンを作る．これは光を波動とみなせば当然のことである．しかしながら，光源の強さが弱い場合には，それだけでは理解できないことが起こるのであった．

　光源の強さとは，単位時間に放出される光のエネルギーのことであるが，それは単位時間に出てくる光子の数に1個の光子がもつエネルギー $\hbar\omega$ を掛けたものに等しい．よって，弱い光源からは，光子はぽつぽつと時間をおいて放出されているわけであり，それに応じて，スクリーン上のどこか一点がときおり光る．それぞれの光子がスクリーンのどこにぶつかるかは，ばらばらで予想ができないが，たくさんの光子について統計をとると，その頻度の分布は光の波動性から予想される光の強度と一致している．これは，次のようなことを意味している．

> 光子の状態は，スリットを通る前も通った後も，波動関数によって完全に記述されている．状態の時間発展は，シュレーディンガー方程式によって完全に決まっており，確率が入りこむ余地はない．この事情は光子がスクリーンにぶつかる直前まで成り立っているが，光子がスクリーンにぶつかるときに確率が発生する．すなわち，光子がどこでスクリーンにぶつかるかを完全に予測することはできず，点 x でぶつかる確率が波動関数の2乗 $|\psi(x)|^2$ に比例しているといえるだけである．

　このような事情は量子力学でしばしば現れる．一般に，系の状態は波動関数によって完全に表され，その時間発展もシュレーディンガー方程式によって完全に決定されている．ところが，系が巨視的な系と相互作用すると，時間発展は確率的にしか予測できなくなってしまう．ここで，巨視的な系とは，自由度が十分大きく，観測による擾乱が無視できるような力学変数をもっている系のことである．そのような力学変数を巨視変数とよぶことにしよう．その典型的な例が観測装置である．実際，観測装置の針の位置や，観測結果が記録された記憶媒体の内容といったものは，それを観測しても変化してしまうことはない．

　観測の過程を一般的に考えてみよう．ある系Aを考え，その状態空間の1つの正規直交基底を $\{\psi_i\}$ とする．系Aが $\{\psi_i\}$ のうちのどの状態にあるかを観測するには，次のようにすればよいだろう．系Aと，巨視変数 X をもつ巨視的な系Bをうまく配置し，はじめ

第7章 量子力学の一般的性質

はそれぞれ独立に時間発展するがある程度時間がたつと相互作用するようにする．相互作用によって一般に全系は複雑な状態になるが，系Aのはじめの状態がψ_iであれば，力学変数Xは必ずx_iという確定値をとるようになっているとする（上の光子の例では，光子がスクリーンにぶつかるまでは光子とスクリーンの間の相互作用は小さく，それぞれ独立に時間発展している．光子がスクリーンにぶつかると，スクリーン上の原子や電子は光子と相互作用し，全系は新しい複雑な状態になる．しかし，ぶつかる直前に光子がスクリーンのそばの点xにいたとすると，相互作用後の全系の状態は，スクリーンのx付近の点が輝いているという"巨視的な"状態である）．

このような過程が，系Aが完全系$\{\psi_i\}$のうちのどの状態にあるかを観測するということにほかならないことは，次のように考えればいっそう明確になるだろう．系Aがはじめにψ_iという状態にあれば，相互作用した後，力学変数Xはx_iという値をとるが，Xは巨視的だからその値自身はもはや観測によって擾乱を受けないとしてよい．すなわち誰が見てもXの値はx_iであり，系Aがψ_iという状態にあったことは，観測者によらない客観的なものといってよい．このように考えると，観測とは微視的な違いを巨視的な違いに拡大し，観測者によらないものとして固定する過程であるといえる．

ここまでの議論には，とりたてておかしなことはない．すなわち，系Aがはじめに状態ψ_iであるとすると，相互作用をした後，系Aと系Bを合わせた全系は巨視変数Xの値がx_iに確定しているような状態ϕ_iになるというだけである（そのような状態はいくつもあるかもしれないが，記号ϕ_iでそのうちの任意の1つを表すものとする）．しかしながら，系Aのはじめの状態がψ_iの重ね合わせであるとすると，奇妙なことが起きる．系Aがはじめに状態$\psi = \sum_i c_i \psi_i$であったとしよう．そうすると，重ね合わせの原理から，相互作用をした後の全系の状態は$\phi = \sum_i c_i \phi_i$となるはずである．これは，観測を行った後の状態は，巨視変数の値が異なっている状態の重ね合わせであることを意味する（上の光子の例では，スクリーン上の異なる点が光っているような"巨視的に異なる状態"の重ね合わせを意味する）．しかし，これはわれわれの日常の経験とは相いれないものであろう．すなわち，われわれの身の回りには巨視的に異なった状態の重ね合わせというものはない．たとえば，この教科書が机の上にある状態と，本棚の中にある状態の重ね合わせというものは見たことがないであろう．

実際に観測を行ってみると，観測後にわれわれが目にするのは，巨視変数の値が確定値をもっている状態であって，それらの重ね合わせを認識することはない．観測に関する経験的な事実を総合すると，次のようになっていることがわかる．観測の前に系Aの状態が$\psi = \sum_i c_i \psi_i$であったとすると，観測後には全系は巨視変数Xの値がx_iのどれかに確定

しているような状態に確率的に遷移する．すなわち，観測後の全系の状態をあらかじめ予測することはできない．しかし，毎回系Aの状態を $\psi = \sum_i c_i \psi_i$ に設定して観測を繰り返し，結果を統計的に見ると，各回の観測の結果は互いに独立であり，観測後に全系が状態 ϕ_i に遷移している確率は $|c_i|^2$ に等しいことがわかる．このように，はじめに $\psi = \sum_i c_i \psi_i$ という重ね合わせの状態であっても，観測後には，ψ_i のうちのいずれか1つの状態から始めたときと同じ状態になってしまうのである(上の光子の例では，空間的に広がっている波動関数をもつ光子の位置を測定すると，どこかある点にのみ光子が検出される)．これを"観測によって波動関数が収縮した"ということもある．なぜこのようなことが起きるのかを考えすぎないことにして，経験事実をまとめたものが次のボルンの確率解釈である．

> 系の状態空間の1つの正規直交基底を $\{\psi_i\}$ とし，系が $\{\psi_i\}$ のうちのどの状態にあるかを観測する．すなわち，観測装置をうまく作り，系の状態が ψ_i であれば，系と相互作用させた後に値 x_i を示すようにできたとする．系の状態が $\psi = \sum_i c_i \psi_i$ であるときにこの観測装置と相互作用させると，装置が値 x_i を示す確率は $|c_i|^2$ に等しい．(ただし，ψ は1に規格化されており，$\sum_i |c_i|^2 = 1$ となっているとする．)

例題 (1) 上の観測装置は，系のどのような物理量をはかる装置といえるか．その物理量の演算子 $\hat{X}$ を，系の状態空間に作用する演算子として表せ．

(2) 状態が ψ のとき，演算子 $\hat{X}$ によって表される物理量を測定すると，その期待値は $(\psi, \hat{X}\psi)$ と書くことができることをボルンの確率解釈から導け．

解 (1) ψ_i への射影演算子を $\hat{P}_i$ とする．すなわち，$\hat{P}_i \psi_i = \psi_i$，$\hat{P}_i \psi_j = 0 \, (j \neq i)$ とする．演算子 $\hat{X}$ を $\hat{X} = \sum_i x_i \hat{P}_i$ で定義すると，ψ_i は $\hat{X}$ の固有値 x_i の固有ベクトルである．すなわち，

$$\hat{X} \psi_i = x_i \psi_i$$

が成り立ち，$\hat{X}$ は状態が ψ_i のときに確定値 x_i をとるような物理量の演算子である．一方，上の観測装置は，状態が ψ_i のときに値 x_i を示すのであるから，それは $\hat{X}$ を測定する装置にほかならない．

(2) ボルンの確率解釈によれば，状態が $\psi = \sum_i c_i \psi_i$ のとき，測定値が x_i になる確率は

第7章　量子力学の一般的性質

$|c_i|^2$ であるから，測定値の期待値は $\sum_i |c_i|^2 x_i$ で与えられる．一方，内積の性質と $\hat{P}_i$ の定義より，

$$(\psi, \hat{X}\psi) = \left(\sum_i c_i \psi_i, \left(\sum_j x_j P_j\right) \sum_k c_k \psi_k\right)$$
$$= \sum_i \sum_j \sum_k c_i^* c_k x_j (\psi_i, P_j \psi_k) = \sum_i |c_i|^2 x_i$$

となるので，期待値は $(\psi, \hat{X}\psi)$ とも書ける．これは，(7.11)がボルンの確率解釈の帰結であることを示している．∎

7.3　ブラ・ケット記号

量子力学は，7.1節で述べたように，正定値な内積をもつ複素数体 $\mathbb{C}$ 上のベクトル空間の言葉で表すことができる．原理的にはそれで十分なのであるが，応用上はブラ・ケット記号というものを使うと便利なことが多いので説明しておこう．

ブラ・ケット記号

内積 $(\,,\,)$ をもつ $\mathbb{C}$ 上のベクトル空間 V に対して，次の(1)〜(7)のような記号と言葉を導入する．

(1) ケットベクトル

V の元をケットあるいはケットベクトルとよび，$|\varphi\rangle$ のように表すことにする．これは φ という名前のベクトルを φ と書く代わりに $|\varphi\rangle$ と書いただけである．

(2) ブラベクトル

V の元 $|\varphi\rangle$ を与えたとき，V の各元 $|\xi\rangle$ に複素数 $(|\varphi\rangle, |\xi\rangle)$ に対応させる写像を $\langle\varphi|$ と書く．

$$\langle\varphi|(|\xi\rangle) = (|\varphi\rangle, |\xi\rangle) \tag{7.12}$$

すなわち，$|\varphi\rangle$ と $|\xi\rangle$ の内積を，写像 $\langle\varphi|$ による $|\xi\rangle$ の像とみなそうというわけである．

内積は後の引数に関して線形だから，$\langle\varphi|$ は V から $\mathbb{C}$ への線形写像である．線形写像は通常，$T(\varphi)$ と書く代わりに $(\ )$ を省略して $T\varphi$ と書くことが多いので，それに従うと，$\langle\varphi|(|\xi\rangle)$ は $\langle\varphi||\xi\rangle$ と書いてよい．さらに記号を簡単にするため，縦棒が2本並んでいるときは，1本にまとめて $\langle\varphi|\xi\rangle$ と書くことにすると，(7.12)は，

$$\langle\varphi|\xi\rangle = (|\varphi\rangle, |\xi\rangle) \tag{7.13}$$

と表される．

$|\varphi\rangle$ をケットとよんだが，$\langle\varphi|$ をブラあるいはブラベクトルとよぶ．それは(7.13)のよ

うに，ブラとケットを並べると内積を表す括弧(ブラケット)になるという"洒落"である．
(3) 共役

(2)で考えた $|\varphi\rangle$ と $\langle\varphi|$ を互いに共役であるといい，記号†で表す．すなわち，

$$|\varphi\rangle^{\dagger} = \langle\varphi|,$$
$$\langle\varphi|^{\dagger} = |\varphi\rangle \tag{7.14}$$

とする．

(4) 縮約

(2)で考えたように，ブラ $\langle\varphi|$ をケット $|\xi\rangle$ に作用させて，$\langle\varphi|\xi\rangle = (|\varphi\rangle, |\xi\rangle)$ という複素数を作る操作をブラ $\langle\varphi|$ とケット $|\xi\rangle$ の縮約とよぶ．

(5) ブラと線形演算子の積

ブラ $\langle\varphi|$ と V 上の線形演算子 $\hat{A}$ の積 $\langle\varphi|\hat{A}$ が，写像の合成として自然に定義される．すなわち，$\langle\varphi|\hat{A}$ は，V の各元 $|\xi\rangle$ に $\hat{A}$ を作用させた後に $\langle\varphi|$ を作用させる写像である．

$$\left(\langle\varphi|\hat{A}\right)|\xi\rangle = \langle\varphi|\left(\hat{A}|\xi\rangle\right) \tag{7.15}$$

この式の左辺または右辺を単に $\langle\varphi|\hat{A}|\xi\rangle$ と書いても混乱を生じない．すなわち，

$$\langle\varphi|\hat{A}|\xi\rangle = \left(\langle\varphi|\hat{A}\right)|\xi\rangle = \langle\varphi|\left(\hat{A}|\xi\rangle\right) = \left(|\varphi\rangle, \hat{A}|\xi\rangle\right) \tag{7.16}$$

が成り立つ．以下の例題1で見るように，$\langle\varphi|\hat{A}$ はブラ $\left(\hat{A}^{\dagger}|\varphi\rangle\right)^{\dagger}$ に等しい．

(6) スカラー倍

ベクトル空間の通常の記法では，ベクトル $\boldsymbol{x} \in V$ とスカラー $\lambda \in \mathbb{C}$ の積は $\lambda\boldsymbol{x}$ のようにスカラーを先に書くが，ここでは，どちらを先に書いてもよいものとする．すなわち，ケット $|\varphi\rangle$ とスカラー $\lambda \in \mathbb{C}$ の積は $\lambda|\varphi\rangle$ と書いても，$|\varphi\rangle\lambda$ と書いてもよい．

(7) ケットとブラの積

ケット $|\psi\rangle$ とブラ $\langle\varphi|$ の積，$|\psi\rangle\langle\varphi|$ を次のような V 上の線形演算子として定義する．

$$|\psi\rangle\langle\varphi| : |\xi\rangle \mapsto |\psi\rangle\langle\varphi|\xi\rangle \tag{7.17}$$

右辺は，上記(6)で述べたように，ケット $|\psi\rangle$ とスカラー $\langle\varphi|\xi\rangle$ の積である．すなわち，ケット $|\xi\rangle$ に対する $|\psi\rangle\langle\varphi|$ の作用は，まずブラ $\langle\varphi|$ を作用させてスカラー $\langle\varphi|\xi\rangle$ を作り，それをケット $|\psi\rangle$ に掛けよというものである．

行列の場合

ケットの空間 V を n 次元縦ベクトルの空間として，上記の定義を具体的に見ておこう．内積は通常どおり

第7章　量子力学の一般的性質

$$|\varphi\rangle = \begin{pmatrix} \varphi_1 \\ \varphi_2 \\ \vdots \\ \varphi_n \end{pmatrix} \text{ と } |\xi\rangle = \begin{pmatrix} \xi_1 \\ \xi_2 \\ \vdots \\ \xi_n \end{pmatrix} \text{ に対して, } (|\varphi\rangle, |\xi\rangle) = \sum_{i=1}^{n} \varphi_i^* \xi_i = |\varphi\rangle_{\text{行列}}^\dagger |\xi\rangle \tag{7.18}$$

で定義されているとする．ここで，$|\varphi\rangle$ の行列としてのエルミート共役，すなわち転置して複素共役をとったものを $|\varphi\rangle_{\text{行列}}^\dagger$ で表した．そうすると，ブラ $\langle\varphi|$ の定義式 (7.12) は，

$$\langle\varphi|\xi\rangle = (|\varphi\rangle, |\xi\rangle) = |\varphi\rangle_{\text{行列}}^\dagger |\xi\rangle \tag{7.19}$$

となるが，これは，$\langle\varphi|$ を n 次元横ベクトル $|\varphi\rangle_{\text{行列}}^\dagger$ と同一視できることを示している．すなわち，ブラとは横ベクトルのことであり，上記 (3) で共役とよんだものは行列としてのエルミート共役にほかならない．そうすると，ケットとブラの積 (7.17) は，縦ベクトルと横ベクトルの積として，自然に n 行 n 列の行列になることも明らかだろう．

このように，数ベクトルは，行列とみなすことによって，自然に積やエルミート共役が定義できるが，抽象的なベクトル空間も同じ感覚で議論できるように言葉を用意したのが，ブラ・ケット記号なのである．

例題 1　一般の演算子 $\hat{A}$ に対し，$\hat{A}|\psi\rangle$ の共役は，$\langle\psi|\hat{A}^\dagger$ であること，すなわち，

$$(\hat{A}|\psi\rangle)^\dagger = \langle\psi|\hat{A}^\dagger$$

を示せ．ここで，$\hat{A}^\dagger$ は $\hat{A}$ のエルミート共役であり，V の任意の 2 元 $|\psi_1\rangle$ と $|\psi_2\rangle$ に対して，

$$(\hat{A}|\psi_1\rangle, |\psi_2\rangle) = (|\psi_1\rangle, \hat{A}^\dagger |\psi_2\rangle)$$

となるものとして定義される．

解　一般に 2 つの行列 A，B に対して $(AB)^\dagger = B^\dagger A^\dagger$ が成り立つから，行列として解釈すると，$\hat{A}|\psi\rangle$ のエルミート共役が $\langle\psi|\hat{A}^\dagger$ であることは明らかであるが，もっと一般に，ブラの定義 (7.12) から確認しておこう．(7.12) より，$\hat{A}|\psi\rangle$ の共役 $(\hat{A}|\psi\rangle)^\dagger$ は次式を満たすような V から $\mathbb{C}$ への写像として定義される．

任意の $|\xi\rangle \in V$ に対して，

$$(\hat{A}|\psi\rangle)^\dagger |\xi\rangle = (\hat{A}|\psi\rangle, |\xi\rangle)$$

この右辺は，エルミート共役の定義と (7.16) より，

$$(\hat{A}|\psi\rangle, |\xi\rangle) = (|\psi\rangle, \hat{A}^\dagger |\xi\rangle) = \langle\psi|\hat{A}^\dagger |\xi\rangle = (\langle\psi|\hat{A}^\dagger)|\xi\rangle$$

となるから，$(\hat{A}|\psi\rangle)^\dagger = \langle\psi|\hat{A}^\dagger$ であることが確認できた．∎

基底による表示

ブラ・ケット記号を使う1つの利点は，ベクトルや演算子の基底による表示を簡単に表すことができることである．その基礎になるのが次の式である．

状態空間 V の正規直交基底を $\{\xi_i\}$ とする．すなわち，$\{\xi_i\}$ は完全系であり，

$$\langle \xi_i | \xi_j \rangle = \delta_{i,j} \tag{7.20}$$

を満たすとする．このとき，次の公式が成り立つ．

$$\hat{1} = \sum_i |\xi_i\rangle\langle\xi_i| \tag{7.21}$$

ここで，左辺は V 上の恒等演算子である．

証明 (7.21)の右辺が恒等写像であること，すなわち，V の任意の元に作用させるとそれ自身になることを見ればよい．しかし，$\{\xi_i\}$ は完全系だから，各 $|\xi_j\rangle$ に対してそうなっていることをチェックすれば十分である．右辺を $|\xi_j\rangle$ に作用させると，

$$\left(\sum_i |\xi_i\rangle\langle\xi_i|\right)|\xi_j\rangle = \sum_i |\xi_i\rangle\langle\xi_i|\xi_j\rangle = \sum_i |\xi_i\rangle\delta_{i,j} = |\xi_j\rangle \tag{7.22}$$

となり，確かに成り立っている．∎

例題2 V の任意の元 $|\psi\rangle$ を，正規直交基底 $\{\xi_i\}$ によって $|\psi\rangle = \sum_i c_i |\xi_i\rangle$ と表したとき c_i を $|\psi\rangle$ の $|\xi_i\rangle$ 成分という．$c_i = \langle \xi_i | \psi \rangle$ であることを示せ．

解 $\langle \xi_j |$ と $|\psi\rangle = \sum_i c_i |\xi_i\rangle$ の両辺との縮約をとると，左辺は $\langle \xi_j | \psi \rangle$ となり，右辺は，

$$\left\langle \xi_j \left| \sum_i c_i |\xi_i\rangle \right.\right\rangle = \sum_i c_i \langle \xi_j | \xi_i \rangle = \sum_i c_i \delta_{j,i} = c_j$$

となるから，求める式が得られる．

少し違ったやり方で，(7.21)を用いて次のようにしてもわかりやすいだろう．(7.21)の両辺を $|\psi\rangle$ に作用させると，

$$|\psi\rangle = \left(\sum_i |\xi_i\rangle\langle\xi_i|\right)|\psi\rangle = \sum_i |\xi_i\rangle\langle\xi_i|\psi\rangle = \sum_i (\langle\xi_i|\psi\rangle)|\xi_i\rangle$$

となり，確かに $c_i = \langle \xi_i | \psi \rangle$ であることがわかる．∎

7.4 シュレーディンガー描像とハイゼンベルク描像

7.1節および7.2節で述べたような量子力学の一般的な枠組みは，ブラ・ケット記号を使っていうと，次のようなものであった．各時刻 t における系の状態をケット・ベクトル $|\psi(t)\rangle_S$ とすると，その時間発展は，シュレーディンガー方程式

$$i\hbar \frac{d}{dt}|\psi(t)\rangle_S = \hat{H}|\psi(t)\rangle_S \tag{7.23}$$

で表される．また，物理量 O を表す演算子を $\hat{O}_S$ とすると，時刻 t におけるその期待値 $\bar{O}(t)$ は，

$$\bar{O}(t) = {}_S\langle\psi(t)|\hat{O}_S|\psi(t)\rangle_S \tag{7.24}$$

に等しい．このように，系のもつ物理量を表す演算子 $\hat{O}$ 自身は陽に時間に依存しなくても，状態ベクトル $|\psi(t)\rangle$ が時間とともに変化するので，$\hat{O}$ の期待値も時間とともに変化するのである．このように，物理量を表す演算子を固定しておいて，状態ベクトルの変化として，系の時間発展を表現するやり方を，シュレーディンガー描像とよぶ（上の(7.23)や(7.24)で $|\psi(t)\rangle_S$ や $\hat{O}_S$ のように S を付けて書いたのは，シュレーディンガー描像であることを強調するためである）．

ところで，(7.23)は積分すると，

$$|\psi(t)\rangle_S = \exp\left(\frac{1}{i\hbar}\hat{H}(t-t_0)\right)|\psi(t_0)\rangle_S \tag{7.25}$$

となるから，(7.24)は，

$$\bar{O}(t) = {}_S\langle\psi(t_0)|\exp\left(-\frac{1}{i\hbar}\hat{H}(t-t_0)\right)\hat{O}_S\exp\left(\frac{1}{i\hbar}\hat{H}(t-t_0)\right)|\psi(t_0)\rangle_S \tag{7.26}$$

と書くことができる．これはさらに，次のような形に書き直すことができる．まず，時間 t に依存しないケット・ベクトル $|\psi\rangle_H$ と，時間 t に依存する演算子 $\hat{O}_H(t)$ を次式で定義する．

$$|\psi\rangle_H = |\psi(t_0)\rangle_S \tag{7.27a}$$

$$\hat{O}_H(t) = \exp\left(-\frac{1}{i\hbar}\hat{H}(t-t_0)\right)\hat{O}_S\exp\left(\frac{1}{i\hbar}\hat{H}(t-t_0)\right) \tag{7.27b}$$

これらの量を使うと，(7.26)は，

$$\bar{O}(t) = {}_H\langle\psi|\hat{O}_H(t)|\psi\rangle_H \tag{7.28}$$

となり，シュレーディンガー描像における期待値の式(7.24)と同じ形になる．ここで行ったことは，けっきょく，(7.26)の時間依存性を，ブラとケットで挟まれている演算子に押し付けてしまったのである．すなわち，状態ベクトルは時間に依存せずに一定であるが，演算子のほうが(7.27b)のように時間発展をすると考えても，その演算子を状態ベクトルで挟むと，同じ物理量の期待値が得られる．

このように，演算子のほうが時間とともに変化し，状態ベクトルは時間に依存しないとして，時間発展を記述するやり方を，ハイゼンベルク描像とよぶ．もちろん，2つの描像は，(7.26)における t 依存性を，状態ベクトルに押し付けるか，演算子に押し付けるかの違い

だけであり，完全に等価なものである．

ハイゼンベルク描像における演算子の時間依存性を微分形で書いておこう．(7.27b)の両辺を t で微分すると，

$$\begin{aligned}\frac{d}{dt}\hat{O}_H(t) &= \left\{\frac{d}{dt}\exp\left(-\frac{1}{i\hbar}\hat{H}(t-t_0)\right)\right\}\hat{O}_S\exp\left(\frac{1}{i\hbar}\hat{H}(t-t_0)\right) \\ &\quad + \exp\left(-\frac{1}{i\hbar}\hat{H}(t-t_0)\right)\hat{O}_S\frac{d}{dt}\exp\left(\frac{1}{i\hbar}\hat{H}(t-t_0)\right) \\ &= -\frac{1}{i\hbar}\hat{H}\exp\left(-\frac{1}{i\hbar}\hat{H}(t-t_0)\right)\hat{O}_S\exp\left(\frac{1}{i\hbar}\hat{H}(t-t_0)\right) \\ &\quad + \exp\left(-\frac{1}{i\hbar}\hat{H}(t-t_0)\right)\hat{O}_S\exp\left(\frac{1}{i\hbar}\hat{H}(t-t_0)\right)\frac{1}{i\hbar}\hat{H} \\ &= -\frac{1}{i\hbar}\left[\hat{H},\ \exp\left(-\frac{1}{i\hbar}\hat{H}(t-t_0)\right)\hat{O}_S\exp\left(\frac{1}{i\hbar}\hat{H}(t-t_0)\right)\right]\end{aligned} \quad (7.29)$$

となる．ここで，[,]は交換子であり，

$$\left[\hat{A},\ \hat{B}\right] = \hat{A}\hat{B} - \hat{B}\hat{A} \quad (7.30)$$

で定義されている．ところが，(7.29)の右辺の交換子の中の2番目のものは $\hat{O}_H(t)$ 自身であるから，けっきょく

$$\frac{d}{dt}\hat{O}_H(t) = \frac{1}{i\hbar}\left[\hat{O}_H(t),\ \hat{H}\right] \quad (7.31)$$

が得られる．これは，ハミルトニアン $\hat{H}$ が与えられたときに，いろいろな演算子の時間発展を記述するものであり，ハイゼンベルク方程式とよばれている（(7.27)や(7.31)で，$|\psi\rangle_H$ や $\hat{O}_H$ のようにHを付けて書いたのは，ハイゼンベルク描像であることを示すためである）．

ハイゼンベルク方程式の形を見ると，ハミルトニアンと可換な演算子，特にハミルトニアン自身が時間に依存しないことは明らかであろう．実際，$\hat{O}$ を $\hat{H}$ と可換な演算子とすると，(7.31)よりハイゼンベルク描像での演算子 $\hat{O}$ の時間発展は，

$$\frac{d}{dt}\hat{O} = \frac{1}{i\hbar}\left[\hat{O},\ \hat{H}\right] = 0 \quad (7.32)$$

となるが，これは $\hat{O}$ が時間に依存しない保存量であることを意味している．ここで，保存量といったのは，そのような演算子の期待値が，任意の状態ベクトルに対して，時間に依存しないからである．

以下に，2つの描像をまとめておこう．

第7章 量子力学の一般的性質

	シュレーディンガー描像	ハイゼンベルク描像
状態ベクトル $\|\psi\rangle$	$i\hbar \dfrac{d}{dt}\|\psi\rangle = \hat{H}\|\psi\rangle$ （シュレーディンガー方程式）	時間によらない
演算子 $\hat{O}$	時間によらない	$\dfrac{d}{dt}\hat{O} = \dfrac{1}{i\hbar}\left[\hat{O},\hat{H}\right]$ （ハイゼンベルク方程式）
物理量の期待値	$\langle\psi\|\hat{O}\|\psi\rangle$	$\langle\psi\|\hat{O}\|\psi\rangle$ (7.33)

7.5 正準交換関係と正準量子化

正準交換関係

6章までで考えたようなシュレーディンガーの置き換えによる量子化を，量子力学の一般的枠組みの立場から考え直してみよう．ある系が，古典的な極限では，正準変数 p_i, $q_i (i=1,2,..,n)$ およびハミルトニアン $H(p,q)$ で記述されているとき，シュレーディンガーの置き換えによる量子化とは，7.1節 (1)〜(4) のようなものであった．そこでは，状態空間は n 個の変数 $q_i (i=1,2,..,n)$ の関係全体の成すベクトル空間であり，位置および運動量の演算子 $\hat{q}_i, \hat{p}_i (i=1,2,\cdots,n)$ は次のように定義されたエルミート演算子であった．

$$(\hat{q}_i\psi)(q) = q_i\psi(q) \tag{7.34a}$$

$$(\hat{p}_i\psi)(q) = \frac{\hbar}{i}\frac{\partial}{\partial q_i}\psi(q) \tag{7.34b}$$

よく知られているように，古典力学では位置 q_i と運動量 p_i は対等なものであり，実際，正準変換によってそれらをとり換えることができる．一方，上のような量子化規則を一見すると，位置と運動量の役割が著しく異なっているように見える．実は以下で示すように，このような非対称性は，位置と運動量の演算子を特別な基底で表示したために生じた，みかけ上のものにすぎないことがわかる．

このような事情をわかりやすくするために，上の量子化規則を，抽象的なベクトル空間の言葉に翻訳してみよう．まず，(7.34)から次のような交換関係が得られることは明らかであろう．これを正準交換関係とよぶ．

$$[\hat{q}_i, \hat{q}_j] = 0 \tag{7.35a}$$

$$[\hat{p}_i, \hat{p}_j] = 0 \tag{7.35b}$$

$$[\hat{q}_i, \hat{p}_j] = i\hbar\delta_{i,j} \tag{7.35c}$$

ここで，[,] は交換子であり，$\left[\hat{A},\hat{B}\right] = \hat{A}\hat{B} - \hat{B}\hat{A}$ で定義されている．

例題 1 (7.34)から正準交換関係(7.35)を導け．

解 任意の関数 $\psi(q)$ に対して，

$$\begin{aligned}
\left[\hat{q}_i, \hat{p}_j\right]\psi(q) &= \hat{q}_i\hat{p}_j\psi(q) - \hat{p}_j\hat{q}_i\psi(q) \\
&= q_i\left(\frac{\hbar}{i}\frac{\partial}{\partial q_j}\psi(q)\right) - \frac{\hbar}{i}\frac{\partial}{\partial q_j}(q_i\psi(q)) \\
&= q_i\frac{\hbar}{i}\frac{\partial}{\partial q_j}\psi(q) - \frac{\hbar}{i}\left(\frac{\partial q_i}{\partial q_j}\psi(q) + q_i\frac{\partial}{\partial q_j}\psi(q)\right) \\
&= i\hbar\delta_{i,j}\psi(q)
\end{aligned}$$

となる．これは，演算子の間の関係式として，(7.35c)が成り立つことを意味する．他も同様である．■

正準交換関係(7.35)は，古典論におけるポアソン括弧と同じ形をしていることに注意しよう．実際，ポアソン括弧を$\{\ ,\ \}$と書くと，古典論ではよく知られているように，

$$\{q_i, q_j\} = 0 \tag{7.36a}$$

$$\{p_i, p_j\} = 0 \tag{7.36b}$$

$$\{q_i, p_j\} = \delta_{i,j} \tag{7.36c}$$

が成り立つが，これは(7.35)と似た形をしている．実際，次の7.6節で示すように，量子力学における交換子を $i\hbar$ で割ったものは古典極限($\hbar \to 0$)において，ポアソン括弧に移行することがわかる．すなわち，

$$\frac{1}{i\hbar}[\ ,\ ] \xrightarrow[\hbar \to 0]{} \{\ ,\ \} \tag{7.37}$$

正準交換関係を満たす演算子の表示

ここまでは，シュレーディンガーの置き換え(7.34)によって定義される位置および運動量の演算子が正準交換関係を満たすことを調べたが，(7.34)をいったん忘れて，正準交換関係だけからどの程度のことがいえるかを調べてみよう．すなわち，抽象的なベクトル空間 V の上に，正準交換関係(7.35)を満たすようなエルミート演算子 $\hat{p}_i, \hat{q}_j (i=1,2,\cdots,n)$ があるとしたとき，それらが V の上にどのように作用しているかを分析してみよう．そのために，多少天下り的であるが，運動量の演算子 $\hat{p}_i (i=1,2,\cdots,n)$ から作られるユニタリー演算子

$$\hat{U}(a) = \exp\left(\frac{1}{i\hbar}\sum_{i=1}^{n} a_i \hat{p}_i\right) \tag{7.38}$$

を考えよう．ここで，$a_i\,(i=1,2,\cdots,n)$ は n 個の実数であり，それらをまとめてベクトルとみなして a と書いた．簡単な計算の結果

$$\hat{U}(a)^{-1}\hat{q}_i\hat{U}(a)=\hat{q}_i+a_i \quad (i=1,2,\cdots,n) \tag{7.39a}$$

$$\hat{U}(a)\hat{U}(b)=\hat{U}(a+b) \tag{7.39b}$$

が成り立つことがわかる．

例題2 (7.39)を示せ．

解 一般の演算子 $\hat{A}$ と $\hat{B}$ に対して，

$$e^{\hat{A}}\hat{B}e^{-\hat{A}}=\hat{B}+\left[\hat{A},\hat{B}\right]+\frac{1}{2!}\left[\hat{A},\left[\hat{A},\hat{B}\right]\right]+\cdots \tag{ⓐ}$$

が成り立つ．$\hat{A}=-\dfrac{1}{i\hbar}\sum_{i=1}^{n}a_i\hat{p}_i$，$\hat{B}=\hat{q}_i$ とすると，(7.35c)より $\left[\hat{A},\hat{B}\right]=a_i$ であるから，ⓐの右辺ははじめの2項で切れて，(7.39a)を得る．(7.39b)は $\hat{p}_i\,(i=1,2,\cdots,n)$ が互いに可換であること(7.35b)から明らかであろう． ■

ところで，$\hat{q}_i\,(i=1,2,\cdots,n)$ はエルミートであり，(7.35a)より互いに可換であるから，同時に対角化できる．特に，$\hat{q}_i$ の同時固有状態のうちの1つを $|\psi_0\rangle$ とし，その同時固有値を $q_i^{(0)}$ としよう．すなわち，

$$\hat{q}_i|\psi_0\rangle=q_i^{(0)}|\psi_0\rangle \quad (i=1,2,\cdots,n) \tag{7.40}$$

ここでは，状態空間 V をケット・ベクトルの空間とした．次に，n 個の変数 $q_i'\,(i=1,2,\cdots,n)$ でパラメトライズされたケット・ベクトル $|q'\rangle$ を，

$$|q'\rangle=\hat{U}\left(q'-q^{(0)}\right)|\psi_0\rangle \tag{7.41}$$

として導入しよう．ここで，右辺の $\hat{U}\left(q'-q^{(0)}\right)$ とは(7.38)の a として $a_i=q_i'-q_i^{(0)}\,(i=1,2,\cdots,n)$ ととったもののことである．$|q'\rangle$ は $\hat{q}_i$ の固有値 q_i' の同時固有ベクトルであることが，(7.39)よりすぐにわかる．すなわち，

$$\hat{q}_i|q'\rangle=q_i'|q'\rangle \quad (i=1,2,\cdots,n) \tag{7.42}$$

例題3 (7.42)を示せ．

解 $\hat{q}_i|q'\rangle$

$$=\hat{q}_i\hat{U}\left(q'-q^{(0)}\right)|\psi_0\rangle \qquad [(7.41)]$$

$$=\hat{U}\left(q'-q^{(0)}\right)\hat{U}\left(q'-q^{(0)}\right)^{-1}\hat{q}_i\hat{U}\left(q'-q^{(0)}\right)|\psi_0\rangle$$

$$=\hat{U}\left(q'-q^{(0)}\right)\left(\hat{q}_i+\left(q_i'-q_i^{(0)}\right)\right)|\psi_0\rangle \qquad [(7.39a)]$$

$$= \hat{U}\left(q'-q^{(0)}\right)\left(q_i^{(0)}+\left(q_i'-q_i^{(0)}\right)\right)|\psi_0\rangle \qquad [(7.40)]$$

$$= q_i'\hat{U}\left(q'-q^{(0)}\right)|\psi_0\rangle \qquad [(7.41)]$$

$$= q_i'|q'\rangle \qquad \blacksquare$$

運動量の演算子 $\hat{p}_i(i=1,2,\cdots,n)$ が $|q'\rangle$ にどのように作用しているかを調べるために，(7.38)の $\hat{U}(a)$ を $|q'\rangle$ に作用させてみよう．$|q'\rangle$ の定義(7.41)と(7.39b)より，

$$\begin{aligned}\hat{U}(a)|q'\rangle &= \hat{U}(a)\hat{U}\left(q'-q^{(0)}\right)|\psi_0\rangle \\ &= \hat{U}\left(a+q'-q^{(0)}\right)|\psi_0\rangle \\ &= |a+q'\rangle\end{aligned} \qquad (7.43)$$

であることがわかる．ここで，a を無限小量 $a_i=\varepsilon_i(i=1,2,\cdots,n)$ として，両辺の ε の1次の項をとり出すと，(7.38)より左辺は，$\dfrac{1}{i\hbar}\sum_{i=1}^{n}\varepsilon_i\hat{p}_i|q'\rangle$ であり，一方右辺は，$\sum_{i=1}^{n}\varepsilon_i\dfrac{\partial}{\partial q_i'}|q'\rangle$ と書くことができるから，けっきょく

$$\hat{p}_i|q'\rangle = i\hbar\frac{\partial}{\partial q_i'}|q'\rangle \qquad (i=1,2,\cdots,n) \qquad (7.44)$$

が得られる．

(7.42)および(7.44)から明らかなように，$\{|q'\rangle\}$ ではられる V の部分空間を V_0 とすると，V_0 は $\hat{q}_i,\hat{p}_i(i=1,2,\cdots,n)$ の作用に対して閉じている．ここで，系の自由度は $\hat{q}_i,\hat{p}_i(i=1,2,\cdots,n)$ によって完全に決まっており，状態を指定するためにほかに変数を導入する必要はないと仮定しよう．それは，いい換えると，上で考えた部分空間 V_0 によって状態が完全に記述されているということであり，$V=V_0$ を意味する[*]．

次に，$|q'\rangle$ の間の内積を求めよう．(7.42)に示されているように，$|q'\rangle$ はエルミート演算子 $\hat{q}_i(i=1,2,\cdots,n)$ を同時に対角化する基底であるから，異なる固有値に属するもの $|q'\rangle$ と $|q''\rangle(q'\neq q'')$ は直交している．また，固有値は連続スペクトルであるから，ディラック(Dirac)の δ 関数を使って，

$$\langle q'|q''\rangle = f(q')\delta^{(n)}(q'-q'') \qquad (7.45)$$

と書くことができるはずである．ここで，$f(q')$ は $|q'\rangle$ の規格化を決める因子である．と

---

[*]これは，数学的にいうと，V が演算子 $\hat{q}_i,\hat{p}_i(i=1,2,\cdots,n)$ に関して既約であるということである．V が既約でなければ，V_0 の直交補空間に対して上の議論を繰り返すことにより，V は V_0 と同型なもののいくつかの直和に分解することがわかる．

$$V=V_0\oplus V_1\oplus V_2\oplus\cdots, \quad V_0\cong V_1\cong V_2\cong\cdots$$

この場合，状態を指定するためには，$\hat{q}_i$ の固有値を指定しただけでは不十分であり，どの V_i に属するかを指定する量子数が必要となる．

ころで，(7.43)に示されているように，異なる q' の値に対する $|q'\rangle$ はユニタリー変換で結び付いているから，そのノルムは q' に依存しないはずである．すなわち，$f(q')$ は q' によらない定数であることがわかる．その定数を 1 とするように $|q'\rangle$ の規格化を選ぶと，

$$\langle q'|q''\rangle = \delta^{(n)}(q'-q'') \tag{7.46}$$

を得る．

けっきょく，次のことがわかった．

> 正準交換関係(7.35)を満たす力学変数 $\hat{q}_i, \hat{p}_i\,(i=1,2,\cdots,n)$ で完全に記述されている系があったとする．その状態空間の正規直交基底として，$\hat{q}_i\,(i=1,2,\cdots,n)$ を同時に対角化するもの $\{|q'\rangle\}$ がとれて，
>
> $$\hat{q}_i|q'\rangle = q'_i|q'\rangle \tag{7.42}$$
>
> $$\hat{p}_i|q'\rangle = i\hbar\frac{\partial}{\partial q'_i}|q'\rangle \tag{7.44}$$
>
> $$\langle q'|q''\rangle = \delta^{(n)}(q'-q'') \tag{7.46}$$
>
> が成り立つ．

このような基底 $\{|q'\rangle\}$ によって状態ベクトルを表示することを，**座標表示**または，**q-表示**という．次の例題に示すように，シュレーディンガーの置き換え(7.34)は，座標表示における位置および運動量の演算子にほかならないことがわかる．

例題 4 状態ベクトル $|\psi\rangle$ を座標表示したものを $\psi(q)$ とする．すなわち，$\psi(q) = \langle q|\psi\rangle$ とする．このとき，位置および運動量の演算子はどのように表示されるか．2つの状態ベクトルの内積は，どう書くことができるか．

解 （i）(7.42)の随伴をとると，

$$\langle q'|\hat{q}_i = q'_i\langle q'|$$

となる．この両辺と $|\psi\rangle$ を縮約すると，

$$\langle q'|\hat{q}_i|\psi\rangle = q'_i\langle q'|\psi\rangle = q'_i\psi(q')$$

を得る．これは(7.34a)を意味している．

（ii）(7.44)の随伴をとると，

$$\langle q'|\hat{p}_i = -i\hbar\frac{\partial}{\partial q'_i}\langle q'|$$

となる．この両辺を $|\psi\rangle$ と縮約すると，

$$\langle q'|\hat{p}_i|\psi\rangle = -i\hbar \frac{\partial}{\partial q'_i}\langle q'|\psi\rangle = \frac{\hbar}{i}\frac{\partial}{\partial q'_i}\psi(q')$$

を得る．これは，(7.34b)を意味している．

(iii) (7.46)は，

$$1 = \int d^n q' |q'\rangle\langle q'|$$

と同じ内容である．そうすると，2つの状態ベクトル $|\psi_1\rangle$, $|\psi_2\rangle$ に対して，

$$\begin{aligned}
\langle\psi_1|\psi_2\rangle &= \langle\psi_1|\left(\int d^n q' |q'\rangle\langle q'|\right)|\psi_2\rangle \\
&= \int d^n q' \langle\psi_1|q'\rangle\langle q'|\psi_2\rangle \\
&= \int d^n q' \langle q'|\psi_1\rangle^* \langle q'|\psi_2\rangle \\
&= \int d^n q' \psi_1(q')^* \psi_2(q')
\end{aligned}$$

となり，通常の関数空間における内積と一致している． ∎

運動量表示

座標表示では，位置の演算子 $\hat{q}_i (i=1,2,\cdots,n)$ を同時対角化する基底を考えた．ところが，正準交換関係(7.35)は，$\hat{q}_i$ と $\hat{p}_i$ を入れ換えて，形式的に i を $-i$ とすれば，不変であるから，運動量の演算子 $\hat{p}_i (i=1,2,\cdots,n)$ を同時対角化するような基底 $\{|p'\rangle\}$ があって，

$$\hat{p}_i|p'\rangle = p'_i|p'\rangle \tag{7.47}$$

$$\hat{q}_i|p'\rangle = -i\hbar\frac{\partial}{\partial p'_i}|p'\rangle \tag{7.48}$$

$$\langle p'|p''\rangle = \delta^{(n)}(p'-p'') \tag{7.49}$$

が成り立っているはずである．ここで，(7.47)，(7.48)，(7.49)はそれぞれ，(7.42)，(7.44)，(7.46)で形式的に q と p を書き換えて，i を $-i$ とおいたものである．

実際，$\{|q'\rangle\}$ の線型結合として，

$$|p'\rangle = (2\pi\hbar)^{-n/2} \int d^n q' \exp\left(\frac{i}{\hbar}\sum_{i=1}^{n} p'_i q'_i\right)|q'\rangle \tag{7.50}$$

の形のものをとると，確かに(7.47)から(7.49)が満たされていることが，次の例題のようにして示される．

例題5 (7.50)で定義された $|p'\rangle$ は，(7.47)から(7.49)を満たしていることを示せ．

解 (i) $\hat{p}_i|p'\rangle$

第7章　量子力学の一般的性質

$$= (2\pi\hbar)^{-n/2} \int d^n q' \exp\left(\frac{i}{\hbar}\sum_{i=1}^{n} p'_i q'_i\right) i\hbar \frac{\partial}{\partial q'_i}|q'\rangle \qquad [(7.44)]$$

$$= (2\pi\hbar)^{-n/2} \int d^n q' \left(-i\hbar\frac{\partial}{\partial q'_i}\exp\left(\frac{i}{\hbar}\sum_{i=1}^{n} p'_i q'_i\right)\right)|q'\rangle \qquad [部分積分]$$

$$= p'_i |p'\rangle$$

(ii) $\hat{q}_i |p'\rangle$

$$= (2\pi\hbar)^{-n/2} \int d^n q' \exp\left(\frac{i}{\hbar}\sum_{i=1}^{n} p'_i q'_i\right) q'_i |q'\rangle$$

$$= (2\pi\hbar)^{-n/2} \int d^n q' \left(\frac{\hbar}{i}\frac{\partial}{\partial p'_i}\exp\left(\frac{i}{\hbar}\sum_{i=1}^{n} p'_i q'_i\right)\right)|q'\rangle \qquad [(7.42)]$$

$$= \frac{\hbar}{i}\frac{\partial}{\partial p'_i}|p'\rangle$$

(iii) (7.50) の随伴をとると，

$$\langle p'| = (2\pi\hbar)^{-n/2} \int d^n q' \exp\left(-\frac{i}{\hbar}\sum_{i=1}^{n} p'_i q'_i\right)\langle q'|$$

となる．これと(7.50)で p', q' を p'', q'' に置き換えたものを縮約すると，

$$\begin{aligned}
\langle p'|p''\rangle &= (2\pi\hbar)^{-n} \int d^n q' \int d^n q'' \exp\left(-\frac{i}{\hbar}\left(\sum_{i=1}^{n} p'_i q'_i - \sum_{i=1}^{n} p''_i q''_i\right)\right)\langle q'|q''\rangle \\
&= (2\pi\hbar)^{-n} \int d^n q' \exp\left(-\frac{i}{\hbar}\sum_{i=1}^{n}(p'_i - p''_i)q'_i\right) \\
&= \delta^{(n)}(p' - p'') \qquad \blacksquare
\end{aligned} \qquad (7.46)$$

ここで，状態ベクトル $|p'\rangle$ は，運動量の演算子 $\hat{p}_i (i=1,2,\cdots,n)$ の同時固有状態であり，平面波の状態に対応していることに注意しよう．実際，(7.50)の両辺と $\langle q'|$ を縮約することにより，$|p'\rangle$ の座標表示を求めると，

$$\langle q'|p'\rangle = (2\pi\hbar)^{-n/2} \exp\left(\frac{i}{\hbar}\sum_{i=1}^{n} p'_i q'_i\right) \qquad (7.51)$$

となり，確かに平面波の波動関数になっている．

このような基底 $\{|p'\rangle\}$ によって状態ベクトルを表示することを，**運動量表示**または ***p*-表示**という．座標表示の場合の表式(7.34)で，q と p を入れ換えて形式的に i を $-i$ にすることにより，運動量表示における $\hat{q}_i$ と $\hat{p}_i$ は次のような微分演算子であることがわかる．

$$(\hat{p}_i \tilde{\psi})(p) = p_i \tilde{\psi}(p) \qquad (7.52a)$$

152

$$(\hat{q}_i \, \tilde{\psi})(p) = i\hbar \frac{\partial}{\partial p_i} \tilde{\psi}(p) \tag{7.52b}$$

ここで，$\tilde{\psi}(p)$ は運動量表示の波動関数 $\langle p|\psi\rangle$ である．

最後に，座標表示と運動量表示の間の関係を調べておこう．(7.51)およびその随伴

$$\langle p'|q'\rangle = (2\pi\hbar)^{-n/2} \exp\left(-\frac{i}{\hbar}\sum_{i=1}^{n} p'_i q'_i\right) \tag{7.53}$$

を使うと，座標表示と運動量表示が次の関係でつながっていることがわかる．

$$\begin{aligned}\langle q'|\psi\rangle &= \int d^n p' \langle q'|p'\rangle \langle p'|\psi\rangle \\ &= \int d^n p' (2\pi\hbar)^{-n/2} \exp\left(\frac{i}{\hbar}\sum_{i=1}^{n} p'_i q'_i\right) \langle p'|\psi\rangle\end{aligned} \tag{7.54a}$$

$$\begin{aligned}\langle p'|\psi\rangle &= \int d^n q' \langle p'|q'\rangle \langle q'|\psi\rangle \\ &= \int d^n q' (2\pi\hbar)^{-n/2} \exp\left(-\frac{i}{\hbar}\sum_{i=1}^{n} p'_i q'_i\right) \langle q'|\psi\rangle\end{aligned} \tag{7.54b}$$

これは，$\psi(q') = \langle q'|\psi\rangle$ と $\tilde{\psi}(p') = \langle p'|\psi\rangle$ の間のフーリエ変換にほかならない．いい換えると，フーリエ変換とは，$\hat{q}_i$ を対角化する基底から，$\hat{p}_i$ を対角化する基底へのユニタリー変換であったわけである．

正準量子化

以上の議論でわかったように，シュレーディンガーの置き換え $p_i \mapsto \dfrac{\hbar}{i}\dfrac{\partial}{\partial q_i}$ による量子化は，正準交換関係を座標表示で表現したものにほかならない．いい換えると，正準交換関係とは量子化の手続きを基底のとり方に依存しないように表現したものであるといえる．内容的にはシュレーディンガーの置き換えと等価であるが，基底によらない定式化をしておくと便利であるから，量子化の手続きを以下のようにまとめておこう．このような手続きを通常，正準量子化とよんでいる．

正準量子化の手続き

(1) 考えている系を正準形式で表す．その正準変数を q_i, p_i $(i=1,2,\cdots,n)$ とし，ハミルトニアンを $H(p,q)$ とする．

(2) 正準変数 p_i と q_i を量子化した演算子を $\hat{p}_i$, $\hat{q}_i$ とし，その間に正準交換関係

$$[\hat{q}_i,\ \hat{p}_j] = i\hbar\delta_{i,j}, \quad [\hat{q}_i,\ \hat{q}_j] = 0, \quad [\hat{p}_i,\ \hat{p}_j] = 0$$

第7章 量子力学の一般的性質

をおく．

(3) 量子力学的なハミルトニアン $\hat{H}$ をエルミート演算子として，
$$\hat{H} = H(\hat{p}, \hat{q})$$
で定義する．他の物理量も必要ならば同様に古典的な表式の p, q を $\hat{p}$, $\hat{q}$ で置き換えてつくる．

(4) 系の時間発展は，シュレーディンガー描像ならばシュレーディンガー方程式で，ハイゼンベルク描像ならばハイゼンベルク方程式で表す．

正準量子化は，内容的にはシュレーディンガーの置き換えと同じものであり，古典的なラグランジアンが与えられたときに，対応する量子論を作り上げる規則である．しかしながら，古典力学的な極限におけるラグランジアンから正準量子化によって構成された量子論が，ほんとうに正しく系を記述しているとは限らないことに注意しよう．たとえば，系が古典力学的極限では見えなくなってしまうような自由度をもっていることもありうる．実際，第8章で詳しく議論するように，電子やその他のいろいろな粒子は，スピンの自由度をもっている．そのような自由度も含めて表現するためには，位置と運動量に対する正準交換関係だけでは不十分であり，スピンの演算子を導入しなくてはならない．

例題6 ハミルトニアンが，
$$\hat{H} = \sum_{i=1}^{n} \frac{1}{2m_i} \hat{p}_i^2 + V(\hat{q}_1, \cdots, \hat{q}_n)$$
で与えられるとする．そのとき，$\hat{q}_i, \hat{p}_i \, (i=1,2,\cdots,n)$ に対するハイゼンベルク方程式を書け．

解
$$\frac{d}{dt}\hat{q}_i = \frac{1}{i\hbar}\left[\hat{q}_i, \hat{H}\right]$$
$$= \frac{1}{i\hbar}\left[\hat{q}_i, \sum_{j=1}^{n}\frac{1}{2m_j}\hat{p}_j^2 + V(\hat{q}_1,\cdots,\hat{q}_n)\right]$$
$$= \frac{1}{m_i}\hat{p}_i$$

$$\frac{d}{dt}\hat{p}_i = \frac{1}{i\hbar}\left[\hat{p}_i, \hat{H}\right]$$
$$= \frac{1}{i\hbar}\left[\hat{p}_i, \sum_{j=1}^{n}\frac{1}{2m_j}\hat{p}_j^2 + V(\hat{q}_1,\cdots,\hat{q}_n)\right]$$
$$= -\frac{\partial}{\partial q_i}V(\hat{q}_1,\cdots,\hat{q}_n)$$

となり，古典的な正準方程式と同じ形である．∎

7.6 交換子とポアソン括弧

7.5 節の(7.37)でも述べたように，正準交換関係とハイゼンベルク方程式を，

$$\frac{1}{i\hbar}[\hat{q}_i, \hat{q}_j] = 0 \tag{7.55a}$$

$$\frac{1}{i\hbar}[\hat{p}_i, \hat{p}_j] = 0 \tag{7.55b}$$

$$\frac{1}{i\hbar}[\hat{q}_i, \hat{p}_j] = \delta_{i,j} \tag{7.55c}$$

$$\frac{d}{dt}\hat{O} = \frac{1}{i\hbar}[\hat{O}, \hat{H}] \tag{7.56}$$

と書くと，交換子を $i\hbar$ で割ったものは古典力学のポアソン括弧と非常に似たものであることがわかる．実際，上式で $\frac{1}{i\hbar}[\ ,\ ]$ を形式的にポアソン括弧 $\{\ ,\ \}$ に読み換えたものが古典力学にほかならない．このような関係は単なる偶然ではなくて，量子力学の古典力学的極限を考えると，確かに交換子を $i\hbar$ で割ったものはポアソン括弧に移行することを示そう．

議論を具体的に進めるために，演算子としては，位置 $\hat{q}_i$，運動量 $\hat{p}_i$，ハミルトニアン $H = \hat{H}(\hat{p}, \hat{q})$ のように $\hat{q}_i$ と $\hat{p}_i (i = 1, 2, \cdots, n)$ の具体的な関数として書かれているものを考える．また，その関数形は陽にプランク定数 $\hbar$ を含んでいないとしよう．たとえば，ある演算子 $\hat{A}$ が，

$$\hat{A} = \sum_{i=1}^{n}\left(\frac{1}{2}\hat{p}_i^2 + \hat{p}_i f_i(\hat{q}) + g_i(\hat{q})\hat{p}_i\right) + V(\hat{q}) \tag{7.57}$$

のような形であるとしたとき，f_i, g_i, V は $\hbar$ に依存していないとする．

このような演算子 $\hat{O}$ の表式の中で，$\hat{q}_i, \hat{p}_i (i = 1, 2, \cdots, n)$ を形式的に古典的な変数 $q_i, p_i (i = 1, 2, \cdots, n)$ で置き換えたものを $\hat{O}$ の古典極限とよび，$(\hat{O})_{cl}$ と書こう．たとえば，上の $\hat{A}$ の古典極限 $(\hat{A})_{cl}$ は，

$$(\hat{A})_{cl} = \sum_{i=1}^{n}\left(\frac{1}{2}p_i^2 + p_i f_i(q) + g_i(q)p_i\right) + V(q) \tag{7.58}$$

で与えられる．ここで導入した古典極限は，演算子の期待値の古典的な極限にほかならないことに注意しよう．実際，第3章では，適当に極在化した波束は，古典力学に従う粒子のようにふるまうことを見た．そこでは座標および運動量の平均値が q_i，p_i であり，その広がり Δq_i, Δp_i が不確定性関係で許される限界 $(\Delta q_i \Delta p_i \sim \hbar)$ に比べて，大きすぎること

第7章 量子力学の一般的性質

はないような波束の状態を考えた．明らかに，そのような状態における演算子 $\hat{O}$ の期待値は，近似的に $(\hat{O})_{\text{cl}}$ で与えられる．

以上のように考えると，本節のはじめに述べたような，交換子とポアソン括弧の類似性は，

$$\left(\frac{1}{i\hbar}\left[\hat{O}_1,\hat{O}_2\right]\right)_{\text{cl}} = \left\{\left(\hat{O}_1\right)_{\text{cl}},\left(\hat{O}_2\right)_{\text{cl}}\right\} \tag{7.59}$$

を主張していたのだということがわかるだろう．すなわち，2つの演算子 $\hat{O}_1$，$\hat{O}_2$ の交換子を $i\hbar$ で割ったものの古典極限は，それぞれで先に古典極限をとってしまったもの $(\hat{O}_1)_{\text{cl}}$ と $(\hat{O}_2)_{\text{cl}}$ のポアソン括弧に等しい．

例題 1 $\hat{O}_1$，$\hat{O}_2$ が次のような場合，(7.59)が成り立つことをチェックせよ．ただし，自由度 $n=1$ とする．また，$\hat{H} = \dfrac{\hat{p}^2}{2m} + V(\hat{q})$ とする．

(1) $\hat{O}_1 = \hat{q}$, $\hat{O}_2 = \hat{p}$
(2) (i) $\hat{O}_1 = \hat{q}$, $\hat{O}_2 = \hat{H}$
　　(ii) $\hat{O}_1 = \hat{p}$, $\hat{O}_2 = \hat{H}$
(3) $\hat{O}_1 = U(\hat{q})$, $\hat{O}_2 = \hat{H}$．ただし，U は任意の関数とする．

解 (1) 明らかに，

$$(\hat{q})_{\text{cl}} = q, \qquad (\hat{p})_{\text{cl}} = p$$

であるから，(7.59)の両辺は1であり，成り立っている．

(2) $(\hat{H})_{\text{cl}} = \dfrac{p^2}{2m} + V(q)$ である．

(i) $\dfrac{1}{i\hbar}\left[\hat{q},\hat{H}\right] = \dfrac{1}{i\hbar}\left[\hat{q},\dfrac{\hat{p}^2}{2m} + V(\hat{q})\right] = \dfrac{\hat{p}}{m}$ より，(7.59)の(左辺) $= \left(\dfrac{\hat{p}}{m}\right)_{\text{cl}} = \dfrac{p}{m}$ である．

一方，(7.59)の(右辺) $= \left\{q,\dfrac{p^2}{2m} + V(q)\right\} = \dfrac{p}{m}$ であり，確かに(7.59)は成り立っている．

(ii) $\dfrac{1}{i\hbar}\left[\hat{p},\hat{H}\right] = \dfrac{1}{i\hbar}\left[\hat{p},\dfrac{\hat{p}^2}{2m} + V(\hat{q})\right] = -V'(\hat{q})$ より，(7.59)の(左辺) $= (-V'(\hat{q}))_{\text{cl}} = -V'(q)$

となる．

一方，(7.59)の(右辺) $= \left\{p,\dfrac{p^2}{2m} + V(q)\right\} = -V'(q)$ だから，やはり(7.59)は成り立っている．

(3) $\dfrac{1}{i\hbar}\left[U(\hat{q}),\hat{H}\right] = \dfrac{1}{i\hbar}\left[U(\hat{q}),\dfrac{\hat{p}^2}{2m} + V(\hat{q})\right]$

$$= \frac{1}{2m}\left(U'(\hat{q})\hat{p} + \hat{p}U'(\hat{q})\right)$$

より，

$$(7.59)の（左辺） = \frac{1}{2m}\left(U'(\hat{q})\hat{p} + \hat{p}U'(\hat{q})\right)_{cl}$$
$$= \frac{1}{m}U'(q)p$$

となる．一方，

$$(7.59)の（右辺） = \left\{U(q), \frac{p^2}{2m} + V(q)\right\}$$
$$= \frac{1}{m}U'(q)p$$

だから，確かに(7.59)は成り立っている．■

以上のようにして，量子力学の交換子を $i\hbar$ で割ったものは，古典力学的極限でポアソン括弧に移行することがわかった．これを逆にみると，けっきょく，正準量子化とは，古典力学のポアソン括弧 $\{\ ,\ \}$ を形式的に $\frac{1}{i\hbar}[\ ,\ ]$ で置き換える手続きであったといえる．

例題 2 交換子 $[\ ,\ ]$ もポアソン括弧 $\{\ ,\ \}$ も次の性質を満たすことを示せ（具体的には，交換子の場合を書いた）．

(1) $[A, B] = -[B, A]$
(2) $[A, B]$ は，A, B について双線形．
(3) $[A, BC] = B[A, C] + [A, B]C$
(4) ヤコビ(Jacobi)律，すなわち，
$$[A,[B,C]] + [B,[C,A]] + [C,[A,B]] = 0$$

解 交換子の定義式 $[A, B] = AB - BA$ およびポアソン括弧の定義式
$$\{A, B\} = \sum_{i=1}^{n}\left(\frac{\partial A}{\partial q_i}\frac{\partial B}{\partial p_i} - \frac{\partial A}{\partial p_i}\frac{\partial B}{\partial q_i}\right)$$
よりすぐに確かめられる．■

7.7 調和振動子と生成・消滅演算子

生成・消滅演算子

ここで導入した記法の応用として，調和振動子を考えてみよう．まず，1次元の場合の

$$\hat{H} = \frac{\hat{p}^2}{2m} + \frac{m}{2}\omega^2\hat{q}^2 \tag{7.60}$$

を考える．ここで，$\hat{q}$ と $\hat{p}$ は次の正準交換関係を満たす．

第7章 量子力学の一般的性質

$$[\hat{q}, \hat{p}] = i\hbar \tag{7.61}$$

（いまは 1 自由度なので，$[\hat{q}, \hat{q}] = 0$，$[\hat{p}, \hat{p}] = 0$ は自明である）

ここで，消滅演算子 $\hat{a}$ と生成演算子 $\hat{a}^\dagger$ を次式で定義しよう．もちろん，$\hat{a}$ と $\hat{a}^\dagger$ は互いにエルミート共役である．

$$\hat{a} = \frac{1}{\sqrt{2\hbar}} \left(\sqrt{m\omega}\,\hat{q} + i\frac{1}{\sqrt{m\omega}}\,\hat{p} \right) \tag{7.62a}$$

$$\hat{a}^\dagger = \frac{1}{\sqrt{2\hbar}} \left(\sqrt{m\omega}\,\hat{q} - i\frac{1}{\sqrt{m\omega}}\,\hat{p} \right) \tag{7.62b}$$

また，数演算子とよばれているもの $\hat{n}$ を次式で定義する．

$$\hat{n} = \hat{a}^\dagger \hat{a} \tag{7.63}$$

このとき，次の例題に示すように交換関係

$$[\hat{a}, \hat{a}^\dagger] = 1 \tag{7.64}$$

$$[\hat{n}, \hat{a}] = -\hat{a} \tag{7.65a}$$

$$[\hat{n}, \hat{a}^\dagger] = \hat{a}^\dagger \tag{7.65b}$$

が成り立ち，また，ハミルトニアン $\hat{H}$ は次のように表される．

$$\hat{H} = \hbar\omega \left(\hat{a}^\dagger \hat{a} + \frac{1}{2} \right) = \hbar\omega \left(\hat{n} + \frac{1}{2} \right) \tag{7.66}$$

例題 1 (7.64)，(7.65)，(7.66) を示せ．

解 (i) $\hat{a}$ および $\hat{a}^\dagger$ の定義式より，

$$[\hat{a}, \hat{a}^\dagger] = \frac{1}{2\hbar} \left[\sqrt{m\omega}\,\hat{q} + i\frac{1}{\sqrt{m\omega}}\,\hat{p},\ \sqrt{m\omega}\,\hat{q} - i\frac{1}{\sqrt{m\omega}}\,\hat{p} \right]$$

$$= \frac{1}{2\hbar} \{ [\hat{q}, -i\hat{p}] + [i\hat{p}, \hat{q}] \} = 1$$

より，(7.64) が得られる．

(ii) $[\hat{n}, \hat{a}] = [\hat{a}^\dagger \hat{a}, \hat{a}] = \hat{a}^\dagger [\hat{a}, \hat{a}] + [\hat{a}^\dagger, \hat{a}]\hat{a} = -\hat{a}$

$[\hat{n}, \hat{a}^\dagger] = [\hat{a}^\dagger \hat{a}, \hat{a}^\dagger] = \hat{a}^\dagger [\hat{a}, \hat{a}^\dagger] + [\hat{a}^\dagger, \hat{a}^\dagger]\hat{a} = \hat{a}^\dagger$

より，(7.65) を得る．

(iii) $\hat{a}^\dagger \hat{a} = \frac{1}{2\hbar} \left(\sqrt{m\omega}\,\hat{q} - i\frac{1}{\sqrt{m\omega}}\,\hat{p} \right) \left(\sqrt{m\omega}\,\hat{q} + i\frac{1}{\sqrt{m\omega}}\,\hat{p} \right)$

$$= \frac{1}{2\hbar} \left(m\omega\hat{q}^2 + \frac{1}{m\omega}\hat{p}^2 + i[\hat{q}, \hat{p}] \right)$$

$$= \frac{1}{\hbar\omega}\hat{H} - \frac{1}{2}$$

より (7.66) は明らかである. ■

生成・消滅演算子の状態空間への作用

次に，このような演算子 $\hat{a}$, $\hat{a}^\dagger$ が状態空間にどのように作用しているかを，具体的に書き下すことを考えよう．まず，数演算子 $\hat{n}$ に対する次の性質を確認しておこう．

例題 2 次のことを示せ．

(1) 数演算子 $\hat{n}$ は，非負定値エルミートである．すなわち，$\hat{n}$ の固有値はすべて正か 0 である．

(2) $\hat{a}$ は $\hat{n}$ の固有値を 1 だけ減少させ，$\hat{a}^\dagger$ は $\hat{n}$ の固有値を 1 だけ増加させる．すなわち，$|\lambda\rangle$ が，

$$\hat{n}|\lambda\rangle = \lambda|\lambda\rangle$$

を満たせば，

(i) $\hat{n}(\hat{a}|\lambda\rangle) = (\lambda-1)(\hat{a}|\lambda\rangle)$
(ii) $\hat{n}(\hat{a}^\dagger|\lambda\rangle) = (\lambda+1)(\hat{a}^\dagger|\lambda\rangle)$

を満たす．

解 (1) $\hat{n} = \hat{a}^\dagger\hat{a}$ だから，$\hat{n}^\dagger = (\hat{a}^\dagger\hat{a})^\dagger = \hat{a}^\dagger\hat{a} = \hat{n}$ であり，$\hat{n}$ はエルミートである．任意の状態ベクトル $|\psi\rangle$ に対して，$\hat{n}$ の期待値は，

$$\langle\psi|\hat{n}|\psi\rangle = \langle\psi|\hat{a}^\dagger\hat{a}|\psi\rangle$$

となるが，これは $\hat{a}|\psi\rangle$ というベクトルのノルムであるから，正か 0 である．よって $\hat{n}$ は非負定値であり，固有値はすべて正か 0 である．

(2) (i) (7.65a) より，

$$\hat{n}\hat{a} = \hat{a}\hat{n} - \hat{a}$$

となる．両辺を $|\lambda\rangle$ に作用させると，

$$\hat{n}(\hat{a}|\lambda\rangle) = \hat{a}\hat{n}|\lambda\rangle - \hat{a}|\lambda\rangle = (\lambda-1)\hat{a}|\lambda\rangle$$

が得られる．

(ii) も同様である．■

上に示したように，$\hat{n}$ は非負定値エルミートであり，固有値はすべて正かゼロである．$\hat{n}$ の最小の固有値に対応する固有ベクトルを 1 つとり出し，$|0\rangle$ と書こう．ところが，やはり上の例題に示したように，$\hat{a}$ は $\hat{n}$ の固有値を 1 だけ減少させる演算子であるから，$\hat{a}|0\rangle$ がゼロ・ベクトルでなければ，$|0\rangle$ が最小固有値をもつことに矛盾する．すなわち，$|0\rangle$ は，

$$\hat{a}|0\rangle = 0 \tag{7.67}$$

を満たすことがわかった．以下，$|0\rangle$ は規格化条件

$$\langle 0|0\rangle = 1 \tag{7.68}$$

を満たしているとする．(7.67)からすぐわかるように，

$$\hat{n}|0\rangle = \hat{a}^\dagger \hat{a}|0\rangle = 0 \tag{7.69}$$

であるから，$|0\rangle$ は $\hat{n}$ の固有値 0 の固有ベクトルであったことがわかる．

次に，$|0\rangle$ に生成演算子 $\hat{a}^\dagger$ を n 回作用させて，適当な因子を掛けたものを $|n\rangle$ としよう．すなわち，

$$|n\rangle = \frac{1}{\sqrt{n!}}\left(\hat{a}^\dagger\right)^n |0\rangle \quad (n=0,1,2,\cdots) \tag{7.70}$$

次の例題で示すように，このようにして定義された $|n\rangle$ は，

$$\hat{n}|n\rangle = n|n\rangle \tag{7.71}$$

$$\hat{a}|n\rangle = \sqrt{n}|n-1\rangle \tag{7.72a}$$

$$\hat{a}^\dagger|n\rangle = \sqrt{n+1}|n+1\rangle \tag{7.72b}$$

$$\langle n|m\rangle = \delta_{n,m} \tag{7.73}$$

を満たすことがわかる．すなわち，$|n\rangle$ は数演算子 $\hat{n}$ の固有値 n に対応する規格化された固有ベクトルであることがわかる．

例題3 (7.71), (7.72), (7.73)を示せ．

解 (i) $\hat{a}^\dagger$ は $\hat{n}$ の固有値を 1 だけ増加させ，$|0\rangle$ の $\hat{n}$ の固有値は 0 であるから，$\left(\hat{a}^\dagger\right)^n|0\rangle$ の $\hat{n}$ の固有値は n である．よって(7.71)が示された．

(ii) $|n\rangle$ の定義式(7.70)より，

$$\hat{a}^\dagger|n\rangle = \hat{a}^\dagger \frac{1}{\sqrt{n!}}\left(\hat{a}^\dagger\right)^n|0\rangle = \sqrt{n+1}\frac{1}{\sqrt{(n+1)!}}\left(\hat{a}^\dagger\right)^{n+1}|0\rangle$$

$$= \sqrt{n+1}|n+1\rangle$$

となり，(7.72b)が得られる．

(iii) 上式で n を $(n-1)$ としたもの，

$$\hat{a}^\dagger|n-1\rangle = \sqrt{n}|n\rangle$$

の両辺に $\hat{a}$ を作用させると，

$$\hat{a}\hat{a}^\dagger|n-1\rangle = \sqrt{n}\hat{a}|n\rangle$$

となる．ところが，左辺は，

$$\hat{a}\hat{a}^\dagger|n-1\rangle = \left(\hat{a}^\dagger\hat{a} + \left[\hat{a},\hat{a}^\dagger\right]\right)|n-1\rangle$$

$$= (\hat{n}+1)|n-1\rangle$$

$$= n|n-1\rangle$$

と変形できるから，(7.72a) が示される．

(iv) (7.72a) の両辺のノルムをとると，
$$\langle n|\hat{a}^\dagger \hat{a}|n\rangle = n\langle n-1|n-1\rangle$$
となるが，左辺は，
$$\langle n|\hat{n}|n\rangle = n\langle n|n\rangle$$
であるから，
$$\langle n|n\rangle = \langle n-1|n-1\rangle$$
であること，すなわち $\langle n|n\rangle$ は n によらないことがわかる．よって，$\langle n|n\rangle = \langle 0|0\rangle = 1$ がわかる．$n \neq m$ ならば，$|n\rangle$ と $|m\rangle$ はエルミート演算子 $\hat{n}$ の異なる固有値に属するから，$\langle n|m\rangle = 0$ である．よって $\{|n\rangle\}$ が正規直交であること (7.73) がわかった．■

ここで，$|n\rangle (n = 0, 1, 2, \cdots)$ によってはられる空間を V_0 とすると，(7.72)は，V_0 が演算子 $\hat{a}$ と $\hat{a}^\dagger$ との作用について閉じていることを示している．ところが，$\hat{a}$, $\hat{a}^\dagger$ の定義式 (7.62) は逆に解くことができて，

$$\hat{q} = \sqrt{\frac{\hbar}{2m\omega}}\left(\hat{a} + \hat{a}^\dagger\right) \tag{7.74a}$$

$$\hat{p} = -i\sqrt{\frac{\hbar m\omega}{2}}\left(\hat{a} - \hat{a}^\dagger\right) \tag{7.74b}$$

となるから，V_0 は $\hat{q}$ および $\hat{p}$ の作用についても閉じている．いまは，1自由度の問題を考えており，$\hat{q}$, $\hat{p}$ 以外には自由度はないので，状態空間 V は V_0 そのものであるとしてよい．以上によって，$\hat{a}$, $\hat{a}^\dagger$ が状態空間にどのように作用するかが完全に決定された．

この最後の部分の議論を少し奇異に感じるかもしれないので，少し補足しておこう．ここまでの議論では，(7.67) を満たすような状態ベクトル $|0\rangle$ が存在するといっているだけであり，それが一意的であるとは主張していない．実際，$\hat{a}|v\rangle = 0$ を満たす1次独立なベクトルがいくつかあったとして，それらを $|0\rangle'$, $|0\rangle''$, $|0\rangle'''$, $\cdots$ とすると，そのそれぞれの上に，$\hat{q}$ と $\hat{p}$ の作用に関して閉じた部分が作られる．すなわち，

$$V_0' = \left\{\sum_n c_n \left(\hat{a}^\dagger\right)^n |0\rangle' ; c_n \in C\right\}$$

$$V_0'' = \left\{\sum_n c_n \left(\hat{a}^\dagger\right)^n |0\rangle'' ; c_n \in C\right\} \tag{7.75}$$

$$\cdots$$

とすると，これらはすべて $\hat{q}$ と $\hat{p}$ の作用について閉じている．しかし，それらは一見してわかるように，すべて同じ構造をもっているから，それらを区別するためには，$\hat{q}$, $\hat{p}$ 以外の他の変数が必要である．それゆえ，$\hat{q}$, $\hat{p}$ 以外の変数がないときは，状態空間としては，V_0', V_0'', $\cdots$ のうちの1つだけで十分と考えるのである．座標表示を導入したと

第7章 量子力学の一般的性質

きに，(7.44)のすぐ後に述べたように，$V=V_0$と仮定したのもまったく同じ理由によるものである．

調和振動子のエネルギー準位・固有状態

ところで，ハミルトニアンは，(7.66)のように $\hat{H} = \hbar\omega\left(\hat{n} + \dfrac{1}{2}\right)$ と書かれているから，上の $|n\rangle$ ($n=0,1,2,\cdots$) はハミルトニアンを完全に対角化していることがわかる．すなわち，調和振動子(7.60)のエネルギー固有値は，

$$E_n = \hbar\omega\left(n + \frac{1}{2}\right) \quad (n=0,1,2,\cdots) \tag{7.76}$$

で与えられ，その縮退度はすべて1であることがわかった．

例題4 上で与えた状態ベクトル $|n\rangle$ を座標表示で表せ．

解 まず，基底状態 $|0\rangle$ の座標表示を考える．$|0\rangle$ の満たす式，$\hat{a}|0\rangle = 0$ は座標表示では，

$$0 = \langle q'|\hat{a}|0\rangle = \frac{1}{\sqrt{2\hbar}}\langle q'|\sqrt{m\omega}\hat{q} + i\frac{1}{\sqrt{m\omega}}\hat{p}|0\rangle$$

$$= \frac{1}{\sqrt{2\hbar}}\left(\sqrt{m\omega}q' + \frac{\hbar}{\sqrt{m\omega}}\frac{\partial}{\partial q'}\right)\langle q'|0\rangle$$

となる．これを解くと，

$$\langle q'|0\rangle = \left(\frac{m\omega}{\pi\hbar}\right)^{1/4} \exp\left(-\frac{m\omega}{2\hbar}q'^2\right)$$

となる．ここで，積分定数は，

$$1 = \langle 0|0\rangle = \int dq'\langle 0|q'\rangle\langle q'|0\rangle$$

から決めた．次に，

$$\langle q'|\hat{a}^\dagger = \langle q'|\frac{1}{\sqrt{2\hbar}}\left(\sqrt{m\omega}\hat{q} - i\frac{1}{\sqrt{m\omega}}\hat{p}\right)$$

$$= \left(\sqrt{\frac{m\omega}{2\hbar}}q' - \sqrt{\frac{\hbar}{2m\omega}}\frac{\partial}{\partial q'}\right)\langle q'|$$

より，

$$\langle q'|n\rangle = \frac{1}{\sqrt{n!}}\langle q'|(\hat{a}^\dagger)^n|0\rangle$$

$$= \left(\frac{m\omega}{\pi\hbar}\right)^{\frac{1}{4}} \frac{1}{\sqrt{n!}} \left(\frac{1}{\sqrt{2}}\right)^n \left\{\left(\sqrt{\frac{m\omega}{\hbar}} q'\right) - \frac{\partial}{\partial\left(\sqrt{\frac{m\omega}{\hbar}} q'\right)}\right\}^n \exp\left(-\frac{1}{2}\left(\sqrt{\frac{m\omega}{\hbar}} q'\right)^2\right)$$

$$= \left(\frac{m\omega}{\pi\hbar}\right)^{\frac{1}{4}} \frac{1}{\sqrt{n!}} \left(\frac{1}{\sqrt{2}}\right)^n H_n\left(\sqrt{\frac{m\omega}{\hbar}} q'\right) \exp\left(-\frac{1}{2}\frac{m\omega}{\hbar} q'^2\right)$$

となり,確かに第4章で得られたものと一致している.ここで $H_n(x)$ はエルミート多項式であり,

$$H_n(x) = \exp\left(\frac{1}{2}x^2\right)\left(x - \frac{\mathrm{d}}{\mathrm{d}x}\right)^n \exp\left(-\frac{1}{2}x^2\right)$$

で定義されている. ∎

多自由度の場合

多自由度の調和振動子を考えておこう.ハミルトニアンは一般に,

$$\hat{H} = \frac{1}{2}\sum_{i,j=1}^{f} M_{ij}\hat{p}_i\hat{p}_j + \frac{1}{2}\sum_{i,j=1}^{f} K_{ij}\hat{q}_i\hat{q}_j \tag{7.77}$$

の形をしているとしよう.ここで, $\hat{p}_i, \hat{q}_i\,(i=1,2,\cdots,f)$ は正準交換関係を満たしており, M_{ij}, K_{ij} は対称かつ,正定値の行列とする.古典力学でよく知られているように,これは,適当に変数をとり換えることにより,

$$\hat{H} = \frac{1}{2}\sum_{i=1}^{f} \hat{P}_i^2 + \frac{1}{2}\sum_{i=1}^{f} \omega_i^2 \hat{Q}_i^2 \tag{7.78}$$

と書くことができる.ここで, $\hat{P}_i, \hat{Q}_i\,(i=1,2,\cdots,f)$ も正準交換関係を満たす.このように書いたときの各 i のことをノーマルモードあるいは単にモードとよんでいる.次に,各モード i に関する生成・消滅演算子を,

$$\hat{a}_i = \frac{1}{\sqrt{2\hbar}}\left(\sqrt{\omega_i}\hat{Q}_i + i\frac{1}{\sqrt{\omega_i}}\hat{P}_i\right) \tag{7.79a}$$

$$\hat{a}_i^\dagger = \frac{1}{\sqrt{2\hbar}}\left(\sqrt{\omega_i}\hat{Q}_i - i\frac{1}{\sqrt{\omega_i}}\hat{P}_i\right) \tag{7.79b}$$

で定義すると,交換関係は,

$$\left[\hat{a}_i, \hat{a}_j^\dagger\right] = \delta_{i,j} \tag{7.80}$$

となり，ハミルトニアンは，

$$\hat{H} = \sum_i \hbar\omega_i \left(\hat{a}_i^\dagger \hat{a}_i + \frac{1}{2} \right) \tag{7.81}$$

と書くことができる．

例題5 (7.80)と(7.81)を示せ．

解 （i）n 組の $\hat{P}_i$，$\hat{Q}_i$ のうち，違う組に属するものどうしは可換であるから，$i \neq j$ のとき，$\hat{a}_i$ や $\hat{a}_i^\dagger$ は $\hat{a}_j$ や $\hat{a}_j^\dagger$ と可換である．$i = j$ のときは，1自由度の場合と同じであるから，(7.80)が得られる．

（ii）ハミルトニアン(7.78)では，各自由度 $\hat{P}_i$，$\hat{Q}_i$ は互いに独立であるから，1自由度の場合の和をとればよいだけであり，(7.81)を得る． ∎

次に，各モード i に対する数演算子 $\hat{n}_i$ を，

$$\hat{n}_i = \hat{a}_i^\dagger \hat{a}_i \quad (i = 1, 2, \cdots, n) \tag{7.82}$$

で定義すると，これらはエルミートであり，(7.80)から明らかなように互いに可換である．すなわち，

$$[\hat{n}_i, \hat{n}_j] = 0 \tag{7.83}$$

また，1自由度の場合とまったく同様にして，

$$[\hat{n}_i, \hat{a}_j] = -\delta_{i,j} \hat{a}_j \tag{7.84a}$$

$$[\hat{n}_i, \hat{a}_j^\dagger] = \delta_{i,j} \hat{a}_j^\dagger \tag{7.84b}$$

を示すことができるから，$\hat{a}_i^\dagger$，$\hat{a}_i$ が $\hat{n}_i$ の固有値を1だけ増減する作用になっていることも明らかだろう．

ところで，$\hat{n}_i$ は互いに可換であるから，同時に対角化できる．そうすると，1自由度の場合とまったく同様に考えれば，その固有値はどれもゼロか正の整数でなければならず，けっきょく，どのモードの消滅演算子を掛けても0になるような状態 $|0\rangle$ の存在がいえる．

$$a_i |0\rangle = 0 \quad (i = 1, 2, \cdots, f) \tag{7.85}$$

ここで $|0\rangle$ は $\langle 0|0\rangle = 1$ のように規格化されているとする．各モードの演算子は互いに独立である，すなわち，異なるモードに属する演算子は可換であることを思い出すと，

$$|n_1, n_2, \cdots, n_f\rangle = \frac{1}{\sqrt{n_1!}} \cdots \frac{1}{\sqrt{n_f!}} \left(\hat{a}_1^\dagger\right)^{n_1} \cdots \left(\hat{a}_f^\dagger\right)^{n_f} |0\rangle \tag{7.86}$$

ではられる空間が，$\hat{a}_i$ および $\hat{a}_i^\dagger (i = 1, 2, \cdots, f)$ で閉じていることは自明だろう．

例題6 以下の式を示せ．

(i) $\hat{n}_i |n_1, n_2, \cdots, n_f\rangle = n_i |n_1, n_2, \cdots, n_f\rangle$

(ii) $\hat{a}_i |n_1, n_2, \cdots, n_f\rangle = \sqrt{n_i} |n_1, n_2, \cdots, n_i - 1, \cdots, n_f\rangle$

(iii) $\hat{a}_i^\dagger |n_1, n_2, \cdots, n_f\rangle = \sqrt{n_i + 1} |n_1, n_2, \cdots, n_i + 1, \cdots, n_f\rangle$

解 (i) 生成演算子 $\hat{a}_i^\dagger$ は $\hat{n}_i$ の固有値を1増加させ，他の $\hat{n}_j (j \neq i)$ の固有値は動かさない．状態 $|0\rangle$ の $\hat{n}_i$ の固有値は全部0であるから，$|n_1, \cdots, n_f\rangle$ の定義式(7.86)から，その $\hat{n}_i$ の固有値が n_i であることは明らかだろう．

(ii) 直接計算して示すことにしよう．

$$\hat{a}_i |n_1, n_2, \cdots, n_f\rangle$$
$$= \hat{a}_i \frac{1}{\sqrt{n_1!}} \cdots \frac{1}{\sqrt{n_f!}} \left(\hat{a}_1^\dagger\right)^{n_1} \cdots \left(\hat{a}_f^\dagger\right)^{n_f} |0\rangle$$
$$= \frac{1}{\sqrt{n_1!}} \cdots \frac{1}{\sqrt{n_f!}} \left\{ \left[\hat{a}_i, \left(\hat{a}_1^\dagger\right)^{n_1} \cdots \left(\hat{a}_f^\dagger\right)^{n_f}\right] + \left(\hat{a}_1^\dagger\right)^{n_1} \cdots \left(\hat{a}_f^\dagger\right)^{n_f} \hat{a}_i \right\} |0\rangle$$

と書くと，{ } 内の第2項は，(7.85)より0を与える．一方，第1項は，$\hat{a}_j^\dagger (j \neq i)$ が $\hat{a}_i$ と可換であることより，

$$\left[\hat{a}_i, \left(\hat{a}_1^\dagger\right)^{n_1} \cdots \left(\hat{a}_f^\dagger\right)^{n_f}\right]$$
$$= \left(\hat{a}_1^\dagger\right)^{n_1} \cdots \left(\hat{a}_{i-1}^\dagger\right)^{n_{i-1}} \left[\hat{a}_i, \left(\hat{a}_i^\dagger\right)^{n_i}\right] \left(\hat{a}_{i+1}^\dagger\right)^{n_{i+1}} \cdots \left(\hat{a}_f^\dagger\right)^{n_f}$$

となる．また，

$$\left[\hat{a}_i, \left(\hat{a}_i^\dagger\right)^{n_i}\right] = n_i \left(\hat{a}_i^\dagger\right)^{n_i - 1}$$

は簡単に示すことができるから，けっきょく

$$\hat{a}_i |n_1, n_2, \cdots, n_f\rangle = \frac{1}{\sqrt{n_1!}} \cdots \frac{1}{\sqrt{n_f!}} n_i \left(\hat{a}_1^\dagger\right)^{n_1} \cdots \left(\hat{a}_i^\dagger\right)^{n_i - 1} \cdots \left(\hat{a}_f^\dagger\right)^{n_f} |0\rangle$$

となり，望む結果が得られる．

(iii) $\hat{a}_i^\dagger |n_1, n_2, \cdots, n_f\rangle$
$$= \hat{a}_i^\dagger \frac{1}{\sqrt{n_1!}} \cdots \frac{1}{\sqrt{n_f!}} \left(\hat{a}_1^\dagger\right)^{n_1} \cdots \left(\hat{a}_f^\dagger\right)^{n_f} |0\rangle$$
$$= \frac{1}{\sqrt{n_1!}} \cdots \frac{1}{\sqrt{n_f!}} \left(\hat{a}_1^\dagger\right)^{n_1} \cdots \left(\hat{a}_i^\dagger\right)^{n_i + 1} \cdots \left(\hat{a}_f^\dagger\right)^{n_f} |0\rangle$$

から明らかである．■

ところで，ハミルトニアン(7.81)は $\hat{n}_i$ を使うと，

$$\hat{H} = \sum_{i=1}^{f} \hbar \omega_i \left(\hat{n}_i + \frac{1}{2} \right) \tag{7.87}$$

と書くことができる．これは，$\hat{H}$ が，基底 $\{|n_1, \cdots, n_f\rangle\}$ により完全に対角化されており，その固有値は，

第7章 量子力学の一般的性質

$$E_{n_1,\cdots,n_f} = \sum_{i=1}^{f} \hbar\omega_i \left(n_i + \frac{1}{2}\right) \tag{7.88}$$

で与えられることを示している．

章末問題

[1] (1)シュレーディンガー描像で見たときに，時間 t に陽に依存している演算子 $\hat{O}_S(t)$ があったとする．ハイゼンベルク描像に移ったときに，対応する演算子 $\hat{O}_H(t)$ の満たすハイゼンベルク方程式はどのようになるか．

(2)例として，1次元の質量 m の自由粒子に対して，$\hat{O} = \hat{x} - t\dfrac{\hat{p}}{m}$ を考えよ．

解 (1)この場合も，2つの描像の対応は，

$$_S\langle\psi|\hat{O}_S(t)|\psi\rangle_S = {}_H\langle\psi|\hat{O}_H(t)|\psi\rangle_H$$

で与えられるべきであるから，(7.27b)はそのままであり，

$$\hat{O}_H(t) = \exp\left(-\frac{1}{i\hbar}\hat{H}(t-t_0)\right)\hat{O}_S(t)\exp\left(\frac{1}{i\hbar}\hat{H}(t-t_0)\right)$$

が成り立つ．ただし，右辺の $\hat{O}_S(t)$ は陽な t 依存性をもっていることに注意しよう．両辺を t で微分すると，

$$\begin{aligned}
\frac{d}{dt}\hat{O}_H(t) &= -\frac{1}{i\hbar}\hat{H}\exp\left(-\frac{1}{i\hbar}\hat{H}(t-t_0)\right)\hat{O}_S(t)\exp\left(\frac{1}{i\hbar}\hat{H}(t-t_0)\right) \\
&\quad + \exp\left(-\frac{1}{i\hbar}\hat{H}(t-t_0)\right)\left(\frac{d}{dt}\hat{O}_S(t)\right)\exp\left(\frac{1}{i\hbar}\hat{H}(t-t_0)\right) \\
&\quad + \exp\left(-\frac{1}{i\hbar}\hat{H}(t-t_0)\right)\hat{O}_S(t)\exp\left(\frac{1}{i\hbar}\hat{H}(t-t_0)\right)\frac{1}{i\hbar}\hat{H} \\
&= \frac{1}{i\hbar}\left[\hat{O}_H(t),\hat{H}\right] + \exp\left(-\frac{1}{i\hbar}\hat{H}(t-t_0)\right)\left(\frac{d}{dt}\hat{O}_S(t)\right)\exp\left(\frac{1}{i\hbar}\hat{H}(t-t_0)\right)
\end{aligned}$$

となるが，最後の表式の第2項は，$\hat{O}_H(t)$ の陽な t 依存性を与えているから，$\dfrac{\partial}{\partial t}\hat{O}_H(t)$ と書くことができる．けっきょく，演算子が陽な t 依存性をもっているときのハイゼンベルク方程式は，

$$\frac{d}{dt}\hat{O}_H = \frac{1}{i\hbar}\left[\hat{O}_H,\hat{H}\right] + \frac{\partial}{\partial t}\hat{O}_H \qquad \text{ⓐ}$$

で与えられる．

(2) 物理的には，演算子 $\hat{O} = \hat{x} - t\dfrac{\hat{p}}{m}$ は時刻 $t=0$ における位置であり，$\hat{O}$ は t に依存しないはずである．実際，$\hat{H} = \dfrac{1}{2m}\hat{p}^2$ と $\hat{O}$ の表式を ⓐ に代入すると，

$$\begin{aligned}\dfrac{\mathrm{d}}{\mathrm{d}t}\hat{O} &= \dfrac{1}{i\hbar}\left[\hat{O},\hat{H}\right] + \dfrac{\partial}{\partial t}\hat{O} \\ &= \dfrac{1}{i\hbar}\left[\hat{x} - t\dfrac{\hat{p}}{m},\dfrac{1}{2m}\hat{p}^2\right] + \dfrac{\partial}{\partial t}\left(\hat{x} - t\dfrac{\hat{p}}{m}\right) \\ &= \dfrac{1}{i\hbar}\dfrac{\hat{p}}{m}\left[\hat{x},\hat{p}\right] - \dfrac{\hat{p}}{m} \\ &= 0\end{aligned}$$

となり，確かに $\dfrac{\mathrm{d}}{\mathrm{d}t}\hat{O} = 0$ となっている．

[2] 1次元の質量 m の自由粒子を考える．

(1) 時刻 $t=0$ で $x=x'$ にあった粒子が，時刻 t で $x=x''$ のところにいる確率振幅は，

$$G(x'',x';t) = \langle x''|\exp\left(-\dfrac{i}{\hbar}\hat{H}t\right)|x'\rangle$$

で与えられることを示せ．これを自由粒子のグリーン (Green) 関数とよんでいる．

(2) グリーン関数 $G(x'',x';t)$ を求めよ．

(3) 3次元の自由粒子の場合はどうなるか．

解 (1) 時刻 $t=0$ で粒子が $x=x'$ にあったとすると，その状態ベクトルは $|x'\rangle$ である．時間 t の後に，この状態は $\exp\left(-\dfrac{i}{\hbar}\hat{H}t\right)|x'\rangle$ になるから，このとき，粒子が $x=x''$ のところにいる確率振幅は，$\langle x''|\exp\left(-\dfrac{i}{\hbar}\hat{H}t\right)|x'\rangle$ で与えられる．

(2) $G(x'',x';t)$ の表式に，運動量の完全系 $1 = \int \mathrm{d}p\,|p\rangle\langle p|$ を挿入すると，

$$G(x'',x';t) = \int \mathrm{d}p\,\langle x''|\exp\left(-\dfrac{i}{\hbar}\hat{H}t\right)|p\rangle\langle p|x'\rangle$$

となるが，$\hat{H} = \dfrac{1}{2m}\hat{p}^2$ だから，

$$= \int \mathrm{d}p\,\exp\left(-\dfrac{i}{\hbar}\dfrac{p^2}{2m}t\right)\langle x''|p\rangle\langle p|x'\rangle$$

第7章 量子力学の一般的性質

$$= \frac{1}{2\pi\hbar}\int dp \exp\left(-\frac{i}{\hbar}\frac{p^2}{2m}t\right)\exp\left(\frac{i}{\hbar}p(x''-x')\right)$$

が得られる．ここで，$\langle x|p\rangle = \frac{1}{\sqrt{2\pi\hbar}}\exp\left(\frac{i}{\hbar}px\right)$ を使った．最後のガウス（Gauss）積分は簡単に評価できて，

$$G(x'',x';t) = \sqrt{\frac{m}{i2\pi\hbar t}}\exp\left(\frac{i}{\hbar}\frac{m}{2t}(x''-x')^2\right)$$

となる．

(3) 3次元の場合のグリーン関数は，

$$G(\boldsymbol{x}'',\boldsymbol{x}';t) = \langle \boldsymbol{x}''|\exp\left(-\frac{i}{\hbar}\hat{H}t\right)|\boldsymbol{x}'\rangle$$

である．1次元の場合と同様に，運動量の完全系，$1 = \int d^3\boldsymbol{p}|\boldsymbol{p}\rangle\langle\boldsymbol{p}|$ を挿入すれば，

$$G(\boldsymbol{x}'',\boldsymbol{x}';t) = \left(\frac{m}{i2\pi\hbar t}\right)^{3/2}\exp\left(\frac{i}{\hbar}\frac{m}{2t}(\boldsymbol{x}''-\boldsymbol{x}')^2\right)$$

が得られる．

[3] ハイゼンベルク描像での生成・消滅演算子の時間発展を求めよ．

解 ハミルトニアンの表式 $\hat{H} = \hbar\omega\left(\hat{a}^\dagger\hat{a} + \frac{1}{2}\right)$，および交換関係 $\left[\hat{a},\hat{a}^\dagger\right] = 1$ より，$\hat{a}$, $\hat{a}^\dagger$ に対するハイゼンベルク方程式は，

$$\frac{d}{dt}\hat{a} = \frac{1}{i\hbar}\left[\hat{a},\hat{H}\right] = -i\omega\hat{a}$$

$$\frac{d}{dt}\hat{a}^\dagger = \frac{1}{i\hbar}\left[\hat{a}^\dagger,\hat{H}\right] = i\omega\hat{a}^\dagger$$

となる．これは簡単に積分できて，

$$\hat{a}(t) = e^{-i\omega t}\hat{a}(0)$$

$$\hat{a}^\dagger(t) = e^{i\omega t}\hat{a}^\dagger(0)$$

を得る．■

第8章　角運動量とスピン

8.1　対称性と保存量
8.2　運動量と角運動量
8.3　角運動量の固有状態
8.4　軌道角運動量とスピン角運動量
8.5　角運動量の合成

　いろいろな保存則が系のもつ対称性と深く結びついていることは古典力学でもよく知られているが，量子力学ではそれがどのように表現され，実際にどのように現れているかを調べるのが本章の目的である．まず8.1節で，系の対称性が変換に対するハミルトニアンの不変性という形で定式化できることを示す．その重要な例が並進と回転に対する不変性であり，その帰結として運動量および角運動量の保存則が導かれる．8.2節では量子力学的な演算子として運動量・角運動量およびパリティを導入し，8.3節で角運動量の表現の一般論を展開する．電子や核子など多くの粒子は，スピンとよばれる古典論的には現れないような自由度をもっているが，それを導入するのが8.4節の目的である．8.5節では2つの角運動量を合わせたときのふるまいを議論するが，実用的には本章の中で最も重要な部分である．

第 8 章　角運動量とスピン

8.1　対称性と保存量

保存量

　ハミルトニアン $\hat{H}$ と可換であるような物理量の演算子のことを保存量とよぶ．実際，次の例題に示すように，そのような演算子の固有値は，時間によらずに一定である．

例題 1　$\hat{O}$ をハミルトニアン $\hat{H}$ と可換な演算子とする．ある時刻 $t=t_0$ において，状態ベクトル $|\psi(t_0)\rangle$ は $\hat{O}$ の固有値 λ に対応する固有状態であったとする．そのような状態ベクトルは，時間発展をしても，$\hat{O}$ の固有値 λ に対応する固有ベクトルであり続けることを示せ．

解　時刻 t における状態ベクトル $|\psi(t)\rangle$ は $|\psi(t_0)\rangle$ を使って，

$$|\psi(t)\rangle = \exp\left(\frac{1}{i\hbar}\hat{H}(t-t_0)\right)|\psi(t_0)\rangle$$

と書くことができる．$\hat{O}$ と $\hat{H}$ が可換であることより，

$$\begin{aligned}
\hat{O}|\psi(t)\rangle &= \hat{O}\exp\left(\frac{1}{i\hbar}\hat{H}(t-t_0)\right)|\psi(t_0)\rangle \\
&= \exp\left(\frac{1}{i\hbar}\hat{H}(t-t_0)\right)\hat{O}|\psi(t_0)\rangle \\
&= \exp\left(\frac{1}{i\hbar}\hat{H}(t-t_0)\right)\lambda|\psi(t_0)\rangle \\
&= \lambda|\psi(t)\rangle
\end{aligned}$$

が導かれる．■

　演算子が保存するという言葉の意味は，ハイゼンベルク描像で考えるともっと明らかになるだろう．すなわち，ハイゼンベルク描像では，一般に演算子 $\hat{O}_\mathrm{H}$ は，ハイゼンベルク方程式

$$\frac{\mathrm{d}}{\mathrm{d}t}\hat{O}_\mathrm{H} = \frac{1}{i\hbar}\left[\hat{O}_\mathrm{H}, \hat{H}\right] \tag{8.1}$$

に従って変化するが，$\hat{O}$ と $\hat{H}$ が可換であれば右辺は 0 となり，$\hat{O}_\mathrm{H}$ は時間に依存しない演算子となる．

　上の議論では，$\hat{O}$ は物理量の演算子であるとしたが，ユニタリーな演算子に対してもまったく同様のことがいえるのは明らかであろう．すなわち，ユニタリーな演算子 $\hat{U}$ がハミルトニアン $\hat{H}$ と可換であるとき，ある時刻において状態ベクトルが $\hat{U}$ の固有状態であれば，任意の時刻においても同じ固有値の固有状態であり続ける．ところで，$\hat{U}$ と $\hat{H}$ が可換であるという条件は，

$$\hat{U}^{-1}\hat{H}\hat{U} = \hat{H} \tag{8.2}$$

とも書くことができることに注意しよう．これは，$\hat{H}$ がユニタリー変換 $\hat{U}$ に対して不変であるということである．

対称性

一般に，系に対するある変換があって，系がそれに対して不変であるとき，すなわち，変換前の系と変換後の系がまったく同じに見えるときに，系はその変換に対応した対称性をもつという．量子力学の枠組みの中では，そのような変換として，状態ベクトルに作用するユニタリー変換を考えるのが適当であろう．すなわち，ハミルトニアン $\hat{H}$ がユニタリー変換 $\hat{U}$ に対して不変であるとき，系は $\hat{U}$ に対応した対称性をもつということにしよう．このとき，(8.2)の前後の議論からわかるように，$\hat{U}$ は保存量とみなせる．また，系が対称性をもつということを，次の例題のように考えてもよい．

例題 2 ハミルトニアン $\hat{H}$ がユニタリー変換 $\hat{U}$ に対して不変であったとする．すなわち，
$$\hat{U}^{-1}\hat{H}\hat{U} = \hat{H}$$
このとき，$|\psi(t)\rangle$ をシュレーディンガー方程式の解とすると，$\hat{U}|\psi(t)\rangle$ もシュレーディンガー方程式を満たすことを示せ．

解 $|\psi(t)\rangle$ がシュレーディンガー方程式
$$i\hbar\frac{\mathrm{d}}{\mathrm{d}t}|\psi(t)\rangle = \hat{H}|\psi(t)\rangle$$
を満たしているとする．この両辺に $\hat{U}$ を作用させると，
$$i\hbar\frac{\mathrm{d}}{\mathrm{d}t}\hat{U}|\psi(t)\rangle = \hat{U}\hat{H}\hat{U}^{-1}\hat{U}|\psi(t)\rangle$$
となるが，$\hat{U}\hat{H}\hat{U}^{-1} = \hat{H}$ であれば，これは $\hat{U}|\psi(t)\rangle$ もシュレーディンガー方程式を満たしていることを示している．∎

量子力学における対称性の表し方の第 1 の例として，4 章で議論したような 1 次元のポテンシャル問題におけるパリティを考えよう．ポテンシャル $V(x)$ をもつ，質量 m の 1 次元粒子を考えると，ハミルトニアンは，
$$\hat{H} = \frac{1}{2m}\hat{p}^2 + V(\hat{x}) \tag{8.3}$$
で与えられる．ここでポテンシャル $V(x)$ は偶関数であるとすると，明らかに系は x 軸の原点に関する折り返し
$$x \mapsto -x, \qquad p \mapsto -p \tag{8.4}$$
に対して不変である．実際，古典論的には，$x = f(t)$ が運動方程式の解であれば，$x = -f(t)$ も運動方程式の解であることは自明だろう．

第8章　角運動量とスピン

この対称性を量子力学的に表現するためには，(8.4)に対応して，
$$\hat{U}^{-1}\hat{x}\hat{U} = -\hat{x}, \quad \hat{U}^{-1}\hat{p}\hat{U} = -\hat{p} \tag{8.5}$$
となるような，ユニタリー演算子$\hat{U}$を考えればよい．次の例題3に示すように，そのような$\hat{U}$は実際に存在するが，そのとき$\hat{H}$が$\hat{U}$で不変なことは，

$$\begin{aligned}
\hat{U}^{-1}\hat{H}\hat{U} &= \hat{U}^{-1}\left(\frac{1}{2m}\hat{p}^2 + V(\hat{x})\right)\hat{U} \\
&= \frac{1}{2m}(-\hat{p})^2 + V(-\hat{x}) \\
&= \hat{H}
\end{aligned} \tag{8.6}$$

から明らかだろう．

例題3　(1) 演算子$\hat{U}$を$\hat{U}|x\rangle = |-x\rangle\ (-\infty < x < \infty)$として定義すると，$\hat{U}$はユニタリーであり，(8.5)を満たすことを示せ．

(2) $\hat{U}^2 = 1$であることを示せ．これは，物理的には何を意味するか．

(3) $\hat{U}$の固有値は± 1であることを示せ．それぞれの固有ベクトルは，x表示の波動関数として見ると，どのようなものになっているか．

解　(1) (i) $\hat{U}$の定義より，$\hat{U}|x'\rangle$と$\hat{U}|x''\rangle$の内積は，
$$\langle -x'|-x''\rangle = \delta(-x' + x'') = \delta(x' - x'')$$
であるが，これは$|x'\rangle$と$|x''\rangle$の内積に等しい．よって，$\hat{U}$はユニタリーである．

(ii) $\hat{x}\hat{U}|x\rangle = \hat{x}|-x\rangle = -x|-x\rangle$
$$= -x\hat{U}|x\rangle = -\hat{U}x|x\rangle = -\hat{U}\hat{x}|x\rangle$$
および，
$$\hat{p}\hat{U}|x\rangle = \hat{p}|-x\rangle = -i\hbar\frac{\partial}{\partial x}|-x\rangle$$
$$= -i\hbar\frac{\partial}{\partial x}\hat{U}|x\rangle = -\hat{U}\left(i\hbar\frac{\partial}{\partial x}|x\rangle\right) = -\hat{U}\hat{p}|x\rangle$$

より，$\hat{x}\hat{U} = -\hat{U}\hat{x}$，$\hat{p}\hat{U} = -\hat{U}\hat{p}$となり，(8.5)を得る．

(2) $\hat{U}^2|x\rangle = \hat{U}\hat{U}|x\rangle = \hat{U}|-x\rangle = |x\rangle$

より$\hat{U}^2 = 1$を得る．これは，物理的にはx軸の原点に関する折り返しを2回続けると，元に戻ることに対応している．

(3) $\hat{U}$はユニタリーであり，$\hat{U}^2 = 1$であるから固有値は± 1である．$\psi(x) = \langle x|\psi\rangle$とすると，
$$\langle x|\hat{U}|\psi\rangle = \langle -x|\psi\rangle = \psi(-x)$$

であるから，$\hat{U}$の固有値$+1$および-1の固有状態は，それぞれ偶関数および奇関数の波

動関数に対応する. ■

対称性の第2の例として，1次元の自由粒子の並進対称性を考えよう. x 軸上を動く質量 m の自由粒子のハミルトニアンは，

$$\hat{H} = \frac{1}{2m}\hat{p}^2 \tag{8.7}$$

で与えられる．古典論的には，この系が x 軸に沿って c だけ移動させる変換

$$x \mapsto x+c, \quad p \mapsto p \tag{8.8}$$

に対して不変であることは明らかである．そのような変換は，量子力学的には，ケット $|x\rangle$ を $|x+c\rangle$ に写す変換 $\hat{U}(c)$ として表されると考えるのが自然だろう．

$$\hat{U}(c)|x\rangle = |x+c\rangle \tag{8.9}$$

実際，次の例題4に示すように，(8.9)で定義される演算子はユニタリーであり，(8.8)に対応する変換則

$$\hat{U}(c)^{-1}\hat{x}\hat{U}(c) = \hat{x}+c, \quad \hat{U}(c)^{-1}\hat{p}\hat{U}(c) = \hat{p} \tag{8.10}$$

を満たすことを示すことができ，このことから $\hat{H}$ が $\hat{U}(c)$ で不変であることがわかる．

例題4 (8.9)で定義される演算子 $\hat{U}(c)$ はユニタリーであり，かつ(8.10)を満たすことを示せ．このことから，$\hat{H}$ が $\hat{U}(c)$ で不変であることを導け．

解 (i) 2つのケット $|x'\rangle$ と $|x''\rangle$ の $\hat{U}(c)$ による像の間の内積は，

$$\langle x'+c | x''+c \rangle = \delta(x'-x'')$$

であるが，これは元の内積 $\langle x'|x''\rangle$ に等しい．よって，$\hat{U}(c)$ は内積を保つ変換，すなわちユニタリー変換である．

(ii) $\hat{x}\hat{U}(c)|x'\rangle = \hat{x}|x'+c\rangle = (x'+c)|x'+c\rangle$
$= (x'+c)\hat{U}(c)|x'\rangle = \hat{U}(c)(x'+c)|x'\rangle$
$= \hat{U}(c)(\hat{x}+c)|x'\rangle$

より，$\hat{U}(c)^{-1}\hat{x}\hat{U}(c) = \hat{x}+c$ が得られる．

$\hat{p}\hat{U}(c)|x'\rangle = \hat{p}|x'+c\rangle = i\hbar\frac{\partial}{\partial x'}|x'+c\rangle$
$= i\hbar\frac{\partial}{\partial x'}\hat{U}(c)|x'\rangle = \hat{U}(c)i\hbar\frac{\partial}{\partial x'}|x'\rangle$
$= \hat{U}(c)\hat{p}|x'\rangle$

より，$\hat{U}(c)^{-1}\hat{p}\hat{U}(c) = \hat{p}$ が得られる．

(iii) $\hat{U}(c)^{-1}\hat{H}\hat{U}(c) = \hat{U}(c)^{-1}\frac{1}{2m}\hat{p}^2\hat{U}(c)$

第8章　角運動量とスピン

$$= \frac{1}{2m}\left(\hat{U}(c)^{-1}\hat{p}\hat{U}(c)\right)^2$$
$$= \frac{1}{2m}\hat{p}^2 = \hat{H}$$

となり，確かに，$\hat{H}$ は $\hat{U}(c)$ で不変である． ∎

変換の生成子

変換が，いくつかの実数によってパラメトライズできるような状況を考えよう．もう少し具体的にいうと，変換のうち恒等変換に十分近いものは，n 個の実数の組 $\varepsilon = (\varepsilon^1, \varepsilon^2, \cdots, \varepsilon^n)$ によって，

$$\hat{U}(\varepsilon) = 1 + i\sum_{a=1}^{n} \varepsilon^a \hat{T}_a + O(\varepsilon^2) \tag{8.11}$$

のように一意的に表されると仮定する．

$\hat{H}$ が $\hat{U}(\varepsilon)$ で不変ならば，$\hat{T}_a (a=1,2,\cdots,n)$ はエルミートな保存量であることに注意しよう．実際，$\hat{U}(\varepsilon)$ がユニタリーであることから，

$$\begin{aligned} 1 = \hat{U}(\varepsilon)^\dagger \hat{U}(\varepsilon) &= \left(1 - i\sum_{a=1}^{n} \varepsilon^a \hat{T}_a^\dagger\right)\left(1 + i\sum_{a=1}^{n} \varepsilon^a \hat{T}_a\right) + O(\varepsilon^2) \\ &= 1 + i\sum_{a=1}^{n} \varepsilon^a (\hat{T}_a - \hat{T}_a^\dagger) + O(\varepsilon^2) \end{aligned} \tag{8.12}$$

となるから，$\hat{T}_a - \hat{T}_a^\dagger = 0$ すなわち $\hat{T}_a$ がエルミートであることがわかる．また，ハミルトニアン $\hat{H}$ が $\hat{U}(\varepsilon)$ で不変であることから，

$$\begin{aligned} \hat{H} &= \hat{U}(\varepsilon)^{-1}\hat{H}\hat{U}(\varepsilon) \\ &= (1 - i\sum_{a=1}^{n} \varepsilon^a \hat{T}_a)\hat{H}(1 + i\sum_{a=1}^{n} \varepsilon^a \hat{T}_a) + O(\varepsilon^2) \\ &= \hat{H} + i\sum_{a=1}^{n} \varepsilon^a [\hat{H}, \hat{T}_a] + O(\varepsilon^2) \end{aligned} \tag{8.13}$$

となるから，$\hat{H}$ と $\hat{T}_a$ が可換であること，すなわち $\hat{T}_a$ が保存量であることがわかる．

このように，連続なパラメーターをもつ変換に対する不変性の結果として現れる保存則には重要なものが多い．実際，次節で述べるように，運動量や角運動量の保存則は空間内での並進および回転に対する不変性の表れである．また，場の理論では，電荷の保存則は場の位相を変えることに対する不変性の結果として記述できる．

恒等変換に非常に近い変換をいくつも合成して，恒等変換から有限だけ離れた変換を作ることができる．たとえば，n 個の任意の実数 c^a に対して，N を十分に大きな整数として，

$\hat{U}\left(\dfrac{c}{N}\right)$ を N 回掛け合わせたものを考えると，(8.11) より，

$$\lim_{N\to\infty}\hat{U}\left(\frac{c}{N}\right)^N = \lim_{N\to\infty}\left(1+i\sum_{a=1}^{n}\frac{c^a}{N}\hat{T}_a + O\left(\frac{1}{N^2}\right)\right)^N$$
$$= \exp\left(i\sum_{a=1}^{n}c^a\hat{T}_a\right) \tag{8.14}$$

が得られる．このように，$\hat{T}_a$ が表す無限小変換，$1+i\sum_{a=1}^{n}\varepsilon^a\hat{T}_a$ を何回も続けることによって有限の変換が得られるので，$\hat{T}_a$ を変換の生成子とよぶ．

8.2 運動量と角運動量

　空間の一様・等方性とは，空間に特別な場所や方向がないということであり，それは孤立系のハミルトニアンが並進と回転に対して不変であることを意味している．ここで，孤立系とは，十分に他の物質から離れていて，それらから受ける力を無視できるような系のことである．いま，N 個の粒子からなる孤立系を考え，各粒子の位置および運動量を，$\boldsymbol{r}_i, \boldsymbol{p}_i\,(i=1,2,\cdots,N)$ としよう．このような系に回転および並進を施すと，それらの変数は古典論的には，

$$\begin{aligned}\boldsymbol{r}_i &\mapsto M\boldsymbol{r}_i + \boldsymbol{a}, \\ \boldsymbol{p}_i &\mapsto M\boldsymbol{p}_i\end{aligned} \quad (i=1,2,\cdots,N) \tag{8.15}$$

のように変化する．ここで，M は直交行列であり，$\boldsymbol{a}$ は定ベクトルである．

　量子力学で，これに相当する変換を考えるために，次のようなユニタリー演算子 $\hat{U}(M,\boldsymbol{a})$ を導入しよう．すなわち，

$$\begin{aligned}\hat{U}(M,\boldsymbol{a})^\dagger \hat{\boldsymbol{r}}_i \hat{U}(M,\boldsymbol{a}) &= M\hat{\boldsymbol{r}}_i + \boldsymbol{a}, \\ \hat{U}(M,\boldsymbol{a})^\dagger \hat{\boldsymbol{p}}_i \hat{U}(M,\boldsymbol{a}) &= M\hat{\boldsymbol{p}}_i\end{aligned} \quad (i=1,2,\cdots,N) \tag{8.16}$$

そうすると状態ベクトル $|\psi\rangle$ を $\hat{U}(M,\boldsymbol{a})|\psi\rangle$ に写すユニタリー変換を考えると，(8.15) が期待値の意味で成り立っていることはすぐにわかる．実際，変換 $|\psi\rangle \mapsto \hat{U}(M,\boldsymbol{a})|\psi\rangle$ に対して，$\hat{\boldsymbol{r}}_i$，$\hat{\boldsymbol{p}}_i$ の期待値は，

$$\begin{aligned}\langle\psi|\hat{\boldsymbol{r}}_i|\psi\rangle &\mapsto \langle\psi|\hat{U}(M,\boldsymbol{a})^\dagger \hat{\boldsymbol{r}}_i \hat{U}(M,\boldsymbol{a})|\psi\rangle \\ &= M\langle\psi|\hat{\boldsymbol{r}}_i|\psi\rangle + \boldsymbol{a}\langle\psi|\psi\rangle \\ \langle\psi|\hat{\boldsymbol{p}}_i|\psi\rangle &\mapsto \langle\psi|\hat{U}(M,\boldsymbol{a})^\dagger \hat{\boldsymbol{p}}_i \hat{U}(M,\boldsymbol{a})|\psi\rangle \\ &= M\langle\psi|\hat{\boldsymbol{p}}_i|\psi\rangle\end{aligned} \tag{8.17}$$

第8章 角運動量とスピン

のように変化する.

具体的に，(8.16)を満たす $\hat{U}(M, \boldsymbol{a})$ を構成するために無限小変換を考えよう．まず，無限小ベクトル $\boldsymbol{\theta}$ に対応する無限小回転を表す直交行列 $M(\boldsymbol{\theta})$ とは，

$$M(\boldsymbol{\theta})\boldsymbol{x} = \boldsymbol{x} + \boldsymbol{\theta} \times \boldsymbol{x} + O(\boldsymbol{\theta}^2) \tag{8.18}$$

のことであるとしよう．そして，無限小ベクトル $\boldsymbol{\theta}, \varepsilon$ に対して，

$$\hat{U}(M(\boldsymbol{\theta}), \varepsilon) = 1 + \frac{1}{i\hbar}\boldsymbol{\theta}\cdot\hat{\boldsymbol{J}} + \frac{1}{i\hbar}\varepsilon\cdot\hat{\boldsymbol{P}}$$
$$+ O(\boldsymbol{\theta}, \varepsilon \,の\,2\,次) \tag{8.19}$$

とおこう．前節でみたように，$\hat{U}(M(\boldsymbol{\theta}), \varepsilon)$ がユニタリーであるためには，$\hat{\boldsymbol{P}}, \hat{\boldsymbol{J}}$ はエルミートでなければならない．(8.16)で $M, \boldsymbol{a}$ をそれぞれ $M(\boldsymbol{\theta}), \varepsilon$ に置き換えたものを考え，左辺に(8.19)を使い，右辺に(8.18)を使って，$\varepsilon, \boldsymbol{\theta}$ の1次の項を比較すると，

$$\frac{1}{i\hbar}[\hat{\boldsymbol{r}}_i, \varepsilon\cdot\hat{\boldsymbol{P}}] = \varepsilon, \qquad \frac{1}{i\hbar}[\hat{\boldsymbol{p}}_i, \varepsilon\cdot\hat{\boldsymbol{P}}] = \boldsymbol{0},$$
$$\frac{1}{i\hbar}[\hat{\boldsymbol{r}}_i, \boldsymbol{\theta}\cdot\hat{\boldsymbol{J}}] = \boldsymbol{\theta}\times\hat{\boldsymbol{r}}_i, \qquad \frac{1}{i\hbar}[\hat{\boldsymbol{p}}_i, \boldsymbol{\theta}\cdot\hat{\boldsymbol{J}}] = \boldsymbol{\theta}\times\hat{\boldsymbol{p}}_i \tag{8.20}$$

が得られる．これは，3次元ベクトルの成分を陽に書くと，

$$\frac{1}{i\hbar}[\hat{r}_i^a, \hat{P}^b] = \delta^{ab}, \qquad \frac{1}{i\hbar}[\hat{p}_i^a, \hat{P}^b] = 0$$
$$\frac{1}{i\hbar}[\hat{r}_i^a, \hat{J}^b] = \sum_{c=1}^{3}\varepsilon^{abc}\hat{r}_i^c, \qquad \frac{1}{i\hbar}[\hat{p}_i^a, \hat{J}^b] = \sum_{c=1}^{3}\varepsilon^{abc}\hat{p}_i^c \tag{8.21}$$

とも書くことができる.

この式を満たすような $\hat{\boldsymbol{P}}, \hat{\boldsymbol{J}}$ にはどの程度の不定性があるか考えてみよう．(8.21)を満たす $\hat{\boldsymbol{P}}, \hat{\boldsymbol{J}}$ が2組あったとすると，それらの差 $\Delta\hat{\boldsymbol{P}}, \Delta\hat{\boldsymbol{J}}$ は $\hat{r}_i^a$ とも $\hat{p}_i^a$ とも可換でなければならない．もし，系を記述するために必要な変数が $\hat{\boldsymbol{r}}_i, \hat{\boldsymbol{p}}_i$ 以外になければ，これらのすべてと可換なものはスカラー行列しかないので $\hat{\boldsymbol{P}}, \hat{\boldsymbol{J}}$ は本質的には一意的であるといってよい．一方，8.4節で議論するように，系がスピンの自由度をもてば，$\hat{\boldsymbol{J}}$ は(8.21)だけからは決まらない．ここでは，しばらくの間，系は $\hat{\boldsymbol{r}}_i, \hat{\boldsymbol{p}}_i$ によって完全に記述されているとしよう．

$\hat{\boldsymbol{P}}, \hat{\boldsymbol{J}}$ として，

$$\hat{\boldsymbol{P}} = \sum_{i=1}^{N}\hat{\boldsymbol{p}}_i, \tag{8.22a}$$

$$\hat{\boldsymbol{J}} = \sum_{i=1}^{N}\hat{\boldsymbol{r}}_i\times\hat{\boldsymbol{p}}_i \tag{8.22b}$$

をとってみると，(8.21)が満たされていることは容易にチェックできる．ここで，$\hat{\boldsymbol{P}}, \hat{\boldsymbol{J}}$

がそれぞれ, N 個の粒子のもつ全運動量および全角運動量になっていることに注意しよう. すなわち, 全運動量および全角運動量はそれぞれ並進および回転の生成子であり, それらが保存するのは, 空間の一様・等方性の帰結であることがわかった.

次に, (8.22)で与えられる $\hat{\boldsymbol{P}}$, $\hat{\boldsymbol{J}}$ の間の交換関係を考えよう. 簡単な計算により,

$$[\hat{J}^a, \hat{J}^b] = i\hbar \sum_{c=1}^{3} \varepsilon^{abc} \hat{J}^c \tag{8.23a}$$

$$[\hat{J}^a, \hat{P}^b] = i\hbar \sum_{c=1}^{3} \varepsilon^{abc} \hat{P}^c \tag{8.23b}$$

$$[\hat{P}^a, \hat{P}^b] = 0 \tag{8.23c}$$

であることがわかる.

パリティ変換

(8.16)の形の変換のうち, $\det M = 1$ であるようなものは, 無限小変換(8.19)を繰り返し施すことによって得られる. それは, $\det M = 1$ であるような直交行列は純粋な回転であり, 無限小回転を続けることによって作ることができるからである. よって, 系が, 無限小変換(8.19)に対して不変であることを要求すれば, その不変性は自動的に $\det M = 1$ であるものにまで拡大される. ここまでに議論してきたように, このような不変性は, 全運動量および全角運動量の保存を意味しており, 経験的にも疑う余地はない.

ところで, $\det M = -1$ であるような直交行列は, パリティ変換 $\mathscr{P}: \boldsymbol{x} \mapsto -\boldsymbol{x}$ と純粋な回転の合成として表すことができる. よって, もし系が無限小変換(8.19)に加えて, パリティ変換に対する不変性をもてば, 任意の直交行列 M に対する不変性をもつことになる. パリティ変換を表すユニタリー演算子を $\hat{\mathscr{P}}$ と書くことにすると, それは(8.16)で $M = -1$, $\boldsymbol{a} = \boldsymbol{0}$ とおいたものになっているはずである. すなわち,

$$\begin{aligned}\hat{\mathscr{P}}^{-1} \hat{\boldsymbol{r}}_i \hat{\mathscr{P}} &= -\hat{\boldsymbol{r}}_i, \\ \hat{\mathscr{P}}^{-1} \hat{\boldsymbol{p}}_i \hat{\mathscr{P}} &= -\hat{\boldsymbol{p}}_i\end{aligned} \quad (i = 1, 2, \cdots, N) \tag{8.24}$$

系が $\hat{\boldsymbol{r}}_i$, $\hat{\boldsymbol{p}}_i$ で完全に記述されている場合は, $\hat{\mathscr{P}}$ として,

$$\hat{\mathscr{P}} |\boldsymbol{r}_1, \cdots, \boldsymbol{r}_N\rangle = |-\boldsymbol{r}_1, \cdots, -\boldsymbol{r}_N\rangle \tag{8.25}$$

で定義されるものをとれば, 明らかに(8.24)を満たしている.

自然法則が無限小の回転および並進に対して不変であることは, 現在知られているかぎり完全に成り立っている. 一方, 自然は, パリティに対する不変性をもっていないことが弱い相互作用の研究から知られている. しかしながら, 電磁相互作用や強い相互作用はパ

第8章　角運動量とスピン

リティに対して不変であるため，原子物理や物性物理の範囲ではパリティの破れはほとんどみえない．

例題　パリティ演算子 $\hat{\mathcal{P}}$ と $\hat{\boldsymbol{P}}$, $\hat{\boldsymbol{J}}$ の間の交換関係を調べよ．

解　3次元空間の合同変換

$$g(M, \boldsymbol{a}): \boldsymbol{x} \mapsto M\boldsymbol{x} + \boldsymbol{a}$$

のうち，パリティ $\mathcal{P}$ は $M = -1$, $\boldsymbol{a} = \boldsymbol{0}$ の場合であり，

$$\mathcal{P}: \boldsymbol{x} \mapsto -\boldsymbol{x}$$

という変換を表している．合成変換 $\mathcal{P}^{-1} g(M, \boldsymbol{a}) \mathcal{P}$ を考えると，

$$\boldsymbol{x} \underset{\mathcal{P}}{\mapsto} -\boldsymbol{x} \underset{g(M,\boldsymbol{a})}{\mapsto} -M\boldsymbol{x} + \boldsymbol{a} \underset{\mathcal{P}^{-1}}{\mapsto} M\boldsymbol{x} - \boldsymbol{a}$$

であるから，

$$\mathcal{P}^{-1} g(M, \boldsymbol{a}) \mathcal{P} = g(M, -\boldsymbol{a}) \tag{ⓐ}$$

であることがわかる．すなわち，パリティ $\mathcal{P}$ による相似変換を施すと，並進は符号を変えるが，回転はそのままである．$\mathcal{P}$ を状態空間上で表したものが $\hat{\mathcal{P}}$ であるから，これは，

$$\hat{\mathcal{P}}^{-1} \hat{\boldsymbol{P}} \hat{\mathcal{P}} = -\hat{\boldsymbol{P}},$$
$$\hat{\mathcal{P}}^{-1} \hat{\boldsymbol{J}} \hat{\mathcal{P}} = \hat{\boldsymbol{J}} \tag{ⓑ}$$

を意味する．$\hat{\boldsymbol{P}}, \hat{\boldsymbol{J}}$ が(8.22)のように与えられているときは，(8.24)を使えば，ⓑが成り立っていることは明らかだろう．■

一般に，パリティ変換に対して符号を変えるようなベクトルを真性ベクトルとよび，符号を変えないようなベクトルを擬ベクトルとよぶ．上の例題の結果は，全運動量は真性ベクトルであり，全角運動量は擬ベクトルであることを示している．

8.3　角運動量の固有状態

角運動量の演算子 $\hat{\boldsymbol{J}}$ が状態空間 V にどのような形で作用しているか，一般的に議論しておこう．ここでは，$\hat{\boldsymbol{J}}$ が交換関係

$$[\hat{J}^a, \hat{J}^b] = i\hbar \sum_{c=1}^{3} \varepsilon^{abc} \hat{J}^c \tag{8.23a}$$

を満たすエルミート演算子であることだけを仮定する．まず，わずらわしさを避けるためにプランク定数を因子化して，

$$\hat{\boldsymbol{J}} = \hbar \hat{\boldsymbol{j}} \tag{8.26}$$

とおこう．そうすると，上の交換関係(8.23a)は，

$$[\hat{j}^a, \hat{j}^b] = i \sum_{c=1}^{3} \varepsilon^{abc} \hat{j}^c \tag{8.27}$$

8.3 角運動量の固有状態

となり，以下の議論には，$\hbar$ は現れなくてすむ．

$\hat{\boldsymbol{j}}$ の3つの成分は互いに可換ではないから，同時に対角化することはできないが，$\hat{\boldsymbol{j}}$ はエルミートであるから，1つの成分だけならいつでも対角化できるはずである．ここでは $\hat{j}^3$ を対角化することにしよう．$\hat{j}^3$ を対角化する基底に対して，$\hat{j}^1, \hat{j}^2$ がどのように作用するかを調べるために，昇降演算子 $\hat{j}^+, \hat{j}^-$ を次式で定義しよう．

$$\hat{j}^+ = \hat{j}^1 + i\hat{j}^2 \tag{8.28a}$$

$$\hat{j}^- = \hat{j}^1 - i\hat{j}^2 \tag{8.28b}$$

交換関係(8.27)は，$\hat{j}^3, \hat{j}^\pm$ を使って書き直すと，

$$[\hat{j}^3, \hat{j}^+] = \hat{j}^+ \tag{8.29a}$$

$$[\hat{j}^3, \hat{j}^-] = -\hat{j}^- \tag{8.29b}$$

$$[\hat{j}^+, \hat{j}^-] = 2\hat{j}^3 \tag{8.29c}$$

となるが，はじめの2つの式は，$\hat{j}^\pm$ が $\hat{j}^3$ の固有値を1だけ増減させる演算子であることを示している．

次に $\hat{\boldsymbol{j}}$ の大きさの2乗，すなわち次の演算子

$$\hat{\boldsymbol{j}}^2 = \sum_{a=1}^{3} (\hat{j}^a)^2 = (\hat{j}^1)^2 + (\hat{j}^2)^2 + (\hat{j}^3)^2 \tag{8.30}$$

を考える．交換関係(8.27)からすぐに確かめられるように，$\hat{\boldsymbol{j}}^2$ は $\hat{\boldsymbol{j}}$ の3つの成分と可換である*．

$$[\hat{\boldsymbol{j}}^2, \hat{j}^a] = 0 \quad (a=1,2,3) \tag{8.31}$$

特に，$\hat{\boldsymbol{j}}^2$ と $\hat{j}^3$ は可換であり，同時に対角化することができる．また，(8.31)より昇降演算子は $\hat{\boldsymbol{j}}^2$ の固有値を変えないことがわかる．すなわち，

$$[\hat{\boldsymbol{j}}^2, \hat{j}^\pm] = 0 \tag{8.32}$$

である．

昇降演算子と $\hat{j}^\pm, \hat{j}^3$ を使って $\hat{\boldsymbol{j}}^2$ を書き直すと，

$$\hat{\boldsymbol{j}}^2 = \frac{1}{2}(\hat{j}^+\hat{j}^- + \hat{j}^-\hat{j}^+) + (\hat{j}^3)^2 \tag{8.33}$$

となるが，右辺に現れる $\hat{j}^+\hat{j}^- + \hat{j}^-\hat{j}^+$ の期待値は常に正か0であるから，$\hat{\boldsymbol{j}}^2$ の固有値は $\hat{j}^3$ の固有値の2乗より大きいか等しいことがわかる．いい換えると，$\hat{\boldsymbol{j}}^2$ の固有値が定まっているような状態がとりうる $\hat{j}^3$ の値は，上からも下からも押さえられている．特に，$\hat{\boldsymbol{j}}^2$ のそれぞれの固有値に対してそれに属する固有状態のうちで，$\hat{j}^3$ の固有値が最大のものが存在する．ところが，$\hat{j}^+$ は $\hat{\boldsymbol{j}}^2$ の固有値を変えずに，$\hat{j}^3$ の固有値を1だけ増加させる演算子であったから，$\hat{j}^+$ をそのような状態に作用させると0になるはずである．

---

*物理的には，$\hat{j}^a$ は a 軸まわりの回転の生成子であるから，(8.30)は $\hat{\boldsymbol{j}}^2$ が回転に対して不変，すなわちスカラー量であることを示しているにすぎない．

第8章 角運動量とスピン

そのような状態ベクトルを $|\psi\rangle$ とし，その $\hat{j}^3$ の固有値を j としよう．すなわち，

$$\hat{j}^+|\psi\rangle = 0 \tag{8.34a}$$

$$\hat{j}^3|\psi\rangle = j|\psi\rangle \tag{8.34b}$$

とする．このとき，$|\psi\rangle$ の $\hat{\boldsymbol{j}}^2$ の固有値は $j(j+1)$ に等しいことが次のようにしてわかる．まず，(8.33) と (8.29c) より，$\hat{\boldsymbol{j}}^2$ は，

$$\hat{\boldsymbol{j}}^2 = \hat{j}^3(\hat{j}^3+1) + \hat{j}^-\hat{j}^+ \tag{8.35}$$

と書くことができるが，この両辺に $|\psi\rangle$ を作用させて (8.34) を使うと，直ちに，

$$\hat{\boldsymbol{j}}^2|\psi\rangle = j(j+1)|\psi\rangle \tag{8.36}$$

が得られる．

$|\psi\rangle$ に順次 $\hat{j}^-$ を作用して得られる系列 $|\psi\rangle, \hat{j}^-|\psi\rangle, (\hat{j}^-)^2|\psi\rangle, \cdots$ を考えよう．$\hat{j}^-$ は $\hat{\boldsymbol{j}}^2$ の固有値は不変に保つが，$\hat{j}^3$ の固有値を 1 だけ減らすことを思い出すと，この系列の $\hat{\boldsymbol{j}}^2$ の固有値はどれも $j(j+1)$ であり，$\hat{j}^3$ の固有値は $j, j-1, j-2, \cdots$ という具合に 1 ずつ小さくなることがわかる．ところが，(8.33) のすぐ後で議論したように，$\hat{j}^3$ の固有値の 2 乗は $\hat{\boldsymbol{j}}^2$ の固有値を超えることはない．すなわち，いま考えている系列は実際は有限で切れているはずである．いい換えると，ある正の整数 k があって，

$$(\hat{j}^-)^{k-1}|\psi\rangle \neq 0 \tag{8.37a}$$

$$(\hat{j}^-)^k|\psi\rangle = 0 \tag{8.37b}$$

が成り立っている．$|\psi\rangle, \hat{j}^-|\psi\rangle, \cdots, (\hat{j}^-)^{k-1}|\psi\rangle$ のそれぞれに正の規格化因子を掛けて 1 に規格化したものを，順に，

$$|j,j\rangle, |j,j-1\rangle, \cdots, |j,j-k+1\rangle \tag{8.38}$$

と書こう．ここでケット記号の中の 1 番目の数 j は $\hat{\boldsymbol{j}}^2$ の固有値が $j(j+1)$ に等しいことを表しており，2 番目の数は $\hat{j}^3$ の固有値を表している．(8.38) の各状態ベクトルは $\hat{j}^3$ の異なる固有値に属しているから，明らかに互いに直交している．また，最後の状態ベクトル $|j,j-k+1\rangle$ は $\hat{j}^-$ で消されること，すなわち，

$$\hat{j}^-|j,j-k+1\rangle = 0 \tag{8.39}$$

に注意しよう．

ここで，(8.33) と (8.29c) を使って，$\hat{\boldsymbol{j}}^2$ を，

$$\hat{\boldsymbol{j}}^2 = \hat{j}^3(\hat{j}^3-1) + \hat{j}^+\hat{j}^- \tag{8.40}$$

と書き換えておいて，この両辺を $|j,j-k+1\rangle$ に作用させてみよう．(8.39) に注意すると，右辺第 2 項はゼロとなり，

$$j(j+1) = (j-k+1)\{(j-k+1)-1\} \tag{8.41}$$

が得られる．これは k に関する 2 次式であるが，$k > 0$ に注意すると，

$$k = 2j+1 \tag{8.42}$$

でなければならないことがわかる．すなわち，(8.38) の系列における $\hat{j}^3$ の固有値は，j か

ら $-j$ まで 1 ずつ変化することがわかった．また，k は正の整数であったから，(8.42)より j は正か 0 の整数，または半整数であることがわかる．

次に，$|j,m\rangle (m=j, j-1, \cdots, -j)$ に対する $\hat{\boldsymbol{j}}$ の作用を具体的に書き下してみよう．まず，明らかに，

$$\hat{j}^3|j,m\rangle = m|j,m\rangle \tag{8.43}$$

である．また，(8.38)で行った $|j,m\rangle$ の定義を思い出すと，c_m を正の定数として，

$$\hat{j}^-|j,m\rangle = c_m|j,m-1\rangle \tag{8.44}$$

と書くことができる＊．この両辺のノルムをとると，

$$\langle j,m|\hat{j}^+\hat{j}^-|j,m\rangle = c_m^{\ 2} \tag{8.45}$$

となるが，(8.40)を使うと右辺は，

$$\begin{aligned}
&\langle j,m|\hat{j}^+\hat{j}^-|j,m\rangle \\
&= \langle j,m|(\hat{\boldsymbol{j}}^2 - \hat{j}^3(\hat{j}^3-1))|j,m\rangle \\
&= j(j+1) - m(m-1)
\end{aligned} \tag{8.46}$$

と変形できるから，けっきょく

$$c_m = \sqrt{j(j+1) - m(m-1)} \tag{8.47}$$

が得られる．

$\hat{j}^+$ の $|j,m\rangle$ に対する作用を調べるためには，(8.44)を，

$$|j,m\rangle = \frac{1}{c_{m+1}}\hat{j}^-|j,m+1\rangle \tag{8.48}$$

と書き換えて，両辺に $\hat{j}^+$ を作用させればよい．そうすると，

$$\hat{j}^+|j,m\rangle = \frac{1}{c_{m+1}}\hat{j}^+\hat{j}^-|j,m+1\rangle \tag{8.49}$$

となるが，(8.40)を使うと，

$$\begin{aligned}
(\text{上式}) &= \frac{1}{c_{m+1}}\{\hat{\boldsymbol{j}}^2 - \hat{j}^3(\hat{j}^3-1)\}|j,m+1\rangle \\
&= \frac{1}{c_{m+1}}\{j(j+1) - m(m+1)\}|j,m+1\rangle
\end{aligned} \tag{8.50}$$

と変形できるから，(8.47)を使うと，

$$\hat{j}^+|j,m\rangle = \sqrt{j(j+1) - m(m+1)}|j,m+1\rangle \tag{8.51}$$

＊ $|j,m\rangle$ の位相を，
　$\hat{j}^-|j,m\rangle = (\text{正の数}) \times |j,m-1\rangle$
となるように選ぶことが多い．本書でもこれに従う．

が得られる．係数を無視して大まかにいうと，$\hat{j}^-$ は $|j,m\rangle$ を $|j,m-1\rangle$ に写し，$\hat{j}^+$ はその逆であるといえる．

以上のようにして，$|j,m\rangle(m=j,j-1,\cdots,-j)$ ではられる $2j+1$ 次元の部分空間は，$\hat{\boldsymbol{j}}$ の作用に関して閉じていることがわかった．すなわち，この部分空間に属する任意の状態ベクトルに，$\hat{\boldsymbol{j}}$ のどの成分を作用させてもこの部分空間の中に収まっている．ところが，$\hat{\boldsymbol{j}}$ はエルミートであるから，この部分空間の直交補空間も $\hat{\boldsymbol{j}}$ の作用に関して閉じている．これは，いままでの議論をその直交補空間に対して繰り返すことができることを意味している．そのような操作を繰り返すと，もとの状態空間 V を，上のような構造をもつ $\hat{\boldsymbol{j}}$ に関して閉じた部分空間の直和に分解することができる．

すなわち，V の基底を適当にとると，$\hat{j}^1$, $\hat{j}^2$, $\hat{j}^3$ は同時にブロック対角の形

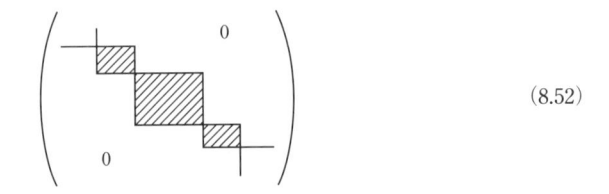

$$\begin{pmatrix} & & & 0 & \\ & & & & \\ & & & & \\ & 0 & & & \end{pmatrix} \tag{8.52}$$

となる．ここで，各ブロックの構造はその次元だけで定まっている．次元が $2j+1$ のブロックは，適当に基底 $|j,m\rangle(m=j,j-1,\cdots,-j)$ をとると，

$$\hat{j}^3|j,m\rangle = m|j,m\rangle \tag{8.53a}$$

$$\hat{j}^+|j,m\rangle = \sqrt{j(j+1)-m(m+1)}\,|j,m+1\rangle \tag{8.53b}$$

$$\hat{j}^-|j,m\rangle = \sqrt{j(j+1)-m(m-1)}\,|j,m-1\rangle \tag{8.53c}$$

の形になっている．特に，各ブロック上で $\hat{\boldsymbol{j}}^2$ は $j(j+1)$ に等しいスカラー行列である．すなわち，

$$\hat{\boldsymbol{j}}^2|j,m\rangle = j(j+1)|j,m\rangle \tag{8.54}$$

以下，状態 $|j,m\rangle$ がもつ角運動量の大きさとは，j のことを指すとしよう．

8.4 軌道角運動量とスピン角運動量

前節の議論からわかったように，角運動量の大きさ，すなわち $\hat{\boldsymbol{j}}^2$ の固有値を $j(j+1)$ と書いたときの j は，一般には整数か半整数の値をとりうる．しかしながら，いくつかの粒子からなる系がそれらの位置と運動量によって完全に記述されているときには，j は整数値しかとらないことに注意しよう．実際，そのような場合には系の状態は1価の波動関数 $\psi(\boldsymbol{r}_1,\cdots,\boldsymbol{r}_N)=\langle\boldsymbol{r}_1,\cdots,\boldsymbol{r}_N|\psi\rangle$ によって記述されているから，z 軸のまわりに 2π だけ回転

させると，波動関数は元の値に戻る．これは，そのような操作を表す演算子 $\exp\left(\dfrac{2\pi}{i\hbar}\hat{j}^3\right)$ が 1 に等しいということであり，$\hat{j}^3$ の固有値がすべて $\hbar$ の整数倍であること，すなわち，j が整数であることを意味している．

実は，後で述べるように，電子や陽子などのいろいろな粒子は座標と運動量以外に，スピンとよばれる自由度をもっており，全角運動量は(8.22b)のような軌道部分にスピンからくる寄与を加えたものであることが知られている．全角運動量に対する寄与のうち，軌道部分からくるものを軌道角運動量とよび，スピンからくるものをスピン角運動量とよんでいる．上で見たように，軌道角運動量の大きさは，常に整数値であるが，以下で議論するようにスピン角運動量は半整数値もとりうる．

スピン角運動量

いくつかの粒子からなる複合粒子の基底状態がゼロでない固有角運動量(すなわち重心の周りの角運動量)l をもっているとする．このとき，基底状態はもちろん $(2l+1)$ 重に縮退している．この複合粒子が，その広がりに比べて比較的ゆっくり変化する外場の中におかれているとしよう．すなわち，複合粒子は全体としては運動するが，内部的には励起されることはなく，基底状態にとどまっているような状況を考えよう．そうすると，複合粒子のとりうる状態を指定するための波動関数としては，位置 r および固有角運動量の z 成分 m の関数 $\psi(r,m)$ のようなものを考えてやればよい．すなわち，m の $2l+1$ 個の値に対応した，$2l+1$ 個の r の関数の組によって複合粒子の状態が指定されることになる．

このように考えると，現在われわれが素な粒子と考えているものが，固有の角運動量をもっていても，少しもおかしくはないであろう．実際に，電子や核子(あるいはそれを構成するクォーク)は固有の角運動量をもっている．固有の角運動量を軌道角運動量と区別するために，スピンあるいはスピン角運動量とよぶ．その演算子を $\hat{S}=\hbar\hat{s}$ と書くと，$\hat{S}$ は重心運動と独立であり，$\hat{S}$ どうしは角運動量の交換関係を満たしているはずである．また，$\hat{s}$ の大きさは上の議論の l に対応するものであり，粒子ごとに決まった値であると考えるのが自然である．その値を s と書き，スピンの大きさとよぶ．すなわち，スピンが s である粒子を記述する演算子は座標 $\hat{r}$，運動量 $\hat{p}$ およびスピン $\hat{s}$ であり，それらは通常の正準交換関係

$$\begin{aligned}[\hat{r}^a,\hat{p}^b] &= i\hbar\delta^{a,b}\\ [\hat{r}^a,\hat{r}^b] &= [\hat{p}^a,\hat{p}^b]=0\end{aligned} \tag{8.55}$$

のほかに，

第8章　角運動量とスピン

$$[\hat{r}^a, \hat{s}^b] = [\hat{p}^a, \hat{s}^b] = 0$$
$$[\hat{s}^a, \hat{s}^b] = i\sum_{c=1}^{3} \varepsilon^{abc}\hat{s}^c \tag{8.56}$$
$$\hat{\bm{s}}^2 = s(s+1)$$

を満たしている.

演算子 $\hat{\bm{s}}$ は $\hat{\bm{r}}$ とも $\hat{\bm{p}}$ とも交換するから，状態空間の完全系としては，$|\bm{r}, s_z\rangle$ の形のものがとれる．そうすると，$\hat{\bm{r}}$ と $\hat{\bm{p}}$ はケット記号の中の第1の変数 $\bm{r}$ のみに働き，$\hat{\bm{s}}$ は第2の変数のみに働くとしてよい．ここで，s_z は $\hat{\bm{s}}$ の z 成分の固有値であり，$\hat{\bm{s}}$ の作用は一般の場合(8.53)で j を s とし m を s_z としたもので与えられる．これは数学的にいうと，スピンがある場合の状態空間は，スピンがない場合の状態空間と，大きさ s の角運動量に対応する $2s+1$ 次元空間のテンソル積であるということである．

スピンは粒子の重心の周りの固有角運動量に対応しているので，粒子の全角運動量 $\hat{\bm{J}}$ は，軌道角運動量とスピン角運動量の和で与えられる．すなわち，$\hat{\bm{L}} = \hat{\bm{r}} \times \hat{\bm{p}}$ として，

$$\hat{\bm{J}} = \hat{\bm{L}} + \hat{\bm{S}} \tag{8.57}$$

と書くことができる．$\hat{\bm{J}}$ が実際に角運動量の交換関係を満たすこと，すなわち，

$$[\hat{J}^a, \hat{J}^b] = i\hbar \sum_{c=1}^{3} \varepsilon^{abc}\hat{J}^c \tag{8.58}$$

は容易に確かめることができる.

例題 1　(8.58)を示せ.

解　(8.56)より，明らかに $\hat{\bm{L}}$ と $\hat{\bm{S}}$ は可換である．よって，

$$[\hat{J}^a, \hat{J}^b] = [\hat{L}^a + \hat{S}^a, \hat{L}^b + \hat{S}^b]$$
$$= [\hat{L}^a, \hat{L}^b] + [\hat{S}^a, \hat{S}^b]$$

が成り立つ．ところが，$\hat{\bm{L}}$ どうしおよび $\hat{\bm{S}}$ どうしは角運動量の交換関係を満たす．ゆえに，

$$(\text{上式}) = i\hbar \sum_{c=1}^{3} \varepsilon^{abc}\hat{L}^c + i\hbar \sum_{c=1}^{3} \varepsilon^{abc}\hat{S}^c$$
$$= i\hbar \sum_{c=1}^{3} \varepsilon^{abc}(\hat{L}^c + \hat{S}^c)$$
$$= i\hbar \sum_{c=1}^{3} \varepsilon^{abc}\hat{J}^c$$

となる．■

スピンの大きさ s が特に大きな数でなければ，全角運動量 $\hat{\bm{J}}$ に対するスピンの寄与はプランク定数 $\hbar$ のオーダーであり，古典極限では無視されてしまうことに注意しよう．この

意味で，スピンは純粋に量子力学的な自由度であり，古典論に対応物をもたない．前に述べたように，波動関数が1価であることから，軌道角運動量が整数値でなければならないことが導かれるが，スピン角運動量にはそのような制限はつかない．実際，電子や核子などはスピン $\frac{1}{2}$ をもつことが知られている．

スピン $\frac{1}{2}$ の場合

スピンが $\frac{1}{2}$ である場合を詳しく調べておこう．この場合のスピンの自由度は2次元のベクトル空間で表される．その2次元空間に働くスピン演算子 $\hat{\boldsymbol{s}}$ の具体的な表示は，(8.53)で $j=\frac{1}{2}$ の場合を考えれば容易に求められる．その結果

$$\hat{\boldsymbol{s}} = \frac{1}{2}\boldsymbol{\sigma} \tag{8.59a}$$

$$\sigma_1 = \begin{pmatrix} 0 & 1 \\ 1 & 0 \end{pmatrix}, \sigma_2 = \begin{pmatrix} 0 & -i \\ i & 0 \end{pmatrix}, \sigma_3 = \begin{pmatrix} 1 & 0 \\ 0 & -1 \end{pmatrix} \tag{8.59b}$$

と書くことができる．ここで，σ_1, σ_2, σ_3 はパウリ (Pauli) 行列とよばれる．

例題 2 (1) (8.53) の $j=\frac{1}{2}$ の場合を調べ，(8.59) を示せ．
(2) パウリ行列が次の性質を満たすことを示せ．

$$\sigma_1^2 = \sigma_2^2 = \sigma_3^2 = 1$$
$$\sigma_1\sigma_2 = -\sigma_2\sigma_1 = i\sigma_3$$
$$\sigma_2\sigma_3 = -\sigma_3\sigma_2 = i\sigma_1$$
$$\sigma_3\sigma_1 = -\sigma_1\sigma_3 = i\sigma_2$$

(3) 上の式から $\hat{\boldsymbol{s}} = \frac{1}{2}\boldsymbol{\sigma}$ が角運動量の交換関係

$$[\hat{s}^a, \hat{s}^b] = i\sum_{c=1}^{3} \varepsilon^{abc}\hat{s}^c$$

を満たすことを確かめよ．

解 (1) (8.53) において $\hat{j}^a$ を $\hat{s}^a$ で置き換えたものの $j=\frac{1}{2}$ の場合を考える．簡単のため $\left|\frac{1}{2}, \pm\frac{1}{2}\right\rangle$ を $\left|\pm\frac{1}{2}\right\rangle$ と書こう．そうすると，

$$\hat{s}^3\left|\frac{1}{2}\right\rangle = \frac{1}{2}\left|\frac{1}{2}\right\rangle, \quad \hat{s}^3\left|-\frac{1}{2}\right\rangle = -\frac{1}{2}\left|-\frac{1}{2}\right\rangle$$

$$\hat{s}^+\left|\frac{1}{2}\right\rangle = 0, \quad \hat{s}^+\left|-\frac{1}{2}\right\rangle = \left|\frac{1}{2}\right\rangle$$

$$\hat{s}^-\left|\frac{1}{2}\right\rangle = \left|-\frac{1}{2}\right\rangle, \quad \hat{s}^-\left|-\frac{1}{2}\right\rangle = 0$$

が得られる.

$$\hat{s}^1 = \frac{1}{2}(\hat{s}^+ + \hat{s}^-), \quad \hat{s}^2 = \frac{1}{2i}(\hat{s}^+ - \hat{s}^-)$$

に注意して行列で表示すると(8.59)が得られる.

ただし,$\left|\frac{1}{2}\right\rangle \leftrightarrow \begin{pmatrix}1\\0\end{pmatrix}$, $\left|-\frac{1}{2}\right\rangle \leftrightarrow \begin{pmatrix}0\\1\end{pmatrix}$ としている.

(2) (8.59b)より,具体的に計算すれば明らかである.このような関係式は計算上便利なものであるが,スピン$\frac{1}{2}$の場合の特殊性であって,一般のスピンの場合に成り立つものではないことに注意しよう.

(3)
$$[\hat{s}^1, \hat{s}^2] = \frac{1}{4}[\sigma_1, \sigma_2] = \frac{1}{4}(\sigma_1\sigma_2 - \sigma_2\sigma_1) = \frac{1}{2}\sigma_1\sigma_2 = \frac{i}{2}\sigma_3$$
$$= i\hat{s}^3$$

他も同様である. ∎

スピン$\frac{1}{2}$をもつ1つの粒子を考えると,その状態空間の完全系として$|r, s_z\rangle$ $(s_z = \pm\frac{1}{2})$をとることができる.自由な場合のハミルトニアンはスピンがない場合と同じ形

$$\hat{H} = \frac{1}{2m}\hat{\boldsymbol{p}}^2 \tag{8.60}$$

であるとし,2成分の波動関数を,

$$\psi(r) = \begin{pmatrix}\psi_1(r)\\\psi_2(r)\end{pmatrix} = \begin{pmatrix}\langle r, +\frac{1}{2}|\psi\rangle\\\langle r, -\frac{1}{2}|\psi\rangle\end{pmatrix} \tag{8.61}$$

で定義すると,シュレーディンガー方程式が,

$$i\hbar\frac{\partial}{\partial t}\psi(r) = -\frac{\hbar^2}{2m}\Delta\psi(r) \tag{8.62}$$

の形に書くことができることは明らかであろう.ただし,この場合$\psi(r)$は2成分の量であり,(8.62)は2つの成分をもつ場に対する波動方程式である.これは,マクスウェル方程式を4元ポテンシャルで表したときに,ベクトル場に対する波動方程式になるのと似ている.ここで考えている$\psi(r)$のように,スピン$\frac{1}{2}$に関係して現れる2成分の場をスピノル場とよぶ.

例題3 スピンの大きさがsであるような粒子が,一様磁場中におかれているとする.軌道運動は無視してスピンの時間変化だけを考えると,ハミルトニアンは,

$$\hat{H} = k\hat{\boldsymbol{s}} \cdot \boldsymbol{B}$$

と書くことができる．ここで，$\hat{s}$ はスピン演算子，$\boldsymbol{B}$ は一様な外部磁場であり，定数 k は考えている粒子に固有の定数である．以下では $\boldsymbol{B}$ は z 軸の正の向きを向いているとする．
(1) スピンに対するシュレーディンガー方程式を解け．
(2) スピンの各成分の期待値の時間発展を調べよ．
(3) 上の結果を軸対称こまの歳差運動と比べよ．

解 (1) $\hat{s}_z$ を対角化する基底を $|s,m\rangle\,(m=s,s-1,\cdots,-s)$ とする．すなわち，
$$\hat{s}_z|s,m\rangle = m|s,m\rangle$$
状態ベクトル $|\psi(t)\rangle$ を，
$$|\psi(t)\rangle = \sum_m c_m(t)|s,m\rangle$$
と展開すると，シュレーディンガー方程式
$$i\hbar\frac{\partial}{\partial t}|\psi(t)\rangle = kB\hat{s}_z|\psi(t)\rangle$$
の解は，
$$|\psi(t)\rangle = \sum_m c_m(0)\exp\left(\frac{kBm}{i\hbar}t\right)|s,m\rangle \qquad \text{ⓐ}$$
と書くことができる．

(2) (8.53)をいまの場合に使うと，
$$\langle s,m'|\hat{s}_z|s,m\rangle = m\delta_{m',m}$$
$$\langle s,m'|(\hat{s}_x+i\hat{s}_y)|s,m\rangle = \sqrt{s(s+1)-m(m+1)}\,\delta_{m',m+1}$$
が得られる．これらの式を使うと，ⓐより，
$$\langle\psi(t)|\hat{s}_z|\psi(t)\rangle = \sum_m m|c_m(0)|^2$$
$$\langle\psi(t)|(\hat{s}_x+i\hat{s}_y)|\psi(t)\rangle = \left\{\sum_m \sqrt{s(s+1)-m(m+1)}\,c_{m+1}(0)^*c_m(0)\right\}\exp\left(i\frac{kB}{\hbar}t\right)$$
となる．第1の式は，スピンの z 成分が時間によらないことを示しており，第2の式は，スピンを x–y 面に投影したものは角速度 $\dfrac{kB}{\hbar}$ で回転することを示している．

(3) スピン s の粒子を，直観的に，大きさが $M=\hbar s$ の角運動量 $\boldsymbol{M}$ をもつこまのように考えてみよう．ハミルトニアンは，
$$\hat{H} = kB\hat{s}_z = kBs\left(\frac{\hat{s}_z}{s}\right)$$
と書くことができるが，$\dfrac{\hat{s}_z}{s}$ をこまの軸と z 軸のなす角の余弦とみなすことにしよう．これは，こまの軸が z 軸の負の向きのときに最小のエネルギーをもつことを意味しており，

第8章 角運動量とスピン

$$\boldsymbol{\tau} = kBs\boldsymbol{n}_z \times \frac{\boldsymbol{M}}{M} = \frac{kB}{\hbar}\boldsymbol{n}_z \times \boldsymbol{M}$$

で与えられるトルクが働いていることを示している．ここで $\boldsymbol{n}_z$ は z 軸の正の向きの単位ベクトルである．このようなこまの運動は，

$$\frac{d\boldsymbol{M}}{dt} = \boldsymbol{\tau} = \frac{kB}{\hbar}\boldsymbol{n}_z \times \boldsymbol{M}$$

で与えられるが，これは，確かに(2)の結果と同様の運動を示す．このように，スピンの性質には，剛体の自転と似たところがあるが，このアナロジーをあまり真に受けてはいけない． ∎

8.5 角運動量の合成

2つの独立な系 S_1 と S_2 を合わせた系 S を考える．S_1 および S_2 の角運動量の演算子を，それぞれ $\hbar\hat{\boldsymbol{j}}_1$ および $\hbar\hat{\boldsymbol{j}}_2$ とすると，$\hat{\boldsymbol{j}}_1$, $\hat{\boldsymbol{j}}_2$ はそれぞれ角運動量の交換関係を満たすが，2つの系が互いに独立ならば，$\hat{\boldsymbol{j}}_1$ と $\hat{\boldsymbol{j}}_2$ は可換なはずである．よって，

$$[\hat{j}_1^a, \hat{j}_1^b] = i\sum_{c=1}^{3}\varepsilon^{abc}\hat{j}_1^c, \tag{8.63a}$$

$$[\hat{j}_2^a, \hat{j}_2^b] = i\sum_{c=1}^{3}\varepsilon^{abc}\hat{j}_2^c, \tag{8.63b}$$

$$[\hat{j}_1^a, \hat{j}_2^b] = 0 \tag{8.63c}$$

このとき，合成系 S の角運動量の演算子を $\hbar\hat{\boldsymbol{j}}$ とすると，

$$\hat{\boldsymbol{j}} = \hat{\boldsymbol{j}}_1 + \hat{\boldsymbol{j}}_2 \tag{8.64}$$

と書くことができるだろう．

もう少し数学的に厳格にいうと，合成系 S を考えるということは，S_1 の状態空間 V_1 と S_2 の状態空間 V_2 のテンソル積 $V_1 \otimes V_2$ を考えるということであり，$\hat{\boldsymbol{j}}$ はその上に働く演算子として，

$$\hat{\boldsymbol{j}} = \hat{\boldsymbol{j}}_1 \otimes 1 + 1 \otimes \hat{\boldsymbol{j}}_2 \tag{8.64'}$$

で定義される．しかし，通常は $\hat{\boldsymbol{j}}_1 \otimes 1$ や $1 \otimes \hat{\boldsymbol{j}}_2$ をそれぞれ $\hat{\boldsymbol{j}}_1$, $\hat{\boldsymbol{j}}_2$ と同一視して(8.64)のように書くのである．また，$V_1 \otimes V_2$ の元 $|v_1\rangle \otimes |v_2\rangle$ も単に $|v_1\rangle|v_2\rangle$ のように書くのが普通である．

ここでは，具体的なイメージを与えるために，$\hat{\boldsymbol{j}}_1$ と $\hat{\boldsymbol{j}}_2$ は独立な系の角運動量の演算子としたが，これからの議論で必要なのは，$\hat{\boldsymbol{j}}_1$ と $\hat{\boldsymbol{j}}_2$ が独立な空間に作用しており，それぞれ角運動量の交換関係を満たしていることである．よって，$\hat{\boldsymbol{j}}_1$ として粒子の軌道角運動量，$\hat{\boldsymbol{j}}_2$ としてスピン角運動量，$\hat{\boldsymbol{j}}$ として全角運動量をとってもよいし，あるいはまた，$\hat{\boldsymbol{j}}_1$,

$\hat{\boldsymbol{j}}_2$ を2つの粒子のスピンとし，$\hat{\boldsymbol{j}}$ を全スピンとみなしてもよい．

ここで，系 S_1 は，$\hat{\boldsymbol{j}}_1$ の大きさが j_1 であるような $(2j_1+1)$ 個の状態 $|j_1,m_1\rangle (m_1=j_1, j_1-1,\cdots,-j_1)$ をとるとし，系 S_2 は，$\hat{\boldsymbol{j}}_2$ の大きさが j_2 であるような $(2j_2+1)$ 個の状態 $|j_2, m_2\rangle (m_2=j_2, j_2-1,\cdots,-j_2)$ をとるとしよう．そうすると，合成系 S は $(2j_1+1)(2j_2+1)$ 個の状態

$$|j_1,m_1\rangle|j_2,m_2\rangle \quad (m_1=j_1,\cdots,-j_1; m_2=j_2,\cdots,-j_2) \tag{8.65}$$

をとりうることになるが，全角運動量 $\hat{\boldsymbol{j}}$ がこれらの状態にどのように作用しているかを調べるのが，本節の目的である．

基本的には，8.3 節の一般論に従って全角運動量 $\hat{\boldsymbol{j}}$ の大きさおよび第 3 成分を同時に対角化すればよい．そのためにまず，第 3 成分 $\hat{j}^3$ の固有値と多重度を調べておこう．$\hat{j}^3$ は $\hat{j}_1^3$ と $\hat{j}_2^3$ の和であるから，明らかに，$|j_1,m_1\rangle|j_2,m_2\rangle$ は $\hat{j}^3$ の固有値 $m=m_1+m_2$ の固有ベクトルである．すなわち，

$$\hat{j}^3|j_1,m_1\rangle|j_2,m_2\rangle = m|j_1,m_1\rangle|j_2,m_2\rangle, \quad m=m_1+m_2 \tag{8.66}$$

m_1 は j_1 から $-j_1$ まで動き，m_2 は j_2 から $-j_2$ まで動くから，明らかにその和 m は (j_1+j_2) から $-(j_1+j_2)$ まで動く．特に，m が最大値 j_1+j_2 をとるのは $(m_1,m_2)=(j_1,j_2)$ のときだけであるから，その多重度は 1 である．その次の m の値 j_1+j_2-1 は，$(m_1,m_2)=(j_1,j_2-1)$ か $(m_1,m_2)=(j_1-1,j_2)$ のときに得られるから，多重度は 2 である．このように考えていくと，容易に次の多重度が得られる．

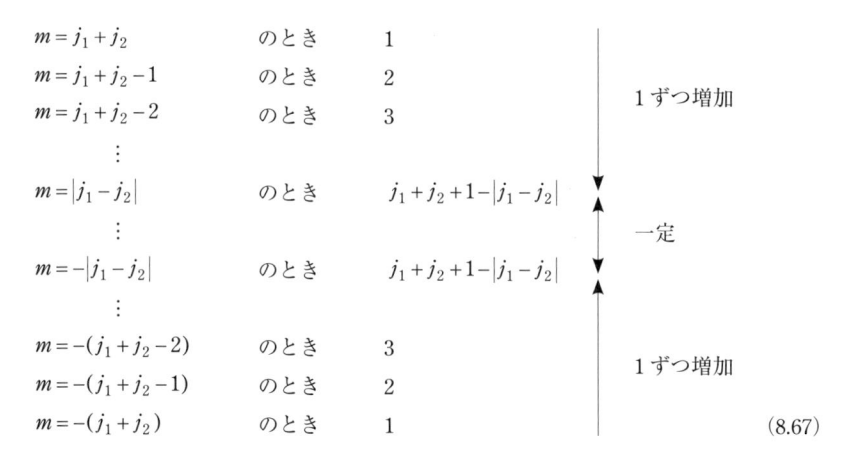

$m=j_1+j_2$	のとき	1	
$m=j_1+j_2-1$	のとき	2	1 ずつ増加
$m=j_1+j_2-2$	のとき	3	
$\vdots$			
$m=|j_1-j_2|$	のとき	$j_1+j_2+1-|j_1-j_2|$	
$\vdots$			一定
$m=-|j_1-j_2|$	のとき	$j_1+j_2+1-|j_1-j_2|$	
$\vdots$			
$m=-(j_1+j_2-2)$	のとき	3	
$m=-(j_1+j_2-1)$	のとき	2	1 ずつ増加
$m=-(j_1+j_2)$	のとき	1	

$$\tag{8.67}$$

$\hat{j}^3$ の固有値は最大で j_1+j_2 であるから，最大値 j_1+j_2 に対応する状態 $|j_1,j_1\rangle|j_2,j_2\rangle$ に全角運動量の上昇演算子 $\hat{j}^+ = \hat{j}^1+i\hat{j}^2$ を作用させたものは 0 のはずである．ところが，8.3 節の一般論によれば，$\hat{j}^3$ の固有値 j の固有ベクトルが $\hat{j}^+$ で消されるならば，それは $\hat{\boldsymbol{j}}^2$ の固有値 $j(j+1)$ の固有ベクトルである．よって，$|j_1,j_1\rangle|j_2,j_2\rangle$ は $\hat{\boldsymbol{j}}^2$ の固有ベクトルであ

り，その固有値を $j(j+1)$ と書くと，$j=j_1+j_2$ であることがわかった．一般論から知っているように，これに下降演算子を順次作用させると，全部で $2(j_1+j_2)+1$ 個の状態が得られ，それらが角運動量の大きさが j_1+j_2 の部分空間を作っている．

次に，これら $2(j_1+j_2)+1$ 個の状態を，はじめの空間からとり除いた残りの空間を考えよう．すなわち，上の $2(j_1+j_2)+1$ 個の状態ではられる部分空間の直交補空間を考える．$\hat{\boldsymbol{j}}$ はエルミートであるから，このような残りの空間は $\hat{\boldsymbol{j}}$ の作用に関して閉じている．とり除いた状態の $\hat{j}^3$ の固有値が，$j_1+j_2, j_1+j_2-1, \cdots, -(j_1+j_2)$ であったことを思い出すと，残りの空間における $\hat{j}^3$ の固有値の多重度は (8.67) からいっせいに 1 だけ引いたものになっていることがわかるだろう．特に，残りの空間における $\hat{j}^3$ の固有値の最大値は，j_1+j_2-1 であり，その多重度は 1 であることがわかる．再び一般論から，そのような状態は $\hat{\boldsymbol{j}}^2$ の固有状態であり，それに下降演算子を順次作用させると，大きさが j_1+j_2-1 の角運動量の表現が得られることがわかる．

このようにして得られる $2(j_1+j_2-1)+1$ 個の状態を，さらにとり除いた空間を考えるといった手続きを繰り返すと，常に $\hat{j}^3$ の最大固有値の多重度が 1 であることは明らかであろう．けっきょく，$\hat{\boldsymbol{j}}^2$ の固有値を $j(j+1)$ と書いたとき，j のとりうる値は，

$$j_1+j_2, j_1+j_2-1, \cdots, |j_1-j_2| \tag{8.68}$$

であり，多重度はすべて 1 であることがわかる．これは，古典的には長さが j_1, j_2 の 2 つのベクトル $\boldsymbol{j}_1, \boldsymbol{j}_2$ を加えたものの大きさがその間の角度によって j_1+j_2 から $|j_1-j_2|$ まで変わりうることに対応している．

空間の次元に注目して，ここで得られた結果を，

$$(2j_1+1)\times(2j_2+1) = (2(j_1+j_2)+1)+(2(j_1+j_2-1)+1)+\cdots+(2|j_1-j_2|+1) \tag{8.69}$$

のように書くことが多い．ここで，左辺は大きさ j_1 と j_2 の角運動量を合成したことを表し，右辺はその結果の合成角運動量の大きさが $(j_1+j_2), \cdots, |j_1-j_2|$ となることを表している．この等式は，合成系の状態空間の次元を 2 つの見方で表したものであり，簡単な計算の結果，確かに成り立っていることがわかる．

以上によって，合成系の状態は，$\hat{\boldsymbol{j}}^2$ および $\hat{j}^3$ の固有値によって一意的に表されることがわかったので，それらの状態を $|j,m\rangle\!\rangle$ と書くことにしよう．ここで，j は $\hat{\boldsymbol{j}}^2$ の固有値が $j(j+1)$ であることを表し，m は $\hat{j}^3$ の固有値である．また，2重の線で書いたのは，合成系の状態ベクトルであることを忘れないようにするためである．

$|j_1,m_1\rangle|j_2,m_2\rangle$ を $|j,m\rangle\!\rangle$ で展開したときの係数

$$C^{j,m}_{m_1,m_2} = \langle\!\langle j,m|j_1,m_1\rangle|j_2,m_2\rangle \tag{8.70}$$

をクレブシューゴルダン (Clebsch–Gordan) 係数とよんでいる．これには，もちろん $|j,m\rangle\!\rangle$ の位相の定義に関する不定性があることに注意しよう．

例題 2つの電子のスピンを合成せよ．

解 電子はスピン $\frac{1}{2}$ をもっている．スピンが上向きの状態を $|\uparrow\rangle$ と書き，下向きの状態を $|\downarrow\rangle$ と書こう．2つの電子のスピン演算子を $\hat{\boldsymbol{s}}_1$, $\hat{\boldsymbol{s}}_2$，全スピンの演算子を $\hat{\boldsymbol{s}} = \hat{\boldsymbol{s}}_1 + \hat{\boldsymbol{s}}_2$ と書き，スピンの状態を $\hat{s}^3$ の固有値で分類しよう．

$$\hat{s}^3 \text{の固有値} \quad \begin{array}{cl} 1 & |\uparrow\rangle|\uparrow\rangle \\ 0 & |\uparrow\rangle|\downarrow\rangle,\ |\downarrow\rangle|\uparrow\rangle \\ -1 & |\downarrow\rangle|\downarrow\rangle \end{array}$$

状態 $|\uparrow\rangle|\uparrow\rangle$ は $\hat{s}^3$ の最大固有値1に対応するから，全スピンの3重項に属している．これに下降演算子 $\hat{s}^- = \hat{s}_1^- + \hat{s}_2^-$ を順次作用させれば，3重項の残りが得られる．実際，

$$\begin{aligned} \hat{s}^-|\uparrow\rangle|\uparrow\rangle &= (\hat{s}_1^- + \hat{s}_2^-)|\uparrow\rangle|\uparrow\rangle \\ &= (\hat{s}_1^-|\uparrow\rangle)|\uparrow\rangle + |\uparrow\rangle(\hat{s}_2^-|\uparrow\rangle) \\ &= |\downarrow\rangle|\uparrow\rangle + |\uparrow\rangle|\downarrow\rangle \end{aligned}$$

$$\begin{aligned} \hat{s}^-(|\downarrow\rangle|\uparrow\rangle + |\uparrow\rangle|\downarrow\rangle) &= (\hat{s}_1^- + \hat{s}_2^-)(|\downarrow\rangle|\uparrow\rangle + |\uparrow\rangle|\downarrow\rangle) \\ &= (\hat{s}_1^-|\downarrow\rangle)|\uparrow\rangle + (\hat{s}_1^-|\uparrow\rangle)|\downarrow\rangle \\ &\quad + |\downarrow\rangle(\hat{s}_2^-|\uparrow\rangle) + |\uparrow\rangle(\hat{s}_2^-|\downarrow\rangle) \\ &= 2|\downarrow\rangle|\downarrow\rangle \end{aligned}$$

となるが，これらを規格化して，

$$|1,1\rangle\rangle = |\uparrow\rangle|\uparrow\rangle$$

$$|1,0\rangle\rangle = \frac{1}{\sqrt{2}}(|\uparrow\rangle|\downarrow\rangle + |\downarrow\rangle|\uparrow\rangle)$$

$$|1,-1\rangle\rangle = |\downarrow\rangle|\downarrow\rangle$$

が得られる．これらに直交するものは，全スピンの1重項であり，

$$|0,0\rangle\rangle = \frac{1}{\sqrt{2}}(|\uparrow\rangle|\downarrow\rangle - |\downarrow\rangle|\uparrow\rangle)$$

で与えられる．ここで，3重項は2つのスピンの入れ換えに対して対称であるが，1重項は反対称になっていることに注意しよう．■

章末問題

[1] N 個の粒子からなる系のハミルトニアンとして，

$$\hat{H} = \sum_{i=1}^{N} \frac{1}{2m_i} \hat{\boldsymbol{p}}_i^2 + V(\hat{\boldsymbol{r}}_1, \hat{\boldsymbol{r}}_2, \cdots, \hat{\boldsymbol{r}}_N)$$

第8章 角運動量とスピン

の形のものを考える.

(1) 運動量が保存するのはどのような場合か.

(2) 角運動量が保存するのはどのような場合か.

(3) パリティが保存するのはどのような場合か. 運動量と角運動量は保存するが, パリティは保存しない例を作れ.

解 (1) 系が並進に対して不変なとき運動量が保存する. それは,
$$V(\boldsymbol{r}_1+\boldsymbol{a}, \boldsymbol{r}_2+\boldsymbol{a}, \cdots, \boldsymbol{r}_N+\boldsymbol{a}) = V(\boldsymbol{r}_1, \boldsymbol{r}_2, \cdots, \boldsymbol{r}_N)$$
が成り立つということであり, いい換えると, V が $\boldsymbol{r}_i (i=1,2,\cdots,N)$ の間の差にだけ依存しているということである.

(2) 系が原点の周りの回転に対して不変なときに, 原点の周りの角運動量が保存する. それは3次元ベクトルの回転を表す行列 $R(\boldsymbol{\theta})$ に対して,
$$V(R(\boldsymbol{\theta})\boldsymbol{r}_1, R(\boldsymbol{\theta})\boldsymbol{r}_2, \cdots, R(\boldsymbol{\theta})\boldsymbol{r}_N) = V(\boldsymbol{r}_1, \boldsymbol{r}_2, \cdots, \boldsymbol{r}_N)$$
が成り立つということである.

(3) パリティが保存するのは,
$$V(-\boldsymbol{r}_1, -\boldsymbol{r}_2, \cdots, -\boldsymbol{r}_N) = V(\boldsymbol{r}_1, \boldsymbol{r}_2, \cdots, \boldsymbol{r}_N)$$
が成り立つときである.

$N=4$ のときに次のようなハミルトニアンを考えると, 運動量と角運動量は保存するが, パリティは保存しないことは明らかだろう.
$$\hat{H} = \sum_{i=1}^{4} \frac{1}{2m_i} \hat{p}_i^2 + \lambda \frac{(\boldsymbol{r}_1-\boldsymbol{r}_4)\cdot\{(\boldsymbol{r}_2-\boldsymbol{r}_4)\times(\boldsymbol{r}_3-\boldsymbol{r}_4)\}}{(\boldsymbol{r}_1-\boldsymbol{r}_4)^2(\boldsymbol{r}_2-\boldsymbol{r}_4)^2(\boldsymbol{r}_3-\boldsymbol{r}_4)^2}$$

ここで, 右辺第2項の分母は, 粒子が互いに十分離れているときにはポテンシャルエネルギーがゼロになるようにするために導入しただけであり, 深い意味はない.

[2] 系の状態が $\hat{\boldsymbol{r}}$ と $\hat{\boldsymbol{p}}$ で完全に記述されているような1粒子系に対して, 角運動量の固有状態を求めよう. この場合の角運動量を,
$$\hat{\boldsymbol{L}} = \hat{\boldsymbol{r}} \times \hat{\boldsymbol{p}} = \hbar \hat{\boldsymbol{l}}$$
とおこう.

(1) 極座標で,
$$\hat{l}^+ = \hat{l}^1 + i\hat{l}^2 = e^{i\varphi}\left(\frac{\partial}{\partial\theta} + i\cot\theta\frac{\partial}{\partial\varphi}\right)$$
$$\hat{l}^- = \hat{l}^1 - i\hat{l}^2 = e^{-i\varphi}\left(-\frac{\partial}{\partial\theta} + i\cot\theta\frac{\partial}{\partial\varphi}\right) \qquad ①$$
$$\hat{l}^3 = -i\frac{\partial}{\partial\varphi}$$
と書くことができることを示せ.

(2)
$$\hat{l}^3 Y_l^l(\theta,\varphi) = l Y_l^l(\theta,\varphi)$$

$$\hat{l}^+ Y_l^l(\theta,\varphi) = 0 \qquad ②$$

を満たす $Y_l^l(\theta,\varphi)$ を求めよ．

(3)
$$Y_l^{m-1}(\theta,\varphi) = \frac{1}{\sqrt{l(l+1)-m(m-1)}} \hat{l}^- Y_l^m(\theta,\varphi) \qquad ③$$

$$(m = l, l-1, l-2, \cdots)$$

で定まる $Y_l^m(\theta,\varphi)$ を求めよ．

(4) 軌道角運動量とパリティの関係を調べよ．

解　(1) $x = r\sin\theta\cos\varphi$

$y = r\sin\theta\cos\varphi$

$z = r\cos\theta$

より，

$$\frac{\partial}{\partial x} = \sin\theta\cos\varphi \frac{\partial}{\partial r} + \frac{\cos\theta\cos\varphi}{r}\frac{\partial}{\partial \theta} - \frac{\sin\varphi}{r\sin\theta}\frac{\partial}{\partial \varphi}$$

$$\frac{\partial}{\partial y} = \sin\theta\sin\varphi \frac{\partial}{\partial r} + \frac{\cos\theta\sin\varphi}{r}\frac{\partial}{\partial \theta} + \frac{\cos\varphi}{r\sin\theta}\frac{\partial}{\partial \varphi}$$

$$\frac{\partial}{\partial z} = \cos\theta \frac{\partial}{\partial r} - \frac{\sin\theta}{r}\frac{\partial}{\partial \theta}$$

を得る．これらを $\hat{\boldsymbol{l}}$ の定義式 $\hat{\boldsymbol{l}} = -i\boldsymbol{r}\times\frac{\partial}{\partial \boldsymbol{r}}$ に代入して少し計算すると①が得られる．ここで，①は動径 r を含んでいないことに注意しよう．これは $\hat{\boldsymbol{l}}$ が回転の生成子であり，r を変化させないことからも明らかだろう．

(2) $\hat{l}^3 Y_l^l = -i\frac{\partial}{\partial \varphi} Y_l^l = l Y_l^l$

より，$\Theta_l^l(\theta)$ を θ の関数として，

$$Y_l^l(\theta,\varphi) = e^{il\varphi}\Theta_l^l(\theta)$$

と書くことができる．これを，

$$\hat{l}^+ Y_l^l = e^{i\varphi}\left(\frac{\partial}{\partial \theta} + i\cot\theta \frac{\partial}{\partial \varphi}\right) Y_l^l = 0$$

に代入すると，

$$\left(\frac{\partial}{\partial \theta} - l\cot\theta\right)\Theta_l^l(\theta) = 0$$

が得られる．これを解くと，N_l を積分定数として，

第8章 角運動量とスピン

$$\Theta_l^l(\theta) = N_l(\sin\theta)^l$$

となるが,N_l を $Y_l^l(\theta,\varphi)$ が球面上で1に規格化されているように選ぼう.すなわち,

$$\int d\Omega \left|Y_l^l(\theta,\varphi)\right|^2 = \int_0^\pi d\theta \int_0^{2\pi} d\varphi \sin\theta \left|Y_l^l(\theta,\varphi)\right|^2 = 1$$

としよう.簡単な計算ののち,$N_l = \dfrac{(-1)^l}{2^l l!}\sqrt{\dfrac{(2l+1)!}{4\pi}}$ とすればよいことがわかる.

(3) ③を繰り返し使うと,

$$Y_l^m(\theta,\varphi) = \sqrt{\frac{(l+m)!}{(2l)!(l-m)!}}(\hat{l}^-)^{l-m} Y_l^l(\theta,\varphi)$$

が得られる.これは,任意の θ の関数 $f(\theta)$ に対して,

$$\hat{l}^-(e^{im\varphi}f(\theta)) = -e^{i(m-1)\varphi}\frac{1}{(\sin\theta)^m}\frac{\partial}{\partial\theta}((\sin\theta)^m f(\theta))$$

と書くことができることに注意すると,簡単に計算できる.そのように計算すると,けっきょく

$$Y_l^m(\theta,\varphi) = e^{im\varphi}\Theta_l^m(\theta)$$

$$\Theta_l^m(\theta) = (-1)^m \frac{1}{2^l l!}\sqrt{\frac{(2l+1)(l+m)!}{4\pi(l-m)!}}\frac{1}{(\sin\theta)^m}\left(\frac{1}{\sin\theta}\frac{\partial}{\partial\theta}\right)^{l-m}(\sin\theta)^{2l} \quad \text{ⓐ}$$

となる.ここでは,$m=l$ のもの Y_l^l に下降演算子を作用させて Y_l^m を与える式を導いたが,逆に $m=-l$ のもの Y_l^{-l} に上昇演算子を作用させると,同じものを別の形で表すことができる.実際,ⓐにおいて $m=-l$ とおいて少し計算すると,

$$Y_l^{-l}(\theta,\varphi) = \frac{1}{2^l l!}\sqrt{\frac{(2l+1)!}{4\pi}}e^{-il\varphi}(\sin\theta)^l$$

が得られるが,他の Y_l^m は (8.53b) から,

$$Y_l^m(\theta,\varphi) = \sqrt{\frac{(l-m)!}{(2l)!(l+m)!}}(l^+)^{l+m} Y_l^{-l}(\theta,\varphi)$$

と書くことができるはずである.これは,任意の θ の関数 $f(\theta)$ に対して,

$$\hat{l}^+(e^{im\varphi}f(\theta)) = e^{i(m+1)\varphi}(\sin\theta)^m\frac{\partial}{\partial\theta}((\sin\theta)^{-m}f(\theta))$$

となることに注意すると計算できて,次の形にまとまる.

$$Y_l^m(\theta,\varphi) = e^{im\varphi}\Theta_l^m(\theta),$$

$$\Theta_l^m(\theta) = \frac{1}{2^l l!}\sqrt{\frac{(2l+1)(l-m)!}{4\pi(l+m)!}}(\sin\theta)^m\left(\frac{1}{\sin\theta}\frac{\partial}{\partial\theta}\right)^{l+m}(\sin\theta)^{2l} \quad \text{ⓑ}$$

6.3節の結果が,$m \geq 0$ のときはⓑの形と一致し,$m \leq 0$ のときはⓐの形に一致していることは明らかだろう.

(4) パリティ演算子は角運動量の演算子と可換であるから，$Y_l^m(\theta,\varphi)$ のパリティは m に依存しない．ところで，$Y_l^l(\theta,\varphi)$ は $e^{il\varphi}(\sin\theta)^l$ に比例するから，パリティ変換 $\varphi \mapsto \varphi+\pi$，$\theta \mapsto \pi-\theta$ を施すと，$(-1)^l$ 倍される．よって軌道角運動量 l の状態は，パリティ $(-1)^l$ をもつことがわかった．

[3] 電子の1体系の軌道角運動量 $\hat{\boldsymbol{l}}$ とスピン角運動量 $\hat{\boldsymbol{s}}$ を合成せよ．

解 電子はスピン $\frac{1}{2}$ をもつから，軌道角運動量の大きさを l とすると，$l \geqq 1$ のとき，全角運動量の大きさは $l+\frac{1}{2}$ か $l-\frac{1}{2}$ である．ここで，(8.53c) を繰り返し使うと，一般に，

$$|j,m\rangle = \sqrt{\frac{(j+m)!}{(2j)!(j-m)!}} (\hat{j}^-)^{j-m}|j,j\rangle \qquad \text{ⓐ}$$

と書くことができることに注意しよう．これを $j = l+\frac{1}{2}$ の場合に適用すると，

$$\left|l+\frac{1}{2}, m\right\rangle\!\!\right\rangle = \left(\frac{\left(l+\frac{1}{2}+m\right)!}{(2l+1)!\left(l+\frac{1}{2}-m\right)!}\right)^{1/2} (\hat{l}^- + \hat{s}^-)^{l+1/2-m} \left|\frac{1}{2}, l+\frac{1}{2}\right\rangle\!\!\right\rangle \qquad \text{ⓑ}$$

となるが，$\left|l+\frac{1}{2}, l+\frac{1}{2}\right\rangle\!\!\right\rangle$ は $|l,l\rangle\left|\frac{1}{2},\frac{1}{2}\right\rangle$ に等しいから，$\hat{s}^-$ を2つ以上作用させたものはゼロである．このことに注意して，公式ⓐを再び使うと，

$$(\hat{l}^- + \hat{s}^-)^{l+(1/2)-m}\left|l+\frac{1}{2}, l+\frac{1}{2}\right\rangle\!\!\right\rangle$$

$$= \left((\hat{l}^-)^{l+(1/2)-m}|l,l\rangle\right)\left|\frac{1}{2},\frac{1}{2}\right\rangle + \left(l+\frac{1}{2}-m\right)\left((\hat{l}^-)^{l-(1/2)-m}|l,l\rangle\right)\left(\hat{s}^-\left|\frac{1}{2},\frac{1}{2}\right\rangle\right)$$

$$= \left(\frac{(2l)!\left(l-m+\frac{1}{2}\right)!}{\left(l+m-\frac{1}{2}\right)!}\right)^{1/2} \left|l, m-\frac{1}{2}\right\rangle\left|\frac{1}{2},\frac{1}{2}\right\rangle$$

$$+ \left(l+\frac{1}{2}-m\right)\left(\frac{(2l)!\left(l-m-\frac{1}{2}\right)!}{\left(l+m+\frac{1}{2}\right)!}\right)^{1/2} \left|l, m+\frac{1}{2}\right\rangle\left|\frac{1}{2},-\frac{1}{2}\right\rangle$$

のように計算できる．これをⓑに代入すると，けっきょく

$$\left|l+\frac{1}{2}, m\right\rangle\!\!\right\rangle = \left(\frac{l+\frac{1}{2}+m}{2l+1}\right)^{1/2} \left|l, m-\frac{1}{2}\right\rangle\left|\frac{1}{2},\frac{1}{2}\right\rangle$$

$$+\left(\frac{l+\frac{1}{2}-m}{2l+1}\right)^{1/2}\left|l,m+\frac{1}{2}\right\rangle\left|\frac{1}{2},-\frac{1}{2}\right\rangle \qquad \text{ⓒ}$$

が得られる.

$j=l-\dfrac{1}{2}$ の状態ベクトルは，m の各値ごとにⓒと直交するものであるから，それらを 1 に規格化されているように選ぶと，

$$\left|l-\frac{1}{2},m\right\rangle\!\!\rangle = \left(\frac{l+\frac{1}{2}-m}{2l+1}\right)^{1/2}\left|l,m-\frac{1}{2}\right\rangle\left|\frac{1}{2},\frac{1}{2}\right\rangle$$

$$-\left(\frac{l+\frac{1}{2}+m}{2l+1}\right)^{1/2}\left|l,m+\frac{1}{2}\right\rangle\left|\frac{1}{2},-\frac{1}{2}\right\rangle \qquad \text{ⓓ}$$

であることがわかる. 異なる m の値をもつ状態の間の相対位相を調べるためには，$\hat{j}^- = \hat{l}^- + \hat{s}^-$ をⓓの両辺に作用させてみればよい. 少し計算すると，確かに，$\hat{j}^-\left|l-\dfrac{1}{2},m\right\rangle\!\!\rangle = $（正の数）$\times \left|l-\dfrac{1}{2},m-1\right\rangle\!\!\rangle$ となっており，ⓓは通常の位相の選び方と一致していることがわかる (p.181 の脚注参照).

$|j,m\rangle\!\!\rangle$ $\left(j=l\pm\dfrac{1}{2}\right)$ の軌道部分を極座標で表示し，スピン部分は，$\left|\dfrac{1}{2},\dfrac{1}{2}\right\rangle$, $\left|\dfrac{1}{2},-\dfrac{1}{2}\right\rangle$ をそれぞれ $\begin{pmatrix}1\\0\end{pmatrix}$, $\begin{pmatrix}0\\1\end{pmatrix}$ で表示したものを，$\mathcal{Y}_l^{j,m}$ と書き，球面スピノルとよぶ. ⓒ, ⓓより，

$$\mathcal{Y}_l^{l+(1/2),m}(\theta,\varphi) = \begin{pmatrix}\left(\dfrac{l+\frac{1}{2}+m}{2l+1}\right)^{1/2}Y_l^{m-(1/2)}(\theta,\varphi)\\[2mm]\left(\dfrac{l+\frac{1}{2}-m}{2l+1}\right)^{1/2}Y_l^{m+(1/2)}(\theta,\varphi)\end{pmatrix}$$

$$\mathscr{Y}_l^{l-(1/2),m}(\theta,\varphi) = \begin{pmatrix} \left(\dfrac{l+\dfrac{1}{2}-m}{2l+1}\right)^{1/2} Y_l^{m-(1/2)}(\theta,\varphi) \\ -\left(\dfrac{l+\dfrac{1}{2}+m}{2l+1}\right)^{1/2} Y_l^{m+(1/2)}(\theta,\varphi) \end{pmatrix}$$

と書くことができる.

[4] 状態空間の中の $(2j+1)$ 個の状態ベクトル $|j,m\rangle\,(m=j,j-1,\cdots,-j)$ が角運動量の演算子 $\hat{\boldsymbol{j}}$ の作用に対して(8.53)のように変換するとき,これらの状態は角運動量 j の表現をなしているという.

2組の状態ベクトル $|\psi;j,m\rangle\,(m=j,j-1,\cdots,-j)$ および $|\varphi;j',m'\rangle\,(m'=j',j'-1,\cdots,-j')$ がそれぞれ角運動量 j および j' の表現を成しているとき,その間の内積の m, m' 依存性は,

$$\langle\varphi;j',m'|\psi;j,m\rangle = A\delta_{j',j}\delta_{m',m}$$

となることを示せ.ここで,A は m によらない定数である.

解 (ⅰ) $|\psi;j,m\rangle$ と $|\varphi;j',m'\rangle$ は,$j\neq j'$ ならば $\hat{\boldsymbol{j}}^2$ の固有値が異なり,$m\neq m'$ ならば $\hat{j}^3$ の固有値が異なるから,互いに直交している.よって,これらの内積は,

$$\langle\varphi;j',m'|\psi;j,m\rangle = A_m\delta_{j',j}\delta_{m',m} \qquad \text{ⓐ}$$

のような m, m' 依存性をもつ.

(ⅱ) (8.53)から,

$$\hat{j}^-|\psi;j,m\rangle = \sqrt{j(j+1)-m(m-1)}\,|\psi;j,m-1\rangle,$$

$$\langle\varphi;j,m-1|\hat{j}^- = \sqrt{j(j+1)-m(m-1)}\,\langle\varphi;j,m|$$

であるが,第1式を $\langle\psi;j,m-1|$ と縮約し,第2式を $|\varphi;j,m\rangle$ と縮約して,2つの式を比べると,

$$\langle\varphi;j,m-1|\psi;j,m-1\rangle = \langle\varphi;j,m|\psi;j,m\rangle$$

であることがわかる.すなわち,ⓐの A_m は m によらない.

[5] $(2j+1)$ 個の演算子 $\hat{O}_{j,m}\,(m=j,j-1,\cdots,-j)$ が角運動量の演算子 $\hat{\boldsymbol{j}}$ と次のような(8.53)と似た形の交換関係を満たすとき,これらの演算子は角運動量 j をもつテンソル演算子であるという.

$$[\hat{j}^3,\hat{O}_{j,m}] = m\hat{O}_{j,m},$$

第8章 角運動量とスピン

$$[\hat{j}^+, \hat{O}_{j,m}] = \sqrt{j(j+1)-m(m+1)}\,\hat{O}_{j,m+1},$$
$$[\hat{j}^-, \hat{O}_{j,m}] = \sqrt{j(j+1)-m(m-1)}\,\hat{O}_{j,m-1}$$

(1) $\hat{O}_{j_1,m_1}\,(m_1=j_1,j_1-1,\cdots,-j_1)$ が角運動量 j_1 をもつテンソル演算子であり，$|\psi;j_2,m_2\rangle\,(m_2=j_2,j_2-1,\cdots,-j_2)$ が角運動量 j_2 の表現をなしているとき，$\hat{O}_{j_1,m_1}|\psi;j_2,m_2\rangle$ は $\hat{\boldsymbol{j}}$ の作用に対してどのように変換するか．

(2) さらに $|\varphi;j,m\rangle\,(m=j,j-1,\cdots,-j)$ が角運動量 j の表現をなしているとき，$\hat{O}_{j_1,m_1}$ の行列要素は，

$$\langle\varphi;j,m|\hat{O}_{j_1,m_1}|\psi;j_2,m_2\rangle = A C^{j,m}_{m_1,m_2}$$

のような m, m_1, m_2 依存性をもつことを示せ．ここで $C^{j,m}_{m_1,m_2}$ は角運動量 j_1, j_2 の合成に関するクレブシューゴルダン係数であり，A は m, m_1, m_2 にはよらない数である．これは，ウィグナー‐エッカルト (Wigner-Eckart) の定理とよばれている．

解 (1) $\hat{\boldsymbol{j}}\hat{O}_{j_1,m_1}|\psi;j_2,m_2\rangle$
$$= [\hat{\boldsymbol{j}}, \hat{O}_{j_1,m_1}]|\psi;j_2,m_2\rangle + \hat{O}_{j_1,m_1}\hat{\boldsymbol{j}}|\psi;j_2,m_2\rangle$$

と書くことができるから，$\hat{O}_{j_1,m_1}|\psi;j_2,m_2\rangle$ は $\hat{\boldsymbol{j}}$ の作用に対して，角運動量の大きさが j_1 と j_2 のものを合成した系の状態ベクトル $|j_1,m_1\rangle|j_2,m_2\rangle$ のように変換する．

(2) クレブシューゴルダン係数は，$(2j_1+1)(2j_2+1)$ 次元空間の基底 $|j_1,m_1\rangle|j_2,m_2\rangle\,(m_1=j_1,j_1-1,\cdots,-j_1;\,m_2=j_2,j_2-1,\cdots,-j_2)$ から，基底 $|j,m\rangle\rangle\,(j=j_1+j_2,\cdots,|j_1-j_2|;\,m=j,j-1,\cdots,-j)$ へのユニタリー変換の行列

$$C^{j,m}_{m_1,m_2} = \langle\langle j,m|j_1,m_1\rangle|j_2,m_2\rangle$$

として定義されたが，これは，$|j_1,m_1\rangle|j_2,m_2\rangle$ の線型結合

$$\sum_{m_1,m_2} C^{j,m}_{m_1,m_2}{}^{*}|j_1,m_1\rangle|j_2,m_2\rangle = |j,m\rangle\rangle$$

が，角運動量 j の表現をなすことを意味しているのであった．(1) でみたように，$\hat{O}_{j_1,m_1}|\psi;j_2,m_2\rangle$ は $\hat{\boldsymbol{j}}$ の作用に対して $|j_1,m_1\rangle|j_2,m_2\rangle$ と同じように変換するから，各 j の値に対して，

$$\sum_{m_1,m_2} C^{j,m}_{m_1,m_2}{}^{*}\hat{O}_{j_1,m_1}|\psi;j_2,m_2\rangle = |\xi;j,m\rangle \qquad \text{ⓐ}$$

のような状態 $(m=j,j-1,\cdots,-j)$ を作ると，それは角運動量 j の表現をなす．$C^{j,m}_{m_1,m_2}$ は，ユニタリー行列であるから簡単に逆がとれて，ⓐは，

$$\hat{O}_{j_1,m_1}|\psi;j_2,m_2\rangle = \sum_{j,m} C^{j,m}_{m_1,m_2}|\xi;j,m\rangle$$

と書き換えることができる．両辺を $\langle \varphi; j, m |$ と縮約して，前問の結果を使うと，求める式が得られる．

第9章　電磁場中の荷電粒子

9.1　外場中の古典粒子
9.2　外場中の粒子の量子力学
9.3　一様な磁場中の荷電粒子
9.4　スピンをもつ粒子の固有磁気モーメント

　外部から与えられた電磁場の中での粒子の運動を記述するのが，この章の目的である．はじめの2つの節では，電磁場の本質がゲージ不変性として捉えられることを古典論および量子論の立場から議論する．古典論的には，一見不可思議にみえたゲージ不変性が，量子論では位相を変えることに対する不変性として自然に記述されるのは注目に値する．9.3節では，ランダウ(Landau)準位，すなわち一様な磁場中の荷電粒子のエネルギー準位を考察する．これは物質の磁性の研究の基礎となるものである．最後に，9.4節では，スピンをもつ粒子と磁場との相互作用を議論する．

9.1 外場中の古典粒子

外場として外部から与えられた電磁場のもとでの荷電粒子の運動を考えよう．ここで，荷電粒子自身が生み出す電磁場は外場に比べて十分小さくて無視できる場合を考える．すなわち，外場は，一般に時間と空間座標に依存しているが，それは荷電粒子の運動の仕方にはよらずに，決まっているものと考える．外場のスカラー・ポテンシャルを $\phi(\boldsymbol{x},t)$，ベクトル・ポテンシャルを $\boldsymbol{A}(\boldsymbol{x},t)$ とし，また荷電粒子の電荷を e とすると，この粒子のラグランジアンは，

$$L = \frac{m}{2}\dot{\boldsymbol{x}}^2 - e\phi(\boldsymbol{x},t) + e\boldsymbol{A}(\boldsymbol{x},t)\cdot\dot{\boldsymbol{x}} \tag{9.1}$$

と書くことができる．よく知られているように，このラグランジアンから導かれるオイラー–ラグランジュ (Euler–Lagrange) 方程式は，

$$m\ddot{\boldsymbol{x}} = e(\boldsymbol{E} + \dot{\boldsymbol{x}}\times\boldsymbol{B}) \tag{9.2}$$

の形になり，右辺はローレンツ (Lorentz) 力である．ここで，電場 $\boldsymbol{E}$ および磁場 $\boldsymbol{B}$ は，

$$\boldsymbol{E} = -\nabla\phi - \frac{\partial \boldsymbol{A}}{\partial t} \tag{9.3a}$$

$$\boldsymbol{B} = \nabla\times\boldsymbol{A} \tag{9.3b}$$

で与えられる．

例題 1 (9.1) から (9.2), (9.3a), (9.3b) を導け．

解 粒子の座標を $x^i (i=1,2,3)$ のように成分で書いたほうが便利である．ラグランジアンは，

$$L = \frac{m}{2}(\dot{x}^i)^2 - e\phi + eA^i\dot{x}^i$$

と書くことができる．オイラー–ラグランジュ方程式は，

$$\frac{\mathrm{d}}{\mathrm{d}t}\frac{\partial L}{\partial \dot{x}^i} - \frac{\partial L}{\partial x^i} = 0$$

であるが，

$$\frac{\mathrm{d}}{\mathrm{d}t}\frac{\partial L}{\partial \dot{x}^i} = \frac{\mathrm{d}}{\mathrm{d}t}\left(m\dot{x}^i + eA^i\right)$$

$$= m\ddot{x}^i + e\frac{\partial A^i}{\partial t} + e\left(\partial_j A^i\right)\dot{x}^j$$

$$\frac{\partial L}{\partial x^i} = -e\partial_i\phi + e(\partial_i A^j)\dot{x}^j$$

第9章 電磁場中の荷電粒子

を使ってまとめると,

$$m\ddot{x}^i = e\left(-\partial_i \phi - \frac{\partial A^i}{\partial t}\right) + e(\partial_i A^j - \partial_j A^i)\dot{x}^j \qquad \text{ⓐ}$$

と書くことができる*.電場 E_i および磁場 B_i を,

$$-\partial_i \phi - \frac{\partial A^i}{\partial t} = E_i \qquad \text{ⓑ}$$

$$\partial_i A^j - \partial_j A^i = \varepsilon_{ijk} B_k \qquad \text{ⓒ}$$

で定義すると,ⓐは,

$$m\ddot{x}^i = eE_i + e\varepsilon_{ijk}\dot{x}^j B_k$$

となり,(9.2)が得られた. ∎

　このように古典力学では,荷電粒子の運動方程式には,スカラー・ポテンシャルやベクトル・ポテンシャルは電場および磁場の形で現れるだけである.そのため,古典力学的な場合には,電場および磁場が物理的な量であって,ポテンシャルは便宜的に導入したものと考えても困難は生じない.実際,古典論では,ローレンツ力の式のみならず,電磁場の運動方程式であるマクスウェル方程式も電場および磁場に対して閉じた形で書かれている.

　このように,運動方程式にはスカラー・ポテンシャルやベクトル・ポテンシャルは直接現れないのであるが,ラグランジアンを書こうとすると,ポテンシャルのほうが電磁場よりも基本的であるように見える.いままで見てきたように,量子力学では,古典的な運動方程式よりもラグランジアンやハミルトニアンのほうが基本的な概念であるから,量子論では電磁場そのものよりもポテンシャルのほうが自然な量であると思ったほうがよい.

　ところで,ラグランジアン(9.1)によって記述される粒子の運動は,外場 $\phi(\boldsymbol{x},t)$,$\boldsymbol{A}(\boldsymbol{x},t)$ に対するゲージ変換に対して不変であることに注意しよう.すなわち,$\phi(\boldsymbol{x},t)$,$\boldsymbol{A}(\boldsymbol{x},t)$ を次のようにゲージ変換したもの

$$\phi(\boldsymbol{x},t) \mapsto \phi'(\boldsymbol{x},t) = \phi(\boldsymbol{x},t) + \frac{\partial}{\partial t}\lambda(\boldsymbol{x},t) \qquad (9.4\text{a})$$

$$\boldsymbol{A}(\boldsymbol{x},t) \mapsto \boldsymbol{A}'(\boldsymbol{x},t) = \boldsymbol{A}(\boldsymbol{x},t) - \nabla\lambda(\boldsymbol{x},t) \qquad (9.4\text{b})$$

にとり換えても,粒子の運動は変化しない.ここで λ は時間および空間座標の任意の関数である.

　例題2 上の主張を証明せよ.

---

* ∂_i は x^i による微分 $\dfrac{\partial}{\partial x^i}$ を表す.

解 $\phi(\boldsymbol{x},t)$, $\boldsymbol{A}(\boldsymbol{x},t)$ を上の $\phi'(\boldsymbol{x},t)$, $\boldsymbol{A}'(\boldsymbol{x},t)$ にとり換えると，ラグランジアン(9.1)は，

$$\begin{aligned}L \mapsto L' &= \frac{m}{2}\dot{\boldsymbol{x}}^2 - e\phi'(\boldsymbol{x},t) + e\boldsymbol{A}'(\mathrm{x},t)\dot{\boldsymbol{x}} \\ &= L - e\left(\frac{\partial}{\partial t}\lambda(\boldsymbol{x},t) + \nabla\lambda(\mathrm{x},t)\cdot\dot{\boldsymbol{x}}\right) \\ &= L - e\frac{\mathrm{d}}{\mathrm{d}t}\lambda\end{aligned}$$

のように変わるが，変化分は時間の全微分であるから，運動には影響を与えない．

あるいは，ゲージ変換(9.4)に対して，電場および磁場が変化しないことからも，運動方程式(9.2)が不変であることは明らかである． ∎

次に，いま考えている系のハミルトニアンを求めてみよう．ラグランジアン(9.1)から $\boldsymbol{x}$ の正準共役量 $\boldsymbol{p}$ は，

$$\boldsymbol{p} = \frac{\partial L}{\partial \dot{\boldsymbol{x}}} = m\dot{\boldsymbol{x}} + e\boldsymbol{A} \tag{9.5}$$

となるから，ハミルトニアンは，

$$\begin{aligned}H &= \boldsymbol{p}\cdot\dot{\boldsymbol{x}} - L \\ &= (m\dot{\boldsymbol{x}} + e\boldsymbol{A})\cdot\dot{\boldsymbol{x}} - \left(\frac{m}{2}\dot{\boldsymbol{x}}^2 - e\phi + e\boldsymbol{A}\cdot\dot{\boldsymbol{x}}\right) \\ &= \frac{m}{2}\dot{\boldsymbol{x}}^2 + e\phi \\ &= \frac{1}{2m}(\boldsymbol{p} - e\boldsymbol{A})^2 + e\phi\end{aligned} \tag{9.6}$$

と書くことができる．ここで，ベクトル・ポテンシャル $\boldsymbol{A}$ はハミルトニアンの中に特徴的な現れ方をしていることに注意しよう．すなわち，磁場がないときの運動エネルギーの表式 $\frac{1}{2m}\boldsymbol{p}^2$ に対して，置き換え

$$\boldsymbol{p} \mapsto \boldsymbol{p} - e\boldsymbol{A} \tag{9.7}$$

を行うことによって，磁場がある場合のハミルトニアンが得られる．このような見方は，スカラー・ポテンシャルにも適用できる．すなわち，ハミルトニアン(9.6)は自由粒子の場合のハミルトニアンを与える式

$$H = \frac{1}{2m}\boldsymbol{p}^2 \tag{9.8}$$

に対して，置き換え

$$H \mapsto H - e\phi \tag{9.9a}$$

$$p \mapsto p - eA \tag{9.9b}$$

を行うことによって得られたものとみなすことができる．

9.2 外場中の粒子の量子力学

外場の中におかれた粒子の量子力学的なハミルトニアンを求めるためには，通常の手続きに従って，古典的なハミルトニアン(9.6)で変数 x および p を対応する演算子 $\hat{x}$, $\hat{p}$ で置き換えればよいと思われる．すなわち，素朴に考えて，

$$\hat{H} = \frac{1}{2m}\left(\hat{p} - eA(\hat{x},t)\right)^2 + e\phi(\hat{x},t) \tag{9.10}$$

とすればよいであろう．ここで，古典的なハミルトニアン(9.6)から量子力学的なハミルトニアン(9.10)を得る際には，演算子の積の順序についての不定性があることに注意しよう．

(9.10)で与えられる $\hat{H}$ はエルミート性の観点からも自然なものであるが，以下にみるようにゲージ不変性の観点からもきわめて自然な形になっている．ゲージ不変性を調べるために，シュレーディンガー方程式

$$\begin{aligned} i\hbar \frac{d}{dt}|\psi(t)\rangle &= \hat{H}|\psi(t)\rangle \\ \hat{H} &= \frac{1}{2m}\left(\hat{p} - eA(\hat{x},t)\right)^2 + e\phi(\hat{x},t) \end{aligned} \tag{9.11}$$

を考え，波動関数に対して次のような時間に依存したユニタリー変換を考えよう．

$$\begin{aligned} |\psi(t)\rangle &= \hat{U}(t)|\psi'(t)\rangle \\ \hat{U}(t) &= \exp\left[i\frac{e}{\hbar}\lambda(\hat{x},t)\right] \end{aligned} \tag{9.12}$$

$|\psi'(t)\rangle$ の時間発展を求めるためには，(9.12)を(9.11)に代入してやればよい．すなわち，

$$\begin{aligned} i\hbar \frac{d}{dt}|\psi(t)\rangle &= i\hbar \frac{d}{dt}\left(\hat{U}(t)|\psi'(t)\rangle\right) \\ &= \hat{U}(t)\left(i\hbar \frac{d}{dt}|\psi'(t)\rangle + \left(\hat{U}^{-1}(t) i\hbar \frac{d}{dt}\hat{U}(t)\right)|\psi'(t)\rangle\right) \\ &= \hat{U}(t)\left(i\hbar \frac{d}{dt}|\psi'(t)\rangle - e\frac{\partial}{\partial t}\lambda(\hat{x},t)|\psi'(t)\rangle\right) \end{aligned} \tag{9.13}$$

と，

$$\hat{H}|\psi(t)\rangle = \hat{H}\hat{U}(t)|\psi'(t)\rangle \tag{9.14}$$

を等しいとおいて，両辺に $\hat{U}^{-1}(t)$ を掛けると，

$$i\hbar\frac{\mathrm{d}}{\mathrm{d}t}|\psi'(t)\rangle = \hat{H}'|\psi'(t)\rangle$$
$$\hat{H}' = \hat{U}^{-1}(t)\hat{H}\hat{U}(t) + e\frac{\partial}{\partial t}\lambda(\hat{\bm{x}},t) \tag{9.15}$$

が得られる．

例題 $\hat{H}$ の表式 (9.10) の $\bm{A}$ および ϕ を，それらにゲージ変換 (9.4) を施したもので置き換えると，上の $\hat{H}'$ が得られることを示せ．

解 (9.15) に (9.10) を代入すると，

$$\hat{H}' = \frac{1}{2m}\left\{\hat{U}^{-1}(\hat{\bm{p}} - e\bm{A}(\hat{\bm{x}},t))\hat{U}\right\}^2 + e\phi(\hat{\bm{x}},t) + e\frac{\partial}{\partial t}\lambda(\hat{\bm{x}},t)$$

となる．ここで，U は $\hat{\bm{x}}$ のみの関数だから，$\hat{\bm{x}}$ の任意関数と可換であることに注意しよう．さらに，

$$\hat{U}^{-1}(\hat{\bm{p}} - e\bm{A}(\hat{\bm{x}},t))\hat{U}$$
$$= \exp\left[-i\frac{e}{\hbar}\lambda(\hat{\bm{x}},t)\right](\hat{\bm{p}} - e\bm{A}(\hat{\bm{x}},t))\exp\left[i\frac{e}{\hbar}\lambda(\hat{\bm{x}},t)\right]$$
$$= \hat{\bm{p}} - e(\bm{A}(\hat{\bm{x}},t) - \nabla\lambda(\hat{\bm{x}},t))$$

に注意すると，

$$\hat{H}' = \frac{1}{2m}(\hat{\bm{p}} - e\bm{A}'(\hat{\bm{x}},t))^2 + e\phi(\hat{\bm{x}},t)$$

$$\bm{A}' = \bm{A} - \nabla\lambda, \quad \phi' = \phi + \frac{\partial\lambda}{\partial t}$$

であることは明らかだろう．■

この例題からわかるように，ゲージ変数を (9.12) の形のユニタリー変換に表すことができたのは，ハミルトニアンの中で運動量 $\hat{\bm{p}}$ とベクトル・ポテンシャル $\bm{A}(\hat{\bm{x}},t)$ が，$\hat{\bm{p}} - e\bm{A}(\hat{\bm{x}},t)$ という特別の組み合わせでのみ現れたからである．ところで，(9.12) の形のユニタリー変換は，座標表示では単なる位相変換である．すなわち，(9.12) は，

$$\langle\bm{x}|\psi(t)\rangle = \psi(\bm{x},t) \tag{9.16a}$$

$$\langle\bm{x}|\psi'(t)\rangle = \psi'(\bm{x},t) \tag{9.16b}$$

に対して，

$$\psi(\bm{x},t) = \exp\left[i\frac{e}{\hbar}\lambda(\bm{x},t)\right]\psi'(\bm{x},t) \tag{9.17}$$

と書くことができるが，これは時間および空間座標に依存した位相変換にほかならない．

これは，確率密度 $|\psi(\boldsymbol{x},t)|^2$ がゲージ変換に対して不変であること，すなわち，ポテンシャル $\boldsymbol{A}$ および ϕ をどのようなゲージで表しておいても，物理の内容は同じであることを示している．逆にいうと，量子論においても，物理的内容が外場のポテンシャルのゲージのとり方に依存しないということを要請すると，(9.10) の形のハミルトニアンがきわめて自然なものであることがわかる．このように，外場がないときのハミルトニアンから，

$$\hat{\boldsymbol{p}} \mapsto \hat{\boldsymbol{p}} - e\boldsymbol{A}(\hat{\boldsymbol{x}},t)$$

のような置き換えで，外場があるときのハミルトニアンを作ることができる．

9.3 一様な磁場中の荷電粒子

一様な磁場中の荷電粒子のエネルギー準位を考えよう．簡単のため，磁場は，z 軸に平行とし，磁場の大きさを B，荷電粒子の質量および電荷を m および e とする．前節でみたように，物理的な結果はゲージのとり方に依存しないので，問題が解きやすくなるゲージを選べばよい．ここではランダウに従って，

$$A_x = 0, \quad A_y = Bx, \quad A_z = 0 \tag{9.18}$$

のようにとることにする．そうするとハミルトニアン (9.10) は，

$$\hat{H} = \frac{1}{2m}\left\{\hat{p}_x^2 + \left(\hat{p}_y - eB\hat{x}\right)^2 + \hat{p}_z^2\right\} \tag{9.19}$$

と書くことができる．これは，$\hat{z}$ を陽に含まないから，明らかに $\hat{p}_z$ と $\hat{H}$ は可換であり，同時対角化可能である．

これは，物理的には z 方向の運動量が保存するということであり，直観的にも明らかだろう．z 方向の運動は，このように自明であるから，以下では x-y の方向の自由度だけを議論することにしよう．すなわち，2 次元のハミルトニアン

$$\hat{H} = \frac{1}{2m}\left\{\hat{p}_x^2 + \left(\hat{p}_y - eB\hat{x}\right)^2\right\} \tag{9.20}$$

を考える．この式を見ると，すぐわかるように，$\hat{H}$ は $\hat{y}$ を陽に含んでいないから，$\hat{p}_y$ と $\hat{H}$ は可換であり，同時対角化可能である．(9.18) のようなゲージを選んだのは，このように保存量を扱いやすい形にするためである．$\hat{p}_y$ の固有値が k_y であるような固有空間上では，ハミルトニアンは，

$$\begin{aligned}\hat{H} &= \frac{1}{2m}\left\{\hat{p}_x^2 + (k_y - eB\hat{x})^2\right\} \\ &= \frac{1}{2m}\hat{p}_x^2 + \frac{m}{2}\left(\frac{eB}{m}\right)^2\left(\hat{x} - \frac{k_y}{eB}\right)^2\end{aligned} \tag{9.21}$$

のように作用するが，これは，中心の x 座標が $\dfrac{k_y}{eB}$ であるような調和振動子のハミルトニ

アンと同じ形をしている．ここで，角振動数に対応する量

$$\omega = \frac{|e|B}{m} \tag{9.22}$$

は，サイクロトロン周波数とよばれている．調和振動子でよく知られているように，(9.21)のエネルギー準位は，

$$\hbar\omega\left(n+\frac{1}{2}\right) \quad (n=0, 1, 2, \cdots) \tag{9.23}$$

で与えられるが，これらはランダウ準位とよばれている．

けっきょく，2次元のハミルトニアン(9.20)の固有状態は k_y と n という2つの数でラベルされ，そのエネルギー固有値は k_y には依存せず，n のみによって決まることがわかった．ところで，いま考えている系が x-y 方向に無限に広がっているとすると，k_y は任意であり，(9.23)の各エネルギー準位は無限に縮退していることになる．各エネルギー準位の x-y 面の単位面積あたりの縮退度を求めるために，x 方向の長さを L_x，y 方向の長さを L_y とする周期的境界条件を考えよう．そうすると，$\hat{p}_y$ の固有値 k_y は，

$$k_y = \frac{2\pi\hbar}{L_y}l \quad (l=0, \pm 1, \pm 2, \cdots) \tag{9.24}$$

の値をとりうるが，(9.21)からわかるように，x 方向の波動関数の中心は，$\dfrac{k_y}{eB} = \dfrac{1}{eB}\dfrac{2\pi\hbar}{L_y}l$ であり，これが 0 と L_x の間にあるためには，

$$0 \leq \frac{1}{eB}\frac{2\pi\hbar}{L_y}l \leq L_x \tag{9.25}$$

でなければならない．これは，l が 0 と $\dfrac{eB}{2\pi\hbar}L_xL_y$ の間にあることを意味しているから，l は $\dfrac{|e|B}{2\pi\hbar}L_xL_y$ 通りの値をとりうる．いい換えると，各ランダウ準位の縮退度は，x-y 方向の単位面積あたりに $\dfrac{|e|B}{2\pi\hbar}$ であるとしてよい．

$$(単位面積あたりの縮退度) = \frac{|e|B}{2\pi\hbar} \tag{9.26}$$

あるいは，磁束の量子 $\Phi_0 = \dfrac{2\pi\hbar}{|e|}$ を使って表すと，各ランダウ準位の縮退度は，全磁束 $\Phi = BL_xL_y$ を Φ_0 で割ったものといってもよい．

$$(縮退度) = \frac{\Phi}{\Phi_0} \tag{9.27}$$

9.4 スピンをもつ粒子の固有磁気モーメント

粒子がスピンをもっている場合を考えよう．少し乱暴な直観ではあるが，スピンを自転による角運動量とみなすことにすると，電荷をもったものが回転していれば当然，磁気モーメントももっているはずである．また，たとえ粒子の全電荷がゼロであっても，粒子に広がりがあって，正に帯電している部分と負に帯電している部分があるとすると，回転によって生じる磁気モーメントは一般にはゼロではない．すなわち，スピンをもった粒子は軌道運動とは関係のない固有の磁気モーメントをもっていると考えられる．これを固有磁気モーメントとよんでいる．

粒子のスピン演算子を $\hat{S}$ とすると，$\hat{S}$ はベクトル量であり，スピンの状態を表す演算子は $\hat{S}$ だけであるから，固有磁気モーメントは $\hat{S}$ に比例するはずである．

$$\hat{\mu} = \frac{\mu}{S}\hat{S} \tag{9.28}$$

ここで，$\hat{\mu}$ は固有磁気モーメントの演算子であり，$\hat{S}$ に比例するはずであるが，その比例定数を $\frac{\mu}{S}$ と書いた．そうすると，$\hat{\mu}$ の1つの成分，たとえば，$\hat{\mu}_z$ の最大の固有値は $|\mu|$ であり，μ が正のときは $\hat{\mu}$ と $\hat{S}$ は平行，μ が負のときは $\hat{\mu}$ と $\hat{S}$ は反平行であるということになる．

古典的には，磁気モーメント μ をもつ磁気双極子が磁場 B の中にあるとすると，系には余分のエネルギー

$$\Delta E = -\mu \cdot B \tag{9.29}$$

が付け加わるから，量子力学的にもハミルトニアンに，

$$\Delta \hat{H} = -\hat{\mu} \cdot B(\hat{x}) = -\frac{\mu}{S}\hat{S} \cdot B(\hat{x}) \tag{9.30}$$

が付け加わると考えるのは自然であろう．すなわち，電荷 e，磁気モーメント μ の非相対論的粒子が，外場の中にあるときのハミルトニアンは，

$$\hat{H} = \frac{1}{2m}(\hat{\boldsymbol{p}} - e\boldsymbol{A}(\hat{\boldsymbol{x}},t))^2 + e\phi(\hat{\boldsymbol{x}},t) - \frac{\mu}{S}\hat{S} \cdot B(\hat{x}) \tag{9.31}$$

で与えられる．このハミルトニアンは9.2節の意味でゲージ不変になっていることに注意しよう．なぜならば，新たに付け加えた項(9.30)は，磁場の強さ B を含んでいるが，B はもともとゲージ不変な量であるからである．

固有磁気モーメント μ の大きさの程度

いろいろな粒子に対して μ の大きさは実験によって測定することができるが，それがどの程度の大きさの量であるかは，次のような粗っぽい考察により得られるものと一致し

9.4 スピンをもつ粒子の固有磁気モーメント

ている．かなり粗雑ではあるが，いま考えている粒子は大きさが a 程度の剛体であり，全電荷 e，全質量 m をもつとしよう．このような剛体が角速度 ω で回転しているとき，その角運動量は $ma^2\omega$ 程度であり，磁気モーメントは，$ea^2\omega$ 程度であるから，その比は，

$$\frac{(磁気モーメント)}{(角運動量)} \sim \frac{ea^2\omega}{ma^2\omega} = \frac{e}{m} \tag{9.32}$$

の程度の量である．ここで，a や ω は分母・分子で相殺していることに注意しよう．このような考察から，一般にスピンをもつ粒子に対して，μ と S の比がだいたい $\frac{\mu}{S} \sim \frac{e}{m}$ 程度の量であることが予想される．S は一般に $\hbar$ の程度の量であるから，けっきょく，質量 m の粒子の磁気能率 μ は，

$$\mu \sim \frac{e\hbar}{m} \tag{9.33}$$

の程度の大きさの量であると思われる．以下に示すように，実験値は確かにそのようになっている．

電子の固有磁気モーメント μ_e の測定値は，

$$\mu_e = -\mu_B \times (1.011596\cdots) \tag{9.34}$$

である．ここで，μ_B はボーア磁子とよばれており，電子の質量 m_e を使って，

$$\mu_B = \frac{|e|\hbar}{2m_e} \tag{9.35}$$

で定義されている．同様に，陽子の固有磁気モーメント μ_p および中性子の固有磁気モーメント μ_n の測定値は，

$$\mu_p = 2.793\mu_N \tag{9.36a}$$

$$\mu_n = -1.913\mu_N \tag{9.36b}$$

である．ここで μ_N は核磁子とよばれており，陽子の質量 m_p を使って，

$$\mu_N = \frac{|e|\hbar}{2m_p} \tag{9.37}$$

で定義されている．

このように，実際に固有磁気モーメントの大きさは (9.33) で与えた程度の量であるが，上で (9.33) を導くために使った自転というような描像をあまり本気にしてはいけない．スピンは広がりをもった物体の自転と考えるよりも，むしろ古典論的な対応をもたないような力学変数であり，ベクトル場がいくつかの成分をもっているように，波動関数がいくつかの成分をもっていることを示していると考えたほうがよい．実際，相対論的な量子力学を考えると，スピン $\frac{1}{2}$ の粒子がディラック方程式というもので自然に記述され，粒子の

第9章 電磁場中の荷電粒子

固有磁気モーメントが(9.33)程度の量であることを示すことができる.

章末問題

[**1**] 図9.1のような形のマグネットをx軸の上下に置くと，z軸方向に勾配のある磁場ができる．左のほうからx軸に沿って，スピンsをもつ中性の粒子を入射する．粒子の磁気モーメントはゼロでないとすると，スピンのz成分$\hat{s}_z$の各固有値ごとに，粒子は磁場から異なる力を受ける．よって右のスクリーン上には，$\hat{s}_z$の固有値に対応して$(2s+1)$個のスポットが現れる．このような装置を，シュテルン-ゲルラッハ(Stern-Gerlach)の装置とよんでいる．

(1) 入射粒子のスピンは$\frac{1}{2}$とし，その質量および磁気能率をm, μとする．また，マグネットはx軸に沿って長さlをもち，磁場の勾配$\frac{\partial B_z}{\partial z}$は一定であるとする．初速度を$v$とすると，磁場を通り抜けたとき，粒子は$x$軸からどの程度ずれているか．

(2) (1)と同じ状況で，入射粒子はある単位ベクトル$\boldsymbol{n}$の向きに偏極しているとする．すなわち，入射粒子は，$\boldsymbol{n}\cdot\hat{\boldsymbol{\sigma}}$の固有値が1であるような状態であるとする．この場合，スクリーン上ではどのようなことが観測されるか．

解 (1) スピン$\frac{1}{2}$の中性粒子が磁場中にあるときのハミルトニアンは，

$$\hat{H} = \frac{1}{2m}\hat{\boldsymbol{p}}^2 - \mu\hat{\boldsymbol{\sigma}}\cdot\boldsymbol{B}(\hat{x}) \qquad \text{ⓐ}$$

と書くことができる．粒子の波束は大まかにいってx-z面内を運動するが，x-z面内では$B_x = B_y = 0$であるから，ⓐでB_zだけ残して，

$$\hat{H} = \frac{1}{2m}\hat{\boldsymbol{p}}^2 - \mu\hat{\sigma}_z\cdot B_z(\boldsymbol{x})$$

としてよい．これは$\hat{\sigma}_z$と可換であるから，$\hat{\sigma}_z$は保存すると考えてよい．すなわち，$\hat{\sigma}_z$の固有値がσ_zであるような固有空間上では，ハミルトニアンは，

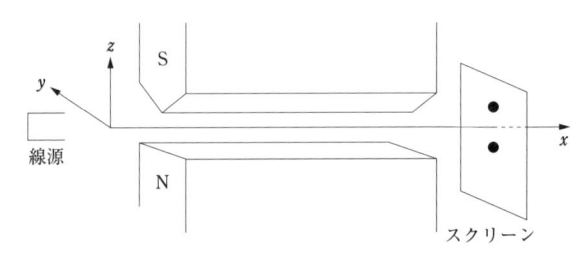

図 9.1

$$\hat{H} = \frac{1}{2m}\hat{\boldsymbol{p}}^2 - \mu\sigma_z B_z(\boldsymbol{x})$$

で与えられる．この右辺の第2項は，z 軸方向の大きさ一定の力

$$F_z = \mu\sigma_z \frac{\partial B_z}{\partial z}$$

を表していることに注意しよう．すなわち，マグネットの間を通過する間は，z 軸方向に一定の加速度

$$\alpha = \frac{F_z}{m} = \sigma_z \frac{\mu}{m}\frac{\partial B_z}{\partial z}$$

を受ける．よって，通過後の位置のずれ Δz は，

$$\Delta z = \frac{1}{2}\alpha\left(\frac{l}{v}\right)^2 = \sigma_z \frac{\mu l^2}{2mv^2}\frac{\partial B_z}{\partial z} \qquad \text{ⓑ}$$

で与えられる．

(2) 入射粒子の波動関数のスピン部分を $\zeta = \begin{pmatrix}\zeta_1 \\ \zeta_2\end{pmatrix}$ と書くと，題意より，$\boldsymbol{n}\cdot\hat{\boldsymbol{\sigma}}\zeta = \zeta$, すなわち，

$$\begin{pmatrix} n_z & n_x - in_y \\ n_x + in_y & -n_z \end{pmatrix}\begin{pmatrix}\zeta_1 \\ \zeta_2\end{pmatrix} = \begin{pmatrix}\zeta_1 \\ \zeta_2\end{pmatrix} \qquad \text{ⓒ}$$

を満たしている．ⓒの規格化された解は，

$$\begin{pmatrix}\zeta_1 \\ \zeta_2\end{pmatrix} = \frac{1}{\sqrt{2(1+n_z)}}\begin{pmatrix}1+n_z \\ n_x+in_y\end{pmatrix}$$

と書くことができ，これより，

$$|\zeta_1|^2 = \frac{1+n_z}{2}, \quad |\zeta_2|^2 = \frac{1-n_z}{2}$$

であることがわかる．よって，粒子がスクリーン上で $\sigma_z = 1$ および $\sigma_z = -1$ に対応する点（ⓑを見よ）に観測される確率は，それぞれ，$\dfrac{1+n_z}{2}$, および $\dfrac{1-n_z}{2}$ である．

[2] 一様な磁場中にある電子のエネルギー準位を求めよ．

解 磁場は z 軸に平行で，大きさは B であるとする．ゲージとして (9.18) の形のもの

$$A_x = 0, \quad A_y = Bx, \quad A_z = 0$$

をとると，ハミルトニアン $\hat{H}$ (9.31) は，

第9章 電磁場中の荷電粒子

$$\hat{H} = \frac{1}{2m}\left\{\hat{p}_x^2 + \left(\hat{p}_y - eB\hat{x}\right)^2 + \hat{p}_z^2\right\} - \mu_e B \hat{\sigma}_z \qquad \text{ⓐ}$$

と書くことができる．ここで，μ_e は電子の固有磁気モーメントであり，(9.34)で数値を示した．

この $\hat{H}$ は，$\hat{\sigma}_z$ と可換であるから，$\hat{H}$ を対角化するためには，スピンが上向きの成分と下向きの成分を別々に考えてやればよい．ⓐの右辺の第1項は，スピンの効果を無視したときのハミルトニアンであり，9.3節で考えたものにほかならない．よってエネルギー準位は，サイクロトロン周波数 $\omega = \dfrac{|e|B}{mc}$ を使って，

$$\hbar\omega\left(n + \frac{1}{2}\right) - \mu_e B \qquad \text{（スピンが上向きのとき）}$$
$$(n = 0, 1, 2, \cdots)$$
$$\hbar\omega\left(n + \frac{1}{2}\right) + \mu_e B \qquad \text{（スピンが下向きのとき）}$$
$$(n = 0, 1, 2, \cdots)$$

と書くことができる．ところで，(9.34)より $\mu_e = -\dfrac{|e|\hbar}{2m} \times (1.011596\cdots)$ であるが，これがもし，$\mu_e = -\dfrac{|e|\hbar}{2m}$ であったとすると，スピンが上向きの n 番目の準位とスピンが下向きの $n+1$ 番目の準位は縮退してしまうことに注意しよう．

[3] 外場中の荷電粒子の確率密度流の表式を導け．

解 外場中のシュレーディンガー方程式

$$i\hbar \frac{\partial \psi}{\partial t} = \left\{\frac{-\hbar^2}{2m}\left(\nabla - \frac{ie}{\hbar}\boldsymbol{A}\right)^2 + e\phi\right\}\psi \qquad \text{ⓐ}$$

の複素共役をとると，

$$-i\hbar \frac{\partial \psi^*}{\partial t} = \left\{\frac{-\hbar^2}{2m}\left(\nabla + \frac{ie}{\hbar}\boldsymbol{A}\right)^2 + e\phi\right\}\psi^* \qquad \text{ⓑ}$$

となる．ⓐの両辺に ψ^* を掛け，ⓑの両辺に ψ を掛けて辺々引き算すると，

$$i\hbar \frac{\partial}{\partial t}\left(\psi^* \psi\right)$$
$$= -\frac{\hbar^2}{2m}\left\{\psi^*\left(\nabla - \frac{ie}{\hbar}\boldsymbol{A}\right)^2 \psi - \left(\left(\nabla + \frac{ie}{\hbar}\boldsymbol{A}\right)^2 \psi^*\right)\psi\right\}$$

となるが,少し計算すると右辺は,

$$\frac{-\hbar^2}{2m}\nabla\cdot\left\{\psi^*\left(\nabla-\frac{ie}{\hbar}\boldsymbol{A}\right)\psi-\left(\left(\nabla+\frac{ie}{\hbar}\boldsymbol{A}\right)\psi^*\right)\psi\right\}$$

と変形できることがわかる.すなわち,ρ と $\boldsymbol{j}$ を

$$\rho=\psi^*\psi$$

$$\boldsymbol{j}=\frac{1}{2m}\frac{\hbar}{i}\left\{\psi^*\left(\nabla-\frac{ie}{\hbar}\boldsymbol{A}\right)\psi-\left(\left(\nabla-\frac{ie}{\hbar}\boldsymbol{A}\right)\psi\right)^*\psi\right\}$$

で定義すると,連続の式

$$\frac{\partial\rho}{\partial t}=-\nabla\cdot\boldsymbol{j}$$

を満たすから,$\boldsymbol{j}$ を確率密度流とみなすことができる.この表式は,$\boldsymbol{A}=\boldsymbol{0}$ のときの確率密度流の表式

$$\frac{1}{2m}\frac{\hbar}{i}\left\{\psi^*\nabla\psi-(\nabla\psi)^*\psi\right\}$$

で形式的に微分 ∇ を共変微分 $\nabla-\dfrac{ie}{\hbar}\boldsymbol{A}$ で置き換えたものになっている. ∎

第10章 同 種 粒 子

10.1 フェルミオンとボソン
10.2 同種の2粒子からなる系
10.3 相互作用のない同種粒子からなる系
10.4 多電子原子

　同じ種類の粒子がいくつか含まれるような系を考える．2つの粒子が同種であるということは，古典力学的には，それらの粒子のもつ属性（質量や電荷など）がたまたま等しいということ以上には意味をもたないと思われる．ところが，量子力学では系の状態は状態ベクトルによって完全に指定されているから，2つの同種粒子を入れ替えても状態はもとの状態とまったく同じであるはずである．10.1節では，このような制約が現実の系でどのような形で現れているかを説明する．2つの粒子の入れ替えに対して波動関数が対称であるような粒子はボソンとよばれ，反対称であるような粒子はフェルミオンとよばれる．10.2節と10.3節では簡単な例によって，そのような対称性の結果，多粒子系がどのようにふるまうか調べる．10.4節では，たいせつな例として多電子原子を議論する．

10.1　フェルミオンとボソン

いろいろな種類の粒子がそれぞれ何個かずつあるような系を考えよう．たとえば，電子3個，α粒子5個，中性子6個からなる系などを考えるわけである．各粒子の位置 r およびスピンの z 成分 s_z をまとめて ξ と書くことにすると，そのような系の波動関数は，

$$\psi\left(\xi_1^{(1)},\xi_2^{(1)},\cdots,\xi_{N_1}^{(1)};\xi_1^{(2)},\xi_2^{(2)},\cdots,\xi_{N_2}^{(2)};\xi_1^{(3)},\xi_2^{(3)},\cdots,\xi_{N_3}^{(3)};\cdots\right) \tag{10.1}$$

と表される．ここで，第1の種類の粒子は N_1 個あるとし，その座標を $\xi_1^{(1)},\cdots,\xi_{N_1}^{(1)}$ と書き，第2の種類の粒子は N_2 個あるとし，その座標を $\xi_1^{(2)},\cdots,\xi_{N_2}^{(2)}$ などと書いている．

次に，同じ種類の粒子を入れ替える演算子 $\hat{P}_{i,j}^{(a)}$ を導入しよう．ここで，$\hat{P}_{i,j}^{(a)}$ は第 a の種類の粒子のうち，i 番目と j 番目のものを入れ替える演算子とする．たとえば，(10.1)のように表された状態に $\hat{P}_{1,2}^{(2)}$ を作用させると，

$$\begin{aligned}\left(\hat{P}_{1,2}^{(2)}\psi\right)&\left(\xi_1^{(1)},\xi_2^{(1)},\cdots,\xi_{N_1}^{(1)};\xi_1^{(2)},\xi_2^{(2)},\cdots,\xi_{N_2}^{(2)};\cdots\cdots\right)\\&=\psi\left(\xi_1^{(1)},\xi_2^{(1)},\cdots,\xi_{N_1}^{(1)};\xi_2^{(2)},\xi_1^{(2)},\cdots,\xi_{N_2}^{(2)};\cdots\cdots\right)\end{aligned} \tag{10.2}$$

のように変化する．$\hat{P}_{i,j}^{(a)}$ は同種の粒子を入れ替える作用であるから，直観的には，状態ベクトル ψ と $\hat{P}_{i,j}^{(a)}\psi$ は同じ状態を表していると思われる．たとえば2つの α 粒子があったとき，1番目のものがある場所1にあり2番目のものが別の場所2にあるような状態と，1番目のものが場所2にあり2番目のものが場所1にあるような状態を比べてみよう．2つの α 粒子の間に区別がないとすると，このような2つの状態は本質的には同じ状態とみなすのが自然だろう．

このように，同種の粒子を入れ替えても状態は変化しないはずであるという直観をとり入れるために，波動関数に対して次のような条件を課すことにしよう．

$$\hat{P}_{i,j}^{(a)}\psi=(\text{定数})\times\psi \qquad (i\neq j) \tag{10.3}$$

ここで，$\hat{P}_{i,j}^{(a)}$ は2つの粒子を入れ替える演算子であるから，(10.2)からもわかるように，その2乗は1であることに注意しよう．すなわち，$\hat{P}_{i,j}^{(a)}$ は，

$$\left(\hat{P}_{i,j}^{(a)}\right)^2=1 \tag{10.4}$$

を満たしており，その固有値は ± 1 であるから，(10.3)の右辺の定数は，$+1$ か -1 のいずれかでなければならない．± 1 のうちのどちらをとるかは，粒子の種類ごとに決まっていると仮定すると，(10.3)のような条件は，

$$\hat{P}_{i,j}^{(a)}\psi=c^{(a)}\psi \qquad (i\neq j;i,j=1,2,\cdots,N_a) \tag{10.5}$$

10. 同種粒子

と書くことができる．ここで $c^{(a)}$ は $+1$ か -1 であり，a で指定される種類の粒子を2つ入れ替えたときに，波動関数にかかる因子を表している．

波動関数に対するこのような形の条件が，系の時間発展と矛盾しないことに注意しよう．すなわち，ある時刻において，波動関数が(10.5)の条件を満たしていれば，シュレーディンガー方程式に従う時間発展をしても常に同じ条件(10.5)を満たしている．これを示すためには，ハミルトニアン $\hat{H}$ が同種の2つの粒子を入れ替えても形を変えないことが，

$$\hat{P}_{i,j}^{(a)} \hat{H} \hat{P}_{i,j}^{(a)} = \hat{H} \tag{10.6}$$

と書くことができることに気づけばよい．(10.6)は $\hat{P}_{i,j}^{(a)}$ が保存量であることを示しているから，その固有値 $c^{(a)}$ は時間によらないことがわかる．

以上のように，同じ種類の粒子がいくつかある場合には，波動関数に(10.5)のような形の条件が課されていると考えるのが自然であるが，確かにそうであることが多くの実験事実から知られている．実際，(10.5)に現れる因子 $c^{(a)}$ は粒子の種類によって決まっており，実験的に決めることができる．$c^{(a)} = 1$ であるような粒子はボソンあるいはボース(Bose)統計に従う粒子であるとよばれ，$c^{(a)} = -1$ であるような粒子は，フェルミオンあるいはフェルミ(Fermi)統計に従う粒子であるとよばれる．実験結果をまとめると，電子，陽子，中性子などスピンが半整数の粒子はフェルミオンであり，α 粒子，中間子，光子などスピンが整数の粒子はボソンであることがわかっている[*]．

例題1 3個の電子と2個の α 粒子から成る系を考える．
(1) 相互作用としてクーロン力を考えたときのハミルトニアンを書け．
(2) 2つの電子を入れ替える演算子，および2つの α 粒子を入れ替える演算子を定義し，(1)のハミルトニアンがその入れ替えに関して不変であることを示せ．
(3) 波動関数が満たすべき統計性の条件を書け．

解 (1) 電子の位置，運動量，スピンの演算子を，$\hat{\boldsymbol{r}}_i^{(e)}, \hat{\boldsymbol{p}}_i^{(e)}, \hat{\boldsymbol{s}}_i^{(e)} (i=1,2,3)$ とし，α 粒子の位置，運動量の演算子を，$\hat{\boldsymbol{r}}_i^{(\alpha)}, \hat{\boldsymbol{p}}_i^{(\alpha)} (i=1,2)$ とする (α 粒子のスピンはゼロである)．クーロン力を考えたときのハミルトニアンは，

$$\hat{H} = \sum_{i=1}^{3} \frac{(\hat{\boldsymbol{p}}_i^{(e)})^2}{2m_e} + \sum_{i=1}^{2} \frac{(\hat{\boldsymbol{p}}_i^{(\alpha)})^2}{2m_\alpha} + \sum_{1 \leq i < j \leq 3} \frac{e^2}{|\hat{\boldsymbol{r}}_i^{(e)} - \hat{\boldsymbol{r}}_j^{(e)}|}$$
$$+ \frac{4e^2}{|\hat{\boldsymbol{r}}_1^{(\alpha)} - \hat{\boldsymbol{r}}_2^{(\alpha)}|} - \sum_{i=1}^{3} \sum_{j=1}^{2} \frac{2e^2}{|\hat{\boldsymbol{r}}_i^{(e)} - \hat{\boldsymbol{r}}_j^{(\alpha)}|} \qquad ⓐ$$

となる．

---
[*] このようなスピンと統計の関係は，非相対論的な量子力学の枠組みの中で論理的に説明することはできないが，相対論的な場の量子論によれば説明することができる．

(2) 1番目と2番目の電子を入れ替える演算子 $\hat{P}_{1,2}^{(e)}$ は,

$$\hat{P}_{1,2}^{(e)} \hat{\boldsymbol{r}}_1^{(e)} \hat{P}_{1,2}^{(e)} = \hat{\boldsymbol{r}}_2^{(e)}, \qquad \hat{P}_{1,2}^{(e)} \hat{\boldsymbol{r}}_2^{(e)} \hat{P}_{1,2}^{(e)} = \hat{\boldsymbol{r}}_1^{(e)}$$

$$\hat{P}_{1,2}^{(e)} \hat{\boldsymbol{p}}_1^{(e)} \hat{P}_{1,2}^{(e)} = \hat{\boldsymbol{p}}_2^{(e)}, \qquad \hat{P}_{1,2}^{(e)} \hat{\boldsymbol{p}}_2^{(e)} \hat{P}_{1,2}^{(e)} = \hat{\boldsymbol{p}}_1^{(e)}$$

$$\hat{P}_{1,2}^{(e)} \hat{\boldsymbol{s}}_1^{(e)} \hat{P}_{1,2}^{(e)} = \hat{\boldsymbol{s}}_2^{(e)}, \qquad \hat{P}_{1,2}^{(e)} \hat{\boldsymbol{s}}_2^{(e)} \hat{P}_{1,2}^{(e)} = \hat{\boldsymbol{s}}_1^{(e)}$$

および, $\hat{O} = \hat{\boldsymbol{r}}_3^{(e)}, \hat{\boldsymbol{p}}_3^{(e)}, \hat{\boldsymbol{s}}_3^{(e)} ; \hat{\boldsymbol{r}}_1^{(\alpha)}, \hat{\boldsymbol{p}}_1^{(\alpha)}, \hat{\boldsymbol{r}}_2^{(\alpha)}, \hat{\boldsymbol{p}}_2^{(\alpha)}$ に対して,

$$\hat{P}_{1,2}^{(e)} \hat{O} \hat{P}_{1,2}^{(e)} = \hat{O}$$

によって定義される. ハミルトニアン@が $\hat{P}_{1,2}^{(e)}$ で不変なこと, すなわち,

$$\hat{P}_{1,2}^{(e)} \hat{H} \hat{P}_{1,2}^{(e)} = \hat{H}$$

は明らかであろう. 他の演算子 $\hat{P}_{i,j}^{(a)}$ も同様である.

(3) 各電子の位置およびスピンの z 成分を $\boldsymbol{r}_i^{(e)}, s_i^{(e)} (i = 1, 2, 3)$ と書き, 各 α 粒子の位置を $\boldsymbol{r}_i^{(\alpha)} (i = 1, 2)$ と書くと, 波動関数は,

$$\psi\left(\boldsymbol{r}_1^{(e)}, s_1^{(e)}, \boldsymbol{r}_2^{(e)}, s_2^{(e)}, \boldsymbol{r}_3^{(e)}, s_3^{(e)} ; \boldsymbol{r}_1^{(\alpha)}, \boldsymbol{r}_2^{(\alpha)}\right)$$

と書くことができる. 電子はフェルミオンであるから, ψ は3つの電子の入れ替えに対して完全反対称であり, α 粒子はボソンであるから ψ は2つの α 粒子の入れ替えに対しては対称であるべきである. すなわち, σ を $\{1,2,3\}$ の置換とし, τ を $\{1,2\}$ の置換としたとき, ψ は,

$$\psi\left(\boldsymbol{r}_{\sigma(1)}^{(e)}, s_{\sigma(1)}^{(e)}, \boldsymbol{r}_{\sigma(2)}^{(e)}, s_{\sigma(2)}^{(e)}, \boldsymbol{r}_{\sigma(3)}^{(e)}, s_{\sigma(3)}^{(e)} ; \boldsymbol{r}_{\tau(1)}^{(\alpha)}, \boldsymbol{r}_{\tau(2)}^{(\alpha)}\right)$$
$$= \operatorname{sgn}(\sigma) \psi\left(\boldsymbol{r}_1^{(e)}, s_1^{(e)}, \boldsymbol{r}_2^{(e)}, s_2^{(e)}, \boldsymbol{r}_3^{(e)}, s_3^{(e)} ; \boldsymbol{r}_1^{(\alpha)}, \boldsymbol{r}_2^{(\alpha)}\right)$$

を満たす. ここで $\operatorname{sgn}(\sigma)$ は,

$$\operatorname{sgn}(\sigma) = \begin{cases} +1 & \sigma \text{ が偶置換のとき} \\ -1 & \sigma \text{ が奇置換のとき} \end{cases}$$

で定義されるものとする. ∎

複合粒子の統計性

原子や原子核のように, いくつかの粒子からなる複合粒子を考えよう. 複合粒子を励起するのに必要なエネルギーに比べて, 十分に低いエネルギー領域では, 複合粒子をあたかも基本粒子のように扱ってもよいだろう. すなわち, いくつかの複合粒子からなる系の波動関数は, それぞれの複合粒子の重心座標およびスピンの z 成分の関数として表すことができる.

10. 同種粒子

いま考えている複合粒子が, N_F 個のフェルミオンと N_B 個のボソンからできているとしよう. このとき, 2つの複合粒子を入れ替えるということは, それぞれの構成要素を入れ替えることにほかならないから, 波動関数には因子 $(-1)^{N_F}$ がかかるはずである(図10.1). すなわち, 偶数個のフェルミオンを含むような複合粒子はボソンであり, 奇数個のフェルミオンを含むような複合粒子はフェルミオンである. 次の例題に示すように, この結果は, スピンと統計の一般的な関係と矛盾しないことに注意しよう.

例題 2 半整数スピンをもついくつかのフェルミオンと整数スピンをもついくつかのボソンからなる複合粒子は, そのスピンが半整数ならばフェルミオンであり, そのスピンが整数ならばボソンであることを示せ. すなわち, スピンと統計の間の一般関係は, 基本粒子に対して満たされていれば, 複合粒子に対しても成り立つ.

解 この例題のすぐ前で議論したように, N_F 個のフェルミオンと N_B 個のボソンからなる複合粒子は, N_F が奇数ならフェルミオンであり, N_F が偶数ならばボソンである. ここで, 2つの角運動量 j_1 と j_2 を合成すると $j_1+j_2, j_1+j_2-1, \cdots, |j_1-j_2|$ となることを思い出そう. そうすると N_B 個の半整数スピンと N_F 個の整数スピンおよび軌道角運動量(整数)を合成したものは, N_F が奇数なら半整数であり, N_F が偶数ならば整数であることがわかる. すなわち, 複合粒子が半整数スピンをもてばそれはフェルミオンであり, 整数スピンをもてばボソンである. ∎

例題 3 次の粒子はボソンかフェルミオンか.

(ⅰ) ^{4}He 原子
(ⅱ) ^{3}He 原子
(ⅲ) 重陽子(陽子と中性子が結合したもの)
(ⅳ) ポジトロニウム(電子と陽電子が結合したもの)
(ⅴ) Λ粒子(uクォークとdクォークとsクォークが結合したもの)
(ⅵ) π^+中間子(uクォークと反dクォークが結合したもの)

解 (ⅰ) ^{4}He原子核(α粒子)は陽子2個と中性子2個からできておりボソンである.

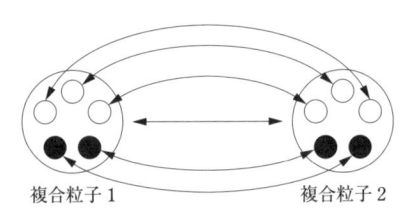

図 10.1 複合粒子の統計性. 2つの複合粒子を入れ替えるということは, それぞれの構成粒子を入れ替えることにほかならない.

^{4}He 原子は，それに 2 個の電子が結合したものだからボソン．

（ⅱ）^{3}He 原子核は陽子 2 個と中性子 1 個からできているからフェルミオンであり，^{3}He 原子はそれに 2 個の電子が結合したものだからフェルミオン．

（ⅲ）重陽子は 2 つのフェルミオンから成るからボソン．

（ⅳ）電子，陽電子ともにフェルミオンであるから，ポジトロニウムはボソン．

（ⅴ）クォークはフェルミオンであるから，それら 3 つから成る Λ 粒子はフェルミオンである．一般に，陽子，中性子，Λ 粒子など 3 つのクォークからできている系はまとめて，バリオンとよばれており，フェルミオンである．

（ⅵ）一般に，クォークと反クォークの結合した系をメソンとよんでいるが，クォークも反クォークもフェルミオンであるから，メソンはボソンである．■

10.2　同種の 2 粒子からなる系

　同じ種類の 2 つの粒子の間に中心力が働いているような系を考えよう．2 つの粒子の位置，運動量，スピンの演算子を $\hat{r}_i, \hat{p}_i, \hat{s}_i (i=1,2)$ とすると，ハミルトニアンは，

$$\hat{H} = \sum_{i=1}^{2} \frac{\hat{p}_i^2}{2m} + V(|\hat{r}_1 - \hat{r}_2|) \tag{10.7}$$

と書くことができる．重心座標，相対座標およびそれらの正準共役量を $\hat{R}, \hat{r}, \hat{P}, \hat{p}$ とすると，

$$\begin{aligned}\hat{R} &= \frac{1}{2}(\hat{r}_1 + \hat{r}_2) \\ \hat{P} &= \hat{p}_1 + \hat{p}_2 \\ \hat{r} &= \hat{r}_1 - \hat{r}_2 \\ \hat{p} &= \frac{1}{2}(\hat{p}_1 - \hat{p}_2)\end{aligned} \tag{10.8}$$

であるが，これらを使って $\hat{H}$ を書き直すと，よく知られているように，

$$\hat{H} = \frac{\hat{P}^2}{2M} + \frac{\hat{p}^2}{2\mu} + V(|\hat{r}|) \tag{10.9}$$

となり，重心運動と相対運動に分離される．ここで，$M=2m$，$\mu=\frac{m}{2}$ は，それぞれ全質量および換算質量である．

　次に，通常の手続きに従って波動関数を重心運動と相対運動に分離して，

$$\varphi(r_1, s_1^z ; r_2, s_2^z) = \varphi_{\mathrm{CM}}(R)\varphi_{\mathrm{rel}}(r, s_1^z, s_2^z) \tag{10.10}$$

の形に書こう．ここで，s_1^z, s_2^z は 2 つの粒子のスピンの z 成分である．そうすると，よく知られているように固有値方程式

$$\hat{H}\varphi = E\varphi \tag{10.11}$$

10. 同種粒子

は，

$$\hat{H}_{CM}\varphi_{CM} = E_{CM}\varphi_{CM}, \quad \hat{H}_{CM} = \frac{\hat{\boldsymbol{P}}^2}{2M} \tag{10.12a}$$

$$\hat{H}_{rel}\varphi_{rel} = E_{rel}\varphi_{rel}, \quad \hat{H}_{rel} = \frac{\hat{\boldsymbol{p}}^2}{2\mu} + V(|\hat{\boldsymbol{r}}|) \tag{10.12b}$$

$$E = E_{CM} + E_{rel} \tag{10.12c}$$

の形に変数分離される．

ここまでは，水素原子などの一般の2粒子系の場合と同じであるが，2つの粒子が同じ種類であるときは，波動関数に統計性の条件

$$\varphi(\boldsymbol{r}_1, s_1^z; \boldsymbol{r}_2, s_2^z) = c\, \varphi(\boldsymbol{r}_2, s_2^z; \boldsymbol{r}_1, s_1^z) \tag{10.13}$$

を課さなければならない．ここで，考えている粒子がボソンのときは $c=1$，フェルミオンのときは $c=-1$ である．2つの粒子の入れ替えに対して，重心座標 $\boldsymbol{R}=\frac{1}{2}(\boldsymbol{r}_1+\boldsymbol{r}_2)$ は不変であるが，相対座標 $\boldsymbol{r}=\boldsymbol{r}_1-\boldsymbol{r}_2$ は符号を変えることに注意しよう．この事実に注意して，(10.13)に(10.10)を代入すると，統計性の条件は重心運動に対しては何ら制約を与えないが，相対運動に対しては，

$$\varphi_{rel}(\boldsymbol{r}, s_1^z, s_2^z) = c\varphi_{rel}(-\boldsymbol{r}, s_2^z, s_1^z) \tag{10.14}$$

という条件を課していることがわかる．重心運動は自明であるから，以下では相対運動だけを議論することにしよう．すなわち，(10.14)を満たす φ_{rel} に対して，固有値方程式(10.12b)を考えるわけである．

相対運動のハミルトニアン $\hat{H}_{rel}$ がスピン演算子 $\hat{\boldsymbol{s}}_1, \hat{\boldsymbol{s}}_2$ を含まないときは，相対運動の波動関数 φ_{rel} を $\boldsymbol{r}$ に依存する部分と，スピン s_1^z, s_2^z に依存する部分に分離して，

$$\varphi_{rel}(\boldsymbol{r}, s_1^z, s_2^z) = f(\boldsymbol{r})\chi(s_1^z, s_2^z) \tag{10.15}$$

の形に書いておくと便利である．そうすると，固有値方程式(10.12b)は，

$$\hat{H}_{rel} f = E_{rel} f, \quad \hat{H}_{rel} = \frac{\hat{\boldsymbol{p}}^2}{2\mu} + V(|\hat{\boldsymbol{r}}|) \tag{10.16a}$$

となり，統計性の条件(10.14)は，

$$f(\boldsymbol{r})\chi(s_1^z, s_2^z) = c f(-\boldsymbol{r})\chi(s_2^z, s_1^z) \tag{10.16b}$$

と表される．

(10.16a)は中心力の1体問題と同じであるから，角運動量を対角化することによって解くことができる．すなわち，$f(\boldsymbol{r})$ は，球関数と動径波動関数の積の形

$$f(\boldsymbol{r}) = R(r)Y_l^m(\theta, \varphi) \tag{10.17}$$

に書くことができる．ここで，球関数 Y_l^m のパリティが $(-1)^l$ であること，すなわち，$\boldsymbol{r} \mapsto -\boldsymbol{r}$ の変換に対して Y_l^m には因子 $(-1)^l$ がかかることを思い出すと，(10.17)のように軌道角運動量の大きさが l であるような状態に対しては，

$$f(-\boldsymbol{r}) = (-1)^l f(\boldsymbol{r}) \tag{10.18}$$

であることがわかる．これを(10.16b)に代入すると，

$$\chi(s_1^z, s_2^z) = (-1)^l c\, \chi(s_2^z, s_1^z) \tag{10.19}$$

が得られるが，これは，重心の周りの軌道角運動量 l とスピン部分の波動関数の対称性に関係が付いていることを示している．いくつかの具体例を次の例題で調べておこう．

例題 同じ種類の2つの粒子からなる系の合成スピンと軌道角運動量の関係を，それぞれの粒子が，（ⅰ）スピン0，（ⅱ）スピン $\frac{1}{2}$，（ⅲ）スピン1の場合について調べよ．

解（ⅰ）スピン0の粒子はボソンであるから，(10.19)で $c=1$ であり，スピンの自由度はないから，$\chi=1$ である．よって(10.19)から $(-1)^l = 1$，すなわち，重心の周りの軌道角運動量の大きさは偶数でなければならないことがわかる．

（ⅱ）スピン $\frac{1}{2}$ の粒子はフェルミオンであるから，$c=-1$ である．一方，スピンの波動関数は，次のように合成スピンが1の場合と0の場合に分けられる．

$$\chi_{1,1}(s_1^z, s_2^z) = \alpha(s_1^z)\alpha(s_2^z)$$

$$\chi_{1,0}(s_1^z, s_2^z) = \frac{1}{\sqrt{2}}\left[\alpha(s_1^z)\beta(s_2^z) + \beta(s_1^z)\alpha(s_2^z)\right] \quad \text{ⓐ}$$

$$\chi_{1,-1}(s_1^z, s_2^z) = \beta(s_1^z)\beta(s_2^z)$$

$$\chi_{0,0}(s_1^z, s_2^z) = \frac{1}{\sqrt{2}}\left[\alpha(s_1^z)\beta(s_2^z) - \beta(s_1^z)\alpha(s_2^z)\right] \quad \text{ⓑ}$$

ここで，χ_{S,S^z} は合成スピンの大きさが S であり，その z 成分が S^z であるようなスピン波動関数である．また，α, β は上向きスピンおよび下向きスピンを示す1体の波動関数であり，

$$\alpha(s^z) = \begin{cases} 1 & s^z = \frac{1}{2} \text{ のとき} \\ 0 & s^z = -\frac{1}{2} \text{ のとき} \end{cases}$$

$$\beta(s^z) = \begin{cases} 0 & s^z = \frac{1}{2} \text{ のとき} \\ 1 & s^z = -\frac{1}{2} \text{ のとき} \end{cases}$$

で与えられる．ⓐ，ⓑからわかるように，合成スピンが1のものは2つの変数 s_1^z, s_2^z の入れ替えに対して対称であるが，合成スピンが0のものは反対称である．すなわち，

$$\chi_{S,S^z}(s_1^z, s_2^z) = (-1)^{S+1} \chi_{S,S^z}(s_2^z, s_1^z) \quad \text{ⓒ}$$

と書くことができる．$c=-1$ に注意すると，(10.19)は，$(-1)^{l+S} = 1$ となるから，重心の周りの軌道角運動量の大きさ l は，合成スピンが1であるか0であるかに応じて，奇数あ

るいは偶数であることがわかる.

（iii）スピン1の粒子はボソンである. 2つのスピン1を合成すると, 合成スピンの大きさは, 2, 1, 0となる. この場合にも ⓐ, ⓑ と同様に調べてみると, そのスピン波動関数 χ は2つのスピン変数の入れ替えに対して, それぞれ, 偶, 奇, 偶であることがわかる. これに座標の入れ替え $\boldsymbol{r} \to -\boldsymbol{r}$ からくる因子 $(-1)^l$ を掛けたものが1でなければならないから, 軌道角運動量の大きさ l は, 合成スピンが 2, 1, 0 のいずれであるかに応じて, 偶数, 奇数, 偶数でなければならないことがわかる. ∎

10.3 相互作用のない同種粒子からなる系

互いには相互作用をしないような N 個の同種粒子が, 共通のポテンシャルの中におかれているような系を考えよう. たとえば, 多電子原子で各電子に働く力として原子核からのクーロン力は考えるが, 電子間の相互の力は無視してしまったような系を考える. この場合, ハミルトニアンは,

$$\hat{H} = \sum_{i=1}^{N} \left(\frac{\hat{\boldsymbol{p}}_i^2}{2m} + V(\hat{\boldsymbol{r}}_i) \right) \tag{10.20}$$

のように, それぞれの粒子に作用するような1体の演算子の和として書くことができる. 次節でも見るように, このような系を調べることは同種粒子系を系統的に記述するための基礎となるものであるから, 少し一般的な立場から問題を整頓しておこう.

まず, ある種類の粒子が1つだけあるときを考え, その状態空間を V とし, その正規直交基底を $\{|\varphi_n\rangle; n = 1, 2, \cdots\}$ とする. 次に, この粒子が N 個あるような系を考えると, 粒子が同じ種類であることを考慮しなければ, その状態空間は,

$$|\varphi_{n_1}\rangle |\varphi_{n_2}\rangle \cdots |\varphi_{n_N}\rangle \quad (n_1, n_2, \cdots, n_N = 1, 2, 3, \cdots) \tag{10.21}$$

ではられる. そのような空間を V^N と書こう*. ところが, いま考えている N 個の粒子が同じ種類のものであることを考慮に入れると, 系の状態空間は V^N の元のうちで統計性の条件

$$\hat{P}_{i,j}|v\rangle = c|v\rangle \quad (1 \leqq i < j \leqq N) \tag{10.22}$$

を満たすものの成す部分空間であるとしなければならない. ここで, 演算子 $\hat{P}_{i,j}$ は i 番目と j 番目の粒子の状態を入れ替える演算子

＊数学では, (10.21)は, $|\varphi_{n_1}\rangle \otimes |\varphi_{n_2}\rangle \otimes \cdots \otimes |\varphi_{n_N}\rangle$ と書かれるものであり, V^N は N 個の V のテンソル積 $V \otimes V \otimes \cdots \otimes V$ のことである.

$$\hat{P}_{i,j}|\varphi_{n_1}\rangle\cdots|\varphi_{n_i}\rangle\cdots|\varphi_{n_j}\rangle\cdots|\varphi_{n_N}\rangle$$
i 番目　　j 番目

$$=|\varphi_{n_1}\rangle\cdots|\varphi_{n_j}\rangle\cdots|\varphi_{n_i}\rangle\cdots|\varphi_{n_N}\rangle \tag{10.23}$$

であり，c は考えている粒子がボソンであるかフェルミオンであるかに応じて，$+1$ か -1 である．考えている粒子がボソンであるときの N 粒子の状態空間を $V^N{}_\mathrm{B}$ と書き，フェルミオンであるときを $V^N{}_\mathrm{F}$ と書くことにすると，

$$V^N{}_\mathrm{B} = \left\{|v\rangle \in V^N\,;\,\hat{P}_{i,j}|v\rangle = |v\rangle \quad (1 \le i < j \le N)\right\} \tag{10.24a}$$

$$V^N{}_\mathrm{F} = \left\{|v\rangle \in V^N\,;\,\hat{P}_{i,j}|v\rangle = -|v\rangle \quad (1 \le i < j \le N)\right\} \tag{10.24b}$$

である．すなわち，$V^N{}_\mathrm{B}$ は V^N の元のうち粒子の入れ替えに対して完全対称なもの全体であり，$V^N{}_\mathrm{F}$ は V^N の元のうち粒子の入れ替えに対して完全反対称なもの全体である*．

N 粒子系の状態空間 $V^N{}_\mathrm{B}$，あるいは $V^N{}_\mathrm{F}$ の基底を構成するために，次のようにして対称化の演算子 $\hat{\mathscr{S}}$ および反対称化の演算子 $\hat{\mathscr{A}}$ を導入しよう．

$$\hat{\mathscr{S}}|\varphi_{n_1}\rangle|\varphi_{n_2}\rangle\cdots|\varphi_{n_N}\rangle$$
$$= \frac{1}{\sqrt{N!}} \sum_{\sigma \in S_N} |\varphi_{n_{\sigma(1)}}\rangle|\varphi_{n_{\sigma(2)}}\rangle\cdots|\varphi_{n_{\sigma(N)}}\rangle \tag{10.25a}$$

$$\hat{\mathscr{A}}|\varphi_{n_1}\rangle|\varphi_{n_2}\rangle\cdots|\varphi_{n_N}\rangle$$
$$= \frac{1}{\sqrt{N!}} \sum_{\sigma \in S_N} \mathrm{sgn}(\sigma)|\varphi_{n_{\sigma(1)}}\rangle|\varphi_{n_{\sigma(2)}}\rangle\cdots|\varphi_{n_{\sigma(N)}}\rangle \tag{10.25b}$$

ここで，S_N は $\{1, 2, \cdots, N\}$ の置換全体の集合であり，$\mathrm{sgn}(\sigma)$ は，σ が偶置換であるか奇置換であるかに応じて，$+1$ または -1 の値をとるものとする．次の例題に示すように，$\hat{\mathscr{S}}$ および $\hat{\mathscr{A}}$ を使うと，$V^N{}_\mathrm{B}$ および $V^N{}_\mathrm{F}$ の基底として，

$$\left\{\hat{\mathscr{S}}|\varphi_{n_1}\rangle|\varphi_{n_2}\rangle\cdots|\varphi_{n_N}\rangle\,;\,n_1 \le n_2 \le \cdots \le n_N\right\} \tag{10.26a}$$

$$\left\{\hat{\mathscr{A}}|\varphi_{n_1}\rangle|\varphi_{n_2}\rangle\cdots|\varphi_{n_N}\rangle\,;\,n_1 < n_2 < \cdots < n_N\right\} \tag{10.26b}$$

の形のものがとれることがわかる．

例題 1　(10.26a)，(10.26b) が，それぞれ $V^N{}_\mathrm{B}$ および $V^N{}_\mathrm{F}$ の基底になっていることを

---

*ここでは，冗長な繰り返しをさけるために，ボソンに対する議論とフェルミオンに対する議論を同時に行っているが，もちろん実際は，粒子はボソンであるかフェルミオンであるかのどちらかであって，物理的には $V^N{}_\mathrm{B}$ と $V^N{}_\mathrm{F}$ が同じ V に対して同時に現れることはない．

10. 同種粒子

示せ．

解 （i）$\hat{\mathscr{S}} V^N = V^N{}_\mathrm{B}$ であること

$\hat{\mathscr{S}}$ は，状態ベクトルを粒子の入れ替えに対して対称化する演算子であるから，V^N の任意の元に $\hat{\mathscr{S}}$ を作用させたものは $V^N{}_\mathrm{B}$ の元である．すなわち，$\hat{\mathscr{S}} V^N \subset V^N{}_\mathrm{B}$ である．一方，$V^N{}_\mathrm{B}$ の元は粒子の入れ替えに対して完全対称であるから，$\hat{\mathscr{S}}$ を作用させても変化しない．これは，$\hat{\mathscr{S}} V^N{}_\mathrm{B} = V^N{}_\mathrm{B}$ ということであり，これと自明な包含関係 $\hat{\mathscr{S}} V^N \supset \hat{\mathscr{S}} V^N{}_\mathrm{B}$ から $\hat{\mathscr{S}} V^N \supset V^N{}_\mathrm{B}$ がわかる．よって $\hat{\mathscr{S}} V^N = V^N{}_\mathrm{B}$ が示された．

（ii）(10.26a) が $V^N{}_\mathrm{B}$ の基底であること

（i）の結果は，$V^N{}_\mathrm{B}$ が，$\hat{\mathscr{S}}|\varphi_{n_1}\rangle|\varphi_{n_2}\rangle\cdots|\varphi_{n_N}\rangle$ $(n_1, n_2, \cdots n_N = 1, 2, 3, \cdots)$ ではられることを意味している．ところが $\hat{\mathscr{S}}$ の定義より，任意の $\tau \in s_N$ に対して，

$$\hat{\mathscr{S}}|\varphi_{n_{\tau(1)}}\rangle|\varphi_{n_{\tau(2)}}\rangle\cdots|\varphi_{n_{\tau(N)}}\rangle = \hat{\mathscr{S}}|\varphi_{n_1}\rangle|\varphi_{n_2}\rangle\cdots|\varphi_{n_N}\rangle$$

であるから，$n_1, n_2, \cdots, n_N$ に適当な置換を施して，はじめから $n_1 \leqq n_2 \leqq \cdots \leqq n_N$ のものだけ考えておけば十分である．(10.26a) のベクトルが一次独立であることは，明らかだろう．

（iii）$\hat{\mathscr{A}} V^N = V^N{}_\mathrm{F}$ であること

（i）とまったく同様に示すことができる．

（iv）(10.26b) が $V^N{}_\mathrm{F}$ の基底であること

（iii）は，$V^N{}_\mathrm{F}$ が $\hat{\mathscr{A}}|\varphi_{n_1}\rangle|\varphi_{n_2}\rangle\cdots|\varphi_{n_N}\rangle$ $(n_1, n_2, \cdots, n_N = 1, 2, 3, \cdots)$ ではられることを意味している．ここで，$\hat{\mathscr{A}}$ は反対称化の演算子であるから，$n_1, n_2, \cdots, n_N$ のうちに等しいものがあれば，$\hat{\mathscr{A}}|\varphi_{n_1}\rangle\cdots|\varphi_{n_N}\rangle$ はゼロである．よってはじめから $n_1, n_2, \cdots, n_N$ はすべて相異なるとしてよい．ところが，$\hat{\mathscr{A}}$ の定義から，

$$\hat{\mathscr{A}}|\varphi_{n_{\tau(1)}}\rangle|\varphi_{n_{\tau(2)}}\rangle\cdots|\varphi_{n_{\tau(N)}}\rangle = \mathrm{sgn}(\tau)|\varphi_{n_1}\rangle|\varphi_{n_2}\rangle\cdots|\varphi_{n_N}\rangle$$

が成り立つから，はじめから $n_1 < n_2 < \cdots < n_N$ のものだけ考えておけば十分である．(10.26b) のベクトルが一次独立であることは明らかだろう． ∎

(10.26a) および (10.26b) は直観的に理解しやすい形をしていることに注意しよう．まず，1体の状態空間の基底ベクトル $|\varphi_1\rangle, |\varphi_2\rangle, \cdots$ のそれぞれは，粒子を受け入れる座席のようなものであると想像することにし，それを1粒子準位あるいは単に準位とよぼう．このように想像したうえで，n 番目の準位が1つの粒子によって占められている状態が $|\varphi_n\rangle$ であると考えるのである．そうすると，粒子が2個あるときに状態を指定するためには，どの準位とどの準位に粒子がいるかを指定してやればよいと思われる．

ここで，2つの粒子には区別がなく，どちらの粒子がどちらの準位を占めるかを論じることには，意味がないとしよう．この考えを進めると，粒子が多数ある場合も同様に，ど

の準位が粒子によって占められているかを指定することによって，量子的な状態が1つ指定されるだろう．実際，(10.26a)に示された状態 $\hat{\mathcal{S}}|\varphi_{n_1}\rangle|\varphi_{n_2}\rangle\cdots|\varphi_{n_N}\rangle$ は，N個の粒子によって準位 $n_1, n_2, \cdots, n_N$ が占められている状態とみなすことができる．ここで，$n_1, n_2, \cdots, n_N$ は，$n_1 \leq n_2 \leq \cdots \leq n_N$ を満たせばよいのだから，その中には等しいものがいくつかあってもよいことに注意しよう．

このことは，粒子がボソンならば1つの準位にいくつでも粒子が入りうることを意味している．一方，(10.26b)に示された状態 $\hat{\mathcal{A}}|\varphi_{n_1}\rangle|\varphi_{n_2}\rangle\cdots|\varphi_{n_N}\rangle$ も N個の粒子によって準位 $n_1, n_2, \cdots, n_N$ が占められている状態とみなせるが，この場合は $n_1 < n_2 \cdots < n_N$ であるから，$n_1, n_2, \cdots, n_N$ の中に等しいものがあってはならないことに注意しよう．このことは，粒子がフェルミオンならば1つの準位には2つ以上の粒子が入ることができないことを意味している．フェルミオンが満たすこのような性質は**パウリの排他原理**とよばれている．

以上の準備のもとに，はじめに設定した問題に戻ろう．すなわち，N粒子系のハミルトニアン $\hat{H}$ が，1体のハミルトニアン $\hat{H}^{(1)}$ の和として書かれている場合を考える．

$$\hat{H} = \sum_{i=1}^{N} \hat{H}_i^{(1)} \tag{10.27}$$

ここで，$\hat{H}_i^{(1)}$ は，演算子 $\hat{H}^{(1)}$ が i番目の粒子の状態空間に働くことを示している*．$\hat{H}^{(1)}$ を対角化する基底を $\{|\varphi_n\rangle ; n = 0, 1, 2, \cdots\}$ とし，対応する固有値を ε_n と書こう．

$$\hat{H}^{(1)}|\varphi_n\rangle = \varepsilon_n|\varphi_n\rangle \tag{10.28}$$

そうすると，明らかに，V^N の元 $|\varphi_{n_1}\rangle|\varphi_{n_2}\rangle\cdots|\varphi_{n_N}\rangle$ は $\hat{H}$ の固有ベクトルであり，固有値は各因子のもつ $\hat{H}^{(1)}$ の固有値の和である．

$$\begin{aligned}&\hat{H}|\varphi_{n_1}\rangle|\varphi_{n_2}\rangle\cdots|\varphi_{n_N}\rangle \\ &= (\varepsilon_{n_1} + \varepsilon_{n_2} + \cdots + \varepsilon_{n_N})|\varphi_{n_1}\rangle|\varphi_{n_2}\rangle\cdots|\varphi_{n_N}\rangle\end{aligned} \tag{10.29}$$

ハミルトニアン $\hat{H}$ は，対称化および反対称化の演算子 $\hat{\mathcal{S}}, \hat{\mathcal{A}}$ と可換であることに注意すると，(10.29)よりけっきょく

$$\hat{H}\left(\hat{\mathcal{S}}|\varphi_{n_1}\rangle\cdots|\varphi_{n_N}\rangle\right) = (\varepsilon_{n_1} + \cdots + \varepsilon_{n_N})\left(\hat{\mathcal{S}}|\varphi_{n_1}\rangle\cdots|\varphi_{n_N}\rangle\right) \tag{10.30a}$$

$$\hat{H}\left(\hat{\mathcal{A}}|\varphi_{n_1}\rangle\cdots|\varphi_{n_N}\rangle\right) = (\varepsilon_{n_1} + \cdots + \varepsilon_{n_N})\left(\hat{\mathcal{A}}|\varphi_{n_1}\rangle\cdots|\varphi_{n_N}\rangle\right) \tag{10.30b}$$

---

*数学的な記法を使うと，

$$\hat{H}_i^{(1)} = 1 \otimes 1 \otimes \cdots \otimes \underset{i\text{番目}}{\hat{H}^{(1)}} \otimes 1 \otimes \cdots \otimes 1$$

ということである．

10. 同種粒子

が得られる．これは，N 個の粒子が準位 $n_1, \cdots, n_N$ を占めているとき，その全エネルギーは，個々の準位のもつエネルギーの和であることを示している．このような系の具体例として次の例題を考えてみよう．

例題2 3次元の球対称な調和ポテンシャルの中に，スピン $\frac{1}{2}$ をもつ N 個の互いに相互作用しない同種粒子がある．基底状態に縮退がないのは N がどのような値のときか．

解 このような系のハミルトニアンは，
$$\hat{H} = \sum_{i=1}^{N} \hat{H}_i^{(1)}, \quad \hat{H}^{(1)} = \frac{\hat{\bm{p}}^2}{2m} + \frac{m\omega^2}{2}\hat{\bm{r}}^2$$

と書くことができる．$\hat{H}^{(1)}$ は空間の3つの方向を分離することにより対角化できて，固有値は，$\hbar\omega\left(n_x + n_y + n_z + \frac{3}{2}\right)$ $(n_x, n_y, n_z = 0, 1, 2, \cdots)$ で与えられる．これを，$E_n = \hbar\omega \cdot \left(n + \frac{3}{2}\right)$ $(n = 0, 1, 2, \cdots)$ と書くと，$n = n_x + n_y + n_z$ であるから，スピンを考えなければ E_n は，$_3H_n = \frac{(n+2)(n+1)}{2}$ 重に縮退している（図10.2）．$N=1$ のときは，基底状態は，最低の準位 $(n=0)$ に粒子を1つ詰めた状態であるが，スピンは $\frac{1}{2}$ としているからスピンの向きについて2重に縮退している．$N=2$ のときは，最低の準位 $(n=0)$ でスピン上向きとスピン下向きの両方が詰まったものが基底状態であり，縮退はない．$N=3$ のときは，基底状態を作るためには3つ目の粒子を2番目の準位 $(n=1)$ に入れればよいが，スピンも考慮すると $3 \times 2 = 6$ 重に縮退している．このように考えると，次に縮退がなくなるのは，$n=1$ の $3 \times 2 = 6$ 個（$\times 2$ はスピンの自由度）の準位すべてに粒子を詰めたときであるから，$n=0$ の2個の準位と足して，$N = 6 + 2 = 8$ のときである．以下，同様にして，n 番目の準位までいっぱいに詰めたときに縮退がなくなるが，そのためには，

$$N = \sum_{k=0}^{n-1} \frac{(k+2)(k+1)}{2} \times 2 = \frac{1}{3}n(n+1)(n+2) \quad (n = 1, 2, 3, \cdots)$$

個の粒子が必要である．■

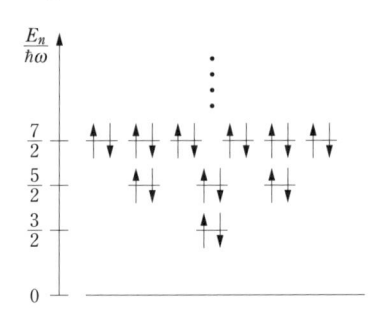

図10.2 3次元調和振動子のエネルギー準位．

10.4 多電子原子

中心力場の近似

多電子原子では，それぞれの電子が原子核からのクーロン引力のほかに自分以外の電子からのクーロン斥力を受ける．したがって，電子の状態を求める問題は多体問題になってしまって厳密解は得られない．そこで，着目する1つの電子が原子核と自分以外の電子によって作られる球対称ポテンシャルの中で運動していると仮定すれば1体問題に帰着する．この近似を**中心力場の近似**とよぶ．

このような球対称の場の中では，電子の状態は4つの量子数 n, l, m, m_s によって指定される．$m_s = \pm 1/2$ はスピンの向きを指定し，n は水素原子のときに現れた主量子数の自然な一般化になっている．$n=1$ のときには，$l=0$ のみが許されるから(1s)で，$m_s = \pm 1/2$ の値をとりうるから2重に縮退している．したがって，1s状態には2個の電子を収容できる．$n=2$ のときは，$l=0$ の2s状態が $m_s = \pm 1/2$ の値をとることができ，2重に縮退しているので，やはり2個の電子を収容できる．$l=1$ の2p状態では，$m=+1, 0, -1$，そのおのおのに対して $m_s = \pm 1/2$ が許されるので，6個の電子を収容できる．

m と m_s に対する縮退のため，$2(2l+1)$ だけの電子は同じエネルギーをもつことになる．これらの電子は n と l で指定される1つの**殻**を作るといわれる．分光学の慣用の記法によれば，殻の n の値は数字で表し，l の値は次のように対応する文字で表す．

$$l = 0, \quad 1, \quad 2, \quad 3, \quad 4, \quad 5, \quad \cdots$$
$$ s, \quad p, \quad d, \quad f, \quad g, \quad h, \quad \cdots$$

各殻中の電子の最大数は $2(2l+1) = 2, 6, 10, 14, 18, 22, \cdots$ となる．殻中の電子の数は，$(1s)^2$, $(2p)^6$ のように上に付けた数字の添字で表す．

元素の周期律

原子の基底状態では，パウリの原理に従って電子は低いエネルギー状態から順番に詰まっていく．ポテンシャルが $1/r$ のときには，n の値によってエネルギー準位は決まっているが，遮蔽の効果によって事情が微妙に変わってくる．すなわち，n の値が同じでも l の値によってエネルギー準位が変わってくる．たとえば，$n=3$ の場合を考えてみよう．s軌道の電子の電荷は r が小さい領域に集中しているので，原子核からの引力をまともに受ける．これに反してp軌道の電子は，遠心力障壁により外に押し出されるため，内側の電子に遮蔽されて，原子核からの引力は減ってくる．ゆえに，p電子のエネルギー準位は少し高くなる．d電子が原子核から感じる引力はさらに減ることになる．

そのため4s状態のエネルギーは，3d状態のエネルギーより小さくなり，5s状態は4d

10. 同種粒子

表 10.1 原子中の電子の殻，電子の状態，殻中の状態の数

殻の番号	電子の状態	殻中の状態の数
1	1s	2
2	2s, 2p	2+6=8
3	3s, 3p	2+6=8
4	4s, 3d, 4p	2+10+6=18
5	5s, 4d, 5p	2+10+6=18
6	6s, 4f, 5d, 6p	2+14+10+6=32

状態よりもエネルギーが低くなる．したがって，原子中の電子のエネルギー状態の観測される順序は，エネルギーの小さいほうから順に示すと，次のようになる．

$$1s, \ 2s, \ 2p, \ 3s, \ 3p, \ [4s, \ 3d], \ 4p, \ [5s, \ 4d], \ 5p, \ [6s, \ 4f, \ 5d], \ \cdots$$
$$n+l \quad 1 \quad 2 \quad 3 \quad 3 \quad 4 \quad 5 \quad 5 \quad 5 \quad 6 \quad 6 \quad 7 \quad 7, \ \cdots$$

経験によると，$n+l$ の順にエネルギー準位が並び，$n+l$ の同じうちでは，n の小さいほうが下にある．表10.1に，これらのエネルギーの順序を電子の状態や殻中のすべての状態の数とともにまとめておこう．

表10.1を参照しながら，パウリの原理に従って電子を低いエネルギーから順番に詰めて，表10.2に元素の周期律表を作っていこう．

原子の状態を完全に記述するためには，それぞれの電子の状態のほかに原子全体の L, S, J を指定する必要があり，表10.2のいちばん右側の列に記しておく．

s状態のおのおのには2個以下の電子しか入ることができず，p状態には6個以下，d状態には10個以下，f状態には14個以下しか入ることができない．**水素原子**($Z=1$)では，電子は1個で基底状態は1s状態，電子の状態の分光学的記述は $^2S_{1/2}$ となる．**ヘリウム原子**($Z=2$)では，2個の電子が第1の殻を満たしていて，基底状態は$(1s)^2$．**リチウム原子**($Z=3$)では，パウリの原理により $(1s)^3$ は禁止され，$(1s)^2(2s)(\equiv (He)(2s))$ が許される．閉殻($^1S_0$)の外に1個の電子が加わるので，水素原子と同じように $^2S_{1/2}$ となる．**ベリリウム原子**($Z=4$)では$(1s)^2(2s)^2$で再び閉殻となり $^1S_0$．これで $n=2, 2s$ 軌道も満員となる．**ボロン原子**($Z=5$)では，閉殻に5番目の電子が2p状態で加わる．**ネオン原子**($Z=10$)で2p殻も $(He)(2s)^2(2p)^6$ で閉殻となり，基底状態は $^1S_0$ となる．

次は $n=3$ の殻に電子を詰めなければならない．この周期では，再び8個の元素が繰り返し，最初に3s殻が満員となり，次に3p殻が $(Ne)(3s)^2(3p)^6$ のアルゴン原子 ($Z=18$) でいっぱいとなり，$Z=11\sim18$ の周期の元素は $Z=3\sim10$ の周期の元素と似た化学的性質をもっている．ところで，10個の電子を収容できる3d殻がまだ満たされていないので，アルゴン原子で閉殻になるのは少し不思議だと思われるかもしれないが，これは前述したように4sと3dのエネルギー準位が逆転したためである．

周期律表のおのおのの元素についての説明は省略し，一般的な性質についてコメントし

10.4 多電子原子

表10.2 周期律表

殻の番号	Z	元素	電子の状態	$^{2s+1}L_J$
1	1	H	(1s)	$^2S_{1/2}$
	2	He	$(1s)^2$	$^1S_0$
2	3	Li	(He)(2s)	$^2S_{1/2}$
	4	Be	$(He)(2s)^2$	$^1S_0$
	5	B	$(He)(2s)^2(2p)$	$^2P_{1/2}$
	6	C	$(He)(2s)^2(2p)^2$	$^3P_0$
	7	N	$(He)(2s)^2(2p)^3$	$^4S_{3/2}$
	8	O	$(He)(2s)^2(2p)^4$	$^3P_2$
	9	F	$(He)(2s)^2(2p)^5$	$^2P_{3/2}$
	10	Ne	$(He)(2s)^2(2p)^6$	$^1S_0$
3	11	Na	(Ne)(3s)	$^2S_{1/2}$
	12	Mg	$(Ne)(3s)^2$	$^1S_0$
	13	Al	$(Ne)(3s)^2(3p)$	$^2P_{1/2}$
	14	Si	$(Ne)(3s)^2(3p)^2$	$^3P_0$
	15	P	$(Ne)(3s)^2(3p)^3$	$^4S_{3/2}$
	16	S	$(Ne)(3s)^2(3p)^4$	$^3P_2$
	17	Cl	$(Ne)(3s)^2(3p)^5$	$^2P_{3/2}$
	18	Ar	$(Ne)(3s)^2(3p)^6$	$^1S_0$
4	19	K	(Ar)(4s)	$^2S_{1/2}$
	20	Ca	$(Ar)(4s)^2$	$^1S_0$
	21	Sc	$(Ar)(4s)^2(3d)$	$^2D_{3/2}$
	22	Ti	$(Ar)(4s)^2(3d)^2$	$^3F_2$
	23	V	$(Ar)(4s)^2(3d)^3$	$^4F_{3/2}$
	24	Cr	$(Ar)(4s)(3d)^5$	$^7S_3$
	25	Mn	$(Ar)(4s)^2(3d)^5$	$^6S_{5/2}$
	26	Fe	$(Ar)(4s)^2(3d)^6$	$^5D_4$
	27	Co	$(Ar)(4s)^2(3d)^7$	$^4F_{9/2}$
	28	Ni	$(Ar)(4s)^2(3d)^8$	$^3F_4$
	29	Cu	$(Ar)(4s)(3d)^{10}$	$^2S_{1/2}$
	30	Zn	$(Ar)(4s)^2(3d)^{10}$	$^1S_0$
	31	Ga	$(Ar)(4s)^2(3d)^{10}(4p)$	$^2P_{1/2}$
	32	Ge	$(Ar)(4s)^2(3d)^{10}(4p)^2$	$^3P_0$
	⋮	⋮	⋮	⋮

ておこう．

1. 一般に元素の化学的性質は，閉殻の外にある電子の状態によって決まる．たとえば，He，Ne，Arのような閉殻から成る原子では，全軌道角運動量，全スピンはゼロとなる．これらの原子は非常に安定で，他の原子とほとんど化学結合をしない（不活性ガス）．閉殻の外に1個のs状態の電子をもった原子，たとえば，Li，Na，Kのような原子はすべて似た化学的性質をもち，アルカリ金属に属する．スペクトルは水素原子の場合によく似てい

10. 同種粒子

る．p 電子の閉殻に 1 個の電子が足りない原子（たとえば，F, Cl）はハロゲン原子とよばれ，アルカリ原子といっしょになって，安定な分子を作る（例：NaCl）．

2. 原子構造で元素の数を制限する理由は何もない．$Z \gtrsim 100$ の原子が自然界に存在しない理由は，重い原子核が自発的に核分裂を起こしてしまうからである．

章 末 問 題

[1] $\varphi_1(\xi),\cdots,\varphi_N(\xi)$ をフェルミオンの 1 体波動関数とする．ここで，ξ は，粒子の位置とスピンの z 成分をまとめて書いたものである．N 粒子系の波動関数 $\varphi(\xi_1,\xi_2,\cdots,\xi_N)$ として，$\varphi_1(\xi_1)\varphi_2(\xi_2)\cdots\varphi_N(\xi_N)$ を反対称化したものを考えると，

$$\varphi(\xi_1,\xi_2,\cdots,\xi_N) = \frac{1}{\sqrt{N!}} \begin{vmatrix} \varphi_1(\xi_1) & \varphi_1(\xi_2) & \cdots & \varphi_1(\xi_N) \\ \varphi_2(\xi_1) & \varphi_2(\xi_2) & \cdots & \varphi_2(\xi_N) \\ \vdots & \vdots & & \vdots \\ \varphi_N(\xi_1) & \varphi_N(\xi_2) & \cdots & \varphi_N(\xi_N) \end{vmatrix}$$

$$= \frac{1}{\sqrt{N!}} \det(\varphi_i(\xi_j))$$

と書くことができることを示せ．ここで全体の因子 $\dfrac{1}{\sqrt{N!}}$ は $\varphi_i(\xi)\,(i=1,2,\cdots,N)$ が 1 体の波動関数として正規直交であるとき，$\varphi(\xi_1,\cdots,\xi_N)$ が N 体の波動関数として 1 に規格化されているようにとった．上のような形の行列式をスレーター (Slater) 行列式とよんでいる．

解 $\varphi_1(\xi_1)\varphi_2(\xi_2)\cdots\varphi_N(\xi_N)$ を $\xi_1,\cdots,\xi_N$ に関して反対称化したものは定義により，

$$\varphi(\xi_1,\cdots,\xi_N) = K \sum_{\sigma \in S_N} \text{sgn}(\sigma)\, \varphi_1(\xi_{\sigma(1)})\cdots\varphi_N(\xi_{\sigma(N)})$$

であるが，右辺の和は，$\varphi_i(\xi_j)$ を i,j 成分とする行列式にほかならない．定数 K を決めるために規格化積分を計算しよう．

$$\int d\xi_1 \cdots d\xi_N\, \varphi^*(\xi_1,\cdots,\xi_N)\, \varphi(\xi_1,\cdots,\xi_N)$$
$$= |K|^2 \sum_{\sigma \in S_N} \sum_{\tau \in S_N} \text{sgn}(\sigma)\text{sgn}(\tau) \int d\xi_1\cdots d\xi_N\, \varphi_1^*(\xi_{\sigma(1)})\cdots\varphi_N^*(\xi_{\sigma(N)}) \cdot$$
$$\cdot \varphi_1(\xi_{\tau(1)})\cdots\varphi_N(\xi_{\tau(N)})$$

$\varphi_i(\xi)\,(i=1,2,\cdots,N)$ が正規直交であることに注意すると，右辺は $\sigma \neq \tau$ のときはゼロとなることがわかり，

$$= |K|^2 \sum_{\sigma \in S_N} \int d\xi_1 \cdots d\xi_N |\varphi_1(\xi_{\sigma(1)})|^2 \cdots |\varphi_N(\xi_{\sigma(N)})|^2$$

$$= |K|^2 N!$$

と計算できる．よって $K = \dfrac{1}{\sqrt{N!}}$ が得られた． ∎

[2] 図 10.3 のように，いくつかの粒子からなる系が，熱浴と接しており，エネルギーおよび粒子をやりとりしているとする．簡単のため，1 種類の粒子のみを考え，熱浴の温度およびその粒子に関する化学ポテンシャルを T, μ とする．統計力学の一般論によると，系が粒子数 N，エネルギー E の状態をとる相対確率は，$\exp\left[-\dfrac{E - \mu N}{kT}\right]$ に比例する．理想化された例として系の 1 粒子状態のエネルギー準位が ε_i $(i = 1, 2, 3, \cdots)$ で与えられており，粒子間の相互作用は無視できるような系を考える．この場合，i 番目の準位に詰まっている粒子の数の期待値 $\bar{n}_i$ は次のように与えられることを示せ．

（ⅰ）粒子がフェルミオンの場合

$$\bar{n}_i = \frac{1}{\exp\left[\dfrac{\varepsilon_i - \mu}{kT}\right] + 1} \qquad ①$$

これはフェルミ分布とよばれている．

（ⅱ）粒子がボソンの場合

$$\bar{n}_i = \frac{1}{\exp\left[\dfrac{\varepsilon_i - \mu}{kT}\right] - 1} \qquad ②$$

これはボース分布とよばれている．

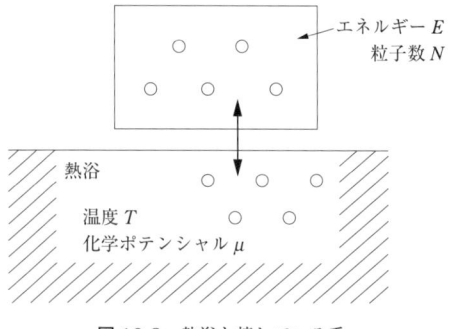

図 10.3 熱浴と接している系．

10. 同種粒子

解 粒子間の相互作用が無視できるときは，i 番目の準位に n_i 個の粒子が詰められているような状態はエネルギー $E = \sum_i \varepsilon_i n_i$，粒子数 $N = \sum_i n_i$ をもつ．よって，系がそのような状態をとる相対確率は，

$$\exp\left[-\frac{E - \mu N}{kT}\right] = \exp\left[-\frac{1}{kT}\sum_i (\varepsilon_i - \mu) n_i\right]$$
$$= \prod_i \exp\left[-\frac{\varepsilon_i - \mu}{kT} n_i\right]$$

となり，各準位における n_i の確率分布は独立であることがわかる．

（ⅰ）フェルミオンの場合は $n_i = 0$ または 1 であるから，i 番目の準位に n_i 個の粒子が詰まっている絶対確率 $p_i(n_i)$ は，

$$p_i(n_i) = \frac{\exp\left[-\dfrac{\varepsilon_i - \mu}{kT} n_i\right]}{1 + \exp\left[-\dfrac{\varepsilon_i - \mu}{kT}\right]}$$

であり，n_i の期待値 $\bar{n}_i$ は，

$$\bar{n}_i = \sum_{n_i=0}^{1} n_i p_i(n_i) = \frac{\exp\left[-\dfrac{\varepsilon_i - \mu}{kT}\right]}{1 + \exp\left[-\dfrac{\varepsilon_i - \mu}{kT}\right]} = \frac{1}{\exp\left[\dfrac{\varepsilon_i - \mu}{kT}\right] + 1}$$

となる．

（ⅱ）ボソンの場合は，$n_i = 0, 1, 2, \cdots$ であるから，i 番目の準位に n_i 個の粒子が詰まっている絶対確率 $p_i(n_i)$ は，

$$p_i(n_i) = \frac{\exp\left[-\dfrac{\varepsilon_i - \mu}{kT} n_i\right]}{\displaystyle\sum_{n=0}^{\infty} \exp\left[-\dfrac{\varepsilon_i - \mu}{kT} n\right]}$$

であり，n_i の期待値 $\bar{n}_i$ は，

$$\bar{n}_i = \sum_{n_i=0}^{\infty} n_i p_i(n_i) = \frac{\displaystyle\sum_{n=0}^{\infty} n \exp\left[-\dfrac{\varepsilon_i - \mu}{kT} n\right]}{\displaystyle\sum_{n=0}^{\infty} \exp\left[-\dfrac{\varepsilon_i - \mu}{kT} n\right]} = \frac{1}{\exp\left[\dfrac{\varepsilon_i - \mu}{kT}\right] - 1} \quad \text{ⓐ}$$

となる．ここで，最後の変形には公式

$$\frac{\sum_{n=0}^{\infty} n x^n}{\sum_{n=0}^{\infty} x^n} = x \frac{\partial}{\partial x} \log\left(\sum_{n=0}^{\infty} x^n\right) = x \frac{\partial}{\partial x} \log \frac{1}{1-x} = \frac{1}{\frac{1}{x} - 1}$$

を用いた.

　ボース分布②の形を見ると,$\varepsilon_i < \mu$では$\bar{n}_i$は負になってしまうようにみえるが,これは,ⓐの左辺の級数が発散しているからであり,$\varepsilon_i < \mu$のような準位には無限個の粒子が詰まっていることを意味している.しかしながら,実際の系では相互作用が完全にゼロであることはないから,粒子数密度が非常に大きくなると相互作用は無視できなくなり,最初の仮定が破綻してしまうことに注意しよう.　∎

第11章 近 似 法

11.1 摂動論
11.2 WKB法（準古典的近似法）

　現実的な系のシュレーディンガー方程式を厳密に解くのは難しいことが多く，近似法が必要となる．ハミルトニアンを，$\hat{H} = \hat{H}_0 + \hat{V}$ のように2つの部分に分けて，一方を厳密に解いて残りの効果をべき展開する方法を，摂動論という．

　ポテンシャルが1次元で緩やかに変化している場合に，定常状態の波動関数を $\varphi(x) = \exp[iS(x)/\hbar]$ とおいて，$S(x)$ を $\hbar$ のべき級数に展開して，最初の2つの項までで近似する方法を，**WKB近似**という．

　ここでは，この2つの近似法について議論する．

11.1 摂動論

時間によらない摂動論 I ——縮退のない場合

いま,ハミルトニアン $\hat{H}$ が, $\hat{H} = \hat{H}_0 + \hat{V}$ の形に書かれており, $\hat{H}_0$ に対しては固有ベクトルがすべて求まっているとしよう.もし, $\hat{V}$ が $\hat{H}_0$ に比べて十分小さければ, $\hat{H}$ の固有ベクトルや固有値は, $\hat{H}_0$ の固有ベクトルや固有値を少し修正してやれば得られるだろう.このようにみたとき,全ハミルトニアン $\hat{H}$ は,ハミルトニアン $\hat{H}_0$ に摂動 $\hat{V}$ が加わったものであるといえる.

もちろん,原理的には,全ハミルトニアン $\hat{H}$ を $\hat{H}_0$ と $\hat{V}$ に分解する方法は無数にある.しかし,実際上は, $\hat{H}_0$ が厳密に解けて,しかも $\hat{V}$ の効果は小さいようにするのが望ましいのであり,問題に応じて分け方をうまく選んでやる必要がある.この項では,そのようにうまく分けることができたとして,全ハミルトニアンの固有ベクトルと固有値が,どのようにして $\hat{H}_0$ の固有ベクトルと固有値を使って表すことができるかを議論しよう.

摂動論が一種のべき展開であることをあからさまに示すために, λ という変数を導入して,全ハミルトニアン $\hat{H}$ を,

$$\hat{H} = \hat{H}_0 + \lambda \hat{V} \tag{11.1}$$

と書こう(これは V についての展開のべきを見やすくするためであって,実際は $\lambda = 1$ とおくのである).ここで, $\hat{H}_0$ は完全に対角化されていて,エネルギー固有値 $E_n^{(0)}$ に対応する規格化された固有ベクトルを $|\varphi_n^{(0)}\rangle (n = 1, 2, 3 \cdots)$ としよう.

$$\begin{aligned} \hat{H}_0 |\varphi_n^{(0)}\rangle &= E_n^{(0)} |\varphi_n^{(0)}\rangle \quad (n = 1, 2, \cdots) \\ \langle \varphi_n^{(0)} | \varphi_m^{(0)} \rangle &= \delta_{n,m} \end{aligned} \tag{11.2}$$

この項では,まず, $\hat{H}_0$ に縮退がない場合を考えよう.すなわち, $E_n^{(0)} (n = 1, 2, \cdots)$ はすべて互いに異なるものとする.縮退がある場合も,実際の応用上は重要であり,次項で議論することにする.

ところで, λ を 0 とおくと明らかに $\hat{H} = \hat{H}_0$ であるから, λ が十分小さければ, $\hat{H}$ の固有値や固有ベクトルは, $\hat{H}_0$ のものと少ししか違わないだろう.すなわち, $\hat{H}$ の固有値 E_n に対する固有ベクトルを $|\varphi_n\rangle$ と書くと,

$$\hat{H} |\varphi_n\rangle = E_n |\varphi_n\rangle \quad (n = 1, 2, \cdots) \tag{11.3}$$

であるが, $E_n, |\varphi_n\rangle$ はそれぞれ,

$$E_n = E_n^{(0)} + \lambda E_n^{(1)} + \lambda^2 E_n^{(2)} + \cdots \tag{11.4a}$$

$$|\varphi_n\rangle = |\varphi_n^{(0)}\rangle + \lambda |\varphi_n^{(1)}\rangle + \lambda^2 |\varphi_n^{(2)}\rangle + \cdots \tag{11.4b}$$

11. 近似法

の形に λ のべき級数として表すことができると考えるのが自然であろう．そうすると，固有値方程式(11.3)は，

$$(\hat{H}_0 + \lambda \hat{V})(|\varphi_n^{(0)}\rangle + \lambda|\varphi_n^{(1)}\rangle + \lambda^2|\varphi_n^{(2)}\rangle + \cdots)$$
$$= (E_n^{(0)} + \lambda E_n^{(1)} + \lambda^2 E_n^{(2)} + \cdots)(|\varphi_n^{(0)}\rangle + \lambda|\varphi_n^{(1)}\rangle + \lambda^2|\varphi_n^{(2)}\rangle + \cdots) \quad (11.5)$$

となるが，両辺から λ のべきの等しい部分をとり出すと次のようになる．

$$\lambda^0 : \hat{H}_0|\varphi_n^{(0)}\rangle = E_n^{(0)}|\varphi_n^{(0)}\rangle$$
$$\lambda^1 : \hat{H}_0|\varphi_n^{(1)}\rangle + \hat{V}|\varphi_n^{(0)}\rangle = E_n^{(0)}|\varphi_n^{(1)}\rangle + E_n^{(1)}|\varphi_n^{(0)}\rangle$$
$$\lambda^2 : \hat{H}_0|\varphi_n^{(2)}\rangle + \hat{V}|\varphi_n^{(1)}\rangle = E_n^{(0)}|\varphi_n^{(2)}\rangle + E_n^{(1)}|\varphi_n^{(1)}\rangle + E_n^{(2)}|\varphi_n^{(0)}\rangle$$
$$\vdots \quad (11.6)$$

このうちの第1式は(11.3)で $\lambda=0$ とおいたものであるから，当然(11.2)に帰着するはずであり，実際そうなっている．第2式以下をそれぞれ適当に移項して，

$$\lambda^1 : (E_n^{(0)} - \hat{H}_0)|\varphi_n^{(1)}\rangle = (\hat{V} - E_n^{(1)})|\varphi_n^{(0)}\rangle \quad (11.7\text{a})$$

$$\lambda^2 : (E_n^{(0)} - \hat{H}_0)|\varphi_n^{(2)}\rangle = (\hat{V} - E_n^{(1)})|\varphi_n^{(1)}\rangle - E_n^{(2)}|\varphi_n^{(0)}\rangle$$
$$\vdots \quad (11.7\text{b})$$

の形に書こう．まず，λ について1次，すなわち1次摂動の効果を調べるために，(11.7a)の両辺を完全系 $\{|\varphi_m^{(0)}\rangle\}$ に関する成分で表そう．すなわち，$\langle\varphi_m^{(0)}|$ と(11.7a)の両辺の内積をとる．ここで，

$$\langle\varphi_m^{(0)}|\hat{H}_0 = E_m^{(0)}\langle\varphi_m^{(0)}|$$
$$\langle\varphi_m^{(0)}|\varphi_n^{(0)}\rangle = \delta_{m,n} \quad (11.8)$$

に注意すると，(11.7a)は，

$$(E_n^{(0)} - E_m^{(0)})\langle\varphi_m^{(0)}|\varphi_n^{(1)}\rangle = \langle\varphi_m^{(0)}|\hat{V}|\varphi_n^{(0)}\rangle - E_n^{(1)}\delta_{m,n} \quad (11.9)$$

と等価であることがわかる．まず，この式で，$m=n$ とおいてみると，左辺はゼロになり，$E_n^{(1)}$ を与える式を得る．

$$E_n^{(1)} = \langle\varphi_n^{(0)}|\hat{V}|\varphi_n^{(0)}\rangle \quad (11.10)$$

次に $m \neq n$ の場合は，$\hat{H}_0$ に縮退がないという仮定から，左辺の第一因子 $E_n^{(0)} - E_m^{(0)}$ はゼロでないので，両辺をこれで割ることができて，$|\varphi_n^{(1)}\rangle$ を完全系 $\{|\varphi_m^{(0)}\rangle\}$ で展開したときの展開係数を与える式が得られる．

$$\langle\varphi_m^{(0)}|\varphi_n^{(1)}\rangle = \frac{\langle\varphi_m^{(0)}|\hat{V}|\varphi_n^{(0)}\rangle}{E_n^{(0)} - E_m^{(0)}} \quad (m \neq n) \tag{11.11}$$

けっきょく，摂動の1次まででは，エネルギー固有値のずれは(11.10)で与えられ，波動関数のずれは(11.11)で与えられることがわかった．ところで，(11.11)からは，$|\varphi_n^{(1)}\rangle$ が完全には決まっていないことに注意しよう．すなわち，(11.11)を満たすような $|\varphi_n^{(1)}\rangle$ は一般に，

$$|\varphi_n^{(1)}\rangle = \sum_{m(\neq n)} |\varphi_m^{(0)}\rangle \frac{\langle\varphi_m^{(0)}|\hat{V}|\varphi_n^{(0)}\rangle}{E_n^{(0)} - E_m^{(0)}} + c_n^{(1)}|\varphi_n^{(0)}\rangle \tag{11.12}$$

であり，ここで $c_n^{(1)}$ は任意定数でよい．これは，(11.11)が $|\varphi_n^{(1)}\rangle$ の完全系 $\{|\varphi_m^{(0)}\rangle\}$ に関する成分のうち，$|\varphi_n^{(0)}\rangle$ の成分については何もいっていないからである．このように，$|\varphi_n^{(1)}\rangle$ に不定性が残るのは，けっして不思議なことではなくて，固有ベクトルには常に定数倍の不定性があることを思い出せば，むしろ当然である．すなわち，われわれは，固有値方程式(11.3)の解を，

$$|\varphi_n\rangle = |\varphi_n^{(0)}\rangle + \lambda|\varphi_n^{(1)}\rangle + O(\lambda^2) \tag{11.13}$$

の形に展開したわけであるが，これに定数 $(1+c\lambda)$ を掛けたもの $(1+c\lambda)|\varphi_n\rangle$ ももちろん固有ベクトルである．(11.13)より，

$$\begin{aligned}(1+c\lambda)|\varphi_n\rangle &= (1+c\lambda)\left(|\varphi_n^{(0)}\rangle + \lambda|\varphi_n^{(1)}\rangle\right) + O(\lambda^2) \\ &= |\varphi_n^{(0)}\rangle + \lambda\left(|\varphi_n^{(1)}\rangle + c|\varphi_n^{(0)}\rangle\right) + O(\lambda^2)\end{aligned} \tag{11.14}$$

であるが，この右辺を(11.13)と比べてみると，$|\varphi_n^{(1)}\rangle$ には $|\varphi_n^{(0)}\rangle$ の定数倍を加える不定性が残っていることがわかる．

どのような場合に，摂動論がよい近似になっているかを考えるために，波動関数に対する1次摂動の表式(11.12)をながめてみよう．この式は，摂動の0次で $|\varphi_n^{(0)}\rangle$ であった波動関数が，摂動 $\hat{V}$ によって少しずれて，他の成分 $|\varphi_m^{(0)}\rangle (m \neq n)$ が，

$$\langle\varphi_m^{(0)}|\varphi_n^{(1)}\rangle = \frac{\langle\varphi_m^{(0)}|\hat{V}|\varphi_n^{(0)}\rangle}{E_n^{(0)} - E_m^{(0)}} \quad (m \neq n) \tag{11.11}$$

だけ混ざってくることを示している．この形をみると，分母に現れているような $\hat{H}_0$ の固有値の差 $E_n^{(0)} - E_m^{(0)}$ に比べて，摂動 $\hat{V}$ の行列要素が小さければ，摂動によるずれは小さいということ，すなわち摂動論がよい近似であることがわかる．

ところで，エネルギー固有値のずれに対する1次摂動の式(11.10)は，次のように読み

11. 近 似 法

替えることができる.

$$E_n = E_n^{(0)} + \lambda E_n^{(1)} + O(\lambda^2)$$
$$= \langle \varphi_n^{(0)} | (\hat{H}_0 + \lambda \hat{V}) | \varphi_n^{(0)} \rangle + O(\lambda^2)$$
$$= \langle \varphi_n^{(0)} | \hat{H} | \varphi_n^{(0)} \rangle + O(\lambda^2) \tag{11.15}$$

すなわち, 摂動の1次までの精度では, 波動関数の変化を忘れてしまって, $\hat{H}_0$ の固有ベクトルで全ハミルトニアン $\hat{H}$ の期待値をとることにより, 対応するエネルギー固有値が得られる.

次に, 摂動の2次の効果を考えよう. 1次のときと同様に, 今度は, (11.7b)の両辺と $\langle \varphi_m^{(0)} |$ の内積をとろう. そうすると,

$$(E_n^{(0)} - E_m^{(0)}) \langle \varphi_m^{(0)} | \varphi_n^{(2)} \rangle = \langle \varphi_m^{(0)} | (\hat{V} - E_n^{(1)}) | \varphi_n^{(1)} \rangle - E_n^{(2)} \delta_{n,m} \tag{11.16}$$

が得られるが, まず, $m=n$ としてみると, 左辺はゼロになり, $E_n^{(2)}$ を与える式が得られる.

$$E_n^{(2)} = \langle \varphi_n^{(0)} | (\hat{V} - E_n^{(1)}) | \varphi_n^{(1)} \rangle \tag{11.17}$$

一方, $m \neq n$ の場合は, $E_n^{(0)} - E_m^{(0)} \neq 0$ であるから, 両辺をそれで割ることによって, $| \varphi_n^{(2)} \rangle$ の完全系 $\{ | \varphi_m^{(0)} \rangle \}$ に関する成分を与える式が得られる.

$$\langle \varphi_m^{(0)} | \varphi_n^{(2)} \rangle = \frac{1}{E_n^{(0)} - E_m^{(0)}} \langle \varphi_m^{(0)} | (\hat{V} - E_n^{(1)}) | \varphi_n^{(1)} \rangle \quad (m \neq n) \tag{11.18}$$

これらの式に, $| \varphi_n^{(1)} \rangle$ の表示式(11.12)を代入して少し計算すると, $E_n^{(2)}$ および $| \varphi_n^{(2)} \rangle$ を与える式として,

$$E_n^{(2)} = \sum_{m(\neq n)} \frac{\langle \varphi_n^{(0)} | \hat{V} | \varphi_m^{(0)} \rangle \langle \varphi_m^{(0)} | \hat{V} | \varphi_n^{(0)} \rangle}{E_n^{(0)} - E_m^{(0)}} \tag{11.19}$$

$$| \varphi_n^{(2)} \rangle = \sum_{m(\neq n)} | \varphi_m^{(0)} \rangle \Bigg\{ \sum_{l(\neq n)} \frac{\langle \varphi_m^{(0)} | \hat{V} | \varphi_l^{(0)} \rangle \langle \varphi_l^{(0)} | \hat{V} | \varphi_n^{(0)} \rangle}{(E_n^{(0)} - E_m^{(0)})(E_n^{(0)} - E_l^{(0)})}$$
$$- \frac{\langle \varphi_m^{(0)} | \hat{V} | \varphi_n^{(0)} \rangle \langle \varphi_n^{(0)} | \hat{V} | \varphi_n^{(0)} \rangle}{(E_n^{(0)} - E_m^{(0)})^2}$$
$$+ \frac{c_n^{(1)} \langle \varphi_m^{(0)} | \hat{V} | \varphi_n^{(0)} \rangle}{E_n^{(0)} - E_m^{(0)}} \Bigg\} + c_n^{(2)} | \varphi_n^{(0)} \rangle \tag{11.20}$$

を得る. ここで(11.20)の右辺に任意定数 $c_n^{(2)}$ が現れたのは(11.12)に $c_n^{(1)}$ が現れたのと同様の理由であり, (11.18)は $m=n$ に対しては何もいっていないからである.

ところで, エネルギー固有値の2次摂動の式(11.19)は,

$$E_n^{(2)} = \sum_{m(\neq n)} \frac{\left|\left\langle \varphi_n^{(0)} \middle| \hat{V} \middle| \varphi_m^{(0)} \right\rangle\right|^2}{E_n^{(0)} - E_m^{(0)}} \tag{11.21}$$

とも書くことができることに注意しよう．このように書くと，基底状態のエネルギー固有値に対する2次の摂動は必ず負かゼロであることが明らかになる．それは，n が基底状態であるとすると，右辺の分母はどんな m に対しても負の量であり，一方，分子は常に正かゼロであるからである．これは，もし基底状態に対して，エネルギー固有値の1次摂動がゼロならば，2次摂動の効果によって，基底状態のエネルギーは必ず小さくなることを示している．このような事情は，現実の系に対してもしばしば起きており，その1つの例が，章末問題[4]のファン・デル・ワールス(van der Waals)力である．

例題 1 (11.12)および(11.20)に現れた不定性 $c_n^{(1)}$, $c_n^{(2)}$ を固定するために，(11.4b)の $|\varphi_n\rangle$ が λ の各次数で1に規格化されているとしよう．このためには，$c_n^{(1)}$, $c_n^{(2)}$ はどのようにとればよいか．

解 $\langle \varphi_n | \varphi_n \rangle = 1$ に(11.4b)を代入すると，

$$\left\langle \varphi_n^{(0)} \middle| \varphi_n^{(0)} \right\rangle + \lambda \left(\left\langle \varphi_n^{(0)} \middle| \varphi_n^{(1)} \right\rangle + \left\langle \varphi_n^{(1)} \middle| \varphi_n^{(0)} \right\rangle \right)$$
$$+ \lambda^2 \left(\left\langle \varphi_n^{(0)} \middle| \varphi_n^{(2)} \right\rangle + \left\langle \varphi_n^{(1)} \middle| \varphi_n^{(1)} \right\rangle + \left\langle \varphi_n^{(2)} \middle| \varphi_n^{(0)} \right\rangle \right)$$
$$+ \cdots\cdots$$
$$= 1$$

となる．これが λ の各次数に対して成り立つためには，

$$\left\langle \varphi_n^{(0)} \middle| \varphi_n^{(1)} \right\rangle + \left\langle \varphi_n^{(1)} \middle| \varphi_n^{(0)} \right\rangle = 0 \quad \text{ⓐ}$$

$$\left\langle \varphi_n^{(0)} \middle| \varphi_n^{(2)} \right\rangle + \left\langle \varphi_n^{(1)} \middle| \varphi_n^{(1)} \right\rangle + \left\langle \varphi_n^{(2)} \middle| \varphi_n^{(0)} \right\rangle = 0 \quad \text{ⓑ}$$

$$\cdots\cdots$$

であればよい．ⓐに(11.12)を代入して，$|\varphi_n^{(0)}\rangle (n=1, 2, \cdots)$ の直交性を思い出すと，

$$c_n^{(1)} + c_n^{(1)*} = 0 \quad \text{ⓒ}$$

となる．次に，ⓑに(11.12)と(11.20)を代入すると，

$$c_n^{(2)} + c_n^{(2)*} + c_n^{(1)} c_n^{(1)*} + \sum_{m(\neq n)} \frac{\left|\left\langle \varphi_m^{(0)} \middle| \hat{V} \middle| \varphi_n^{(0)} \right\rangle\right|^2}{(E_n^{(0)} - E_m^{(0)})^2} = 0 \quad \text{ⓓ}$$

となる．特に，ⓒを満たすものとして，$c_n^{(1)} = 0$ をとることができ，このときⓓを満たすものとして，

$$c_n^{(2)} = -\frac{1}{2} \sum_{m(\neq n)} \frac{\left|\langle \varphi_m^{(0)} | \hat{V} | \varphi_n^{(0)} \rangle\right|^2}{(E_n^{(0)} - E_m^{(0)})^2}$$

をとることができる.

例題 2 状態 $|\varphi_n\rangle$ の中に, 状態 $|\varphi_n^{(0)}\rangle$ を見い出す確率を求めよ.

解 $|\varphi_n\rangle$ は規格化されているとすると, 求める確率は, $\left|\langle \varphi_n^{(0)} | \varphi_n \rangle\right|^2$ である. 例題 1 の結果を使うと, これは,

$$\left| 1 - \frac{1}{2} \sum_{m(\neq n)} \frac{\left|\langle \varphi_m^{(0)} | \hat{V} | \varphi_n^{(0)} \rangle\right|^2}{(E_n^{(0)} - E_m^{(0)})^2} + O(\hat{V}^3) \right|^2$$

$$= 1 - \sum_{m(\neq n)} \frac{\left|\langle \varphi_m^{(0)} | \hat{V} | \varphi_n^{(0)} \rangle\right|^2}{(E_n^{(0)} - E_m^{(0)})^2} + O(\hat{V}^3)$$

に等しい. ∎

時間によらない摂動論 II ―― 縮退のある場合

次に, $\hat{H}_0$ に縮退がある場合を考える. $\hat{H}_0$ の固有値 $E_n^{(0)}$ に対応する固有ベクトルが N_n 個あるとし, それらを $|\varphi_{n,\alpha}^{(0)}\rangle (\alpha = 1, 2, \cdots, N_n)$ と書こう. すなわち,

$$\hat{H}_0 |\varphi_{n,\alpha}^{(0)}\rangle = E_n^{(0)} |\varphi_{n,\alpha}^{(0)}\rangle \quad (\alpha = 1, 2, \cdots, N_n) \tag{11.22}$$

であり, また, $\{|\varphi_{n,\alpha}^{(0)}\rangle\}$ は正規直交基底になっているとしよう.

$$\langle \varphi_{m,\beta}^{(0)} | \varphi_{n,\alpha}^{(0)} \rangle = \delta_{m,n} \delta_{\beta,\alpha} \tag{11.23}$$

ハミルトニアン $\hat{H}_0$ に小さな摂動 $\lambda \hat{V}$ が加わったときに, 全ハミルトニアン $\hat{H} = \hat{H}_0 + \lambda \hat{V}$ の固有値と固有ベクトルがどのようなものになるかを求めるのが目的である. 前項と同様に, 摂動 $\lambda \hat{V}$ が十分に小さければ, $\hat{H}$ のエネルギー固有値は, $\hat{H}_0$ のエネルギー固有値 $E_n^{(0)}$ に十分近いと考えられる. しかし, $\hat{H}_0$ のもっていた縮退は, 摂動の影響によって解けることがあることに注意しなければいけない (図 11.1).

縮退が摂動によって解けるようすを理解するために, 次のような簡単な例を考えてみよう.

$$\hat{H}_0 = \begin{pmatrix} E_0 & & \\ & E_0 & \\ & & E_0 \end{pmatrix}, \quad \hat{V} = \begin{pmatrix} v & & \\ & v & \\ & & 2v \end{pmatrix} \tag{11.24}$$

この場合, $\hat{H}_0$ の固有値は E_0 であり, 3 重に縮退している. 一方, 全ハミルトニアン $\hat{H} =$

11.1 摂動論

```
    ⋮              ⋮
                        ⎫
縮退 ≡≡≡ ‒‒‒    ≡≡   ⎬ 縮退が部分的に解ける
                        ⎭
                        ⎫
縮退 ≡≡≡ ‒‒‒    ≡    ⎬ 縮退が完全に解ける
        ‒‒‒    ≡    ⎭
        ‒‒‒    ─
    ─
  $\hat{H}_0$ の固有値   $\hat{H}=\hat{H}_0+\lambda\hat{V}$ の固有値
```

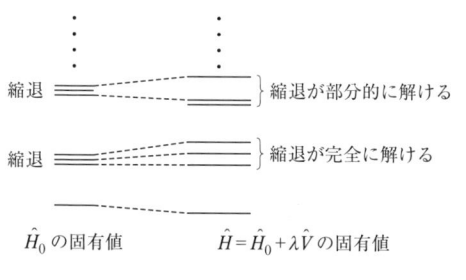

図 11.1 摂動によって縮退が解ける例.

$\hat{H}_0+\lambda\hat{V}$ の固有値は，$E_0+\lambda v$ と $E_0+2\lambda v$ であり，それぞれ 2 重および 1 重に縮退している．すなわち，エネルギー準位は，摂動 $\lambda\hat{V}$ が加わる前は 3 重に縮退していたが，摂動によって部分的に縮退が解けて，2 重と 1 重に分裂したといえる．同様に，

$$\hat{H}_0 = \begin{pmatrix} E_0 & & \\ & E_0 & \\ & & E_0 \end{pmatrix}, \quad \hat{V} = \begin{pmatrix} v & & \\ & 2v & \\ & & 3v \end{pmatrix} \tag{11.25}$$

のような例を考えると，今度は，摂動によって縮退が完全に解けることは明らかであろう．もちろん，摂動によって縮退が解けない場合もありうる．

縮退が解けるときに，固有ベクトルがどのようにふるまうかを考えるために，再び上記 (11.24) の例を調べよう．摂動が加わる前のハミルトニアン $\hat{H}_0$ では，固有値は 3 重に縮退しており，固有ベクトルとしては，一次独立な 3 つのものとして何をもってきてもよい．一方，摂動のあるハミルトニアン $\hat{H}=\hat{H}_0+\lambda\hat{V}$ では，2 重に縮退している固有値 $E_0+\lambda v$ に対応する固有ベクトルは，

$$a\begin{pmatrix} 1 \\ 0 \\ 0 \end{pmatrix} + b\begin{pmatrix} 0 \\ 1 \\ 0 \end{pmatrix} \tag{11.26}$$

の形のものであり，縮退していない固有値 $E_0+2\lambda v$ に対応する固有ベクトルは，

$$c\begin{pmatrix} 0 \\ 0 \\ 1 \end{pmatrix} \tag{11.27}$$

である．ここで少し見方を変えて，λ に依存する全ハミルトニアン $\hat{H}=\hat{H}_0+\lambda\hat{V}$ で，$\lambda\to 0$ の極限が $\hat{H}_0$ であると考えてみる．この極限で，(11.26) の形の 2 つの固有ベクトルと (11.27) の形の 1 つの固有ベクトルは，同じ固有値 E_0 をもつようになる．しかし，固有ベクトル自身は $\lambda\to 0$ の極限をとっても，(11.26) の形のものは依然として (11.26) の形で

あり,(11.27)の形のものも依然として(11.27)の形である.いい換えると,摂動展開を行うためには,摂動のゼロ次のレベルで,縮退している固有ベクトルの適当な線型結合をとってやる必要がある.

以上の例で,摂動によって縮退が解けるようすがだいたい把握できたと思うので,(11.22),(11.23)によって与えられる一般的な場合に議論を進めよう.全ハミルトニアン $\hat{H} = \hat{H}_0 + \lambda \hat{V}$ の固有値を $E_{n,\alpha}$ ($\alpha = 1, 2, \cdots, N_n$) とし,固有ベクトルを $|\varphi_{n,\alpha}\rangle$ としよう.

$$\hat{H}|\varphi_{n,\alpha}\rangle = E_{n,\alpha}|\varphi_{n,\alpha}\rangle \tag{11.28}$$

前節と同様に,$E_{n,\alpha}$ および $|\varphi_{n,\alpha}\rangle$ を λ のべき級数として表す.

$$E_{n,\alpha} = E_n^{(0)} + \lambda E_{n,\alpha}^{(1)} + \lambda^2 E_{n,\alpha}^{(2)} + \cdots \tag{11.29a}$$

$$|\varphi_{n,\alpha}\rangle = \sum_{\beta=1}^{N_n} a_{n,\alpha}{}^{\beta}|\varphi_{n,\beta}^{(0)}\rangle + \lambda|\varphi_{n,\alpha}^{(1)}\rangle + \lambda^2|\varphi_{n,\alpha}^{(2)}\rangle + \cdots \tag{11.29b}$$

ここで,(11.29b)の右辺の第1項,すなわち,摂動のゼロ次で,縮退している状態 $|\varphi_{n,\beta}^{(0)}\rangle$ の線型結合をとっているのは,上の例で説明した理由による.(11.29a),(11.29b)を(11.28)に代入して,λ の各次数を等しいとおくと,

$$\lambda^1: (E_n^{(0)} - \hat{H}_0)|\varphi_{n,\alpha}^{(1)}\rangle = (\hat{V} - E_{n,\alpha}^{(1)})\sum_{\beta} a_{n,\alpha}{}^{\beta}|\varphi_{n,\beta}^{(0)}\rangle \tag{11.30a}$$

$$\lambda^2: (E_n^{(0)} - \hat{H}_0)|\varphi_{n,\alpha}^{(2)}\rangle = (\hat{V} - E_{n,\alpha}^{(1)})|\varphi_{n,\alpha}^{(1)}\rangle - E_{n,\alpha}^{(2)}\sum_{\beta} a_{n,\alpha}{}^{\beta}|\varphi_{n,\beta}^{(0)}\rangle \tag{11.30b}$$

$$\vdots$$

が得られる.1次摂動の効果を考えるために,(11.30a)の両辺と $\langle \varphi_{m,\beta}^{(0)}|$ との内積をとる.

$$(E_n^{(0)} - E_m^{(0)})\langle \varphi_{m,\beta}^{(0)}|\varphi_{n,\alpha}^{(1)}\rangle$$
$$= \sum_{\gamma} a_{n,\alpha}{}^{\gamma}\left(\langle \varphi_{m,\beta}^{(0)}|\hat{V}|\varphi_{n,\gamma}^{(0)}\rangle - E_{n,\alpha}^{(1)}\delta_{m,n}\delta_{\beta,\gamma}\right) \tag{11.31}$$

この式で $m = n$ とおくと,左辺はゼロであるから,

$$\sum_{\gamma=1}^{N_n} \langle \varphi_{n,\beta}^{(0)}|\hat{V}|\varphi_{n,\gamma}^{(0)}\rangle a_{n,\alpha}{}^{\gamma} = E_{n,\alpha}^{(1)} a_{n,\alpha}{}^{\beta} \tag{11.32}$$

が得られる.これは,$a_{n,\alpha}{}^{\beta}$ の上付きの添字 β を N_n 次元ベクトル $\boldsymbol{a}_{n,\alpha}$ の成分を表す添字とみなし,$\langle \varphi_{n,\beta}^{(0)}|\hat{V}|\varphi_{n,\gamma}^{(0)}\rangle$ を $N_n \times N_n$ 行列 V_n の $\beta\gamma$ 成分とみなすと,

$$V_n \boldsymbol{a}_{n,\alpha} = E_{n,\alpha}^{(1)} \boldsymbol{a}_{n,\alpha} \tag{11.33}$$

の形の固有値方程式であることがわかる.すなわち,摂動のゼロ次までの波動関数と,摂動の1次までのエネルギー固有値は,行列 V_n を対角化することにより得られる.V_n がす

べて異なる固有値をもてば，縮退は 1 次摂動で完全に解けるが，摂動の 1 次では，縮退が完全には解けないこともあることに注意しよう．(11.32)の意味を明らかにするために，その両辺に$\left|\varphi_{n,\beta}^{(0)}\right\rangle$を掛け，$\beta$について和をとってみる．

$$\sum_{\beta=1}^{N_n}\left|\varphi_{n,\beta}^{(0)}\right\rangle\left\langle\varphi_{n,\beta}^{(0)}\right|\hat{V}\sum_{\gamma=1}^{N_n}\left|\varphi_{n,\gamma}^{(0)}\right\rangle a_{n,\alpha}{}^{\gamma}$$
$$= E_{n,\alpha}^{(1)}\sum_{\beta=1}^{N_n}\left|\varphi_{n,\beta}^{(0)}\right\rangle a_{n,\alpha}{}^{\beta} \tag{11.34}$$

ここで，$\hat{H}_0$ の固有値 $E_n^{(0)}$ に対応する固有空間への射影子 $\hat{\phi}_n$ を導入し，

$$\hat{\phi}_n = \sum_{\beta=1}^{N_n}\left|\varphi_{n,\beta}^{(0)}\right\rangle\left\langle\varphi_{n,\beta}^{(0)}\right| \tag{11.35}$$

ゼロ次の固有ベクトル $\sum_{\gamma=1}^{N_n}\left|\varphi_{n,\gamma}^{(0)}\right\rangle a_{n,\alpha}{}^{\gamma}$ を $\left|\xi_{n,\alpha}^{(0)}\right\rangle$ と書くことにすると，(11.34)は，

$$\hat{\phi}_n\hat{V}\left|\xi_{n,\alpha}^{(0)}\right\rangle = E_{n,\alpha}^{(1)}\left|\xi_{n,\alpha}^{(0)}\right\rangle \tag{11.36}$$

と書くことができる．さらに，$\hat{\phi}_n\left|\xi_{n,\alpha}^{(0)}\right\rangle = \left|\xi_{n,\alpha}^{(0)}\right\rangle$ に注意すると，上式は，

$$(\hat{\phi}_n\hat{V}\hat{\phi}_n)\left|\xi_{n,\alpha}^{(0)}\right\rangle = E_{n,\alpha}^{(1)}\left|\xi_{n,\alpha}^{(0)}\right\rangle \tag{11.37}$$

となる．この式は，摂動のゼロ次の固有ベクトル $\left|\xi_{n,\alpha}^{(0)}\right\rangle$ と摂動の 1 次のエネルギー $E_{n,\alpha}^{(1)}$ は，$\hat{V}$ を $\hat{H}_0$ の固有値 $E_n^{(0)}$ の固有空間へ射影したもの $\hat{\phi}_n\hat{V}\hat{\phi}_n$ を対角化することによって得られることを示している．

相互作用表示

今までは，全ハミルトニアン $\hat{H} = \hat{H}_0 + \lambda\hat{V}$ を対角化して，固有値と固有関数を求めることを議論したが，以下では，時間を含むシュレーディンガー方程式を考え，波動関数の時間発展が摂動によってどのように変化するかを調べよう．シュレーディンガー表示では系の時間発展は，シュレーディンガー方程式で記述される．

$$i\hbar\frac{d}{dt}|\psi(t)\rangle = \hat{H}(t)|\psi(t)\rangle \tag{11.38}$$

ここで，ハミルトニアン $\hat{H}(t)$ は時間に依存してもよいとし，さらに，

$$\hat{H}(t) = \hat{H}_0 + \hat{V}(t) \tag{11.39}$$

のように分解できているとする．簡単のため，$\hat{H}_0$ は時間には依存しないとしよう．また，$\hat{H}_0$ は厳密に対角化できており，$\hat{V}(t)$ の効果は $\hat{H}_0$ に比べて小さいとする．$\hat{H}_0$ の固有値 $E_n^{(0)}$ に対応する固有関数を $\left|\varphi_n^{(0)}\right\rangle$ とすると，もし，$\hat{V}(t) = 0$ ならば(11.38)は簡単に積分

11. 近似法

できて，

$$|\psi(t)\rangle = \sum_n c_n \exp\left(\frac{E_n^{(0)}}{i\hbar}t\right)|\varphi_n^{(0)}\rangle \tag{11.40}$$

と書くことができる．すなわち，$\hat{V}(t)=0$ ならば各 $|\varphi_n^{(0)}\rangle$ は定常状態であり，時間発展は単に $\exp\left(\dfrac{E_n^{(0)}}{i\hbar}t\right)$ という因子によって表される．いま，ハミルトニアンに摂動 $\hat{V}(t)$ が付け加わったとしても，(11.38)の解は各時刻でやはり，(11.40)のように完全系 $\{|\varphi_n^{(0)}\rangle\}$ ($n=1,2,\cdots$) で展開できるが，c_n はもはや定数ではなくて，時間の関数になってしまう．

$$|\psi(t)\rangle = \sum_n c_n(t) \exp\left(\frac{E_n^{(0)}}{i\hbar}t\right)|\varphi_n^{(0)}\rangle \tag{11.41}$$

しかしながら，摂動 $\hat{V}(t)$ が十分に小さければ，$c_n(t)$ の時間変化は因子 $\exp\left(\dfrac{E_n^{(0)}}{i\hbar}t\right)$ に比べて，ゆっくりと起きるはずである．$c_n(t)$ の時間変化をみるために，(11.41)を(11.38)に代入すると，左辺は，

$$\begin{aligned}
i\hbar\frac{d}{dt}|\psi(t)\rangle &= i\hbar\frac{d}{dt}\left(\sum_n c_n(t)\exp\left(\frac{E_n^{(0)}}{i\hbar}t\right)|\varphi_n^{(0)}\rangle\right) \\
&= \sum_n i\hbar\left(\frac{d}{dt}c_n(t)\right)\exp\left(\frac{E_n^{(0)}}{i\hbar}t\right)|\varphi_n^{(0)}\rangle \\
&\quad + \sum_n c_n(t)E_n^{(0)}\exp\left(\frac{E_n^{(0)}}{i\hbar}t\right)|\varphi_n^{(0)}\rangle
\end{aligned} \tag{11.42}$$

となり，右辺は，

$$\begin{aligned}
\hat{H}(t)|\psi(t)\rangle &= (\hat{H}_0 + \hat{V}(t))\sum_n c_n(t)\exp\left(\frac{E_n^{(0)}}{i\hbar}t\right)|\varphi_n^{(0)}\rangle \\
&= \sum_n c_n(t)E_n^{(0)}\exp\left(\frac{E_n^{(0)}}{i\hbar}t\right)|\varphi_n^{(0)}\rangle \\
&\quad + \sum_n c_n(t)\exp\left(\frac{E_n^{(0)}}{i\hbar}t\right)\hat{V}(t)|\varphi_n^{(0)}\rangle
\end{aligned} \tag{11.43}$$

となる．これらを等しいとおいて，$|\varphi_n^{(0)}\rangle$ ($n=1,2,\cdots$) が完全系であることに注意すると，けっきょく

$$i\hbar\frac{d}{dt}c_n(t) = \sum_m \exp\left[\frac{E_m^{(0)} - E_n^{(0)}}{i\hbar}t\right]\langle\varphi_n^{(0)}|\hat{V}(t)|\varphi_m^{(0)}\rangle c_m(t) \tag{11.44}$$

を得る．この方程式は，(11.41)の係数 $c_n(t)$ が摂動 $\hat{V}(t)$ の影響で時間の関数としてどのように変化するかを示している．

11.1 摂動論

計算の見通しをよくするために、上で行ったことを相互作用表示で定式化し直しておこう。まず、シュレーディンガー表示から出発する。シュレーディンガー表示での波動関数を $|\psi(t)\rangle_S$ と書き、物理量 O の演算子を $\hat{O}_S$ と書くことにすると、$|\psi(t)\rangle_S$ の時間発展は、シュレーディンガー方程式によって表され、

$$i\hbar \frac{d}{dt}|\psi(t)\rangle_S = \hat{H}(t)|\psi(t)\rangle_S \tag{11.45}$$

O の時刻 t における期待値は、

$$\bar{O} = {}_S\langle\psi(t)|\hat{O}_S|\psi(t)\rangle_S \tag{11.46}$$

で与えられるのであった。ハミルトニアン $\hat{H}(t)$ は (11.39) のように分解されているとし、相互作用表示とよばれている新しい表示を次のように導入しよう。まず、相互作用表示での波動関数 $|\psi(t)\rangle_I$ を、

$$|\psi(t)\rangle_S = \exp\left(\frac{\hat{H}_0}{i\hbar}t\right)|\psi(t)\rangle_I \tag{11.47}$$

で定義する。次に、相互作用表示における物理量 O の演算子 $\hat{O}_I$ を、

$$\hat{O}_I = \exp\left(-\frac{\hat{H}_0 t}{i\hbar}\right)\hat{O}_S \exp\left(\frac{\hat{H}_0 t}{i\hbar}\right) \tag{11.48}$$

で定義すると、(11.46) から明らかに、

$$\bar{O} = {}_I\langle\psi(t)|\hat{O}_I|\psi(t)\rangle_I \tag{11.49}$$

が成り立つ。シュレーディンガー表示とハイゼンベルク表示の関係を思い出せばすぐわかるように、相互作用表示はシュレーディンガー表示とハイゼンベルク表示の中間的なものであるといえる。相互作用表示における波動関数 $|\psi(t)\rangle_I$ の時間発展の式を求めるために、(11.47) を (11.45) に代入しよう。

$$i\hbar\frac{d}{dt}\left(\exp\left(\frac{\hat{H}_0}{i\hbar}t\right)|\psi(t)\rangle_I\right) = (\hat{H}_0 + \hat{V}(t))\exp\left(\frac{\hat{H}_0}{i\hbar}t\right)|\psi(t)\rangle_I \tag{11.50}$$

この式の左辺は、$\hat{H}_0 \exp\left(\frac{\hat{H}_0}{i\hbar}t\right)|\psi(t)\rangle_I + i\hbar\exp\left(\frac{\hat{H}_0}{i\hbar}t\right)\frac{d}{dt}|\psi(t)\rangle_I$ と書くことができるから、けっきょく

$$i\hbar\frac{d}{dt}|\psi(t)\rangle_I = \hat{V}_I(t)|\psi(t)\rangle_I \tag{11.51}$$

が得られる．ここで，$\hat{V}_\mathrm{I}(t)$ は相互作用表示における摂動ハミルトニアンであり，

$$\hat{V}_\mathrm{I}(t) = \exp\left(-\frac{\hat{H}_0}{i\hbar}t\right)\hat{V}(t)\exp\left(\frac{\hat{H}_0}{i\hbar}t\right) \tag{11.52}$$

で与えられる．また，物理量 O が時間に陽に依存しなければ，シュレーディンガー表示での対応する演算子 $\hat{O}_\mathrm{S}$ は時間によらないから，(11.48) より，

$$\frac{\mathrm{d}}{\mathrm{d}t}\hat{O}_\mathrm{I} = -\frac{1}{i\hbar}\left[\hat{H}_0, \hat{O}_\mathrm{I}\right] \tag{11.53}$$

が得られる．これは，ハイゼンベルク方程式に似ているが，右辺の交換子の中には，全ハミルトニアン $\hat{H}$ ではなくて，非摂動ハミルトニアン $\hat{H}_0$ が現れている点が違っている．以上をまとめて標語的にいうと，相互作用表示とはハミルトニアン $\hat{H} = \hat{H}_0 + \hat{V}(t)$ のうち，$\hat{H}_0$ の部分を演算子の時間発展に押し付け，$\hat{V}(t)$ の部分を波動関数の時間発展に押し付けたものといえる．

相互作用表示から，(11.44) が自然に導かれることを見るために，$|\psi(t)\rangle_\mathrm{I}$ を $\hat{H}_0$ の固有ベクトル $|\varphi_n^{(0)}\rangle$ で展開しよう．

$$|\psi(t)\rangle_\mathrm{I} = \sum_n c_n(t)|\varphi_n^{(0)}\rangle \tag{11.54}$$

これを (11.51) に代入して，(11.52) を使うと，

$$\begin{aligned}&\sum_m i\hbar \frac{\mathrm{d}}{\mathrm{d}t} c_m(t)|\varphi_m^{(0)}\rangle \\ &= \sum_m c_m(t)\exp\left(-\frac{\hat{H}_0}{i\hbar}t\right)\hat{V}(t)\exp\left(\frac{\hat{H}_0}{i\hbar}t\right)|\varphi_m^{(0)}\rangle\end{aligned} \tag{11.55}$$

となるが，この両辺と $\langle \varphi_n^{(0)}|$ との内積をとったものが，(11.44) にほかならない．また，(11.54) を (11.47) に代入すれば，

$$\begin{aligned}|\psi(t)\rangle_\mathrm{S} &= \sum_n c_n(t)\exp\left(\frac{\hat{H}_0}{i\hbar}t\right)|\varphi_n^{(0)}\rangle \\ &= \sum_n c_n(t)\exp\left(\frac{E_n^{(0)}t}{i\hbar}\right)|\varphi_n^{(0)}\rangle\end{aligned} \tag{11.56}$$

となるが，これは (11.41) そのものである．

相互作用表示における波動関数の時間発展を与える式 (11.51) を，少なくとも形式的に解くことを考えよう．まず，(11.51) の両辺を t について t_0 から t まで積分し，適当に移項すると，

$$|\psi(t)\rangle_{\mathrm{I}} = |\psi(t_0)\rangle_{\mathrm{I}} + \frac{1}{i\hbar}\int_{t_0}^{t}dt'\hat{V}_{\mathrm{I}}(t')|\psi(t')\rangle_{\mathrm{I}} \tag{11.57}$$

となる．この式の右辺第2項の $|\psi(t')\rangle_{\mathrm{I}}$ にこの式で t を t' に置き換えたもの自身を代入すると，

$$\begin{aligned}|\psi(t)\rangle_{\mathrm{I}} = &|\psi(t_0)\rangle_{\mathrm{I}} + \frac{1}{i\hbar}\int_{t_0}^{t}dt'\hat{V}_{\mathrm{I}}(t')|\psi(t_0)\rangle_{\mathrm{I}} \\ &+ \left(\frac{1}{i\hbar}\right)^2\int_{t_0}^{t}dt'\hat{V}_{\mathrm{I}}(t')\int_{t_0}^{t'}dt''\hat{V}_{\mathrm{I}}(t'')|\psi(t'')\rangle_{\mathrm{I}}\end{aligned} \tag{11.58}$$

となる．さらに，(11.58)の右辺の最後の項に(11.57)で t を t'' に置き換えたものを代入すると，

$$\begin{aligned}|\psi(t)\rangle_{\mathrm{I}} = &|\psi(t_0)\rangle_{\mathrm{I}} + \frac{1}{i\hbar}\int_{t_0}^{t}dt'\hat{V}_{\mathrm{I}}(t')|\psi(t_0)\rangle_{\mathrm{I}} \\ &+ \left(\frac{1}{i\hbar}\right)^2\int_{t_0}^{t}dt'\int_{t_0}^{t'}dt''\hat{V}_{\mathrm{I}}(t')\hat{V}_{\mathrm{I}}(t'')|\psi(t_0)\rangle_{\mathrm{I}} \\ &+ \left(\frac{1}{i\hbar}\right)^3\int_{t_0}^{t}dt'\int_{t_0}^{t'}dt''\int_{t_0}^{t''}dt'''\hat{V}_{\mathrm{I}}(t')\hat{V}_{\mathrm{I}}(t'')\hat{V}_{\mathrm{I}}(t''')|\psi(t''')\rangle_{\mathrm{I}}\end{aligned} \tag{11.59}$$

となる．このような操作を繰り返して，最後の項に(11.57)を逐次代入していくと，けっきょく次のような無限級数が得られる．

$$|\psi(t)\rangle_{\mathrm{I}} = \left(1 + \sum_{k=1}^{\infty}\left(\frac{1}{i\hbar}\right)^k\int_{t_0}^{t}dt_1\int_{t_0}^{t_1}dt_2\cdots\int_{t_0}^{t_{k-1}}dt_k\hat{V}_{\mathrm{I}}(t_1)\cdots\hat{V}_{\mathrm{I}}(t_k)\right)|\psi(t_0)\rangle_{\mathrm{I}} \tag{11.60}$$

時間による摂動論

前項で得られた公式(11.60)は，摂動 $\hat{V}(t)$ によって状態ベクトルがどのように変化するかを示している．もう少し具体的に見るために，$|\psi(t)\rangle_{\mathrm{I}}$ を $\hat{H}_0$ の固有ベクトル $|\varphi_n^{(0)}\rangle$ で展開しよう．

$$|\psi(t)\rangle_{\mathrm{I}} = \sum_n c_n(t)|\varphi_n^{(0)}\rangle \tag{11.61}$$

(11.60)の両辺と $\langle\varphi_n^{(0)}|$ の内積をとり，右辺では，

$$1 = \sum_m |\varphi_m^{(0)}\rangle\langle\varphi_m^{(0)}|$$

を何回か挿入することにより，

$$c_n(t) = c_n(t_0) + \sum_m \frac{1}{i\hbar} \int_{t_0}^{t} \mathrm{d}t' V_{nm}(t') c_m(t_0)$$
$$+ \sum_m \sum_k \left(\frac{1}{i\hbar}\right)^2 \int_{t_0}^{t} \mathrm{d}t' \int_{t_0}^{t'} \mathrm{d}t'' V_{nk}(t') V_{km}(t'') c_m(t_0)$$
$$+ \cdots \tag{11.62}$$

が得られる.ここで,$V_{nm}(t)$は,

$$V_{nm}(t) = \left\langle \varphi_n^{(0)} \middle| \hat{V}_\mathrm{I}(t) \middle| \varphi_m^{(0)} \right\rangle$$
$$= \exp\left[\frac{E_m^{(0)} - E_n^{(0)}}{i\hbar} t\right] \left\langle \varphi_n^{(0)} \middle| \hat{V}(t) \middle| \varphi_m^{(0)} \right\rangle \tag{11.63}$$

で与えられる.

摂動のゼロ次,すなわち(11.62)の右辺の第1項だけをとると,当然ながら$c_n(t) = c_n(t_0)$となり状態は変化しないことを意味する.(11.62)の右辺の第2項以下は,摂動$\hat{V}(t)$の影響によって状態が混ざってくることを示しているが,それらの$V_{nm}(t)$のべきは,順に1次,2次,…となっているから,それらの項を摂動の1次の項,2次の項,…とよぶことにしよう.(11.62)はいろいろなタイプの摂動$\hat{V}(t)$に応用できる.

以上では,摂動の影響によって離散準位の間にどのような遷移が起こるかを議論した.摂動論の実際の応用としては,始状態あるいは終状態が連続スペクトルに属するときも重要であるので,いろいろな場合を考えてみることにしよう.まず,公式(11.62)は,連続スペクトルがある場合も,少し修正すれば,そのまま成り立つことに注意しよう.いまの場合,$\hat{H}_0$の固有ベクトルには,離散準位$E_n^{(0)}$($n = 1, 2, \cdots$)に対応するものと,連続準位$E_\nu^{(0)}$に対応するものがあるが,それらを$\left|\varphi_n^{(0)}\right\rangle$,$\left|\varphi_\nu^{(0)}\right\rangle$と書くことにしよう.

$$\hat{H}_0 \left|\varphi_n^{(0)}\right\rangle = E_n^{(0)} \left|\varphi_n^{(0)}\right\rangle \tag{11.64a}$$

$$\hat{H}_0 \left|\varphi_\nu^{(0)}\right\rangle = E_\nu^{(0)} \left|\varphi_\nu^{(0)}\right\rangle \tag{11.64b}$$

ここで,νは連続準位をラベルする変数であり,いくつかの実数の組であるが,まとめて1つのギリシャ文字で表しておく.また,$\left|\varphi_n^{(0)}\right\rangle$,$\left|\varphi_\nu^{(0)}\right\rangle$は次のように規格化されているとする*.

$$\left\langle \varphi_m^{(0)} \middle| \varphi_n^{(0)} \right\rangle = \delta_{m,n} \tag{11.65a}$$

$$\left\langle \varphi_\mu^{(0)} \middle| \varphi_\nu^{(0)} \right\rangle = \delta(\mu - \nu) \tag{11.65b}$$

相互作用表示の波動関数を,(11.61)と同様に,$\hat{H}_0$の固有ベクトルで展開すると,

---

*ここで,第2式の右辺のδ-関数は,μやνがk個の実数を表しているときは,k次元のδ-関数を表しているとする.同様に,$\int \mathrm{d}\nu$と書けば,k重積分の意味であると解釈しなければいけない.

11.1 摂動論

$$|\psi(t)\rangle_I = \sum_n c_n(t)|\varphi_n^{(0)}\rangle + \int dv\, c_\nu(t)|\varphi_\nu^{(0)}\rangle \tag{11.66}$$

と書くことができるが，式を簡単にするために，右辺の2つの項をまとめて，

$$|\psi(t)\rangle_I = \sum_n\!\!\!\!\!\!\int c_n(t)|\varphi_n^{(0)}\rangle \tag{11.67}$$

と書くことにしよう．すなわち，記号 $\sum\!\!\!\!\int$ は離散準位については和をとり，連続準位については積分をとって加え合わせることを意味しているとする．このような記号を使うと，完全性の条件は，

$$1 = \sum_n |\varphi_n^{(0)}\rangle\langle\varphi_n^{(0)}| + \int dv\, |\varphi_\nu^{(0)}\rangle\langle\varphi_\nu^{(0)}| = \sum_n\!\!\!\!\!\!\int |\varphi_n^{(0)}\rangle\langle\varphi_n^{(0)}| \tag{11.68}$$

のように表される．このように書くことにすると，公式(11.62)は，状態に関する和を $\sum\!\!\!\!\int$ で置き換えれば，そのまま成り立つことは明らかだろう．

$$\begin{aligned}c_n(t) = c_n(t_0) &+ \sum_m\!\!\!\!\!\!\int \frac{1}{i\hbar}\int_{t_0}^t dt'\, V_{nm}(t') c_m(t_0) \\ &+ \sum_m\!\!\!\!\!\!\int \sum_k \left(\frac{1}{i\hbar}\right)^2 \int_{t_0}^t dt' \int_{t_0}^{t'} dt''\, V_{nk}(t') V_{km}(t'') c_m(t_0) \\ &+ \cdots\end{aligned} \tag{11.69}$$

ここで，$V_{nm}(t)$ はやはり(11.63)で与えられるが，n や m が連続準位のときは，対応する連続準位の固有ベクトルによる行列要素をとればよい．すなわち，

$$\begin{aligned}V_{nm}(t) &= \langle\varphi_n^{(0)}|\hat{V}_I(t)|\varphi_m^{(0)}\rangle \\ V_{n\mu}(t) &= \langle\varphi_n^{(0)}|\hat{V}_I(t)|\varphi_\mu^{(0)}\rangle \\ V_{\nu m}(t) &= \langle\varphi_\nu^{(0)}|\hat{V}_I(t)|\varphi_m^{(0)}\rangle \\ V_{\nu\mu}(t) &= \langle\varphi_\nu^{(0)}|\hat{V}_I(t)|\varphi_\mu^{(0)}\rangle\end{aligned} \tag{11.70}$$

である．次に，典型的な例を1つ考えてみよう．

周期摂動による離散準位から連続準位への遷移

非摂動ハミルトニアン $\hat{H}_0$ の固有状態が，図11.2のように，離散準位 $E_n^{(0)}$ ($n=1,2,\cdots$) と連続準位 $E_\nu^{(0)}$ に分かれているとしよう．すなわち，連続準位は最小値 $E_{\min}$ をもち，離散準位はすべて $E_{\min}$ より小さい値をもつとしよう．摂動としては，

$$\hat{V}(t) = \hat{F}e^{i\omega t} + \hat{F}^\dagger e^{-i\omega t} \tag{11.71}$$

の形のものを考え，図11.2のように離散準位の1つ $E_n^{(0)}$ に $\hbar\omega$ を加えたものは，連続準位に属しているとする．時刻 $t=0$ で，状態が離散準位 $|\varphi_n^{(0)}\rangle$ にあったとき，摂動によっ

11. 近 似 法

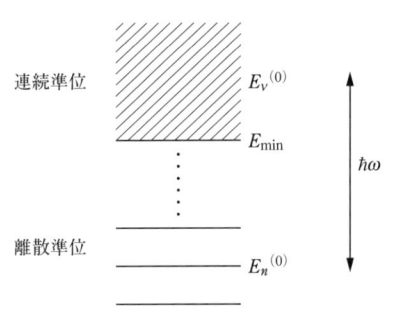

図 11.2 離散準位から連続準位への遷移.

てどのような遷移が起こるかを考えよう.

初期値として，$|\psi(0)\rangle_{\mathrm{I}} = |\varphi_n^{(0)}\rangle$，すなわち，

$$\begin{aligned}
c_n(0) &= 1 \\
c_k(0) &= 0 \quad (k \neq n) \\
c_\nu(0) &= 0
\end{aligned} \tag{11.72}$$

とすると，(11.69)より，摂動の1次までで，

$$\begin{aligned}
c_n(t) &= 1 + \frac{1}{i\hbar}\int_0^t dt'\, V_{nn}(t') \\
c_k(t) &= \frac{1}{i\hbar}\int_0^t dt'\, V_{kn}(t') \quad (k \neq n) \\
c_\nu(t) &= \frac{1}{i\hbar}\int_0^t dt'\, V_{\nu n}(t')
\end{aligned} \tag{11.73}$$

となることがわかる．右辺の行列要素は(11.71)より，

$$\begin{aligned}
V_{kn}(t) &= \exp[-i(\omega_n - \omega_k + \omega)t] F_{kn} + \exp[-i(\omega_n - \omega_k - \omega)t] F_{nk}^* \\
V_{\nu n}(t) &= \exp[-i(\omega_n - \omega_\nu + \omega)t] F_{\nu n} + \exp[-i(\omega_n - \omega_\nu - \omega)t] F_{n\nu}^*
\end{aligned} \tag{11.74}$$

となる．ここで，ω_n, ω_ν, F_{nm}, $F_{\nu n}$ などは，

$$\begin{aligned}
E_n^{(0)} &= \hbar\omega_n, \quad E_\nu^{(0)} = \hbar\omega_\nu \\
F_{nm} &= \langle \varphi_n^{(0)} | \hat{F} | \varphi_m^{(0)} \rangle, \quad F_{\nu n} = \langle \varphi_\nu^{(0)} | \hat{F} | \varphi_n^{(0)} \rangle
\end{aligned} \tag{11.75}$$

で定義されているとする．(11.74)を(11.73)に代入すると，

$$c_k(t) = \frac{1-\exp[i(\omega_k-\omega_n-\omega)t]}{\hbar(\omega_k-\omega_n-\omega)}F_{kn}$$
$$+\frac{1-\exp[i(\omega_k-\omega_n+\omega)t]}{\hbar(\omega_k-\omega_n+\omega)}F_{nk}^* \quad (k \neq n) \tag{11.76a}$$

$$c_\nu(t) = \frac{1-\exp[i(\omega_\nu-\omega_n-\omega)t]}{\hbar(\omega_\nu-\omega_n-\omega)}F_{\nu n}$$
$$+\frac{1-\exp[i(\omega_\nu-\omega_n+\omega)t]}{\hbar(\omega_\nu-\omega_n+\omega)}F_{n\nu}^* \tag{11.76b}$$

が得られる．

ところで，上の2つの式は同じような形をしているが，物理的にはかなり異なる内容をもっている．$c_k(t)$ は離散準位 $\left|\varphi_k^{(0)}\right\rangle$ の係数であるから，$\left|c_k(t)\right|^2$ は時刻 t で状態が $\left|\varphi_k^{(0)}\right\rangle$ にある確率を表しているとしてよい．一方，$c_\nu(t)$ は連続準位 $\left|\varphi_\nu^{(0)}\right\rangle$ の係数であるから，$\left|c_\nu(t)\right|^2$ は時刻 t で状態が $\left|\varphi_\nu^{(0)}\right\rangle$ のそばにある確率密度と解釈しなくてはいけない．もう少し詳しくいうと，時刻 t において状態をラベルする変数が ν から $\nu+d\nu$ の間にある確率は，$\left|c_\nu(t)\right|^2 d\nu$ で与えられる．すなわち，物理的に意味のある量は，$\left|c_\nu(t)\right|^2$ そのものというよりも，$\left|c_\nu(t)\right|^2$ を ν のある領域にわたって積分したものであるといえる．いまの場合，図 11.2 のような状況を考えているから，(11.76) で与えられる $c_k(t)$，$c_\nu(t)$ のうち分母が小さな値に成りうるのは，連続準位で共鳴条件

$$E_\nu^{(0)} - E_n^{(0)} \simeq \hbar\omega \tag{11.77}$$

が成り立つものの付近だけである．すなわち，(11.76b) の右辺で第1項のみを残して，

$$c_\nu(t) = \frac{1-\exp[i(\omega_\nu-\omega_n-\omega)t]}{\hbar(\omega_\nu-\omega_n-\omega)}F_{\nu n} \tag{11.78}$$

を考えれば十分である．この式から容易に，

$$\left|c_\nu(t)\right|^2 = \left\{\frac{2\sin\dfrac{(\omega_\nu-\omega_n-\omega)t}{2}}{\hbar(\omega_\nu-\omega_n-\omega)}\right\}^2 \cdot \left|F_{\nu n}\right|^2 \tag{11.79}$$

が得られる．右辺の第1因子を ω_ν の関数とみなすと，t がある程度大きいときは，

$$\omega_\nu \sim \omega_n + \omega \tag{11.80}$$

に中心をもち，幅 $\Delta\omega_\nu$ が，

$$\Delta\omega_\nu \sim \frac{1}{t} \tag{11.81}$$

程度の関数と思ってよい．一方，(11.79) の右辺の第2因子 $\left|F_{\nu n}\right|^2$ は ν に関しては通常，滑らかな関数であるから，t が十分大きいときは，第1因子は，$\delta(\omega_\nu-\omega_n-\omega)$ に比例する

11. 近似法

ものとしてよい．すなわち，(11.79)の右辺で，形式的な置き換え，

$$\left\{\frac{2\sin\dfrac{(\omega_\nu-\omega_n-\omega)t}{2}}{\hbar(\omega_\nu-\omega_n-\omega)}\right\}^2 \longrightarrow t\cdot\frac{2\pi}{\hbar^2}\delta(\omega_\nu-\omega_n-\omega) \tag{11.82}$$

をしてよいことになる．

例題 3 (11.82)を示せ．

解 $f(x,t)=\left(\dfrac{\sin(xt)}{x}\right)^2$ を x の関数として図示すると，図 11.3 のようになる．この関数は $x=0$ 付近にピークをもっており，幅 Δx は $\dfrac{1}{t}$ 程度であるから，$t\to\infty$ では $\delta(x)$ に比例するとしてよい．比例係数を決めるために，$\int_{-\infty}^{\infty}f(x,t)\mathrm{d}x$ を計算すると，

$$\int_{-\infty}^{\infty}f(x,t)\mathrm{d}x = \int_{-\infty}^{\infty}t^2\left(\frac{\sin(xt)}{xt}\right)^2\mathrm{d}x = t\int_{-\infty}^{\infty}\left(\frac{\sin y}{y}\right)^2\mathrm{d}y$$
$$= t\pi$$

となるから，けっきょく

$$\left(\frac{\sin(xt)}{x}\right)^2 \xrightarrow[t\to\infty]{} t\pi\delta(x) \qquad \text{ⓐ}$$

がわかる．この公式で，$x=\dfrac{\omega_\nu-\omega_n-\omega}{2}$ とおくと，(11.82)が得られる． ∎

ところで，t がある程度大きいときに，(11.79)に(11.82)の置き換えを行うと，

$$|c_\nu(t)|^2 \simeq t\cdot\frac{2\pi}{\hbar^2}\delta(\omega_\nu-\omega_n-\omega)|F_{\nu n}|^2$$
$$= t\cdot\frac{2\pi}{\hbar}\delta(E_\nu^{(0)}-E_n^{(0)}-\hbar\omega)|F_{\nu n}|^2 \tag{11.83}$$

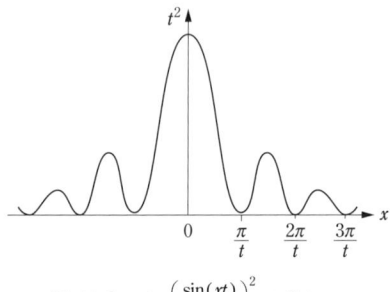

図 11.3　$f=\left(\dfrac{\sin(xt)}{x}\right)^2$ のグラフ．

となり，$|c_\nu(t)|^2$ は t に比例している．このことから，単位時間あたりの遷移確率は，$\frac{1}{t}|c_\nu(t)|^2$ で与えられることがわかる．すなわち，状態 $|\varphi_n^{(0)}\rangle$ から連続スペクトルへの単位時間あたりの遷移確率は，

$$\mathrm{d}w_{n\to\nu} = \frac{2\pi}{\hbar}\delta(E_\nu^{(0)} - E_n^{(0)} - \hbar\omega)|F_{\nu n}|^2\,\mathrm{d}\nu \tag{11.84}$$

で与えられる．ここでは，1 つの状態 $|\varphi_\nu^{(0)}\rangle$ への遷移を考えているのではなくて，パラメーター ν が ν と $\nu+\mathrm{d}\nu$ の間にあるような状態のどれかへ遷移する確率の和を考えていることに注意しよう．これをフェルミの黄金則とよぶ．

例題 4 (11.84) の右辺が実際に単位時間あたりの遷移確率の次元をもっていることを確かめよ．

解 (11.71) より $\hat{F}$ はエネルギーの次元をもっているから，(11.75) より，$|F_{\nu n}|^2\,\mathrm{d}\nu$ はエネルギーの 2 乗の次元をもっていることがわかる（(11.68) からわかるように，$|\varphi_\nu^{(0)}\rangle\langle\varphi_\nu^{(0)}|\,\mathrm{d}\nu$ は無次元量であることに注意しよう）．

このことから，(11.84) の右辺は，

$$\frac{1}{\hbar}\frac{1}{(\text{エネルギー})}(\text{エネルギー})^2 \sim \frac{1}{(\text{時間})}$$

の次元をもっていることがわかる．■

11.2　WKB 法（準古典的近似法）

量子力学より古典力学への極限は，波動光学より幾何光学への極限と形式的に似ている．この類似性は，量子力学の建設へと導いた初期の考察で利用された．

量子力学より古典力学への移行の条件を調べるには，波動関数を，

$$\psi(\boldsymbol{r},t) = \exp\left[\frac{i}{\hbar}S(\boldsymbol{r},t)\right] \tag{11.85}$$

の形に書くと便利である．ポテンシャル $V(\boldsymbol{r})$ の中で質量 m をもった粒子の運動を記述するシュレーディンガー方程式に (11.85) を代入すると S は次の方程式を満たしている．

$$-\frac{\partial S}{\partial t} = \frac{(\nabla S)^2}{2m} + V(\boldsymbol{r}) - \frac{i\hbar}{2m}\Delta S \tag{11.86}$$

この式で $\hbar \to 0$ の極限をとると，(11.86) の方程式は，S に対するハミルトン-ヤコビ (Hamilton-Jacobi) の方程式

$$-\frac{\partial S}{\partial t} = \frac{(\nabla S)^2}{2m} + V(\boldsymbol{r}) \tag{11.87}$$

に帰着する．つまり，$\hbar \to 0$ の極限で，量子力学より古典力学への移行が行われているこ

11. 近 似 法

とがわかる.

準古典近似

準古典近似とは，S に対する量子力学的方程式(11.86)を解くための近似法である．基本的なアイデアは簡単である．いま，時間に依存しない1次元のシュレーディンガー方程式*

$$\frac{d^2\varphi(x)}{dx^2} + \frac{2m}{\hbar^2}[E-V(x)]\varphi(x) = 0 \qquad (11.88)$$

を考えよう．定常状態の波動関数を，

$$\varphi(x) = \exp\left(\frac{iS(x)}{\hbar}\right) \qquad (11.89)$$

とおいて(11.88)に代入すると，$S(x)$ は，

$$S'^2 - i\hbar S'' - 2m[E-V(x)] = 0 \qquad (11.90)$$

を満たすことがわかる．$\hbar$ が小さいとみなせるとき，

$$S = S_0 + \frac{\hbar}{i}S_1 + \left(\frac{\hbar}{i}\right)^2 S_2 + \cdots \qquad (11.91)$$

と $\hbar$ についてべき展開をして，最初の数項をとって $S(x)$ を近似的に求めることができる．**ウェンツェル-クラマース-ブリルアン(Wentzel-Kramers-Brillouin)近似**(略して **WKB 近似**)とは，1次元の場合について，S を $\hbar$ のべきに展開し，古典的な表式よりも1つだけ多い最初の2つの項($\hbar$ の1次まで)を求めることであり，準古典近似ともいう．

(11.91)を(11.90)に代入し，$\hbar$ の各べきの係数を等しくおくことにより得られる連立微分方程式

$$\begin{aligned} S_0'^2 &= 2m[E-V(x)] = [p(x)]^2 \\ 2S_1' &= -\frac{S_0''}{S_0'} \\ 2S_2' &= -\frac{S_1'^2 + S_1''}{S_0'} \\ &\vdots \qquad \vdots \end{aligned} \qquad (11.92)$$

から，$S_0, S_1, S_2, \cdots$ が順次決定できる．実際，第1式より，

$$S_0' = \pm p(x) \qquad (11.93)$$

が得られ，これと第2式より $2S_1' = -p'(x)/p(x)$ すなわち，

---

*この方法は，3次元の問題においてもポテンシャルが球対称である場合には適用可能である．

254

$$S_1 = -\frac{1}{2}\ln p(x) + \text{const.} \tag{11.94}$$

を得る．(11.93)を x で積分すると S_0 が得られる．したがって，$E > V(x)$ である領域(古典論で許される領域)での一般解は，

$$\varphi(x) = \frac{c_1}{\sqrt{p}} \exp\left[\frac{i}{\hbar}\int p(x)\mathrm{d}x\right] + \frac{c_2}{\sqrt{p}} \exp\left[-\frac{i}{\hbar}\int p(x)\mathrm{d}x\right] \tag{11.95}$$

となる．この波動関数の振幅は $1/\sqrt{p}$ に比例するので，$(x, x+\mathrm{d}x)$ の間に粒子を見い出す確率は，本質的に $1/p$ に比例する．すなわち，古典粒子の速度に反比例する．われわれの近似では，確率の流れは $|\varphi(x)|^2 p(x)$ (= 定数) だから，この結果は確率の保存則を表していることになる．

例題 1 WKB 近似がいい近似であるための条件を求めよ．

解 (11.92)の各式から，S_0', S_1', …が決まり，それを積分することによって S_0, S_1, …が決まる．しかし，その際の積分定数は，物理的意味をもたないことに注意しよう．なぜならば，そのような定数は，波動関数全体にかかる因子の不定性に吸収されてしまうからである．よって，ここで行っている近似が有効であるための条件は，$S' = S_0' + \dfrac{\hbar}{i}S_1' + \cdots$ の第2項が第1項に比べて十分に小さいことである．ゆえに，$|S_0'| \gg \left|\dfrac{\hbar}{i}S_1'\right|$ がその条件で，(11.92)の第2式を使えば，

$$1 \gg \hbar\left|\frac{S_0''}{S_0'^2}\right| \text{ すなわち, } 1 \gg \frac{1}{2\pi}\left|\frac{\mathrm{d}\lambda}{\mathrm{d}x}\right| \tag{11.96}$$

と書き換えることができる．すなわち，長さ $\lambda/2\pi$ あたりの波長の変化は，その波長に比べて十分小さくなければならない．そのためには x の関数として，ポテンシャル $V(x)$ がゆっくりと変化していればよい．■

$E < V(x)$ の領域は，古典的には許されない運動領域である．この領域では，$p(x)$ は虚数の関数である．実関数 $\rho(x) = \sqrt{2m[V(x)-E]}$ を用いて，$p(x) = i\rho(x)$ とおけば，(11.95)は，

$$\varphi(x) = \frac{d_1}{\sqrt{\rho}} \exp\left[-\frac{1}{\hbar}\int \rho(x)\mathrm{d}x\right] + \frac{d_2}{\sqrt{\rho}} \exp\left[\frac{1}{\hbar}\int \rho(x)\mathrm{d}x\right] \tag{11.97}$$

と書くことができる．

例題 2 古典的回帰点，すなわち，$V(x) = E$ になる点の近傍では，p および ρ はゼロで，波長は無限大となり，条件(11.96)が成り立たないことは明らかである．いま，$V(x) = E + \dfrac{\mathrm{d}V}{\mathrm{d}x}(x-x_0)$ と直線で近似したとき，WKB 近似がよく成り立つのは $|x-x_0|$ がどの範囲にあるときか．

11. 近 似 法

解 $\lambda = \dfrac{h}{p} = \dfrac{h}{\sqrt{2m[E-V(x)]}} \approx h\left(2m\left|\dfrac{\mathrm{d}V}{\mathrm{d}x}\right||x-x_0|\right)^{-1/2}$ を (11.96) に代入すると,

$$|x-x_0|^{3/2} \gg \dfrac{\hbar}{2\sqrt{2m}}\left|\dfrac{\mathrm{d}V}{\mathrm{d}x}\right|^{-1/2}$$

すなわち,

$$|x-x_0| \gg \dfrac{1}{2}\left(\dfrac{\hbar^2}{m\left|\dfrac{\mathrm{d}V}{\mathrm{d}x}\right|}\right)^{1/3} \qquad \text{ⓐ}$$

を得る. ゆえに, $|x-x_0|$ が上の不等式を満たす領域では, 解 (11.95), (11.97) を使うことができる. ∎

接続公式

前節でみたように, 回帰点 x_0 を含む長さ $\left(\dfrac{\hbar^2}{m\left|\dfrac{\mathrm{d}V}{\mathrm{d}x}\right|}\right)^{1/3}$ の微小区間では, WKB 近似は適用できず, したがって 1 次元シュレーディンガー方程式を正確に解く必要がある. 振動解 (11.95) と指数解 (11.97) の関数がどのように接続されるべきかを知るためには, 正確な解がそれぞれの解に移行するようすを調べてやればよい. 接続公式の具体的な形を求めるために, 次の 2 つの例題を考えよう.

例題 3 一様な外場の中におかれた粒子に対するシュレーディンガー方程式

$$-\dfrac{\hbar^2}{2m}\dfrac{\mathrm{d}^2\varphi}{\mathrm{d}x^2} \mp Fx\varphi = E\varphi \qquad ①$$

を解き, エネルギー E のときの波動関数の漸近形を求めよ.

解 (ⅰ) $V(x) = -Fx\,(F>0)$ の場合, エネルギー E は連続スペクトルである. 解は $x \to -\infty$ のほうでは指数関数的に減衰し, $x \to \infty$ では無限に振動する. これは, 古典的には, 坂を転がり落ちる粒子に対応している. シュレーディンガー方程式を,

$-\dfrac{\mathrm{d}^2\varphi}{\mathrm{d}x^2} - \dfrac{2mF}{\hbar^2}\left(x+\dfrac{E}{F}\right)\varphi = 0$ と書き, $z \equiv \left(\dfrac{2mF}{\hbar^2}\right)^{1/3}\left(x+\dfrac{E}{F}\right)$ とおくと,

$$\dfrac{\mathrm{d}^2\varphi}{\mathrm{d}z^2} + z\varphi = 0 \qquad \text{ⓐ}$$

この微分方程式は, ラプラス (Laplace) 変換を用いれば 1 階の微分方程式に帰着し, 簡単な積分表示を求めることができる.

付録 B を参照すると, 漸近形は次のように求まる.

$$z \to -\infty \text{ のとき,} \quad \varphi(z) = \frac{1}{2}\frac{1}{(-z)^{1/4}}\exp\left[-\frac{2}{3}(-z)^{3/2}\right]$$

ⓑ

$$z \to \infty \text{ のとき,} \quad \varphi(z) = \frac{1}{z^{1/4}}\cos\left(\frac{2}{3}z^{3/2} - \frac{\pi}{4}\right)$$

$$= \frac{1}{z^{1/4}}\sin\left(\frac{2}{3}z^{3/2} + \frac{\pi}{4}\right)$$

(ⅱ) $V(x) = Fx\,(F > 0)$ の場合,

$z \equiv \left(\dfrac{2mF}{\hbar^2}\right)^{1/3}\left(x - \dfrac{E}{F}\right)$ とおくと,シュレーディンガー方程式は,

$$\frac{\mathrm{d}^2\varphi}{\mathrm{d}z^2} - z\varphi = 0$$

ⓒ

となる.ⓐで $z \to -z$ とおけばⓑより,

$$z \to \infty \text{ のとき,} \quad \varphi(z) = \frac{1}{2}\frac{1}{z^{1/4}}\exp\left(-\frac{2}{3}z^{3/2}\right)$$

ⓓ

$$z \to -\infty \text{ のとき,} \quad \varphi(z) = \frac{1}{(-z)^{1/4}}\sin\left[\frac{2}{3}(-z)^{3/2} + \frac{\pi}{4}\right]$$

を得る.■

例題 4 例題 2 で議論したように,WKB 近似の波動関数は,$V(x) = E$ となる回帰点の周りでは近似が悪いが,回帰点から離れたところでは WKB 近似がよく成り立つ.いま,ポテンシャルの変化が十分緩やかで,$V(x) = V(a) + V'(a)(x-a)$ $(E = V(a))$ と近似できるとき,

(ⅰ) $V'(a) = -F < 0$ のとき,$E < V(x)$,$E > V(x)$ となるそれぞれの領域における波動関数は,

$$\frac{c}{\sqrt{\rho(x)}}\exp\left[-\frac{1}{\hbar}\int_x^a \rho(x')\mathrm{d}x'\right] \to \frac{2c}{\sqrt{p(x)}}\cos\left[\frac{1}{\hbar}\int_a^x p(x')\mathrm{d}x' - \frac{\pi}{4}\right]$$

①

$$(x < a) \qquad\qquad (x > a)$$

なる接続公式を満たすことを証明せよ.

(ⅱ) $V'(a) = F > 0$ のとき,$E > V(x)$,$E < V(x)$ となるそれぞれの領域における波動関数は,

11. 近似法

$$\frac{2c}{\sqrt{p(x)}}\cos\left[\frac{1}{\hbar}\int_x^a p(x')\mathrm{d}x' - \frac{\pi}{4}\right] \leftarrow \frac{c}{\sqrt{\rho(x)}}\exp\left[-\frac{1}{\hbar}\int_a^x \rho(x')\mathrm{d}x'\right] \quad \text{②}$$
$$(x<a) \qquad\qquad (x>a)$$

なる接続公式を満たすことを証明せよ．

解 （ⅰ）$E > V(x)$ の領域では，

$$\left[\frac{\mathrm{d}^2}{\mathrm{d}x^2} + \left(\frac{p(x)}{\hbar}\right)^2\right]\varphi(x) = 0, \quad \text{ただし } p(x) = \sqrt{2m[E-V(x)]} \quad \text{ⓐ}$$

$E < V(x)$ の領域では，

$$\left[\frac{\mathrm{d}^2}{\mathrm{d}x^2} - \left(\frac{\rho(x)}{\hbar}\right)^2\right]\varphi(x) = 0, \quad \text{ただし } \rho(x) = \sqrt{2m[V(x)-E]} \quad \text{ⓑ}$$

の形に書かれるシュレーディンガー方程式を解かなければならない．
$V(x) = E + V'(a)(x-a)$ と近似すると，$V'(a) = -F$ だから，

$$x > a \text{ のとき}, \quad p(x) = \sqrt{2mF(x-a)} \quad \text{ⓒ}$$
$$x < a \text{ のとき}, \quad \rho(x) = \sqrt{2mF(a-x)} \quad \text{ⓓ}$$

となる．これらを積分すると，

$$\frac{1}{\hbar}\int_a^x p(x')\mathrm{d}x' = \frac{2}{3}\left[\left(\frac{2mF}{\hbar^2}\right)^{1/3}(x-a)\right]^{3/2} \quad \text{ⓔ}$$

$$\frac{1}{\hbar}\int_x^a \rho(x')\mathrm{d}x' = \frac{2}{3}\left[\left(\frac{2mF}{\hbar^2}\right)^{1/3}(a-x)\right]^{3/2} \quad \text{ⓕ}$$

WKB 近似の波動関数は，$x < a$ の領域で，

$$\varphi(x) = \frac{c}{\sqrt{\rho(x)}}\exp\left[-\frac{1}{\hbar}\int_x^a \rho(x')\mathrm{d}x'\right]$$
$$= \frac{c}{[2mF(a-x)]^{1/4}}\exp\left[-\frac{2}{3}\left\{\left(\frac{2mF}{\hbar^2}\right)^{1/3}(a-x)\right\}^{3/2}\right] \quad \text{ⓖ}$$

となる．ここでⓓ，ⓕを用いた．例題 3 のⓑより，

$$-z = \left(\frac{2mF}{\hbar^2}\right)^{1/3}(a-x), \quad \frac{A}{2} = \frac{c}{(2mF)^{1/6}}\cdot\frac{1}{\hbar^{1/6}} \quad \text{ⓗ}$$

とおくと，$z \to \infty$ のとき，

$$\varphi(x) = \frac{A}{z^{1/4}} \cos\left(\frac{2}{3} z^{3/2} - \frac{\pi}{4}\right)$$

$$= \frac{2c}{(2mF)^{1/6}} \frac{1}{\hbar^{1/6}} \frac{1}{\left[\left(\frac{2mF}{\hbar^2}\right)^{1/3}(x-a)\right]^{1/4}} \cos\left[\frac{2}{3}\left\{\left(\frac{2mF}{\hbar^2}\right)^{1/3}(x-a)\right\}^{3/2} - \frac{\pi}{4}\right]$$

$$= \frac{2c}{\sqrt{p(x)}} \cos\left[\frac{1}{\hbar}\int_a^x p(x')\mathrm{d}x' - \frac{\pi}{4}\right] \qquad \text{ⓘ}$$

ここで，右辺第3行目を得るためにⓗ，ⓔを用いた．したがって，$V'(a) < 0$ のとき，①の接続公式が成り立つことがわかった．

（ⅱ）$V'(a) = F > 0$ のときには，例題3のⓓを使えばよい．実際，

$$x > a \text{ のとき}, \quad \rho(x) = \sqrt{2mF(x-a)} \qquad \text{ⓙ}$$

$$x < a \text{ のとき}, \quad p(x) = \sqrt{2mF(a-x)} \qquad \text{ⓚ}$$

これらを積分すると，

$$\frac{1}{\hbar}\int_a^x \rho(x')\mathrm{d}x' = \frac{2}{3}\left[\left(\frac{2mF}{\hbar^2}\right)^{1/3}(x-a)\right]^{3/2} = \frac{2}{3} z^{3/2} \qquad \text{ⓛ}$$

$$\frac{1}{\hbar}\int_x^a p(x')\mathrm{d}x' = \frac{2}{3}\left[\left(\frac{2mF}{\hbar^2}\right)^{1/3}(a-x)\right]^{3/2} = \frac{2}{3}(-z)^{3/2} \qquad \text{ⓜ}$$

ゆえに，$x > a$ で指数的に減衰する解

$$\varphi(x) = \frac{c}{\sqrt{\rho(x)}} \exp\left[-\frac{1}{\hbar}\int_a^x \rho(x')\mathrm{d}x'\right] \qquad \text{ⓝ}$$

は $x < a$ で，振動解

$$\varphi(x) = \frac{2c}{\sqrt{p(x)}} \sin\left[\frac{1}{\hbar}\int_x^a p(x')\mathrm{d}x' + \frac{\pi}{4}\right]$$

$$= \frac{2c}{\sqrt{p(x)}} \cos\left[\frac{1}{\hbar}\int_x^a p(x')\mathrm{d}x' - \frac{\pi}{4}\right] \qquad \text{ⓞ}$$

につながる．ここで，ⓙ～ⓜを用いた．したがって，$V'(a) > 0$ のとき，②の接続公式を満たすことがわかる．

ここで重要なことを注意しておこう．

①，②の矢印の向きは，$E < V(x)$ の領域にある漸近解は $E > V(x)$ の領域の漸近解に移っていくが，その逆は必ずしも真ではないことを意味している．これは cos の位相に含まれ

259

る小さな誤差が，他の領域では増大する指数関数を支配的な項として導入することになるからである．∎

ボーア-ゾンマーフェルトの量子条件

これで準備が完了したので，図 11.4 のような 1 次元ポテンシャルの中を運動している質量 m の粒子のエネルギー準位を計算しよう．いま，あるエネルギー準位 E に対して，$V(a)=V(b)=E$ であるような古典運動の回帰点が 2 個あるとしよう．回帰点 a, b の近傍で，WKB 近似の適用できない領域を，それぞれ (a_1, a_2), (b_1, b_2) とする．

領域 1 ($x<a_1$) では，$x\to -\infty$ で $\varphi_1 \to 0$ になる解をとるべきだから，

$$\varphi_1(x) = \frac{A}{\sqrt{\rho(x)}} \exp\left[-\frac{1}{\hbar}\int_x^a \rho(x')\mathrm{d}x'\right] \tag{11.98}$$

領域 3 ($x>b_2$) では，解は $x\to\infty$ でゼロになるべきだから，

$$\varphi_3(x) = \frac{C}{\sqrt{\rho(x)}} \exp\left[-\frac{1}{\hbar}\int_b^x \rho(x')\mathrm{d}x'\right] \tag{11.99}$$

である．領域 2 ($a_2<x<b_1$) では，(11.95) の形の振動解をもつ．前項の例題 4 の接続条件①を使うと，領域 1→2 への解は，

$$\varphi_2(x) = \frac{2A}{\sqrt{p(x)}} \cos\left[\frac{1}{\hbar}\int_a^x p(x')\mathrm{d}x' - \frac{\pi}{4}\right] \tag{11.100}$$

一方，接続条件②より領域 3→2 への解は，

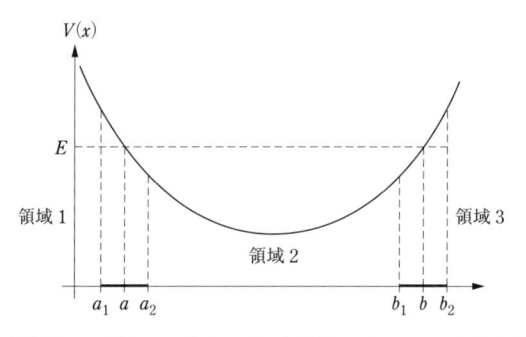

図 11.4 回帰点 a, b をもつ 1 次元のくぼんだポテンシャルへの WKB 法の応用．

$$\varphi_2(x) = \frac{2C}{\sqrt{p(x)}} \cos\left[\frac{1}{\hbar}\int_x^b p(x')dx' - \frac{\pi}{4}\right] \tag{11.101}$$

となり，両者は一致しなければならない．

例題 5 $a < x < b$ において，(11.100)，(11.101)が一致すると要求することにより，ボーア–ゾンマーフェルト(Bohr–Sommerfeld)の量子条件が導かれることを示せ．

解 (11.101)より，

$$\varphi_2(x) = \frac{2C}{\sqrt{p(x)}} \cos\left[\frac{1}{\hbar}\int_x^b p(x')dx' - \frac{\pi}{4}\right]$$

$$= \frac{2C}{\sqrt{p(x)}} \cos\left[\frac{1}{\hbar}\int_a^x p(x')dx' - \frac{\pi}{4} - \eta\right],$$

$$\eta = \frac{1}{\hbar}\int_a^b p(x)dx - \frac{\pi}{2} \tag{ⓐ}$$

ここでもし，条件

$$A = (-1)^n C \tag{ⓑ}$$

および，

$$\eta = \frac{1}{\hbar}\int_a^b p(x)dx - \frac{\pi}{2} = n\pi \quad (n = 0, 1, 2, \cdots) \tag{ⓒ}$$

が満たされるならば，(11.100)に等しくなることがわかる．したがって，$\frac{1}{\hbar}\int_a^b p(x)dx = \left(n+\frac{1}{2}\right)\pi$ である．書き換えれば，

$$\oint p(x)dx = 2\int_a^b p(x)dx = \left(n+\frac{1}{2}\right)h \tag{ⓓ}$$

である．これは，$h/2$ の違いはあるが，ボーア–ゾンマーフェルトの量子条件にほかならない． ∎

cos の位相 $\frac{1}{\hbar}\int_a^x p(x')dx' - \frac{\pi}{4}$ は，x が a より b まで変化するに従い，ⓓによって $-\frac{\pi}{4}$ から $\left(n+\frac{1}{4}\right)\pi$ まで変化する．ゆえに，$\varphi(x)$ はこの区間 (a, b) で n 回ゼロとなる．このように量子数 n は 2 つの回帰点の間の波動関数の節の数を担っている．WKB 法にとっては，各回帰点から数波長以上離れたところでだけ，漸近解を(11.100)，(11.101)のように展開できるから，この方法がよい近似であるのは，量子数 n の値が十分大きな状態に対してのみである．これは WKB 法が量子数の大きい，ほとんど古典的な極限において最も有用だということである．

11. 近似法

例題 6 調和振動子のポテンシャル $V(x)=\dfrac{m\omega^2 x^2}{2}$ の中の粒子に対するエネルギー固有値を WKB 近似で求めよ．

解
$$p(x)=\left[2m\left(E-\dfrac{m\omega^2}{2}x^2\right)\right]^{1/2} \qquad \text{ⓐ}$$

回帰点は $p(x)=0$ の解, すなわち $a=-\left(\dfrac{2E}{m\omega^2}\right)^{1/2}$, $b=\left(\dfrac{2E}{m\omega^2}\right)^{1/2}$ である.

$x=-\left(\dfrac{2E}{m\omega^2}\right)^{1/2}y$ をⓐに代入すると,

$$p(x)=(2mE)^{1/2}(1-y^2)^{1/2}$$

$$\therefore \int_a^b p(x)\mathrm{d}x = \dfrac{2E}{\omega}\int_{-1}^{1}(1-y^2)^{1/2}\mathrm{d}y = \dfrac{\pi E}{\omega} \qquad \text{ⓑ}$$

例題 5 より，上式 $=\left(n+\dfrac{1}{2}\right)\pi\hbar$

$$\therefore E_n = \left(n+\dfrac{1}{2}\right)\hbar\omega \qquad \text{ⓒ}$$

を得る．これはシュレーディンガー方程式を正しく解いて得られた答に一致している．■

ポテンシャルの壁を透過する確率

接続公式①, ② (p.267, 268) が用いられる問題の中でも，最も重要なものの1つはポテンシャルの壁をトンネル効果により透過する確率を求める問題であろう．まず，準備として次の例題から始めよう．

例題 7 2 階線型常微分方程式

$$\left[\dfrac{\mathrm{d}^2}{\mathrm{d}x^2}+f(x)\dfrac{\mathrm{d}}{\mathrm{d}x}+g(x)\right]\varphi(x)=0 \qquad \text{①}$$

が, 2つの独立解 $\varphi_1(x)$, $\varphi_2(x)$ をもつとしよう.

(ⅰ) ロンスキアン
$$w(x)\equiv\begin{vmatrix}\varphi_1(x) & \varphi_2(x) \\ \varphi_1'(x) & \varphi_2'(x)\end{vmatrix} \qquad \text{②}$$

が与えられたとき，$w(x)$ に関する微分方程式を導き，$w(x)$ の形を求めよ.

(ⅱ) 特に①で $f(x)=0$ のとき, $w(x)$ は定数であることを証明せよ.

解 (ⅰ) $w(x)$ を x で微分すると,

$$
\begin{aligned}
w'(x) &= \varphi_1(x)\varphi_2''(x) - \varphi_2(x)\varphi_1''(x) \\
&= \varphi_1(x)[-f(x)\varphi_2'(x) - g(x)\varphi_2(x)] - \varphi_2(x)[-f(x)\varphi_1'(x) - g(x)\varphi_1(x)] \\
&= -f(x)[\varphi_1(x)\varphi_2'(x) - \varphi_2(x)\varphi_1'(x)] \\
&= -f(x)w(x)
\end{aligned}
\quad \text{ⓐ}
$$

これが $w(x)$ に関する微分方程式である.

したがって，解は，

$$
w(x) = c \exp\left[-\int^x f(x')\mathrm{d}x'\right] \quad \text{ⓑ}
$$

となる.

(ⅱ) ⓑで $f=0$ とおくと，$w(x)$ は定数となる. ∎

この例題の(ⅱ)の結果を頭の片隅において，ポテンシャルの壁を透過する確率の問題をWKB法を用いて調べてみよう.

例題 8 図 11.5 のように，十分滑らかな 1 次元のポテンシャルの山に左側から粒子が衝突したときの透過係数を，WKB法で評価してみよう．$V(x)=E$ となる点を $x=a$, $b(a<b)$ とし，2 つの点は十分離れているものとする.

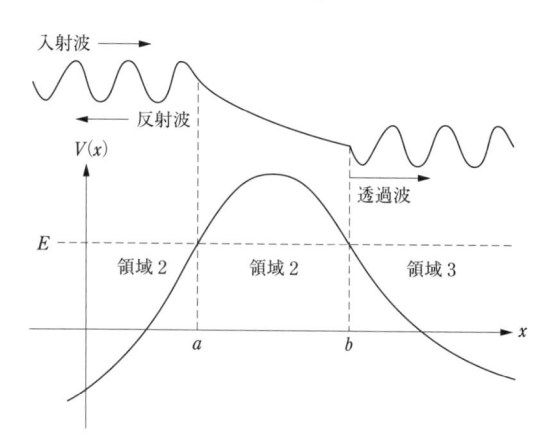

図 11.5 滑らかなポテンシャル障壁への WKB 法の応用.

(1) WKB 近似で，障壁を透過した波は，$x>b$ の領域で，

$$
\varphi_3(x) = \frac{C}{\sqrt{p(x)}} \exp\left[i\left\{\frac{1}{\hbar}\int_b^x p(x')\mathrm{d}x' - \frac{\pi}{4}\right\}\right] \quad \text{①}
$$

と表されるとし，左側では山の内側に入るにつれて増大する波動関数

11. 近似法

$$\varphi_2(x) = \frac{B}{\sqrt{\rho(x)}} \exp\left[-\frac{1}{\hbar}\int_b^x \rho(x')\mathrm{d}x'\right] \qquad ②$$

で近似する．この節の例題4(ⅰ)で考えた波動関数と，この波動関数が独立であることに着目し，前例題のロンスキアンを用いて係数 B, C の関係を求めよ．

(2) 領域3から領域2に接続された波動関数を，さらに領域1に接続せよ．

(3) 図のポテンシャルの山を透過する確率を求めよ．

解 (1) 題意より，$x > b$ のとき①が，$x < b$ のとき②が与えられているとする．一方，これとは異なる境界条件をもつ独立な解として，

$$x > b \text{ で } \quad \chi_3(x) = \frac{1}{\sqrt{p(x)}} \cos\left[\frac{1}{\hbar}\int_b^x p(x')\mathrm{d}x' - \frac{\pi}{4}\right] \qquad ⓐ$$

$$x < b \text{ で } \quad \chi_2(x) = \frac{1}{2\sqrt{\rho(x)}} \exp\left[\frac{1}{\hbar}\int_b^x \rho(x')\mathrm{d}x'\right] \qquad ⓑ$$

を，この節の例題4(ⅰ)で求めた．

φ, χ が満たす式は，1次元のシュレーディンガー方程式(11.88)であるから，例題7(ⅱ)によってロンスキアンは x によらない定数となる．したがって，$x > b$ と $x < b$ のそれぞれの領域において，$\varphi\chi' - \chi\varphi' =$ 定数とおいて，B, C の関係を決めてやろう．

$$x > b \text{ では，} \quad \varphi_3\chi_3' - \chi_3\varphi_3' = -\chi_3^2\left(\frac{\varphi_3}{\chi_3}\right)' = -\frac{iC}{\hbar} \qquad ⓒ$$

$$一方，x < b \text{ では，} \quad \varphi_2\chi_2' - \chi_2\varphi_2' = -\chi_2^2\left(\frac{\varphi_2}{\chi_2}\right)' = \frac{B}{\hbar} \qquad ⓓ$$

$$\therefore B = -iC \qquad ⓔ$$

を得る．

(2) 領域2での解は，ⓔを②に代入して，

$$\varphi_2(x) = -\frac{iC}{\sqrt{\rho(x)}} \exp\left[-\frac{1}{\hbar}\int_b^x \rho(x')\mathrm{d}x'\right]$$

これを書き直すと，

$$\varphi_2(x) = -\frac{iC}{\sqrt{\rho(x)}} \exp\left[\frac{1}{\hbar}\int_a^b \rho(x')\mathrm{d}x' - \frac{1}{\hbar}\int_a^x \rho(x')\mathrm{d}x'\right]$$

$$= -iCe^L \cdot \frac{1}{\sqrt{\rho(x)}} \exp\left[-\frac{1}{\hbar}\int_a^x \rho(x')\mathrm{d}x'\right] \qquad \text{ⓕ}$$

となる．ここで，$L \equiv \frac{1}{\hbar}\int_a^b \rho(x')\mathrm{d}x'$ とおいた．

この節の例題 4 の接続公式②を用いると，ⓕは領域 1 で振動解につながり，

$$\varphi_1(x) = -2iCe^L \frac{1}{\sqrt{p(x)}} \cos\left[\frac{1}{\hbar}\int_x^a p(x')\mathrm{d}x' - \frac{\pi}{4}\right] \qquad \text{ⓖ}$$

が得られる．これを書き直すと，

$$\varphi_1(x) = -iCe^L \frac{1}{\sqrt{p(x)}}\left[\exp\left\{i\left(\frac{1}{\hbar}\int_x^a p\mathrm{d}x' - \frac{\pi}{4}\right)\right\}\right.$$
$$\left. + \exp\left\{-i\left(\frac{1}{\hbar}\int_x^a p\mathrm{d}x' - \frac{\pi}{4}\right)\right\}\right] \qquad \text{ⓗ}$$

となり，右辺第 1 項は入射波を，第 2 項は障壁で反射された波を表す．

(3) ⓗで j_{inc} を計算し，①で j_{trans} を計算すると，透過率は，

$$T = \frac{j_{\text{trans}}}{j_{\text{inc}}} = e^{-2L} = \exp\left[-\frac{2}{\hbar}\int_a^b \rho(x')\mathrm{d}x'\right] \qquad \text{ⓘ}$$

と得られる．■

章　末　問　題

[1] Z 個の電子をもつ原子のゼーマン (Zeeman) 効果，すなわち，原子を弱い磁場の中においたとき，エネルギー準位がどのように分裂するかを議論する．

（ⅰ）まず，スピンと軌道運動の相互作用を無視した単純な場合を考えると，ハミルトニアンは次のように書くことができる．

$$\hat{H} = \sum_{i=1}^{Z}\left(\frac{1}{2m}(\hat{\boldsymbol{p}}_i - e\boldsymbol{A}(\hat{\boldsymbol{x}}_i))^2 - \frac{Ze^2}{4\pi\varepsilon_0}\frac{1}{|\hat{\boldsymbol{x}}_i|} - \frac{e}{m}\hat{\boldsymbol{S}}_i \cdot \boldsymbol{B}(\hat{\boldsymbol{x}}_i)\right) + \sum_{i,j=1}^{Z}\frac{e^2}{4\pi\varepsilon_0}\frac{1}{|\hat{\boldsymbol{x}}_i - \hat{\boldsymbol{x}}_j|}$$

ここで，$\boldsymbol{B}(\boldsymbol{x})$, $\boldsymbol{A}(\boldsymbol{x})$ は外部磁場とそのベクトルポテンシャルであり，$\hat{\boldsymbol{x}}_i$, $\hat{\boldsymbol{p}}_i$, $\hat{\boldsymbol{S}}_i$ は i 番目の電子の位置，運動量，スピンである．各項の意味を簡潔に述べよ．

（ⅱ）ここで，外部磁場が一定で小さいとすると，$\boldsymbol{B}$ の 1 次までの近似で，

$$\hat{H} = \hat{H}_0 + \hat{H}_B$$

11. 近 似 法

$$\hat{H}_0 = \sum_{i=1}^{Z}\left(\frac{1}{2m}\hat{\boldsymbol{p}}_i^{\,2} - \frac{Ze^2}{4\pi\varepsilon_0}\frac{1}{|\hat{\boldsymbol{x}}_i|}\right) + \sum_{i,j=1}^{Z}\frac{e^2}{4\pi\varepsilon_0}\frac{1}{|\hat{\boldsymbol{x}}_i - \hat{\boldsymbol{x}}_j|}$$

$$\hat{H}_B = -\frac{e}{2m}\boldsymbol{B}\cdot(\hat{\boldsymbol{L}} + 2\hat{\boldsymbol{S}})$$

と書くことができることを示せ．ここで，$\hat{\boldsymbol{L}}, \hat{\boldsymbol{S}}$ は全軌道角運動量および全スピンである ($\hat{\boldsymbol{L}} = \sum_{i=1}^{Z}\hat{\boldsymbol{L}}_i,\ \hat{\boldsymbol{S}} = \sum_{i=1}^{Z}\hat{\boldsymbol{S}}_i$).

(iii) 本書では詳しい説明ができなかったが，これに，スピンと軌道運動の相互作用，すなわち，L–S 力 $\hat{H}_{LS}$ を加えたものが，考えるべきハミルトニアンである．

$$\hat{H}_{tot} = \hat{H}_0 + \hat{H}_{LS} + \hat{H}_B$$

以下の議論では，外部磁場が十分小さく，$\hat{H}_B$ の効果が $\hat{H}_{LS}$ の効果より小さい場合を考える．すなわち，L–S 力まで含めたハミルトニアン $\hat{H}_0 + \hat{H}_{LS}$ によって定まるエネルギー準位が，弱い外部磁場によってどのように変化するかを考える．ここで，$\hat{H}_0 + \hat{H}_{LS}$ が全角運動量 $\hat{\boldsymbol{J}} = \hat{\boldsymbol{L}} + \hat{\boldsymbol{S}}$ と可換であるのみならず，$\hat{\boldsymbol{L}}^2, \hat{\boldsymbol{S}}^2$ もよい量子数であることが重要である．$\hat{H}_0 + \hat{H}_{LS}$ が $\hat{\boldsymbol{J}}$ と可換である理由と，$\hat{\boldsymbol{L}}^2, \hat{\boldsymbol{S}}^2$ がよい量子数であること，すなわち $\hat{H}_0 + \hat{H}_{LS}$ が $\hat{\boldsymbol{L}}^2, \hat{\boldsymbol{S}}^2$ と可換であるとしてもよい理由を述べよ．

(iv) $\hat{H}_0 + \hat{H}_{LS}$ は $\hat{\boldsymbol{J}}$ と可換であるから，注目しているエネルギー準位がもつ $\hat{\boldsymbol{J}}$ の大きさを $\hbar j$ とすると，エネルギー固有値は $(2j+1)$ 重に縮退しており，また，上で述べたことから，それらではられる空間 V_j 上で $\hat{\boldsymbol{L}}^2, \hat{\boldsymbol{S}}^2$ はそれぞれ一定値 $\hbar^2 l(l+1)$, $\hbar^2 s(s+1)$ であるとしてよい．この縮退が摂動 $\hat{H}_B$ によってどのように解けるかを調べるためには，摂動論の一般論からわかるように，$\hat{H}_B$ を V_j へ射影して得られる $(2j+1)\times(2j+1)$ 行列を対角化すればよいわけであるが，これは以下のように簡単に実行できる．V_j への射影演算子を $\hat{P}_j$ とすると，

$$\hat{P}_j \hat{H}_B \hat{P}_j = -\frac{e}{2m}\hat{P}_j\left(\hat{\boldsymbol{L}} + 2\hat{\boldsymbol{S}}\right)\hat{P}_j \cdot \boldsymbol{B} = -\frac{e}{2m}\hat{P}_j\left(\hat{\boldsymbol{J}} + \hat{\boldsymbol{S}}\right)\hat{P}_j \cdot \boldsymbol{B}$$

となるが，ここに現れた $\hat{P}_j(\hat{\boldsymbol{J}} + \hat{\boldsymbol{S}})\hat{P}_j$ は V_j 上で定義されたベクトル演算子であるから $\hat{P}_j \hat{\boldsymbol{J}} \hat{P}_j$ に比例している．すなわち，

$$\hat{P}_j\left(\hat{\boldsymbol{J}} + \hat{\boldsymbol{S}}\right)\hat{P}_j = g_j \hat{P}_j \hat{\boldsymbol{J}} \hat{P}_j$$

としてよい．この式の両辺と $\hat{\boldsymbol{J}}$ の内積をとり，$\hat{P}_j$ と $\hat{\boldsymbol{J}}$ が可換であることを使って $g_j = 1 + \dfrac{j(j+1) - l(l+1) + s(s+1)}{2j(j+1)}$ を導け．これはランデ (Landé) の g 因子とよばれている．

（v）$(2j+1)$ 重の縮退は完全に解けて，エネルギー準位は，

$$\Delta E_{m_j} = -\frac{e\hbar B}{2m} g_j m_j, \quad (m_j = j, j-1, ..., -j)$$

のように分裂することを示せ．

(vi) ここに現れる定数 $\frac{e\hbar}{2m}$ はボーア磁子とよばれている．これは eV T^{-1} の単位ではどの程度の量か．有効数字1桁で与えよ．ここで，Tはテスラであり，Wb m^{-2} に等しく，また，Wb = V s である．必要ならば $mc^2 = 0.51$ MeV, $\hbar = 200$ MeV fm, $c = 3 \times 10^8$ m s^{-1} を用いよ．

解（i）$\frac{1}{2m}(\hat{\boldsymbol{p}}_i - e\boldsymbol{A}(\hat{\boldsymbol{x}}_i))^2$ は各電子の運動エネルギー $\frac{1}{2m}\hat{\boldsymbol{p}}_i^2$ にディラックの置き換えをしたもの．

$-\frac{e}{m}\hat{\boldsymbol{S}}_i \cdot \boldsymbol{B}(\hat{\boldsymbol{x}}_i)$ は各電子のスピンと外部磁場との相互作用．g因子は2とした．

$-\frac{Ze^2}{4\pi\varepsilon_0}\frac{1}{|\hat{\boldsymbol{x}}_i|}$ は各電子（電荷 e）が原子核（電荷 $-Ze$）から受けるクーロン力．

$\sum_{i,j=1}^{Z} \frac{e^2}{4\pi\varepsilon_0}\frac{1}{|\hat{\boldsymbol{x}}_i - \hat{\boldsymbol{x}}_j|}$ は電子間のクーロン斥力．

（ii）$\hat{H}_B$ のうち，$\hat{\boldsymbol{S}}$ を含む項はもとのハミルトニアンの $\hat{\boldsymbol{S}}_i$ に比例している項を集めただけである．

$\hat{\boldsymbol{L}}$ を含む項は，各電子の運動エネルギーの $\boldsymbol{A}$ について1次の部分に，磁場 $\boldsymbol{B}$ が一定のときのベクトルポテンシャル $\boldsymbol{A}(\boldsymbol{x}) = \frac{1}{2}\boldsymbol{B} \times \boldsymbol{x}$ を代入したものを集めると得られる．

$$-\frac{e}{2m}(\hat{\boldsymbol{p}}_i \cdot \boldsymbol{A}(\hat{\boldsymbol{x}}_i) + \boldsymbol{A}(\hat{\boldsymbol{x}}_i) \cdot \hat{\boldsymbol{p}}_i) = -\frac{e}{2m}\hat{\boldsymbol{p}}_i \cdot (\boldsymbol{B} \times \hat{\boldsymbol{x}}_i)$$
$$= -\frac{e}{2m}\boldsymbol{B} \cdot (\hat{\boldsymbol{x}}_i \times \hat{\boldsymbol{p}}_i)$$
$$= -\frac{e}{2m}\boldsymbol{B} \cdot \hat{\boldsymbol{L}}_i$$

（iii）外場がないときの全ハミルトニアン $\hat{H}_0 + \hat{H}_{LS}$ は回転不変であるから $\hat{\boldsymbol{J}}$ と可換である．$\hat{H}_0$ はスピン変数をあらわに含まず回転不変だから $\hat{\boldsymbol{L}}, \hat{\boldsymbol{S}}$ と可換であり，よって $\hat{\boldsymbol{L}}^2, \hat{\boldsymbol{S}}^2$ と可換である．原子では一般に，クーロン力の効果 $\hat{H}_0$ に対して L–S 力は摂動と考えてよいから，縮退のある1次摂動の一般論から，$\hat{\boldsymbol{L}}^2, \hat{\boldsymbol{S}}^2$ が確定値をもつような $\hat{H}_0$ の固有空間が $\hat{H}_{LS}$ によって小さく分裂することがわかる．よって，$\hat{H}_0 + \hat{H}_{LS}$ の固有状態は確定した $\hat{\boldsymbol{L}}^2, \hat{\boldsymbol{S}}^2$ の値をもつとしてよい．

（iv）$\hat{P}_j(\hat{\boldsymbol{J}} + \hat{\boldsymbol{S}})\hat{P}_j = g_j \hat{P}_j \hat{\boldsymbol{J}} \hat{P}_j$ を $\hat{P}_j \hat{\boldsymbol{S}} \hat{P}_j = (g_j - 1)\hat{P}_j \hat{\boldsymbol{J}} \hat{P}_j$ と書き換える．この両辺と $\hat{\boldsymbol{J}}$ の内積をとり，$\hat{P}_j$ と $\hat{\boldsymbol{J}}$ が可換であることと，V_j 上で $\hat{\boldsymbol{J}}^2, \hat{\boldsymbol{L}}^2, \hat{\boldsymbol{S}}^2$ が確定値をもっていることを使うと，左辺は，

11. 近似法

$$\hat{\boldsymbol{J}}\cdot\hat{P}_j\hat{\boldsymbol{S}}\hat{P}_j = \hat{P}_j\hat{\boldsymbol{J}}\cdot\hat{\boldsymbol{S}}\hat{P}_j$$

$$= \hat{P}_j\frac{1}{2}\left(\hat{\boldsymbol{J}}^2 - \hat{\boldsymbol{L}}^2 + \hat{\boldsymbol{S}}^2\right)\hat{P}_j$$

$$= \frac{\hbar^2}{2}(j(j+1) - l(l+1) + s(s+1))\hat{P}_j$$

右辺は，

$$(g_j - 1)\hat{\boldsymbol{J}}\cdot\hat{P}_j\hat{\boldsymbol{J}}\hat{P}_j = (g_j - 1)\hbar^2 j(j+1)\hat{P}_j$$

となり，求める式を得る．

（v）以上から V_j 上で，

$$\hat{P}_j\hat{H}_{LS}\hat{P}_j = -\frac{e}{2m}g_j\boldsymbol{B}\cdot\hat{\boldsymbol{J}}$$

となることがわかった．たとえば，$\boldsymbol{B} = (0,0,B)$ とすると，

$$\hat{P}_j\hat{H}_{LS}\hat{P}_j = -\frac{eB}{2m}g_j\hat{J}_z$$

となるが，$\hat{J}_z$ の V_j 上での固有値は $m_j\hbar(m_j = j, j-1, \ldots, -j)$ だから，求める結果を得る．

（vi）単位のメートルとの混乱を避けるため，ここでは電子の質量を m_e と書く．
テスラは $\mathrm{T} = \dfrac{\mathrm{Wb}}{\mathrm{m}^2} = \dfrac{\mathrm{V\,s}}{\mathrm{m}^2}$ と書くことができるから，$\dfrac{\mathrm{V}}{\mathrm{T}} = \dfrac{\mathrm{m}^2}{\mathrm{s}}$ であることを使って次の結果を得る．

$$\frac{|e|\hbar}{2m_e} = |e|\frac{\hbar c}{2m_ec^2}c = |e|\frac{200\ \mathrm{MeV\ fm}}{2\times 0.5\ \mathrm{MeV}}\times 3\times 10^8\ \mathrm{m\,s^{-1}}$$

$$= |e|\times 6\times 10^{-5}\ \mathrm{m^2\,s^{-1}} = |e|\times 6\times 10^{-5}\ \frac{\mathrm{V}}{\mathrm{T}} = 6\times 10^{-5}\ \frac{\mathrm{eV}}{\mathrm{T}}$$

[2] 一様な電場中に水素原子をおいたとき，定常状態のエネルギー準位がずれる現象を発見者の名にちなんで，シュタルク(**Stark**)効果とよんでいる．よく知られているように，$n=2$ に対応する第1励起準位は4重に縮退している．いま，一様な電場 $|\boldsymbol{E}|$ を z-方向にかけたとき，1次の摂動でエネルギー準位の変化を求めよ．また，そのときの固有関数を求めよ．

解 スピンを無視して上記電場中でのハミルトニアンを書くと，

$$\hat{H} = \frac{\hat{p}_r^2}{2m} + \frac{\hat{\boldsymbol{L}}^2}{2mr^2} - e|\boldsymbol{E}|z$$

$$= \hat{H}_0 + \hat{H}' \qquad \text{ⓐ}$$

いま，4重に縮退した $n=2$ に対応する波動関数を，$|nlm\rangle$ の記法で，$|200\rangle$，$|211\rangle$，$|210\rangle$，$|21\text{-}1\rangle$ と書こう．$\hat{H}'$ の行列要素の中でゼロでないのは，パリティの異なる状

態間のみにおいて，すなわち，$l=1$ と $l=0$ の間のみであり，m の値も等しくなければならない．したがって，

$$\langle 210|\hat{H}'|200\rangle = \langle 200|\hat{H}'|210\rangle$$

$$= \int \frac{\left(1-\dfrac{r}{2a_0}\right)}{(2a_0^3)^{1/2}} \exp\left(-\frac{r}{2a_0}\right) Y_{00}^* \cdot \left(-e|\boldsymbol{E}|r\sqrt{\frac{4\pi}{3}} Y_{10}\right) \cdot$$

$$\cdot \frac{\dfrac{r}{2a_0}}{(6a_0^3)^{1/2}} \exp\left(-\frac{r}{2a_0}\right) Y_{10} \mathrm{d}^3 r$$

$$= -\frac{e|\boldsymbol{E}|}{12a_0^4} a_0^5 \int_0^\infty \rho^4 \left(1-\frac{\rho}{2}\right) e^{-\rho} \mathrm{d}\rho \int \mathrm{d}\Omega |Y_{10}(\theta,\varphi)|^2$$

$$= -\frac{e|\boldsymbol{E}|}{12a_0^4} a_0^5 (-36) = 3e|\boldsymbol{E}|a_0 = -3e|\boldsymbol{E}|a_0 \qquad \text{ⓑ}$$

であり，その他の行列要素=0 となる．$n=2, l=1, m=0$ のみが 2s 状態（必然的に，$m=0$）と混ざるので，$m=\pm1$ のものはエネルギー準位が変化しない．ゆえに，エネルギーのずれ E' を計算するには，

$$\begin{vmatrix} 0-E' & -3|e||\boldsymbol{E}|a_0 \\ -3|e||\boldsymbol{E}|a_0 & 0-E' \end{vmatrix} = 0 \qquad \text{ⓒ}$$

とおけばよい．これを解くと，

$$E' = \pm 3|e||\boldsymbol{E}|a_0 \qquad \text{ⓓ}$$

新しい固有関数を $\varphi = a|200\rangle + b|210\rangle$ とおいて行列の方程式に代入すると，

$$E' = 3|e||\boldsymbol{E}|a_0 \text{ に対して，} \varphi_+ = 1/\sqrt{2}(|200\rangle - |210\rangle)$$
$$E' = -3|e||\boldsymbol{E}|a_0 \text{ に対して，} \varphi_- = 1/\sqrt{2}(|200\rangle + |210\rangle)$$
$$E' = 0 \text{ に対しては，} |211\rangle, |21-1\rangle$$

が求める固有関数になる．

[3] 調和振動子 $\hat{H}_0 = \dfrac{\hat{p}^2}{2m} + \dfrac{m\omega^2}{2}\hat{x}^2$ に次のような微小な変化（$\lambda \ll 1$）

(1) $\hat{H}_1 = \lambda \hat{x}^2$

(2) $\hat{H}_1 = \lambda \hat{x}$

(3) $\hat{H}_1 = \lambda \hat{x}^4$

が加わったときのエネルギー固有値の変化を，ずれが見える摂動の最低次で求めよ．また，(1)，(2) の場合は厳密解を求めることができるが，摂動論の結果と比較せよ．

11. 近似法

解 調和振動子のエネルギー固有値は $E_n^{(0)} = \left(n+\dfrac{1}{2}\right)\hbar\omega$ で与えられ，縮退はない．摂動を受ける前の第 n 励起状態の波動関数を $|n\rangle$ とすると，摂動によるエネルギー固有値のずれは，摂動の 1 次と 2 次でそれぞれ，

$$E_n^{(1)} = \langle n|\hat{H}_1|n\rangle \qquad \text{ⓐ}$$

$$E_n^{(2)} = \sum_{j\neq n} \frac{\langle n|\hat{H}_1|j\rangle\langle j|\hat{H}_1|n\rangle}{E_j^{(0)}-E_n^{(0)}} \qquad \text{ⓑ}$$

で与えられる．

(1) $\hat{x} = \sqrt{\dfrac{\hbar}{2m\omega}}\left(\hat{a}+\hat{a}^\dagger\right)$ を用いると，

$$E_n^{(1)} = \lambda\frac{\hbar}{2m\omega}\langle n|\left(\hat{a}+\hat{a}^\dagger\right)^2|n\rangle = \frac{(2n+1)\hbar\lambda}{2m\omega}$$

となる．一方，$\hat{H}_0+\hat{H}_1 = \dfrac{\hat{p}^2}{2m}+\left(\dfrac{1}{2}m\omega^2+\lambda\right)\hat{x}^2$ より，E_n は厳密に，

$$E_n = \left(n+\frac{1}{2}\right)\hbar\sqrt{\omega^2+\frac{2\lambda}{m}} = \left(n+\frac{1}{2}\right)\hbar\omega + \left(n+\frac{1}{2}\right)\frac{\hbar\lambda}{m\omega}+\cdots \qquad \text{ⓒ}$$

で与えられ，確かに，摂動論の計算と一致している．

(2) 同様に，$\hat{x} = \sqrt{\dfrac{\hbar}{2m\omega}}\left(\hat{a}+\hat{a}^\dagger\right)$ を用いると，

$$E_n^{(1)} = \langle n|\hat{H}_1|n\rangle = 0$$

より，1 次摂動はゼロとなり，2 次摂動は，

$$\begin{aligned}
E_n^{(2)} &= \frac{1}{\hbar\omega}\langle n|H_1|n-1\rangle\langle n-1|H_1|n\rangle - \frac{1}{\hbar\omega}\langle n|H_1|n+1\rangle\langle n+1|H_1|n\rangle \\
&= -\frac{\lambda^2}{2m\omega^2} \qquad \text{ⓓ}
\end{aligned}$$

となる．一方，

$$\begin{aligned}
\hat{H} &= \frac{\hat{p}^2}{2m}+\frac{1}{2}m\omega^2\hat{x}^2+\lambda\hat{x} \\
&= \frac{\hat{p}^2}{2m}+\frac{1}{2}m\omega^2\left(\hat{x}+\frac{\lambda}{m\omega^2}\right)^2 - \frac{\lambda^2}{2m\omega^2}
\end{aligned}$$

より，

$$\Delta E = -\frac{\lambda^2}{2m\omega^2}$$

と厳密に求められるが，これは確かに2次摂動の結果と一致している．

(3) 同様に $\hat{x}$ を $\hat{a}$ と $\hat{a}^\dagger$ で書き直して計算すると，

$$E_n^{(1)} = \langle n|\hat{H}_1|n\rangle$$

$$= \lambda\left(\frac{\hbar}{2m\omega}\right)^2 3(2n^2 + 2n + 1) \qquad \text{(e)}$$

となる．

[4] 基底状態にある2つの中性原子が十分に離れているとき，その間に働く力の距離に対する依存性を調べよ．

解 2つの原子が十分に離れているときには，その間の力はそれぞれの原子のもつ電気双極子間の力として記述できる．すなわち，全ハミルトニアン $\hat{H}$ は，

$$\hat{H} = \hat{H}_1 + \hat{H}_2 + \frac{1}{R^3}\left(\hat{\boldsymbol{d}}_1 \cdot \hat{\boldsymbol{d}}_2 - 3\frac{(\hat{\boldsymbol{d}}_1 \cdot \boldsymbol{R})(\hat{\boldsymbol{d}}_2 \cdot \boldsymbol{R})}{R^2}\right)$$

と書くことができる．ここで，$\hat{H}_1$，$\hat{H}_2$ は原子1と原子2がそれぞれ単独にいるときのハミルトニアンであり，$\hat{\boldsymbol{d}}_1$，$\hat{\boldsymbol{d}}_2$ は原子1と原子2の電気双極子モーメントの演算子である．

また，$\boldsymbol{R}$ は原子1と原子2の位置ベクトルの差であり，R はその大きさである．ここで，電気双極子の間のポテンシャルは $\frac{1}{R^3}$ に比例していることに注意しよう．次にハミルトニアン $\hat{H}$ を次のように $\hat{H}_0$ と $\hat{V}$ に分解して摂動論を適用しよう．

$$\hat{H}_0 = \hat{H}_1 + \hat{H}_2$$

$$\hat{V} = \frac{1}{R^3}\left(\hat{\boldsymbol{d}}_1 \cdot \hat{\boldsymbol{d}}_2 - 3\frac{(\hat{\boldsymbol{d}}_1 \cdot \boldsymbol{R})(\hat{\boldsymbol{d}}_2 \cdot \boldsymbol{R})}{R^2}\right)$$

原子1と原子2の基底状態をそれぞれ $|\varphi^{(0)};1\rangle$，$|\varphi^{(0)};2\rangle$ とし，それらは縮退していないとすると，$|\phi^{(0)}\rangle = |\varphi^{(0)};1\rangle|\varphi^{(0)};2\rangle$ は $\hat{H}_0$ の縮退していない基底状態を与える．ところで，この状態に対するエネルギー固有値の1次摂動はゼロであることが次の計算からわかる．

$$\langle\phi^{(0)}|\hat{V}|\phi^{(0)}\rangle = \frac{1}{R^3}\left(\langle\hat{\boldsymbol{d}}_1\rangle \cdot \langle\hat{\boldsymbol{d}}_2\rangle - 3\frac{(\langle\hat{\boldsymbol{d}}_1\rangle \cdot \boldsymbol{R})(\langle\hat{\boldsymbol{d}}_2\rangle \cdot \boldsymbol{R})}{R^2}\right)$$

ここで，$\langle\hat{\boldsymbol{d}}_1\rangle = \langle\varphi^{(0)};1|\hat{\boldsymbol{d}}_1|\varphi^{(0)};1\rangle$，$\langle\hat{\boldsymbol{d}}_2\rangle = \langle\varphi^{(0)};2|\hat{\boldsymbol{d}}_2|\varphi^{(0)};2\rangle$ であるが，これらは基底状態の電気双極子モーメントであり，時間反転などの議論により，通常ゼロとしてよい．一

11. 近 似 法

方，2次摂動の効果は(11.21)のところで議論したように，常に負の値を与えるが，それは $\hat{V}$ の行列要素の2乗に比例しているから，けっきょく $-\dfrac{1}{R^6}$ に比例することがわかる．この議論は，原子に限らず分子にも通用するはずであるから，けっきょく，中性の原子・分子の基底状態の間には，十分遠方ではポテンシャルが $-\dfrac{1}{R^6}$ に比例するような引力が働くことがわかる．これが，ファン・デル・ワールス力とよばれているものである．

[5] 弱い周期ポテンシャルをもつ1次元系のハミルトニアン

$$\hat{H} = \frac{\hat{p}^2}{2m} + V(\hat{x})$$

を考える．ここで，$V(x)$ は周期 a をもつ，すなわち $V(x+a)=V(x)$ であるとする．このとき，並進の演算子 $\hat{U} = \exp\left(\dfrac{i}{\hbar}\hat{p}a\right)$ は $\hat{H}$ と可換である．$\hat{U}$ の固有値を e^{ika}（ただし，$-\dfrac{\pi}{a} \leq k \leq \dfrac{\pi}{a}$）と書き，各 k の値に対するエネルギー準位を考えよう．

(1) $V(x)=0$ のときエネルギー準位は図 11.6 のようになることを示せ．

(2) $V(x) \neq 0$ のときは，図 11.6 の A，B の付近のふるまいはどのように変化するか．$V(x)$ を摂動として扱い議論せよ．

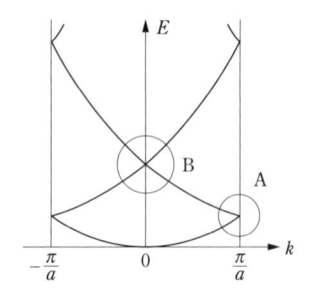

図 11.6 $V(x)=0$ のときのエネルギー準位．

解 (1) $V(x)=0$ のときは自由粒子であるから，もちろん運動量 $\hat{p}$ 自身が保存する．$\hat{p}$ の固有値を $\hbar k'$ とすると，エネルギーは $\dfrac{\hbar^2}{2m} k'^2$ である．これらのうちで，$\hat{U}$ の固有値が e^{ika} であるものは，

$$k' = k + \frac{2\pi}{a} n \quad (n = 0, \pm 1, \pm 2, \cdots)$$

であるから，図 11.6 は放物線 $E = \dfrac{\hbar^2}{2m} k^2$ を横軸方向に平行移動して，$-\dfrac{\pi}{a} \leq k \leq \dfrac{\pi}{a}$ の中に

収めたものとして得られる.

(2) ポテンシャル $V(x)$ をフーリエ級数に展開して,

$$V(x) = \sum_{n=-\infty}^{\infty} c_n \exp\left(i\frac{2\pi}{a}nx\right), \quad c_{-n} = c_n^*$$

と表すと,運動量表示のケット $|p\rangle$ に対して,

$$V(\hat{x})|p\rangle = \sum_{n=-\infty}^{\infty} c_n \left|p + \frac{2\pi\hbar}{a}n\right\rangle = c_0|p\rangle + \cdots \qquad \text{ⓐ}$$

となる.よって,大まかにいうと V に関する 1 次の摂動でエネルギー準位は c_0 だけ変化する.しかし,図 11.6 の A や B のようなところでは,非摂動ハミルトニアン $\hat{H}_0 = \dfrac{\hat{p}^2}{2m}$ に縮退があるため注意を要する.

(ⅰ) A の付近($k = \dfrac{\pi}{a} - \varepsilon$ とする)

A の付近では,摂動が加わる前,下の枝は $|\varphi_下\rangle = \left|\hbar\left(\dfrac{\pi}{a} - \varepsilon\right)\right\rangle$ であり,上の枝は $|\varphi_上\rangle = \left|\hbar\left(-\dfrac{\pi}{a} - \varepsilon\right)\right\rangle$ である.これらの 2 つの状態の $\hat{H}_0$ の固有値は,それぞれ

$$\frac{\hbar^2}{2m}\left(\frac{\pi}{a} - \varepsilon\right)^2 = \frac{\hbar^2}{2m}\left(\frac{\pi}{a}\right)^2 - \frac{\hbar^2}{m}\frac{\pi}{a}\varepsilon + O(\varepsilon^2)$$
$$\frac{\hbar^2}{2m}\left(-\frac{\pi}{a} - \varepsilon\right)^2 = \frac{\hbar^2}{2m}\left(\frac{\pi}{a}\right)^2 + \frac{\hbar^2}{m}\frac{\pi}{a}\varepsilon + O(\varepsilon^2) \qquad \text{ⓑ}$$

であり,ε がゼロの極限で縮退している.よって,A の付近でのエネルギー準位のふるまいを調べるためには,これら 2 つの状態が混ざり合うことを考慮する必要がある.そのためには,ハミルトニアン $\hat{H} = \hat{H}_0 + \hat{V}$ をこれら 2 つの状態ではられる空間に射影したものを考えればよい.$V(\hat{x})$ を $|\varphi_下\rangle$ や $|\varphi_上\rangle$ に作用させると,一般にはⓐの右辺のように無限個の項が現れるが,このうちで $|\varphi_下\rangle$ と $|\varphi_上\rangle$ に比例するものだけを残すと,

$$V(\hat{x})|\varphi_下\rangle = c_0|\varphi_下\rangle + c_{-1}|\varphi_上\rangle$$
$$V(\hat{x})|\varphi_上\rangle = c_0|\varphi_上\rangle + c_1|\varphi_下\rangle \qquad \text{ⓒ}$$

となるから,けっきょく

11. 近似法

$$\hat{H}|\varphi_下\rangle = \left(\frac{\hbar^2}{2m}\left(\frac{\pi}{a}\right)^2 + c_0 - \frac{\hbar^2}{m}\frac{\pi}{a}\varepsilon\right)|\varphi_下\rangle + c_{-1}|\varphi_上\rangle$$

$$\hat{H}|\varphi_上\rangle = \left(\frac{\hbar^2}{2m}\left(\frac{\pi}{a}\right)^2 + c_0 + \frac{\hbar^2}{m}\frac{\pi}{a}\varepsilon\right)|\varphi_上\rangle + c_1|\varphi_下\rangle$$

と書くことができる．これは 2 行 2 列の行列として，

$$\left(\frac{\hbar^2}{2m}\left(\frac{\pi}{a}\right)^2 + c_0\right)\begin{pmatrix}1 & 0\\ 0 & 1\end{pmatrix} + \begin{pmatrix}-\frac{\hbar^2}{m}\frac{\pi}{a}\varepsilon & c_{-1}\\ c_1 & \frac{\hbar^2}{m}\frac{\pi}{a}\varepsilon\end{pmatrix}$$

であるから，容易に対角化でき，2 つの固有値は，

$$\left(\frac{\hbar^2}{2m}\left(\frac{\pi}{a}\right)^2 + c_0\right) \pm \sqrt{\left(\frac{\hbar^2}{m}\frac{\pi}{a}\right)^2\varepsilon^2 + |c_1|^2}$$

で与えられる．

（ⅱ）図 11.6 の B の付近も同様である．この場合，$k = \varepsilon$ のところでは，$\left|\hbar\left(\frac{2\pi}{a}+\varepsilon\right)\right\rangle$ と $\left|\hbar\left(-\frac{2\pi}{a}+\varepsilon\right)\right\rangle$ という 2 つの状態が混ざりうる．これらの状態の運動量が $2 \cdot \frac{2\pi\hbar}{a}$ だけ違っていることに注意して，ⓒ以下の議論を繰り返すと，$\hat{H} = \hat{H}_0 + \hat{V}$ の 2 つの固有値が，

$$\left(\frac{\hbar^2}{2m}\left(\frac{2\pi}{a}\right)^2 + c_0\right) \pm \sqrt{\left(\frac{\hbar^2}{m}\frac{2\pi}{a}\right)^2\varepsilon^2 + |c_2|^2}$$

で与えられることがわかる．

以上の結果を図示すると，エネルギー準位は図 11.7 のようになる．

ここでの議論からわかるように，一般に，図 11.6 の A や B のようにエネルギー準位を表す線が交差するとき，その間の遷移を生み出すような摂動を加えると，その交差は解消されて図 11.7 のようにギャップができる．

[6] ポテンシャル $V(x)$ が $V(x) = V(-x)$ を満たし，$x > 0$ で $V(x)$ が単調に増加していると仮定する．この場合，次の問いに答えよ．

(1) 離散的エネルギー E_n を与えるポテンシャル $V(x)$ を WKB 近似で求めよ．

(2) 1 次元調和振動子のエネルギースペクトル E_n が，$E_n = \left(n + \frac{1}{2}\right)\hbar\omega$ で与えられることを用いて，このときのポテンシャル $V(x)$ を求めよ．

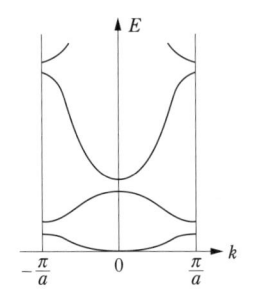

図 11.7　$V(x) \neq 0$ のときのエネルギー準位.

解　(1) ポテンシャル $V(x)$ が与えられたとき，

$$\int_a^b p(x)\,dx = \int_a^b \sqrt{2m[E-V(x)]}\,dx = \left(n+\frac{1}{2}\right)\pi\hbar \qquad \text{ⓐ}$$

によって，エネルギースペクトルが求まる．

ポテンシャルが偶関数であるから，$a=-b$ で，ⓐは，

$$2\int_0^b \sqrt{2m[E-V(x)]}\,dx = \left(n+\frac{1}{2}\right)\pi\hbar \qquad \text{ⓑ}$$

となる．n に対する離散的エネルギー E_n が与えられているとき，これを $V(x)$ に対する積分方程式とみなして解いてやろう．n が十分に大きいとき，n を連続変数とみなして，ⓑの両辺を E に関して微分してやると，

$$\int_0^b \frac{dx}{\sqrt{E-V(x)}} = \frac{\pi\hbar}{\sqrt{2m}}\frac{dn}{dE}$$

となる．

次に x の代わりに V を独立変数としてとることにしよう．$V(b)=E$ であることを用いて，

$$\int_{V(0)}^{E} \frac{dx}{dV}\frac{dV}{\sqrt{E-V(x)}} = \frac{\pi\hbar}{\sqrt{2m}}\frac{dn}{dE} \qquad \text{ⓒ}$$

を得る．ⓒに $(\beta-E)^{-1/2}$ を掛け，E について $V(0)$ から β まで積分すると，

$$\int_{V(0)}^{\beta} dE \int_{V(0)}^{E} \frac{dx}{dV}\frac{dV}{\sqrt{(\beta-E)(E-V)}} = \frac{\pi\hbar}{\sqrt{2m}}\int_{V(0)}^{\beta}\frac{dn}{dE}\frac{dE}{\sqrt{\beta-E}} \qquad \text{ⓓ}$$

ここで，

$$\text{ⓓの左辺} = \int_{V(0)}^{\beta}\frac{dx}{dV}dV\int_V^{\beta}\frac{dE}{\sqrt{(\beta-E)(E-V)}} = \pi x(\beta) \qquad \text{ⓔ}$$

上の第 2 式から第 3 式を導くのに $\sqrt{E-V}=t$ とおいて，

11. 近似法

$$\int_V^\beta \frac{dE}{\sqrt{(\beta-E)(E-V)}} = 2\int_0^{\sqrt{\beta-V}} \frac{dt}{\sqrt{\beta-V-t^2}} = \pi$$

を用いた．よってⓓの右辺＝ⓔの右辺であることがわかった．

ここで，$\beta = V$ とおくと，

$$\frac{\hbar}{\sqrt{2m}} \int_{V(0)}^V \frac{dn}{dE} \frac{dE}{\sqrt{V-E}} = x(V) \qquad ⓕ$$

$E = E_n$ を与えると，ⓕより $x(V)$ が得られ，したがって，ポテンシャル $V(x)$ が求まる．

(2)題意により，$E_n = \left(n + \dfrac{1}{2}\right)\hbar\omega$ であるから，$\dfrac{dE}{dn} = \hbar\omega$，ゆえにⓕより，

$$x(V) = \frac{1}{\sqrt{2m\omega^2}} \int_{V(0)}^V \frac{dE}{\sqrt{V-E}} = \frac{1}{\sqrt{2m\omega^2}} 2\sqrt{V-V(0)}$$

$$\therefore\quad V = \frac{m\omega^2}{2}x^2 + V(0).$$

WKB近似の範囲では，ポテンシャルの最小値 $V(0)$ は基底状態のエネルギーに等しいとしてよいから，$V(0) = E_0 \simeq 0$ としてよい．

けっきょく，$V = \dfrac{m\omega^2}{2}x^2$ が得られる．

[7] 前問で行ったような分析を，球対称なポテンシャルをもつ3次元系に対して行ってみよう．

(1) s-波のエネルギー準位 $E_n(n=1, 2, \cdots)$ を与えるようなポテンシャル $V(r)$ はWKB近似の範囲内では，

$$r(V) = \frac{2\hbar}{\sqrt{2m}} \int_{V(0)}^V \frac{dn}{dE} \frac{dE}{\sqrt{V-E}} \qquad ①$$

で与えられることを示せ．

(2)水素原子の s-波のエネルギー準位が，

$$E_n = -\frac{m}{2\hbar^2}\left(\frac{e^2}{4\pi\varepsilon_0}\right)^2 \frac{1}{n^2} \quad (n=1, 2, \cdots) \qquad ②$$

で与えられることから，ポテンシャル $V(r)$ を定めよ．ただし，$V(0) = -\infty$ としてよい．

解 (1)ポテンシャル $V(r)$ が与えられたとき，s-波のエネルギー準位は，

$$\int_0^b \sqrt{2m(E-V(r))}\, dr = \left(n + \frac{1}{2}\right)\pi\hbar \qquad ⓐ$$

で与えられる．ⓐの両辺を E に関して微分すると，

$$\int_0^b \frac{\mathrm{d}r}{\sqrt{E-V(r)}} = \frac{2\pi\hbar}{\sqrt{2m}} \frac{\mathrm{d}n}{\mathrm{d}E} \qquad \text{ⓑ}$$

となる．r の代わりに V を独立変数としてとり，以下は前問と同様にすると，求める式が得られる．

(2) 題意により，$E_n = -\frac{m}{2\hbar^2}\left(\frac{e^2}{4\pi\varepsilon_0}\right)^2 \frac{1}{n^2}$ であるから，

$$\frac{\mathrm{d}n}{\mathrm{d}E} = \frac{1}{2}\left(\frac{m}{2\hbar^2}\right)^{1/2} \frac{e^2}{4\pi\varepsilon_0} (-E)^{-3/2} \qquad \text{ⓒ}$$

となる．これを(1)の結果，①に代入すると，

$$r(V) = \frac{2\hbar}{\sqrt{2m}} \frac{1}{2}\left(\frac{m}{2\hbar^2}\right)^{1/2} \frac{e^2}{4\pi\varepsilon_0} \int_{-\infty}^V (-E)^{-3/2} \frac{\mathrm{d}E}{\sqrt{V-E}} \qquad \text{ⓓ}$$

を得る．積分変数を $E = Vy$ と書き換え，V が負であることに注意すると，ⓓは，

$$r(V) = \frac{e^2}{8\pi\varepsilon_0} \frac{1}{-V} \int_1^\infty \frac{y^{-3/2}}{\sqrt{y-1}} \mathrm{d}y \qquad \text{ⓔ}$$

となる．右辺の積分は，変数変換 $y = \frac{1}{1-t}$ により容易に計算できて，

$$\int_1^\infty \frac{y^{-3/2}}{\sqrt{y-1}} \mathrm{d}y = \int_0^1 t^{-1/2} \mathrm{d}t = 2$$

であるから，ⓔは $r(V) = -\frac{e^2}{4\pi\varepsilon_0} \frac{1}{V}$ となり，

$$V = -\frac{e^2}{4\pi\varepsilon_0} \frac{1}{r} \qquad \text{ⓕ}$$

が得られる．

付　　　録

A. 直交多項式

量子力学で必要となるような，いくつかの多項式の基本的な性質をまとめておこう．

区間 I 上で定義された1変数関数の間に，次のような内積を定義しよう．

$$(f, g) = \int_I dx \rho(x) f(x)^* g(x) \tag{A.1}$$

ここで，$\rho(x)$ は I 上で常に正であり，任意の $k(k=0,1,2,\cdots)$ に対して $\int_I dx \rho(x) x^k$ が有限となるようなものとする．また，I としては有限区間 $[-1,1]$，半無限区間 $[0, \infty)$，無限区間 $(-\infty, \infty)$ の3つの場合を考える．

このように定義された内積に関して，単項式の列 $1, x^1, x^2, x^3, \cdots$ をグラム–シュミット (Gram–Schmidt) 流に直交化したもの $h_0(x), h_1(x), h_2(x), \cdots$ を，この内積に関する直交多項式とよぶ．すなわち，$h_k(x)$ $(k=0,1,2,\cdots)$ は x の k 次の多項式であり，

$$(h_k, h_l) = \int_I dx \rho(x) h_k^*(x) h_l(x) = \delta_{k,l} \tag{A.2}$$

を満たす．

いま，与えられた $\rho(x)$ に対して，I 上の関数 $X(x)$ をうまくとって，

$$F_n(x) = \frac{1}{\rho(x)} \frac{d^n}{dx^n} (\rho(x) X(x)^n) \tag{A.3}$$

が任意の $n=0,1,2,\cdots$ に対して n 次の多項式になったとしよう．このとき，$F_n(x)$ を適当に規格化してやったものが，直交多項式 $h_n(x)$ になっている．それは，$m<n$ なる任意の m に対して，

$$\begin{aligned}
(x^m, F_n(x)) &= \int_I dx \rho(x) x^m F_n(x) \\
&= \int_I dx \rho(x) x^m \frac{1}{\rho(x)} \frac{d^n}{dx^n} (\rho(x) X(x)^n) \\
&= (-1)^n \int_I dx \rho(x) \left(\frac{d^n}{dx^n} x^m \right) X(x)^n \\
&= 0
\end{aligned} \tag{A.4}$$

となるからである．ここで2行目から3行目への変形には部分積分を行ったため，厳密にいうと I の両端で，

A. 直交多項式

$$\left[\frac{d^k}{dx^k}(\rho(x)X(x)^n)\right]_{I\text{の両端}} = 0, \quad (k=0,1,2,\cdots,n-1) \tag{A.5}$$

が成り立っていることが必要である．

任意の $\rho(x)$ に対してこのように都合のよい $X(x)$ が存在するわけではないが，応用上はそのような $X(x)$ が存在する場合がしばしば現れる．以下では，$X(x)$ が存在ししかも2次以下の実多項式であるような場合を考える．このような場合の特徴は，直交多項式 $F_n(x)$ $(n=0,1,2,\cdots)$ が $\hat{O} = \dfrac{1}{\rho}\dfrac{d}{dx}\rho X \dfrac{d}{dx}$ という2階の微分演算子の固有ベクトルになっていることである．すなわち，

$$\frac{1}{\rho}\frac{d}{dx}\rho X \frac{d}{dx}F_n = \lambda_n F_n \tag{A.6a}$$

ここで，以下に示すように λ_n は，

$$\lambda_n = nF_1' + \frac{n(n-1)}{2}X'' \tag{A.6b}$$

で与えられる定数である．

これを示すためには，$\hat{O}$ が，

$$\hat{O} = \frac{1}{\rho}\frac{d}{dx}\rho X\frac{d}{dx} = \frac{1}{\rho}\left(\frac{d}{dx}\rho X\right)\frac{d}{dx} + X\frac{d^2}{dx^2}$$
$$= F_1(x)\frac{d}{dx} + X\frac{d^2}{dx^2} \tag{A.7}$$

と書くことができること，および $\hat{O}$ がエルミートであること

$$(g, \hat{O}f) = (\hat{O}g, f) \tag{A.8}$$

に気づけばよい．そうすると，(A.7)より $\hat{O}F_n$ は x の n 次式であることがわかるし，さらに，(A.8)より $m<n$ なる任意の m に対して，

$$(x^m, \hat{O}F_n(x)) = (\hat{O}x^m, F_n(x))$$
$$= (m\text{次以下の多項式}, F_n(x)) \tag{A.9}$$
$$= 0$$

となることがわかる．これは，$\hat{O}F_n$ が F_n 自身に比例すること，すなわち(A.6a)を意味している．(A.6a)の両辺の x^n の係数に注目し，(A.7)を使うと直ちに(A.6b)が得られる．

はじめに述べたとおり，区間 I のとり方として，有限区間，半無限区間，無限区間の3

付　　録

つの場合を考えるが，それぞれの場合の最も簡単な例が，ルジャンドル多項式，ラゲール多項式，エルミート多項式となっている．

ルジャンドル多項式

区間 I として有限区間 $[-1, 1]$ をとり，$\rho(x) = 1$ とする．このとき $X = (1-x^2) = (1+x)(1-x)$ とすると，(A.3)で与えられる $F_n(x)$ は明らかに n 次の多項式である．これを，$x=1$ における値が 1 に等しくなるように規格化したものを，ルジャンドルの多項式とよび $P_n(x)$ と書く．すなわち，

$$P_n(x) = \frac{1}{2^n n!} \frac{d^n}{dx^n}(x^2-1)^n \tag{A.10}$$

とする．(A.3)より $F_1(x) = -2x$ となることに注意すると，(A.6)は，

$$\left(\frac{d}{dx}(1-x^2)\frac{d}{dx} + n(n+1)\right) P_n(x) = 0 \tag{A.11}$$

と書くことができる．これをルジャンドルの微分方程式とよぶ．

ラゲール多項式

区間 I として半無限区間 $[0, \infty)$ をとり，$\rho(x) = e^{-x}$ とする．このとき $X(x) = x$ とすると，(A.3)で与えられる $F_n(x)$ が n 次の多項式であることは明らかであろう．これをラゲール (Laguerre) 多項式とよび，$L_n(x)$ と書く．

$$L_n(x) = e^x \frac{d^n}{dx^n}(e^{-x} x^n) \tag{A.12}$$

(A.3)より $F_1(x) = -x + 1$ となるから，(A.6)は，

$$\begin{aligned}&\left\{e^x \frac{d}{dx}(e^{-x} x)\frac{d}{dx} + n\right\} L_n(x) \\ &= \left\{x \frac{d^2}{dx^2} + (1-x)\frac{d}{dx} + n\right\} L_n(x) = 0\end{aligned} \tag{A.13}$$

となる．これをラゲールの微分方程式とよぶ．

エルミート多項式

区間 I として無限区間 $(-\infty, \infty)$ をとり，$\rho(x) = e^{-x^2}$ とする．このとき，$X = 1$ とすると，(A.3)で与えられる $F_n(x)$ は，明らかに n 次の多項式である．$F_n(x)$ に $(-1)^n$ を掛けたものをエルミート (Hermite) 多項式とよび，$H_n(x)$ と書く．

$$H_n(x) = (-1)^n e^{x^2} \frac{d^n}{dx^n} e^{-x^2} \tag{A.14}$$

(A.3)より $F_1(x) = -2x$ であるから，(A.6)は，

$$\left(e^{x^2} \frac{d}{dx} e^{-x^2} \frac{d}{dx} + 2n \right) H_n(x)$$

$$= \left(\frac{d^2}{dx^2} - 2x \frac{d}{dx} + 2n \right) H_n(x) = 0 \tag{A.15}$$

となる．これをエルミートの微分方程式とよぶ．

B. エアリー関数

B.1 エアリー関数の積分表示

次のような複素積分で与えられる関数 $\Phi(x)$ を，エアリー (Airy) 関数とよぶ．

$$\Phi(x) = \frac{1}{2\sqrt{\pi}i} \int_C dt \exp\left(-xt + \frac{1}{3}t^3 \right) \tag{B.1}$$

ここで，積分路 C は図1のように，複素 t 平面の右下のくさびの内部の無限遠方からやってきて，右上のくさびの内部の無限遠方へと出ていくものとする．

このように定義した関数 $\Phi(x)$ は，微分方程式

$$\left(\frac{d^2}{dx^2} - x \right) \Phi(x) = 0 \tag{B.2}$$

を満たすことに注意しよう．なぜならば，(B.1)より，

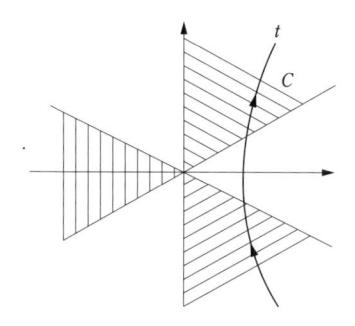

図1 エアリー関数の積分路 C．各くさびは $60°$ の開きである．

付　　録

$$\left(\frac{\mathrm{d}^2}{\mathrm{d}x^2}-x\right)\Phi(x) = \frac{1}{2\sqrt{\pi}i}\left(\frac{\mathrm{d}^2}{\mathrm{d}x^2}-x\right)\int_C \mathrm{d}t\,\exp\left(-xt+\frac{1}{3}t^3\right)$$

$$= \frac{1}{2\sqrt{\pi}i}\int_C \mathrm{d}t\,(t^2-x)\exp\left(-xt+\frac{1}{3}t^3\right)$$

$$= \frac{1}{2\sqrt{\pi}i}\int_C \mathrm{d}t\,\frac{\mathrm{d}}{\mathrm{d}t}\exp\left(-xt+\frac{1}{3}t^3\right) \tag{B.3}$$

となるが，積分路 C が図1のようにとってあると，表面項は消えるからである．

B.2　エアリー関数の漸近形

エアリー関数の $x\to\pm\infty$ における漸近形をあん(鞍)点法で求めよう．

$x\to+\infty$ の漸近形

この場合，$\Phi(x)$ の積分表示式(B.1)で，

$$t = x^{1/2}s \tag{B.4}$$

のように変数変換すると，

$$\Phi(x) = \frac{x^{1/2}}{2\sqrt{\pi}i}\int_C \mathrm{d}s\,\exp\left[x^{3/2}\left(-s+\frac{1}{3}s^3\right)\right] \tag{B.5}$$

となる．被積分関数のあん点は，$s=\pm 1$ であるから，積分路を図2のようにとればよい．$s=1$ の付近を，

$$s = 1+i\xi \tag{B.6}$$

と表すと，(B.5)は，

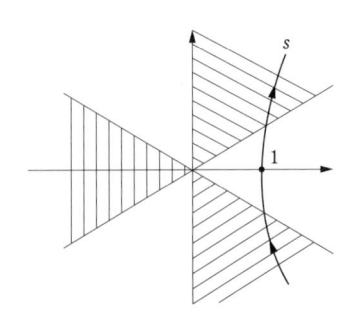

図2　$x\to-\infty$ での漸近形を求めるための積分路．

$$\Phi(x) = \frac{x^{1/2}}{2\sqrt{\pi}} \int d\xi \exp\left[x^{3/2}\left(-\frac{2}{3} - \xi^2 + O(\xi^3)\right)\right]$$
$$= \frac{1}{2} x^{-1/4} \exp\left(-\frac{2}{3} x^{3/2}\right)(1 + O(x^{-3/2})) \tag{B.7}$$

のように評価できる．けっきょく，$x \to +\infty$ における漸近形

$$\Phi(x) \sim \frac{1}{2x^{1/4}} \exp\left(-\frac{2}{3} x^{3/2}\right) \quad (x \to +\infty) \tag{B.8}$$

が得られた．

$x \to -\infty$ の漸近形

この場合は，$\Phi(x)$ の積分表示式 (B.1) で，

$$t = |x|^{1/2} u = (-x)^{1/2} u \tag{B.9}$$

のように変数変換すると，

$$\Phi(x) = \frac{|x|^{1/2}}{2\sqrt{\pi} i} \int_C du \exp\left[|x|^{3/2}\left(u + \frac{1}{3} u^3\right)\right] \tag{B.10}$$

となる．被積分関数のあん点は $u = \pm i$ であるから，積分路を図3のようにとればよい．$u = i$ の付近を，

$$u = i + \sqrt{i}\eta$$

と表すと，(B.10) の右辺の積分に対する $u = i$ 付近からの寄与は，

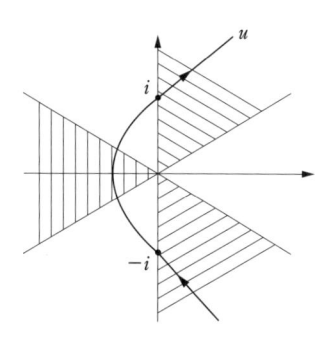

図3 $x \to \infty$ での漸近形を求めるための積分路．

付　　録

$$\sqrt{i}\int d\eta \exp\left[|x|^{3/2}\left(\frac{2}{3}i - \eta^2 + O(\eta^3)\right)\right]$$
$$= \sqrt{\pi}|x|^{-3/4}\exp\left[i\left(\frac{2}{3}|x|^{3/2} + \frac{\pi}{4}\right)\right](1 + O(|x|^{-3/2})) \tag{B.11}$$

となる．一方，(B.10)の右辺の積分に対する $u = -i$ 付近の寄与は，(B.11)の複素共役の符号を変えたものであるから，2つの寄与を足すと，

$$\Phi(x) = \frac{|x|^{1/2}}{2\sqrt{\pi i}}\left\{\sqrt{\pi}|x|^{-3/4}\exp\left[i\left(\frac{2}{3}|x|^{3/2} + \frac{\pi}{4}\right)\right] - \text{c.c.}\right\}(1 + O(|x|^{-3/2}))$$
$$= |x|^{-1/4}\sin\left(\frac{2}{3}|x|^{3/2} + \frac{\pi}{4}\right)(1 + O(|x|^{-3/2})) \tag{B.12}$$

となる．けっきょく，$x \to -\infty$ における次の漸近形が得られる．

$$\Phi(x) \sim \frac{1}{|x|^{1/4}}\sin\left(\frac{2}{3}|x|^{3/2} + \frac{\pi}{4}\right) \qquad (x \to -\infty) \tag{B.13}$$

さらに勉学を進めたい人たちのために

これまでの章で，量子力学の基礎的な考え方を豊富な演習問題を交えながら詳しく説明してきた．ここでは，さらに勉学を進めたい人たちのために，今回ふれることができなかったいくつかの重要なテーマについて紹介を試みよう．

1. アハラノフ–ボーム効果

第9章「電磁場中の荷電粒子」の中ではふれなかったアハラノフ–ボーム(Aharonov–Bohm)効果も重要である．古典論的な運動方程式をみるかぎり，電場および磁場のほうがより基本的であり，スカラー・ポテンシャルやベクトル・ポテンシャルは人為的に導入したもののように思われる．しかしながら，量子論では，ポテンシャルのほうがより基本的な量であることがわかる．

2. 散乱問題

原子，原子核，素粒子などのミクロの世界の構造を調べたり，そこでの相互作用の力の法則を調べたりするのに，散乱の方法はたいへん重要な役割を果たす．すなわち，ミクロの対象に入射粒子をぶつけてその行方を追跡する．量子力学では，入射波束が標的粒子と相互作用したのち，どのように時間発展していくかを調べたい．しかし，実際には，時間発展をみる代わりに散乱を定常状態として扱うのが便利である．そのため，確率の流れを入射波束と散乱波束に適用して，散乱断面積という概念を導入して，確率的に実験と比較する．

まず，満足すべき境界条件のもとで，シュレーディンガー方程式を解いて散乱振幅を求めるために，積分方程式を用いて散乱振幅 $f(\theta)$ を求める．高エネルギー散乱では，いわゆるボルン近似が用いられるが，低エネルギーの散乱における有力な手段としては，運動の恒量である角運動量の，固有状態に分解する部分波展開の方法がある．ここでは，位相のずれという概念が登場する．

また，量子力学の基本的問題の1つである，粒子の同等性が重要な役割を果たす同種粒子の散乱の議論も重要であろう．

3. 第2量子化

N個の同種のボソンからなる系は，等価であるが一見異なった2つの方法で記述できる．第1の方法では，状態空間を構成するために1粒子の状態空間のN個のテンソル積を考え，それを粒子の入れ替えに対して完全対称なものへ制限する．このような多体系の取り扱いを第1量子化とよび，10章で説明した．

第2の方法では，粒子の生成・消滅演算子を考え，粒子が1つもない状態に生成演算子

を N 個作用させた状態として N 体系を記述する．このような多体系の取り扱いを第2量子化とよぶ．第1量子化で1体，2体，3体，…の演算子の和として表されるような演算子は，第2量子化では生成演算子と消滅演算子に関して，双1次，双2次，双3次，…の演算子として表される．

フェルミオンの第2量子化もまったく同様に議論できる．

4. 経路積分

古典力学では，最も基本的なものは最小作用の原理であり，多少人工的な操作を施したのちに正準形式が得られる．一方，量子力学は，歴史的には正準形式から出発することによって構成された．本書でも歴史的な順序に従って，正準量子化によって量子力学を展開してきた．

しかしながら，量子力学においても，作用関数はきわめて根源的な意味をもっており，ある意味で古典論の場合と同様に正準形式は付加的なものであるとみなすこともできる．このように，作用関数を前面に出して量子力学を定式化する方法は，経路積分の方法とよばれている．

これらの詳しい勉強をしたい読者は，たとえば，「量子力学 I，II」（猪木・川合著，講談社刊）を参照していただきたい．

有用な物理定数

(主として，Particle Data Group, *Journal of Physics G : Nuclear and Particle Physics*, **33**, 97 (2006)による)

真空中での光速	$c = 2.998 \times 10^8$ m s^{-1}
電気素量	$e = 1.602 \times 10^{-19}$ C
電子の質量	$m_e = 0.5110$ MeV c^{-2}
陽子の質量	$m_p = 938.3$ MeV c^{-2}
中性子の質量	$m_n = 939.6$ MeV c^{-2}
プランク(Planck)定数	$h = 6.626 \times 10^{-34}$ J s
	$\hbar = \dfrac{h}{2\pi} = 1.055 \times 10^{-34}$ J s $= 0.6582 \cdot 10^{-15}$ eV s
プランク定数 × c	$\hbar c = 1.97 \times 10^3$ eV Å $= 1.97$ keV Å
	$= 197$ MeV fm $= 197$ eV nm
リュードベリ(Rydberg)定数	$R = 1.09737 \times 10^7$ m^{-1}
	$Rhc = \dfrac{m_e e^4}{2(4\pi\varepsilon_0)^2 \hbar^2} = \dfrac{m_e c^2 \alpha^2}{2} = 13.6$ eV
ボルツマン(Boltzmann)定数	$k = 1.381 \times 10^{-23}$ J K^{-1}
アボガドロ(Avogadro)数	$N_0 = 6.022 \times 10^{23}$ mol^{-1}
微細構造定数	$\alpha = \dfrac{e^2}{4\pi\varepsilon_0 \hbar c} = \dfrac{1}{137.04}$
電子のコンプトン(Compton)波長/(2π)	$\lambda_e = \dfrac{\hbar}{m_e c} = 0.00386$ Å
ボーア(Bohr)半径	$a_0 = \dfrac{4\pi\varepsilon_0 \hbar^2}{m_e e^2} = 0.529 \times 10^{-10}$ m $= 0.529$ Å
ボーアエネルギー	$E_1 = -\dfrac{e^2}{8\pi\varepsilon_0 a_0} = -13.6$ eV
ボーア磁子	$\mu_B = \dfrac{e\hbar}{2m_e} = 5.788 \times 10^{-11}$ MeV T^{-1}

有用な物理定数

$1\,\text{J} = 6.242 \times 10^{18}\,\text{eV}$

$1\,\text{eV} = 1.602 \times 10^{-19}\,\text{J}$

$1\,\text{Å} = 10^{-10}\,\text{m}$

$1\,\text{nm} = 10^{-9}\,\text{m}$

$1\,\text{fm} = 10^{-15}\,\text{m}$

$1\,\text{barn} = 10^{-28}\,\text{m}^2$

$1\,\text{mb} = 10^{-31}\,\text{m}^2$

欧文人名索引

Airy(エアリー) 281

Balmer(バルマー) 4
Blackett(ブラケット) 5
Bloch(ブロッホ) 78
Bohr(ボーア) 5, 261
Boltzmann(ボルツマン) 8
Brillouin(ブリルアン) 254

Clebsch(クレブシュ) 190
Compton(コンプトン) 16, 20

Davisson(デビッソン) 25
de Broglie(ド・ブロイ) 16, 24
Dirac(ディラック) 149

Ehrenfest(エーレンフェスト) 32
Einstein(アインシュタイン) 16

Fourier(フーリエ) 39
Franck(フランク) 7

Gamov(ガモフ) 94
Gauss(ガウス) 51, 168
Gerlach(ゲルラッハ) 210
Germer(ガーマー) 25
Gordan(ゴルダン) 190
Green(グリーン) 167

Hamilton(ハミルトン) 35, 253
Heisenberg(ハイゼンベルク) 46
Hertz(ヘルツ) 7

Jacobi(ヤコビ) 253
Jeans(ジーンズ) 8

Kramers(クラマース) 127, 254

Laguerre(ラゲール) 121, 280

Landau(ランダウ) 200
Landé(ランデ) 266
Laplace(ラプラス) 256
Legendre(ルジャンドル) 111, 280
Lenard(レーナルト) 17
Lyman(ライマン) 5

Maxwell(マクスウェル) 2
Millikan(ミリカン) 19

Newton(ニュートン) 2

Paschen(パッシェン) 5
Pauli(パウリ) 185
Penzias(ペンジアス) 10
Pfund(プント) 5
Planck(プランク) 5

Rayleigh(レイリー) 8
Rutherford(ラザフォード) 2
Rydberg(リュードベリ) 4

Slater(スレーター) 230
Sommerfeld(ゾンマーフェルト) 261
Stark(シュタルク) 268
Stern(シュテルン) 210

Thomson(トムソン) 25

van der Waals(ファン・デル・ワールス) 239

Wentzel(ウェンツェル) 254
Wien(ヴィーン) 8
Wilson(ウィルソン) 10

Young(ヤング) 23

Zeeman(ゼーマン) 265

事　項　索　引

あ
アインシュタインの説明　17
アルカリ原子　230
アルゴン原子　228

い
1次元調和振動子型ポテンシャル　66
位置の期待値　37
井戸型ポテンシャル　46, 60, 62

う
ウェンツェル–クラマース–ブリルアン近似　254
運動エネルギーの期待値　40
運動量　175
　——表示　151, 152
　——の期待値　37

え
エアリー関数　281
エサキ・ダイオード　89
STM　89, 94
エネルギー
　——固有値　55, 69
　——準位　73
　　　——の量子化　5
　——バンド　81
　——保存の法則　89
　——量子　7, 8
　　　——仮説　8
エルミート　79, 136
　——演算子　136
　——共役　142
　——多項式　71, 280
エーレンフェストの定理　42
演算子　40, 136
遠心力障壁　116

か
階段型ポテンシャル　83

外場　201, 204
ガウス
　——型の波束　45
　——積分　168
　——分布　51
角運動量　175
　——状態の量子数　114
　——の合成　188
　——の固有状態　178
角変数の分離　110
確率
　——解釈　36, 137
　——密度　85
　——の流れ　86
　　　——の密度　102
　——の保存　102
重ね合わせの原理　35, 135
ガモフ
　——因子　99
　——の透過因子　94
干渉縞　24
完全系　138

き
規格化
　——定数　53
　——の条件　53, 116
奇関数　61, 64
期待値　36, 134
基底状態　6
　——のエネルギー　46
軌道角運動量　113, 182
　——状態　113
球対称井戸型ポテンシャル　125
q-表示　150
球面調和関数　111, 113
共鳴現象　96
共鳴条件　251
行列　141
金属ナトリウム　18

事項索引

く
偶関数　60, 64
空洞放射　8, 13
クラマースの漸化式　127
グリーン関数　167
クレブシュ-ゴルダン係数　190
クーロン
　——障壁　100
　——ポテンシャル　131

け
ゲージ変換　205
ケットベクトル　140
原子スペクトルの離散性　4
原子の不安定性　2

こ
交換関係　41
交換子　41, 145, 155
光子　17
　——散乱　47
光速　8
光電効果　17
黒体放射　10
古典的回帰点　100
古典的極限　43
固有関数　55
固有磁気モーメント　208
固有状態　162
コンプトン
　——効果　20
　——散乱　29
　——波長　21

さ
サイクロトロン周波数　207
最小波束　51
座標表示　150, 162

し
磁気量子数　111
仕事関数　18
周期摂動　249
周期律　227
　——表　229
自由粒子　33, 167

縮退　73, 122, 235, 240
縮約　141
シュタルク効果　268
シュテルン-ゲルラッハの装置　210
主量子数　120
シュレーディンガー描像　143
シュレーディンガー方程式
　——の解　66
　1次元の——　34, 55, 118, 254
　極座標による——　104, 106
　3次元の——　104, 105
　水素原子の——　118
　定常状態の——　109
　電子の——　33
　動径方向の——　130
準古典近似　254
状態空間　135
状態ベクトル　135, 144
ジョセフソン接合　89

す
水素型原子のハミルトニアン　127
水素原子　117, 228
　——のエネルギー準位　119, 132
　——のエネルギースペクトル　122
　——のシュレーディンガー方程式　118
　——のスペクトル　123
　——の波動関数　121
　——のラザフォード模型　3
スカラー関数　106
スピノル場　186
スピン
　——演算子　185
　——角運動量　182
スレーター行列式　230

せ
正準
　——交換関係　146, 147, 157
　——変換　146
　——変数　134, 146
　——量子化　153
生成・消滅演算子　157, 159
接続公式　256
摂動論　235, 240, 247
ゼーマン効果　265

291

事項索引

ゼロ点エネルギー⟶零点エネルギー
遷移確率　253
全エネルギーの期待値　40

そ

相互作用表示　243
走査トンネル電子顕微鏡　89, 94
束縛エネルギー　76
束縛状態　57, 116, 123

た, ち

対称性　171
多自由度　163
多電子原子　227
WKB近似　234, 254, 257, 263
中心力場の近似　227
調和振動子　157, 162
直交多項式　278

て

定常解　55
定常状態　55, 56
　　——のシュレーディンガー方程式　109
ディラック
　　——方程式　210
　　——のδ関数　149
デビッソン-ガーマーの実験　25
デルタ関数　126
電子
　　——波　24
　　——のシュレーディンガー方程式　33
　　——の存在確率　87
　　——の二重スリット実験　26

と

透過率　84
動径
　　——変数　103
　　——方向のシュレーディンガー方程式　130
　　——方向の波動方程式　115
　　——方程式　117
　　——量子数　120
同種粒子　222
ド・ブロイ
　　——の関係式　25, 45
　　——の予想　24

トンネル効果　89, 101
　　——の近似式　92, 94

な, に, ね

長岡-ラザフォードの原子模型　2
二重井戸型ポテンシャル　75
二重スリット実験　23
ニュートン
　　——力学　2
　　——の運動方程式　43
ネオン原子　228

は, ひ

ハイゼンベルク
　　——描像　143
　　——方程式　145
　　——の不確定性原理　44
パウリ
　　——行列　185
　　——の排他原理　225
波束　36, 44
パッシェン系列　5
波動関数　33, 35, 134
波動性の二重性　24
ハミルトニアン　35, 77, 134
　　——の不定性　104
ハミルトン演算子→ハミルトニアン
ハミルトン-ヤコビの方程式　253
バリオン　219
パリティ
　　——演算子　195
　　——交換　195
　　——変換　177
ハロゲン原子　230
反射率　84
反跳電子　30
バンド構造　81
p-表示　152

ふ

ファン・デル・ワールス力　239, 272
フェルミオン　215, 218, 223
フェルミの黄金則　253
フォトン　17
　　——イメージング検出器　23
不確定性　44

事項索引

複合粒子の統計性　217
物質波　24
物理量　136
ブラケット
　——記号　140
　——系列　5
ブラベクトル　140
プランク
　——定数　5, 8
　——の公式　8
フランク-ヘルツの実験　7
フーリエ変換　39
ブロッホの定理　78
プント系列　5

へ

平行移動の演算子　77
並進対称性　173
ヘリウム原子　228
ベリリウム原子　228
変換の生成子　174

ほ

ボーア
　——・ゾンマーフェルトの量子条件　260, 261
　——半径　10, 120, 127, 129
ポアソン括弧　147, 155
方向量子化　115
ボース分布　233
ボソン　215, 218, 223
保存量　170
ポテンシャル
　——障壁　98
　1次元調和振動子型——　66
　井戸型——　46, 60, 62, 125
　　無限の深さの——　64
　　有限の深さの——　57
　階段型——　83
　クーロン——　131
　二重井戸型——　75
ボルツマン
　——定数　8
　——の分布則　9
ボルンの確率解釈　36, 139
ボロン原子　228

ま，み

マクスウェルの電磁気学　2
ミューオニウム　129
ミューオン　129
ミリカンの実験　19

む，め

無限小変換　176
メソン　219

や，ゆ

ヤングの二重スリット　23
ユニタリー　79
　——変換　171, 204
　——な演算子　170

ら

ライマン系列　5
ラゲール
　——多項式　280
　——の陪多項式　121
ラザフォード模型　2, 3
ラプラシアン　105, 107
ラプラス変換　256
ランダウ準位　207
ランデのg因子　267

り

離散準位　249
リチウム原子　228
　——のエネルギー準位　132
粒子性の二重性　24
リュードベリ定数　6, 11
量子　9
　——化　34
　——条件　5
　——数　5
　主——　120, 122

る

ルジャンドル
　——の多項式　112, 280
　——の陪関数　112
　——の微分方程式　111
　——の方程式　112

293

事項索引

れ, ろ

励起状態 6
零点エネルギー 66, 72

レイリー–ジーンズの熱放射式 8
連続準位 249
ロンスキアン 262

著者紹介

猪木　慶治（いぎ　けいじ）

1933年岡山県出身．1956年東京大学理学部物理学科卒．同大学院を修了後，東京教育大学理学部助手，東京大学理学部講師，同助教授，同教授を経て1994年より東京大学名誉教授，1994〜2004年神奈川大学理学部教授．その間，米カリフォルニア大学バークレー校研究員，プリンストン高級研究所所員，ヨーロッパ連合原子核研究機関（CERN）客員科学者として研究．専攻は素粒子論．理学博士．主要著書：「量子力学I・II」

川合　光（かわい　ひかる）

1955年大阪府出身．1978年東京大学理学部物理学科卒．同大学院を修了後，米コーネル大学研究員，同助教授を経て，1988年東京大学理学部助教授，1993年高エネルギー物理学研究所理論部教授，1999年より京都大学大学院理学研究科教授．2021年より台湾大学物理学系特別主席教授．専攻は素粒子論．理学博士．主要著書：「量子力学I・II」

NDC 423　302p　21cm

基礎量子力学（きそりょうしりきがく）

2007年10月10日　第1刷発行
2024年7月22日　第17刷発行

著　者	猪木慶治・川合　光
発行者	森田浩章
発行所	株式会社　講談社 〒112-8001　東京都文京区音羽2-12-21 　　販　売　(03)5395-4415 　　業　務　(03)5395-3615
編　集	株式会社　講談社サイエンティフィク 代表　堀越俊一 〒162-0825　東京都新宿区神楽坂2-14 ノービィビル 　　編　集　(03)3235-3701
印刷所	株式会社双文社印刷
製本所	株式会社国宝社

KODANSHA

落丁本・乱丁本は，購入書店名を明記のうえ，講談社業務宛にお送り下さい．送料小社負担にてお取替えします．なお，この本の内容についてのお問い合わせは講談社サイエンティフィク宛にお願いいたします．定価はカバーに表示してあります．

© Keiji Igi, Hikaru Kawai, 2007

本書のコピー，スキャン，デジタル化等の無断複製は著作権法上での例外を除き禁じられています．本書を代行業者等の第三者に依頼してスキャンやデジタル化することはたとえ個人や家庭内の利用でも著作権法違反です．

JCOPY 〈(社)出版者著作権管理機構　委託出版物〉

複写される場合は，その都度事前に(社)出版者著作権管理機構（電話 03-5244-5088, FAX 03-5244-5089, e-mail: info@jcopy.or.jp）の許諾を得て下さい．

Printed in Japan
ISBN 978-4-06-153240-3

講談社の自然科学書

量子力学 I	猪木慶治・川合光／著	定価 5,126 円
量子力学 II	猪木慶治・川合光／著	定価 5,126 円
基礎量子力学	猪木慶治・川合光／著	定価 3,850 円
入門 現代の量子力学	堀田昌寛／著	定価 3,300 円
入門 現代の電磁気学	駒宮幸男／著	定価 2,970 円
非エルミート量子力学	羽田野直道・井村健一郎／著	定価 3,960 円
量子力学を学ぶための解析力学入門 増補第2版	高橋康／著	定価 2,420 円
古典場から量子場への道 増補第2版	高橋康・表實／著	定価 3,520 円
量子場を学ぶための場の解析力学入門 増補第2版	高橋康・柏太郎／著	定価 2,920 円
初歩から学ぶ量子力学	佐藤博彦／著	定価 3,960 円
ディープラーニングと物理学	田中章詞・富谷昭夫・橋本幸士／著	定価 3,520 円
共形場理論入門	疋田恭章／著	定価 4,400 円
スピンと軌道の電子論	楠瀬博明／著	定価 4,180 円
今度こそわかる場の理論	西野友年／著	定価 3,190 円
今度こそわかる量子コンピューター	西野友年／著	定価 3,190 円
今度こそわかるくりこみ理論	園田英徳／著	定価 3,080 円
明解 量子重力理論入門	吉田伸夫／著	定価 3,300 円
明解 量子宇宙論入門	吉田伸夫／著	定価 4,180 円

講談社基礎物理学シリーズ
編集委員／二宮正夫・北原和夫・並木雅俊・杉山忠男

0	大学生のための物理入門	並木雅俊／著	定価 2,750 円
1	力学	副島雄児・杉山忠男／著	定価 2,750 円
2	振動・波動	長谷川修司／著	定価 2,860 円
3	熱力学	菊川芳夫／著	定価 2,750 円
4	電磁気学	横山順一／著	定価 3,080 円
5	解析力学	伊藤克司／著	定価 2,750 円
6	量子力学 I	原田勲・杉山忠男／著	定価 2,750 円
7	量子力学 II	二宮正夫・杉野文彦・杉山忠男／著	定価 3,080 円
8	統計力学	北原和夫・杉山忠男／著	定価 3,080 円
9	相対性理論	杉山直／著	定価 2,970 円
10	物理のための数学入門	二宮正夫・並木雅俊・杉山忠男／著	定価 3,080 円

※表示価格には消費税(10%)が加算されています。

2024 年 3 月現在

講談社サイエンティフィク　https://www.kspub.co.jp/